COSMOGRAPHIE
ÉLÉMENTAIRE.

COSMOGRAPHIE ÉLÉMENTAIRE,

DIVISÉE EN PARTIES ASTRONOMIQUE ET GÉOGRAPHIQUE;

Ouvrage dans lequel on a tâché de mettre les vérités les plus intéressantes de la Physique céleste à la portée de ceux même qui n'ont aucune notion de Mathématiques ;

AVEC DES PLANCHES ET DES CARTES.

Dédiée à Monseigneur le Duc d'ANGOULÊME.

PAR M. MENTELLE, Historiographe de Monseigneur le Comte D'ARTOIS, de l'Académie des Sciences & Belles-Lettres de Rouen, de l'Académie Royale de *la Historia* de Madrid, Censeur Royal, &c.

Nouvelle Édition, considérablement augmentée.

Opinionum commenta delet dies, Naturæ judicia confirmat.
CICER. L. II, de Nat. Deor. 5.

A PARIS,
Chez l'AUTEUR, rue de Seine, fauxbourg Saint-Germain.

M. DCC. LXXXV.
Avec Approbation & Privilège du Roi.

A SON ALTESSE ROYALE

MONSEIGNEUR

LE DUC D'ANGOULÊME.

MONSEIGNEUR,

S'IL eſt honorable pour moi d'avoir obtenu que mon Ouvrage parût ſous les auſpices de VOTRE ALTESSE ROYALE, il n'eſt pas moins flatteur d'eſpérer qu'il pourra bientôt contribuer à ſon inſtruction. Cet avantage eſt le plus précieux, ſans doute, de ceux auxquels il me fût poſſible d'aſpirer. J'ai principalement cherché, dans cette Cosmographie, à présenter d'une manière simple & élémentaire, les vérités sublimes que l'on a découvertes sur le Système du Monde, & que l'on ne doit pas ignorer dans le siècle éclairé où nous vivons.

Quel que soit d'ailleurs le succès de mon travail, daignez voir, MONSEIGNEUR, dans cet effort de mon zèle, une foible preuve de mon empressement à seconder les sages vues qui dirigent votre éducation, ainsi que du très-profond respect avec lequel je suis,

DE VOTRE ALTESSE ROYALE,

MONSEIGNEUR,

Le très-humble & très-obéissant Serviteur,
MENTELLE.

AVERTISSEMENT.

L'OUVRAGE que je préſente au Public a pour objet, comme ſon titre l'annonce, la deſcription de l'Univers. Il eſt diviſé en deux Parties, l'une Aſtronomique, l'autre Géographique.

Dans la première, on trouve expoſées, autant qu'il eſt poſſible de le faire ſans calcul, les principales découvertes de l'eſprit humain ſur le Syſtême du Monde. Ces découvertes, & particulièrement celles dont on eſt redevable aux grands Géomètres de ce ſiècle, ſont conſignées dans de ſavans Mémoires hériſſés de calculs, &, par cette raiſon, impénétrables à la curioſité du plus grand nombre de Lecteurs. Il en réſulte que, malgré les progrès immenſes de l'Aſtronomie, beaucoup de perſonnes, inſtruites d'ailleurs, ſe croient fondées à révoquer en doute les vérités les plus inconteſtables, & regardent comme encore ignorée la cauſe de pluſieurs phénomènes, tels que le flux & le reflux de la mer, la préceſſion des équinoxes, &c. ſur laquelle il n'y a plus aujourd'hui la moindre incertitude parmi ceux qui s'occupent de Géométrie, de Phyſique, ou d'Aſtronomie. J'ai donc cru rendre un ſervice eſſentiel au Public en lui préſentant les réſultats des meilleurs Ouvrages en ce genre, débarraſſés de tout l'appareil de l'analyſe qui a conduit à ces vérités ſublimes. On ſent bien que pour remplir cet objet, il étoit néceſſaire de connoître à fond tout ce qui a été fait ſur cette matière. Je dois donc publier, autant par reconnoiſſance que pour inſpirer de la confiance à mes Lecteurs, que je ſuis infiniment redevable, pour cette Partie de mon Ouvrage, à un Géomètre illuſtre de l'Académie des Sciences, que ſa modeſtie m'empêche de nommer, mais que le plaiſir de ſervir l'amitié & le deſir de répandre des vérités intéreſſantes ont déterminé à me conſacrer quelques momens de ſon loiſir. Cette Partie Aſtronomique eſt ſuivie de la deſcription de quelques machines utiles pour expliquer les principaux phénomènes céleſtes.

Le ſuccès de la première Edition de cet Ouvrage m'a démontré qu'il pouvoit être utile non-ſeulement dans l'éducation de la Jeuneſſe, mais encore aux Gens du monde, en mettant à leur portée les grandes vérités de la Phyſique céleſte, étude pour laquelle on n'avoit eu juſqu'à préſent aucun ſecours de ce genre.

AVIS ſur cette nouvelle Edition.

J'ai fait pour cette nouvelle Edition des augmentations de trois ſortes, & dont je vais rendre compte : elles conſiſtent en *Planches* ou *Cartes*, en *diſcours* & en *Tables* de matières.

I. J'ai fait graver, pour la Partie Aſtronomique, une planche qui ſera ſur-tout utile aux Commerçans. J'en dois le deſſin à l'honnêteté de M. Métoyen, ordinaire de la Muſique du Roi, citoyen reſpectable, qui joint à la connoiſſance de ſon art de très-grands talens pour le deſſin, & un goût très-vif pour les Sciences. Sur cette planche, ſont repréſentées les circonférences du Soleil & des Planètes, tracées d'après les rapports de leurs différens diamètres. Ainſi le Soleil y a un diamètre de cent onze lignes, la Terre d'une ligne, Jupiter de onze, &c. La vue de cette planche doit graver pour toujours ces différences dans la mémoire. Des deux Cartes de Géographie, l'une repréſente l'*Angleterre*, l'*Ecoſſe* & l'*Irlande* ; l'autre l'Empire d'*Allemagne*, avec quelques-uns des pays adjacens, tels que les *Pays-Bas*, la *Suiſſe*, la *Bohème*, &c. Enfin j'ai ajouté

ajouté à la fin un Tableau chronologique, dont je vais parler.

II. Dans le discours de la Partie Astronomique j'ai éclairci quelques endroits, & j'ai ajouté deux petits morceaux, l'un concernant la Planète d'Herschel & la personne de cet Astronome, & l'autre concernant la machine que vient de publier M. Cannebier, pour expliquer d'une manière plus précise qu'on ne l'avoit encore fait, les mouvemens *périodique* & *diurne* de la Terre.

Il n'en a pas été de même quant à la Partie Géographique, non pas que j'y aie augmenté considérablement le nombre des villes, mais seulement celles qu'exigeoient les divisions de l'Angleterre, de l'Allemagne, &c., que j'avois omises dans la première Edition : car j'ai eu bien des occasions de me convaincre que ce très-grand nombre de noms que l'on fait quelquefois apprendre aux enfans leur charge la mémoire sans l'enrichir, & l'occupe sans la meubler. Avec tant de mots, ils n'ont pas pris une idée ; aussi ont-ils ordinairement bientôt perdu cet acquis d'une nomenclature stérile. Mais j'ai voulu donner à mon Ouvrage une espèce de mérite que les Livres ordinaires de Géographie apprennent à desirer. Sans vouloir donc en éclipser aucun, ni les rendre inutiles, j'ai pensé qu'il me convenoit de m'occuper davantage de la partie que l'on y traite le moins, l'historique de chaque pays. J'ai donné une grande étendue à ce que j'ai dit des grands Corps politiques, ce que l'on peut regarder comme une introduction à l'histoire universelle de tous les pays ; & j'ai donné plus de détail sur les révolutions de chaque Province de France, ce qui conduira nécessairement à l'étude de l'histoire de notre Monarchie. J'ai supprimé les circonstances historiques ; mais en rapprochant les évènemens, je les ai tous indiqués par leurs dates. Et pour que l'on pût distinguer plus promptement ce qui s'est passé sous nos différens Rois, j'ai fait graver un petit Tableau qui sera placé à la fin du volume. Il présente toute la suite des Rois de France, tant de ceux que nous admettons seulement dans la liste ordinaire de nos Souverains, que de ceux qui ont régné en Austrasie, en Neustrie, & en Bourgogne, depuis Pharamond jusqu'à Louis XVI, actuellement régnant. Toute cette Partie sera, je crois, très-utile aux parens qui enseignent eux-mêmes leurs enfans, & ne paroîtra pas superflue aux maîtres qui pourront les regarder comme un canevas préparé pour leurs leçons.

III. Outre la Table des Chapitres, telle qu'elle se trouvoit dans la première Edition, j'en ai ajouté, à la fin du volume, deux autres alphabétiques. L'une est *raisonnée* & contient tous les articles d'Astronomie; l'autre est une nomenclature complette de tous les lieux, fleuves, &c. compris dans l'Ouvrage.

On voit donc, par cet exposé, qui est très-exact, que je n'ai rien négligé pour rendre cette Edition digne de l'estime que le Public a paru accorder à mon Ouvrage, & que j'ai saisi avec empressement cette occasion précieuse de lui consacrer dans un travail qui peut lui être utile, des preuves de mon profond dévouement & de ma vive reconnoissance.

EXTRAIT DES REGISTRES

De l'Académie Royale des Sciences, *du* 16 *Décembre* 1780.

NOUS avons examiné, par ordre de l'Académie, MM. de Montigny, Bézout & moi (1), un Ouvrage de M. MENTELLE, qui a pour titre : *Cofmographie Élémentaire.*

Cet Ouvrage eft divifé en deux Parties. La première a pour objet le Syftême du Monde : voici le plan que l'Auteur a fuivi pour traiter cette matière intéreffante.

Dans le premier Chapitre, il expofe le Syftême du Monde, tel qu'il eft en lui-même ; il préfente avec beaucoup de précifion & de clarté ce que les obfervations ont appris de plus remarquable fur le Soleil, les Planètes & leurs Satellites, les Comètes & les Etoiles.

Le fecond Chapitre a pour objet la caufe générale des phénomènes céleftes. L'Auteur parle d'abord de la pefanteur en général, & de fes principaux effets. Après avoir donné des notions très-juftes fur la pefanteur à la furface de la Terre, il prouve que c'eft elle qui retient la Lune dans fon orbite, & qu'elle diminue en raifon du carré de la diftance au centre de la Terre. Il fait voir que c'eft en vertu de leur pefanteur vers le Soleil, que les Planètes & les Comètes fe meuvent dans les ellipfes, conformément aux loix de Képler ; & il en conclut que la pefanteur a lieu généralement entre les plus petites parties de la matière ; enforte qu'à la furface du globe le plus petit que l'on puiffe imaginer, il exifte, comme à la furface de la Terre, une forte de pefanteur proportionnelle à fa maffe, & qui diminue en raifon du carré des diftances à fon centre. De cette loi générale de la Nature, il déduit les rapports des maffes du Soleil, de la Terre, de Jupiter, de Saturne, & les principaux phénomènes de la pefanteur à leur furface. Il confidère enfuite les perturbations que les Planètes, leurs Satellites & les Comètes éprouvent en vertu de leur action mutuelle ; &, à cette occafion, il parle de la diminution de l'obliquité de l'Ecliptique, & de l'inégalité des périodes des Comètes.

Les effets dont nous venons de parler dépendent des attractions des Corps céleftes confidérés en maffe ; il en exifte plufieurs qui tiennent à la différence des attractions de leurs parties. Leur explication termine ce fecond Chapitre. L'Auteur y fait voir comment la pefanteur fe forme des attractions de toutes les parties de la Terre : il préfente, autant qu'il eft poffible de le faire fans calcul, les principaux réfultats de la Théorie de Newton fur la figure de la Terre, fur la préceffion des Equinoxes & la nutation de l'axe terreftre, & fur le flux & le reflux de la mer.

Dans le troifième Chapitre, l'Auteur traite des apparences que les Corps céleftes

(1) M. Du Séjour.

présentent à un Observateur placé sur la surface de la Terre : ces apparences sont de deux espèces. Les unes se rapportent au mouvement des Corps célestes, & les autres à leur lumière. En considérant ces premières, l'Auteur explique avec beaucoup de clarté tout ce qui est relatif au mouvement diurne des Corps célestes, à l'inégalité des Saisons, aux rétrogradations des Planètes, & à l'aberration des Etoiles. Il donne des idées très-exactes sur la longitude & la latitude des lieux de la Terre, sur les différentes manières de les obtenir, sur la parallaxe, &c. La considération des apparences relatives à la lumière des Corps célestes le conduit à parler des Phases de la Lune, de celles de Vénus, des Eclipses, des passages de Vénus & de Mercure sur le Soleil, & des apparences de l'anneau de Saturne. Enfin, il termine ce Chapitre en parlant des Atmosphères du Soleil & des Planètes, & en particulier de celle de la Terre & de ses réfractions.

On voit, par cet exposé, que l'Auteur n'a rien omis de tout ce que l'Astronomie offre de plus intéressant ; la méthode qu'il a suivie est très-simple : les differens objets qu'il traite nous ont paru présentés avec beaucoup d'exactitude, de clarté, & de manière à être facilement entendus de ceux même qui n'ont pas des notions bien étendues en Mathématiques. Pour ne rien laisser à desirer sur une matière aussi importante, M. Mentelle expose dans un *Précis historique* sur l'Astronomie, les progrès de cette science, & les obligations dont elle est redevable aux grands Hommes qui l'ont cultivée dans les différens siècles : enfin il donne la description de quelques machines dont on fait usage pour expliquer les phénomènes célestes.

La seconde Partie de l'Ouvrage est destinée à la Géographie : l'Auteur y donne les notions générales de la Géographie ; il décrit avec méthode les principales parties de la surface du Globe, en indiquant les montagnes & les fleuves de chaque pays, la nature de leur Gouvernement, ses villes les plus considérables. Il termine cette Partie par une description de la France.

Cette Cosmographie, faite avec soin, sera très-utile à l'éducation de la Jeunesse & pour les gens du monde, en leur donnant des notions parfaitement justes sur les grandes découvertes que l'on a faites en Astronomie. La manière simple, élégante & précise avec laquelle elles sont exposées dans cet Ouvrage, doit le faire lire avec intérêt, & il nous paroit très-propre à répandre des vérités importantes qui ne sont pas encore suffisamment connues. Nous croyons, en conséquence, qu'il mérite l'approbation de l'Académie.

Fait au Louvre, le 16 Décembre 1780.

De Montigny, Bezout, Dionis du Séjour.

Je certifie le présent extrait conforme à l'original & au jugement de l'Académie, Ce 16 Décembre 1780.

Le Marquis de Condorcet.

TABLE DES ARTICLES.

PARTIE ASTRONOMIQUE.

A.

INTRODUCTION, Page 1

Notions d'Arithmétique.

Rapport ou raison de deux grandeurs, ibid.

Carré d'un nombre, 2

Cube d'un nombre, ibid.

Décimales, ibid.

Notions de Géométrie.

Cercle, 3

Degrés, ibid.

Angle 4

Parallèles, *Triangles*, ibid.

Ellipse, 5

Parabole, ibid.

Tangente, 6

Sphère, ibid.

Sphéroïde de révolution, ibid.

Inclinaison de deux Plans. ibid.

CHAPITRE PREMIER.

Des Corps célestes & de leurs mouvemens, tels qu'ils sont en eux-mêmes, 7

Sect. I. *De notre Systême planétaire*, 8

Art. I. *Du Soleil*, ibid.

Art. II. *Des Planètes*, 9

§. I. *Des noms des Planètes, & des figures par lesquelles on les désigne quelquefois*, ibid.

§. II. *Diamètre des Planètes*, 11

§. III. *Des orbites des Planètes en général, & des élémens de ces orbites*, 12

Excentricité, 13

Périhélie & Aphélie, ibid.

Nœuds & inclinaison des orbites, 14

§. IV. *Des loix selon lesquelles les Planètes se meuvent dans leurs orbites*, ibid.

§. V. *Grandeur des principaux élémens des orbites de chaque Planète en particulier*, 16

1°. *Distance moyenne de chaque Planète au Soleil*, ibid.

2°. *Tems des révolutions de chaque Planète*, 17

3°. *Excentricité des differ. Plan.* 18

4°. *Inclinaison des differ. orbites*, ib.

§. VI. *Des mouvemens des Planètes sur elles-mêmes*, 19

§. VII. *De la figure des Planètes, & , en particulier, de celle de la Terre*, 20

§. VIII. *De la Précession des Equinoxes, & de la Nutation de l'axe de la Terre*, 22

§. IX. *Récapitulation concernant les Planètes*, 26

Tableau des principaux résultats concernant les Planètes, ibid.

Art. III. *Des Satellites*, 27

§. I. *De la Lune*, ibid.

§. II. *Des Satellites de Jupiter*, 30

Tems de la révolution des Satellites de Jupiter. ibid.

Moyenne distance des Satellites de Jupiter, ibid.
Inclinaison des orbites des Satellites de Jupiter, 31
§. III. *Des Satellites & de l'Anneau de Saturne*, ibid.
Tems des révolutions des Satellites de Saturne, ibid.
Anneau de Saturne, 32
SECT. II. Art. I. *Des Comètes*, ibid.
Art. II. *Des Etoiles fixes*, 35
Constellations du Zodiaque, 36
De la Voie Lactée, 38
Art. III. *De la pluralité des Mondes*, 39

CHAPITRE II.

De la cause générale qui produit & entretient les mouvemens des Corps célestes, 41
SECT. I. *De la Pesanteur en général & de ses principaux effets*, 43
Art. I. *Ce que c'est que la Pesanteur*, ibid.
Art. II. *De la pesanteur de la Lune vers la Terre*, 49
Art. III. *De la pesanteur de toutes les Planètes vers le Soleil*, 50
Art. IV. *De la pesanteur des Comètes vers le Soleil*, 52
Art. V. *De la pesanteur des Satellites vers leurs Planètes*, ibid.
Art. VI. *De la pesanteur du Soleil vers toutes les Planètes, & généralement de toutes les parties de la matière les unes vers les autres*, 53
Art. VII. *Densité de quelques-unes des Planètes, déterminée par la loi de la pesanteur*, 54
Art. VIII. *Différence de pesanteur d'un corps supposé successivement transporté à la surface de quelques-unes des Planètes*, 56
Art. IX. *Différentes longueurs du pendule à la surface de ces Planètes*, 57
Art. X. *Remarque sur les résultats précédens*, 58
SECT. II. *Des perturbations du mouvement des Corps célestes occasionnées par leur pesanteur les unes sur les autres*, 59
Art. I. *Irrégularités dans les mouvemens des Planètes & des Satellites en général*, ibid.
Art. II. *Irrégularités dans le mouv. de la Lune*, 60
Art. III. *Irrégularités dans le mouvement des Planètes*, 62
Art. IV. *Du mouvement des nœuds des Planètes*, ibid.
Art. V. *Variation de l'obliquité de l'Ecliptique*, 63
Remarque sur la longueur de l'an. 64
Art. VI. *Irrégularités dans les mouvemens des Comètes*, 65
Art. VII. *Irrégularités dans les mouvemens des Satellites de Jupiter*, 66
Art. VIII. *Du mouvem. des Etoiles fixes*, 67
SECT. III. *Des effets de la pesanteur de toutes les parties des corps célestes*, ibid.
Art. I. *De la manière dont se forme la pesanteur à la surface des corps célestes*, 68
Art. II. *De la diminution de la pesanteur aux différentes profondeurs de la Terre*, 69
Art. III. *De la figure de la Terre*, ib.
Art. IV. *De la dimin. de la pesanteur en allant des Poles à l'Equat.* 71
Art. V. *De la pesanteur considérée comme cause de la précession des Equinoxes & de la nutation de l'axe de la Terre*, 73
Art. VI. *De la pes. considérée comme*

cause du flux & du reflux, 76
Art. VII. *La pesanteur, cause d'un mouvement régulier dans l'atmosphère, ne l'est pas des vents alisés, de la véritable cause de ces vents*, 79
Art. VIII. *Conclusion*, 81

CHAPITRE III.

Des apparences des corps célestes, relativement à un Spectateur placé sur la terre, 83
SECT. I. *Des mouvemens des Corps célestes vus de la terre*, 84
Art. I. *Du mouvement diurne apparent des Corps célestes*, ibid.
Art. II. *Lever & couc. des Astres*, 85
Art. III. *Des Saisons*, 87
§. I. *Position de la Terre au commencement du Printems, (équin. le 21 Mars)* ibid.
§. II. *Position de la Terre au commencement de l'Eté, (solstice vers le 22 Juin)* 88
§. III. *Position de la Terre au commencement de l'Automne, (équinoxe le 21 Septembre)* 91
§. IV. *Position de la Terre au commencement de l'Hiver, (solstice vers le 22 Décembre)* ibid.
§. V. *Retour de la Terre à l'équinoxe du Printems*, 93
Art. IV. *Remarques sur les effets de la chaleur du Soleil & sur l'inégalité des saisons*, ibid.
§. I. *Sur les effets de la chaleur du Sol. & sur la chaleur centrale*, ib.
§. II. *De l'inégalité des saisons*, 96
Art. V. *Du Jour naturel, du Jour astronomique, du tems vrai & du tems moyen*, 99
Art. VI. *Division de la terre en zones*, 101
Art. VII. *Division de la Terre par climats*, ibid.
Art. VIII. *De la latit. terrestre*, 103
§. I. *De la mesure des degrés de latitude, & de leurs differentes grandeurs*, 104
§. II. *De la parallaxe des Astres, & de la distance de la Lune à la Terre*, 105
Art. IX. *De la Longitude*, 107
§. I. *Différentes méthodes pour déterminer la longitude*, ibid.
Art. X. *Du mouvement des Planètes vues de la terre*, 111
Art. XI. *De la Paral. annuelle*, 113
Art. XII. *De l'aberration de la lumière*, 114
Art. XIII. *Des mouvemens apparens des étoiles, occasionnés par la précession des équinoxes & par la nutation de l'axe de la Terre*, 117
SECT. II. *Des phases des Corps célestes vus de la terre*, 118
Art. I. *Des Phases proprement dites*, ibid.
§. I. *Des phases de la Lune*, ibid.
De la lumière cendrée, 119
§. II. *Phases de Venus*, 120
§. III. *Phases de l'anneau de Saturne*, ibid.
Art. II. *Des éclipses & du passage de Venus*, 122
§. I. *Des éclipses de Lune*, ibid.
§. II. *Des éclipses de Soleil*, 123
§. III. *Passage de Venus sur le disque du Soleil*, 125
§. IV. *Des éclipses des Satellites de Jupiter*, 126
SECT. III. *Des apparences occasionnées par les atmosphères des Corps célestes*, 128
Art. I. *De l'atmosphère de la Terre & des apparences qu'elle produit*, ib.
§. I. *De la couleur azurée du ciel*, 129
§. II. *Du crépuscule*, ibid.

§. III. *De la réfraction de l'atmosphère*, 130

Art. II. *De l'atmos. des autres Corps célestes*, 131

§. I. *De l'atmosphère du Soleil*, ibid.

§. II. *De l'atmosphère des Planètes & de la Lune*, 132

§. III. *De la nature des atmos.* 133

CHAPITRE IV.

Précis historique de l'origine & des progrès de l'Astronomie, 136

De l'Astronomie chez les Caldéens & chez les Egyptiens, 137

De l'Astronomie chez les Grecs, 139

De l'Astronomie chez les Arabes, 145

De l'Astronomie dans l'Europe moderne, 147

De l'Astronomie Physique, 160

Remarques sur le système de Copernic, 166

Noms & usages de quelques instrumens dont on se sert pour démontrer le système du Monde, ou quelques uns des phénomènes célestes, 170

Du Planisphère du sieur Fortin : 1°. disposer la Sphère conformément à l'état du ciel pour tel jour que l'on voudra ; 2°. expliquer les stations, directions & rétrogradations des Planètes, 170, 171

Machine propre à expliquer le mouvement particulier de la Terre, 172

Connoître la durée des jours & des nuits à Paris, dans les différentes situations de la Terre avec la machine du sieur Fortin, 175

Expliquer les phases de la Lune, ibid.

Description du Globe terrestre artificiel, 176

Latitudes, 178

Table du raccourcissement des degrès de longitude, depuis l'Equateur jusqu'aux Poles, estimés en lieues de 2282 toises, 179

Climats, 180

Table des latitudes qui terminent chaque climat, 181

Climats de demi-heure, ibid.

Climats de mois, ibid.

1°. *Connoître quelle heure il est en un lieu quelconque quand il est midi ou toute autre heure dans un lieu donné, par exemple, Paris*, 182

2°. *Trouver la latitude & la longitude d'un lieu donné*, 182

3°. *La longitude & la latitude d'un lieu étant données, trouver ce lieu sur le globe*, ibid.

4°. *Un instant étant donné pour un lieu quelconque, trouver les endroits de la terre qui ont midi en même-tems*, 183

5°. *Connoître en tous tems la longueur du jour & de la nuit dans un endroit de la terre donné*, ibid.

6°. *Connoître la longueur des plus longs & des plus courts jours dans quelque lieu du monde que ce soit*, ibid.

Machines astronomiques & géographiques qui se trouvent chez le sieur de la Marche, rue du Foin-Saint-Jacques, 184

Fin de la Table de la Partie Astronomique.

TABLE

DES CHAPITRES.

Introduction, Pag. 187
Définition de quelques termes, dont on fait usage en géographie, 188
Suite des définitions, 189
Des Vents, ibid.
Religions & Gouvernemens, ibid.

CHAPITRE PREMIER.

Du Globe artificiel & de la Mappemonde, 191
Art. I. *Du Globe*, ibid.
§. I. *Des zones*, 192
§. II. *Des latitudes*, 193
§. III. *Des longitudes*, ibid.
§. IV. *Des climats*, 194
Art II. *De la Mappemonde*, 195

CHAPITRE II.

Idées générales de Géographie physique, 197

CHAPITRE III.

Divisions générales de la surface du Globe, 201
SECT. I. *De l'Europe*, 202
Etymologie, ibid.
Géographie Mathématique.
Etendue, ibid.
Climats, 203
Géographie Physique.
Bornes, ibid.
Montagnes, ibid.
Presqu'îles, ibid.
Caps, ibid.
Iles, 204
Golfes & mers intérieures, ibid.
Détroits, 205
Lacs, ibid.
Fleuves, 206
Géographie Politique.
Division des pays, 206
Art. I. *Etats du Nord*, 207
§. I. *De la grande Bretagne*, ibid.
§. II. *Des Etats du Roi de Danemarck*, 212
§. III. *De la Suède*, 214
§. IV. *De la Russie*, 215
Art. II. *Des Etats du milieu*, 217
§. I. *De la France*, ibid.
§. II. *Des Pays-Bas*, 219
§. III. *Des Provinces-Unies*, 221
§. IV. *De la Suisse*, 222
§. V. *De l'Allemagne*, 223
§. VI. *Bohème*, 234
Moravie, 235
Lusace, 236
Silésie, ibid.
§. VII. *De la Hongrie*, 237
§. VIII. *De la Pologne*, 239
§. IX. *De la Prusse*, 240
Art. III. *Des Etats du midi*, 241
§. I. *Du Portugal*, 241
§. II. *De l'Espagne*, 242
§. III. *De l'Italie*, 246

§. IV. *De la Turquie d'Europe*, 256
Notions générales relatives aux peuples d'Europe, 258
SECT. II. *De l'Asie*, 260
Etymologie, ibid.
Géographie Mathématique.
Etendue, 260
Climats, ibid.
Géographie Physique.
1°. *Bornes*, ibid.
2°. *Montagnes*, 261
3°. *Presqu'îles*, ibid.
4°. *Caps*, ibid.
5°. *Les îles*, 262
6°. *Golfes*, 262
7°. *Détroits*, 263
8°. *Lacs*, ibid.
9°. *Fleuves*, ibid.
Géographie Politique.
Divisions des pays, 264
§. I. *Turquie d'Asie*, ibid.
§. II. *La Perse*, 268
§. III. *De l'Arabie*, 270
§. IV. *De l'Inde*, 271
De la terre ferme de l'Inde, désignée par le nom d'Indostan, 272
1°. *Le Caboul*, ibid.
2°. *Les Seiks ou Skiks*, ibid.
3°. *Province de Delhi*, 273
4°. *Aoud*, ibid.
5°. *Province de Joud*, ibid.
6°. *Joïnagard*, 273
7°. *Agra*, 274
8°. *Ghod*, ibid.
9°. *Hatter*, ibid.
10°. *Rohilconde*, ibid.
11°. *Rampour*, 274
12°. *Farrakdabad*, 275
13°. *Aoud*, ibid.
14°. *Bundelconde*, ibid.
15°. *Calpi*, ibid.
16°. *Sagor*, 276
17°. *Bopaul*, ibid.
18°. *Benarès*, ibid.
19°. *Behar*, ibid.
20°. *Le Bengale*, 276
De la presqu'île occid. de l'Inde, 277
I. *Provinces de l'intérieur des terres :*
1°. *Pays des Marates*, 278
2°. *Le Bérar*, 279
3°. *Le Décan*, ibid.
4°. *Petites Provinces tributaires*, 280
5°. *La Carnatic ou Carnate*, 280
6°. *Etat de Tipou-Saëb, ou plutôt de Tipou-Khan*, 281
II. *Des côtes occidentales & orientales de la presqu'île.* ibid.
Côtes occidentales, ibid.
1°. *Le Guzerat*, ibid.
2°. *Salcète, Bombay, &c.* 282
3°. *Côte des Pirates*, ibid.
4°. *Goa*, ibid.
5°. *Sounda*, 283
6°. *Côte de Canara*, ibid.
7°. *Kolastri*, ibid.
8°. *Terres de Cartenatt*, ibid.
9°. *Le Callicut*, ibid.
10°. *Cranganor*, ibid.
11°. *Cochin*, 284
12°. *Le Travancor*, ibid.
Côte orient. portant le nom de côte de Coromandel : ibid.
1. *Le Maduré*, ibid.
2. *Le Morawar*, ibid.
3. *Le Tondaman*, 285
4. *Le Tanjaour*, ibid.
5. *Porto-Novo, Gondelour, &c.* ibid.
6. *Pondichery*, 286
7. *Madras*, ibid.
8. *Paliacate ou Paliacat*, ibid.
9. *Côte au Nord du Paliacat*, ibid.
10. *Les quatre Circas*, ibid.
Apperçu général de l'état politique de l'Inde, 287
§. V. *De la Chine*, 293
§. VI. *Du Japon*, 294
§. VII. *De la Tartarie*, 295
Des Iles de l'Asie, 296
Récapitulation concernant les Peuples d'Asie, 299

SECT. III. *De l'Afrique*, 301
Géographie Mathématique.
Etendue, 301
Géographie Physique.
Bornes, 302
Montagnes, ibid.
Caps, ibid.
Iles, 303
Golfes, ibid.
Lacs, ibid.
Fleuves, ibid.
Géographie Politique.
Division des Pays, 304
§. I. *De l'Egypte*, 305
§. II. *De la Nubie*, 306
§. III. *De l'Abyssinie*, ibid.
§. IV. *Du Désert de Barca*, 307
§. V. *De la Côte de Barbarie*, ibid.
§. VI. *Du Désert de Sahara*, 310
§. VII. *De la Guinée*, 311
§. VIII. *De la Nigritie*, 313
§. IX. *Du Congo*, 315
§. X. *De la Cafrérie*, 316
§. XI. *Pays situés à l'Est*, 317
Des Iles de l'Afrique, 318
Récapitulat. concernant les Peuples d'Afrique, 322

SECT. IV. *De l'Amérique*, 323
Géographie Mathématique.
Etendue, ibid.
Climats, 324
Géographie Physique.
Bornes, ibid.
Montagnes, ibid.
Isthmes, ibid.
Presqu'iles, ibid.
Caps, 325
Iles, ibid.
Golfes, ibid.
Baies, 326
Détroits, ibid.
Lacs, ibid.
Fleuves, ibid.
Peuples, 327
Géographie Politique.
Divisions des Pays, 328
§. I. *Amérique septentrionale*, ibid.
§. II. *Amérique méridionale*, 331
Des principales îles de l'Amérique, 334
Des terres peu connues, & des nouvelles découvertes, 337

CHAPITRE IV.

Détails particuliers concernant la France, 338
Grands Gouvernemens, 339
Petits Gouvernemens, ibid.
Grands Gouvern.: 1. de la Flandre Françoise, 340
2. *De l'Artois*, 341
3. *De la Picardie*, ibid.
4. *De la Normandie*, 342
5. *De l'Isle de France*, 443
6. *De la Champagne*, 344
7. *De la Lorraine*, 345
8. *De l'Alsace*, 447
9. *De la Bretagne*, ibid.
10. *Du Maine*, 348
11. *De l'Anjou*, 349
12. *De la Touraine*, 350
13. *De l'Orléanois*, ibid.
14. *Du Berri*, 351
15. *Du Nivernois*, ibid.
16. *De la Bourgogne*, ibid.
17. *De la Franche-Comté*, 353
18. *Du Poitou*, ibid.
19. *De l'Aunis*, 354
20. *De la Marche*, ibid.
21. *Du Bourbonnois*, 355
22. *De la Saintonge*, 356
23. *Du Limousin*, 357
24. *De l'Auvergne*, ibid.
25. *Du Lyonnois*, 358
26. *Du Dauphiné*, 359
27. *De la Guyenne*, 360

28. *Du Béarn*, 362
29. *Du Comté de Foix*, 363
30. *Du Roussillon*, ibid.
31. *Du Languedoc*, 364
32. *De la Provence*, 366
Du Comtat Venaissin, 367
De la Principauté d'Orange, 368
De l'île de Corse, 368
Liste des Archevêchés, avec les Evêchés qui en dépendent, 369
Table alphabétique & raisonnée de la Partie Astronomique, 375
Table alphabétique de la Partie Géographique, 384

Fin de la Table des Articles.

COSMOGRAPHIE

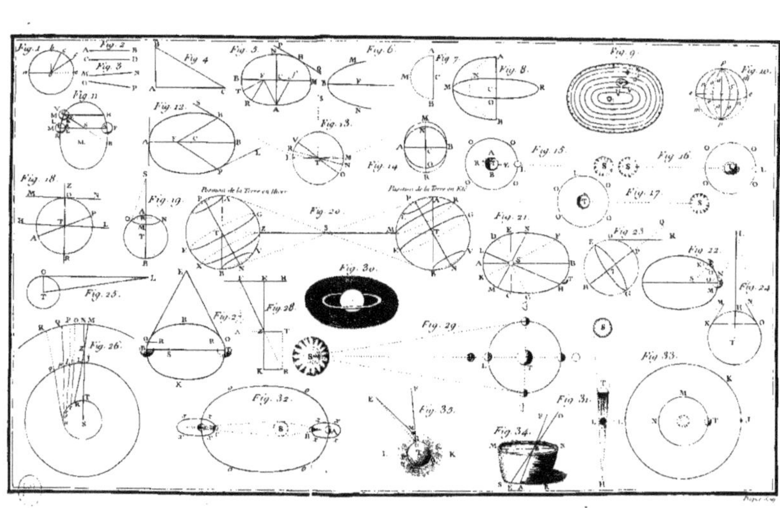

COSMOGRAPHIE ÉLÉMENTAIRE.

INTRODUCTION.

Comme je ſerai obligé, dans cette Coſmographie (1), de faire un fréquent uſage des notions ſuivantes d'Arithmétique & de Géométrie, & qu'elles peuvent être facilement entendues de ceux-mêmes qui n'ont aucune connoiſſance des Mathématiques, je vais les expoſer ici en peu de mots, pour que l'on ne ſoit pas obligé de les chercher ailleurs.

Notions d'Arithmétique.

Rapport ou raiſon de deux grandeurs.

On nomme rapport ou *raiſon* géométrique de deux grandeurs, le nombre de fois que la première contient la ſeconde. Ainſi, la raiſon de 12 à 4 eſt 3, parce que 12 contient 4 trois fois.

Deux grandeurs ſont en *raiſon directe* lorſque l'une d'elles

(1) *Coſmographie.* Ce mot eſt formé de deux mots grecs, Κόσμος, l'*Univers*; & de γραφῶ, *je décris.*

croiſſant, l'autre croît en même rapport, & devient double ou triple quand la première devient double ou triple. Elles ſont, au contraire, en raiſon *inverſe* ou *réciproque* lorſque l'une d'elles croiſſant, l'autre diminue dans le même rapport, c'eſt-à-dire que l'une devenant double ou triple, l'autre eſt réduite à la moitié ou au tiers.

Carré d'un nombre.

Le carré d'un nombre eſt le produit de ce nombre par lui-même. Ainſi, le carré de 3 eſt 9, parce que 3 multiplié par 3 donne 9.

Cube d'un nombre.

Le cube d'un nombre eſt le produit d'un nombre par ſon carré. Par exemple, le cube de 3 eſt 27, parce que ce dernier nombre eſt le produit de 9, carré de 3, par le nombre 3 lui-même.

Décimales.

Comme on trouvera, dans la ſuite, des nombres compoſés de chiffres ſéparés entre eux par une virgule, je vais faire entendre ce qu'ils expriment.

Conſidérons, par exemple, le nombre 34,578 ; nous obſerverons que les chiffres placés avant la virgule ſe comptent ſelon l'uſage ordinaire. Ainſi, le premier de ces nombres eſt compoſé de 34 unités ; mais les chiffres placés après la virgule ne ſont que des parties de cette même unité, & diminuent de dix en dix à meſure qu'elles s'éloignent de la virgule. Ainſi, le 5, au lieu d'exprimer les mêmes unités que le nombre 34, n'en exprime que des *dixièmes* ; le 7, que des *centièmes* ; le 8, que des *millièmes* : d'où il ſuit que le nombre 34,578 eſt égal à 34 unités, 5 dixièmes, 7 centièmes & 8 millièmes ; ou, ce qui revient au même, à 34 unités, plus 578 millièmes, ou à 34578 millièmes.

Les chiffres qui ſont après la virgule ſe nomment *décimales*, & l'on peut compter comme à l'ordinaire un nombre qui en renferme. Mais alors ces unités, s'il y a un chiffre après la virgule, au lieu d'être de véritables unités, n'en ſont plus que des dixièmes dans l'exemple ci-deſſus. Si l'on avoit eu, en ajoutant la virgule,

34 lieues, plus 5 dixièmes, 7 centièmes & 8 millièmes de lieues; en supprimant la virgule, on auroit 34578 millièmes de lieues. Si on les réduit en entier, on retrouvera 34 lieues, & les décimales qui sont un peu plus de la moitié d'une lieue. Si au lieu de 3 chiffres après la virgule on en avoit quatre, alors on auroit des dix-millièmes. Par exemple, le nombre 579,3465 est égal à 5 millions, 793 mille, 465 dix-millièmes; & celui-ci 0,397 est égal à 397 millièmes.

Les décimales sont du plus grand usage dans tous les calculs; voici quel en est l'avantage. La loi de la diminution de dix en dix des unités d'un chiffre, à mesure que l'on va de la gauche à la droite, s'y trouvant observée, toutes les opérations d'arithmétique se font avec la même facilité & de la même manière que sur les nombres entiers

NOTIONS DE GÉOMÉTRIE.

Cercle.

Si la ligne *o a* (fig. 1) tourne sur son extrêmité *o*, elle décrira une figure ronde, que l'on nomme *Cercle;* & le point *a* marquera successivement tous les points de la courbe *a*, *b*, *c*, *f*.

Le point *o* est *le centre;* la courbe, tracée par le point *a*, *la circonférence*.

La ligne *a e* qui passe par le centre & partage le cercle en deux parties égales, s'appelle *diamètre;* sa moitié *a o*, ou *o e*, s'appelle *rayon*.

Chaque point de la circonférence, pouvant toujours être considéré comme l'extrêmité de la ligne *o a*, est également éloigné de ce centre *o*: ainsi tous les rayons que l'on peut tirer du centre à la circonférence sont égaux entre eux.

Chaque portion de la circonférence, grande ou petite, s'appelle *arc de cercle*, comme *a b*, *b c*, &c.

Dégrés.

On suppose la circonférence de tout cercle divisible en 360 parties égales que l'on nomme *Dégrés*, & que l'on exprime ordinairement ainfi : *dég.* ou °, ou ᵈ. Chaque dégré fe divife en 60 *minutes*, que l'on exprime par ′; chaque minute, en 60 *fecondes*, exprimées par ″; chaque feconde, en 60 *tierces* ‴; & ainfi de fuite.

Le demi-cercle *a b e* (fig. 1) a par conféquent 180°, & le quart de cercle *a b* en a 90.

Angle.

Un angle eft l'intervalle que laiffent entre elles les deux lignes *a o* & *b o*, réunies à l'une de leurs extrémités (fig. 1).

On fuppofe toujours le point où fe réuniffent ces lignes placé au centre *o* d'un cercle tel que *a b c*, & l'on nomme mefure de l'angle le nombre de dégrés d'une portion de circonférence, tracée réellement ou fuppofée, que laiffent entre elles les deux lignes aux extrémités oppofées au point *o*; telle eft la portion *a b*. Le point *o* fe nomme *le fommet de l'angle.*

Tout angle qui, comme *a o b*, comprend 90°, fe nomme angle *droit ;* & les deux lignes qui forment cet angle font alors perpendiculaires entre elles. Un angle qui a moins de 90°, tel que *f o c*, ou *f o e*, eft nommé angle *aigu ;* & tout angle qui a plus de 90°, tel que *a o c*, ou *a o f*, eft appelé angle *obtus.*

Parallèles.

On nomme *Parallèles* deux lignes telles que A B & C D (fig. 2), qui, dans tous leurs points, font à égale diftance l'une de l'autre. Il eft vifible que ces deux *droites*, prolongées à l'infini, foit à droite foit à gauche, ne fe rencontreront jamais. Mais fi deux lignes, telles que M N & O P (fig. 3), finiffent par fe rencontrer, vers la gauche, par exemple, elles iront en convergeant vers ce côté, & en divergeant, ou en s'écartant l'une de l'autre, vers la droite. Confidérées à gauche, elles feront *convergentes :* confidérées à droite, elles feront *divergentes.*

Triangles.

On nomme *Triangle* une figure terminée par trois lignes droites; telle eft la figure A B C (fig. 4).

Si l'un des angles du triangle eſt un *angle droit*, la figure ſe nomme triangle *rectangle ;* & le côté oppoſé à l'angle droit ſe nomme *hypoténuſe :* ce ſeroit le côté B C, dans le cas où l'angle A ſeroit un angle droit.

Si l'un des angles du triangle eſt un *angle obtus*, le triangle ſe nomme *obtuſangle*.

Il ſe nomme *obliquangle* ou *acutangle* ſi les trois angles ſont aigus.

Les triangles ont cette propriété générale, que la ſomme de leurs angles, ou, ce qui revient au même, le nombre des dégrés qu'ils renferment eſt toujours égal à deux angles droits, c'eſt-à-dire, à 180 dégrés.

Ellipſe.

L'*Ellipſe* eſt une figure ovale (fig. 5), fort eſſentielle à connoître en Aſtronomie. On peut la tracer ainſi.

Aux deux points F f, fixez les extrêmités d'un fil : au moyen d'une pointe ou d'un crayon qui peut gliſſer le long du fil, tracez la courbe M A B dans la partie inférieure, & la courbe B N M dans la partie ſupérieure, vous aurez une Ellipſe A M N B dont les points F f ſeront appelés *foyers*. Il eſt aiſé de ſentir que ſi les points ou foyers F f ſe réuniſſent au point C, l'Ellipſe ſe changeroit en un cercle.

Parabole (1).

Mais ſi le point *f* s'éloignoit à l'infini (fig. 6) du point F, la longueur du grand axe ſeroit infinie, & la portion finie M B N de l'Ellipſe formeroit une courbe que l'on nomme *Parabole*.

On voit ainſi que la parabole n'eſt qu'une Ellipſe infiniment allongée, dont les foyers s'éloignent à l'infini ; &, par conſéquent, qu'une Ellipſe dont les foyers ſont très-éloignés l'un de l'autre, ſe confond ſenſiblement avec une parabole dans une petite partie de ſa circonférence.

---

(1) *Parabole*. Ce mot eſt formé du grec παρα, *par*; & de βαλλω, *jeter au loin*.

Tangente.

Une ligne telle que P H Q (fig. 5), qui ne fait que toucher l'Ellipse, ou, plus généralement, une courbe quelconque, se nomme *Tangente* de cette courbe.

Sphère (1).

Si l'on conçoit un demi-cercle A M B (fig. 7) tourner autour de son diamètre A B, il formera, par sa révolution, un solide que l'on nomme *Sphère*.

Il est clair que tous les points de la surface de ce solide seront également éloignés du centre C, & que tous les rayons, menés du centre à cette surface, seront égaux entre eux, & perpendiculaires à la surface.

Sphéroïde de révolution.

Si, au lieu de faire tourner un cercle AMB (fig. 7) sur l'axe AB, on faisoit tourner une autre courbe quelconque, telle qu'une demi-ellipse, cette courbe produiroit, par sa révolution, un solide que l'on nomme *Sphéroïde de révolution*, & qui, dans le cas où la courbe est une demi-ellipse, s'appelle *ellipsoïde de révolution*.

Inclinaisons de deux plans.

Que l'on imagine deux plans, A M B & A N B (fig. 8), qui se coupent suivant la droite A B, ces deux plans formeront un angle entre eux. Pour le mesurer, il faut faire passer perpendiculairement à ces deux plans un cercle M N R O, dont le centre C soit sur leur intersection A B ; le nombre de dégrés que renfermera l'axe M N de ce cercle, compris entre les deux plans, sera la mesure de l'angle qu'ils forment, ou, ce qui revient au même, de l'inclinaison de l'un de ces plans sur l'autre.

(1) *Sphère* vient du grec Σφαῖρα, & signifie *boule*.

COSMOGRAPHIE ÉLÉMENTAIRE.

PARTIE ASTRONOMIQUE.

CETTE Partie eſt diviſée en quatre Chapitres.

Le premier traite des corps céleſtes & de leurs mouvemens.

Le ſecond, de la cauſe générale qui produit ou qui entretient tous ces mouvemens.

Dans le troiſième, j'expliquerai les apparences que les corps céleſtes doivent préſenter à un ſpectateur placé ſur la Terre.

Enfin, pour ne rien laiſſer à deſirer ſur une matière ſi importante, je terminerai cette Partie de mon Ouvrage par une hiſtoire abrégée de l'Aſtronomie.

CHAPITRE PREMIER.

Des Corps céleſtes, & de leurs mouvemens, tels qu'ils ſont en eux-mêmes.

ON comprend, ſous le nom de *Corps céleſtes*, le SOLEIL, les PLANETTES, leurs SATELLITES, les COMÈTES & les ETOILES.

Le Soleil, les Planètes, leurs Satellites & les Comètes forment enſemble, ce que l'on nomme notre *Syſtême Planetaire*.

Les Etoiles fixes appartiennent à d'autres ſyſtêmes ; ainſi je n'en parlerai qu'après avoir expoſé ce qui appartient au nôtre.

SECTION PREMIÈRE.

De notre Systême Planetaire.

Les obſervations nous ont appris que c'eſt autour du Soleil que la Terre, ainſi que les autres Planètes, & même les Comètes, font leurs révolutions.

Il paroît donc naturel de parler d'abord de cet aſtre, & de voir enſuite ce qui a lieu autour de lui dans l'eſpace.

ARTICLE PREMIER.

Du Soleil.

1°. Le Soleil eſt un corps ſphérique & lumineux par lui-même, qui nous paroît ſtable au milieu de l'Univers. Je dis qu'il nous *paroît*, parce qu'en effet la théorie fait appercevoir qu'il doit éprouver un léger déplacement, par l'action des Planètes ſur lui, & que, d'ailleurs, il eſt probablement emporté dans l'eſpace par un mouvement commun à tout notre ſyſtême. J'aurai occaſion de revenir ſur cet objet.

2°. En eſtimant le diamètre du Soleil en lieues, il eſt évalué, par les dernières obſervations, de 319397 lieues, comprenant chacune 2283 toiſes.

Ce diamètre eſt 111 fois & $\frac{1}{48}$ plus grand que celui de la Terre. Or, comme les Sphères ſont entre elles comme les cubes de leurs diamètres, & que le cube de 111 $\frac{1}{48}$ eſt, en nombre rond, 1 million 400 mille, il s'enſuit que le Soleil eſt preſque un million quatre cent mille fois plus gros que la Terre.

1°. On a, depuis plus d'un ſiècle, découvert des taches ſur la ſurface du Soleil : en les obſervant, on eſt parvenu à s'aſſurer que cet aſtre a un mouvement de rotation ſur lui-même en 25 jours &, à-peu-près, 12 heures.

Son axe de rotation eſt incliné d'environ 82^{d} 30', par rapport au plan de l'orbite de la Terre.

4°. C'eſt du Soleil, comme d'un foyer toujours ſubſiſtant, que nous

nous vient la lumière dont nous jouissons pendant le jour, ainsi que celle de la Lune & des Planètes que ces corps nous renvoient par *réflection*.

Cette lumière du Soleil ne nous parvient pas dans un seul instant; elle emploie 8 minutes environ à faire ce trajet. Ainsi, dans cet intervale de tems, elle parcourt 34760680 lieues. Nous verrons ci-après comment on s'est assuré de la réalité & de la quantité de ce mouvement progressif de la lumière.

Les rayons de lumière, tels qu'ils nous viennent du Soleil, sont composés d'une infinité de rayons homogènes de différentes couleurs. Ils se décomposent à la surface de la Terre, par les réfractions & les réflections qu'ils éprouvent. De-là, cette variété prodigieuse de couleurs répandue sur toute la nature. Mais ce n'est pas ici qu'il convient de traiter cet objet purement physique, ni d'entrer dans le détail des belles expériences à l'aide desquelles Newton est parvenu à ces grandes découvertes.

ARTICLE II.

Des Planètes.

POUR mettre plus d'ordre & de clarté dans ce que je dirai des Planètes, je vais diviser cet article en plusieurs paragraphes, au moyen desquels on en pourra suivre les détails, sans perdre de vue l'ensemble.

§. I.

Des noms des Planètes & des figures par lesquelles on les désigne quelquefois (fig. 9).

I.

Les Planètes, dans l'ordre de leur distance au Soleil, sont :

Mercure	☿	Jupiter	♃
Vénus	♀	Saturne	♄
La Terre	♁	Georgium Sidus, ou la Planète d'Herschel (1).	
Mars	♂		

(1) Je ne connois point encore de figure emblématique pour désigner cette Planète. M. Herschel est né en 1738 dans l'Electorat de Hanovre. Il s'étoit d'abord adonné

J'ai mis à côté de ces différens noms l'espèce de signe symbolique par lesquels, au lieu de les nommer, on désigne quelquefois chacune des Planètes ; & afin que l'on y attache une idée qui les fixe plus profondément dans la mémoire, je vais mettre ici l'explication que l'on en donne ordinairement.

Le signe de Mercure ☿ est *un caducée*.

Celui de Vénus ♀, *un miroir* avec son manche.

Celui de la Terre ♁, *une boule* surmontée d'une croix.

Celui de Mars ♂, *une flèche* avec un *bouclier*.

Celui de Jupiter ♃, *un Z barré*. Le Z barré est la première lettre de *Zeus* (Ζεύς), nom de Jupiter en Langue grecque.

Enfin, celui de Saturne ♄, est *une faulx*, emblême du Tems, dont les Mythologues ont supposé que ce personnage étoit le Dieu.

I I.

On nomme Planètes *inférieures* celles qui sont plus près du Soleil que ne l'est la Terre ; & Planètes *supérieures*, celles qui en sont plus éloignées.

à la Musique, ainsi que ses frères qui ont actuellement en Angleterre une grande réputation pour le violon. Ses heures de loisir étoient consacrées à l'étude des Mathématiques & de l'Astronomie. Son goût pour ces sciences augmenta avec ses progrès, & ce goût fut bientôt un besoin dominant. Pendant qu'il étoit directeur de la Musique à Bath, il s'occupoit des Télescopes à réflection qu'il perfectionna. Outre le Télescope Newtonien de 7 pieds avec lequel il a découvert la nouvelle Planète, il en a monté un de 12 & un de 20 pieds qui grossissent au delà de tout ce que l'on imagine, au delà de 12000 fois. Le Roi d'Angleterre, voulant récompenser les travaux de M. Herschel, lui a accordé une pension de 300 livres sterlings, & un logement à Winsor. La Société Royale de Londres l'a mis au nombre de ses Membres en 1782, & lui a décerné la médaille qui est accordée à l'Auteur de la découverte la plus importante. (*Jour. du Lycée de Lond. &c.* T. II, pag. 309.).

La découverte de la nouvelle Planète eut lieu au mois de Mars de l'année 1781. M. Herschel, par reconnoissance pour le Souverain qui l'honore de sa protection & qui lui accorde des témoignages si marqués de sa bienveillance, a desiré que cette nouvelle Planète fût nommée *Georgium Sidus*, ou la *Planète Georges*. Mais comme dans la suite des siècles ce nom seroit une indication trop vague, puisqu'il y a eu

§. II.

Diamètre des Planètes.

On ſe tromperoit beaucoup ſi l'on croyoit que la groſſeur de chaque Planète eſt relative à ſon éloignement du Soleil, puiſque la Terre, qui en eſt plus près que Jupiter, eſt plus petite que lui, tandis que cette même Planète de Jupiter eſt plus groſſe que Saturne, qui eſt plus éloigné du Soleil.

---

déja & qu'il peut y avoir encore pluſieurs autres Princes de ce nom, les Aſtronomes étrangers ſe ſont en quelque ſorte accordés à la nommer la *Planète Herſchel*, du nom même de celui qui l'a découverte.

Il a été reconnu, depuis, que cette Planète eſt la même que la 964ᵉ Etoile du catalogue zodiacal de Mayer, qui, en effet, ne ſe trouve point dans l'endroit du ciel étoit alors.

Comme on ne peut trop répandre de lumières ſur un objet auſſi intéreſſant, je vais tranſcrire ici, mais ſeulement pour l'avantage de ceux qui s'occupent d'Aſtronomie, les élémens de cette Planète, tels que les a donnés M. de la Place, dans ſon excellent Memoire ſur la *Théorie du mouvement & de la figure elliptique des Planètes.*

Élémens de l'orbite de la Planète HERSCHEL.

La moyenne diſtance du Soleil à la Terre eſt priſe pour l'unité.

Demi-grand axe de l'orbite	19,0818 (1).		
Rapport de l'excentricité au demi-grand axe	0,047587		
Ce rapport réduit en ſecondes			9815″ $\frac{1}{2}$
Plus grande équation du centre	5°	27′	11″
Anomalie moyenne ſur l'orbite comptée de l'Aphélie, le 1ᵉʳ Janvier 1782, à midi, temps moyen de Paris	102°	59′	31″
Longitude de l'Aphélie ſur l'orbite à la même époque	353°	22′	59″
Longitude du nœud aſcendant au même inſtant	73°	1′	0″
Inclinaiſon de l'orbite		46′	12″
Logarithme du nombre de ſecondes que la Planète décrit en un jour par ſon moyen mouvement	1,6290783		

Le tems de la révolution de cette Planète eſt de 30445,75 jours ; c'eſt-à-dire, d'un peu plus de 83 ans $\frac{1}{3}$.

---

(1) Ou 663315454 lieues.

Il faut donc, autant qu'il est possible, retenir la grandeur de leurs différens diamètres évalués en lieues. Je vais les présenter ici, en y joignant le diamètre du Soleil.

	Diamètres en lieues.
Le Soleil	319397
Mercure	1166
Vénus	2748
La Terre	2865
Mars.	1899
Jupiter	32264
Saturne.	28600

Si, pour se former une idée du disque de ces Planètes, on vouloit tracer sur un papier des cercles qui en eussent les proportions, on pourroit partir du diamètre de la Terre, en l'estimant d'une ligne : alors on auroit pour représenter,

Le Soleil, un cercle de *neuf pouces trois lignes* de diamètre, ou, ce qui revient au même, de 111 lignes.

Mercure, un cercle *d'un peu moins d'une demi-ligne ;*

Vénus, un cercle *de presque une ligne ;*

La Terre, un cercle *d'une ligne ;*

Mars, un cercle *d'un peu plus d'une demi-ligne ;*

Jupiter, un cercle *de onze lignes ;*

Saturne, un cercle *d'un peu moins de dix lignes.* (*Voyez* la Pl. ci-jointe).

§. III.

Des orbites des Planètes en général, & des Elémens de ces orbites.

Les Planètes décrivent autour du Soleil, non des cercles, mais des Ellipses : on les appelle *Orbites des Planètes* (fig. 9.).

Par Elémens des orbites des Planètes, on entend les *lignes* & les *points* principaux de ces orbites, servant à en déterminer la nature.

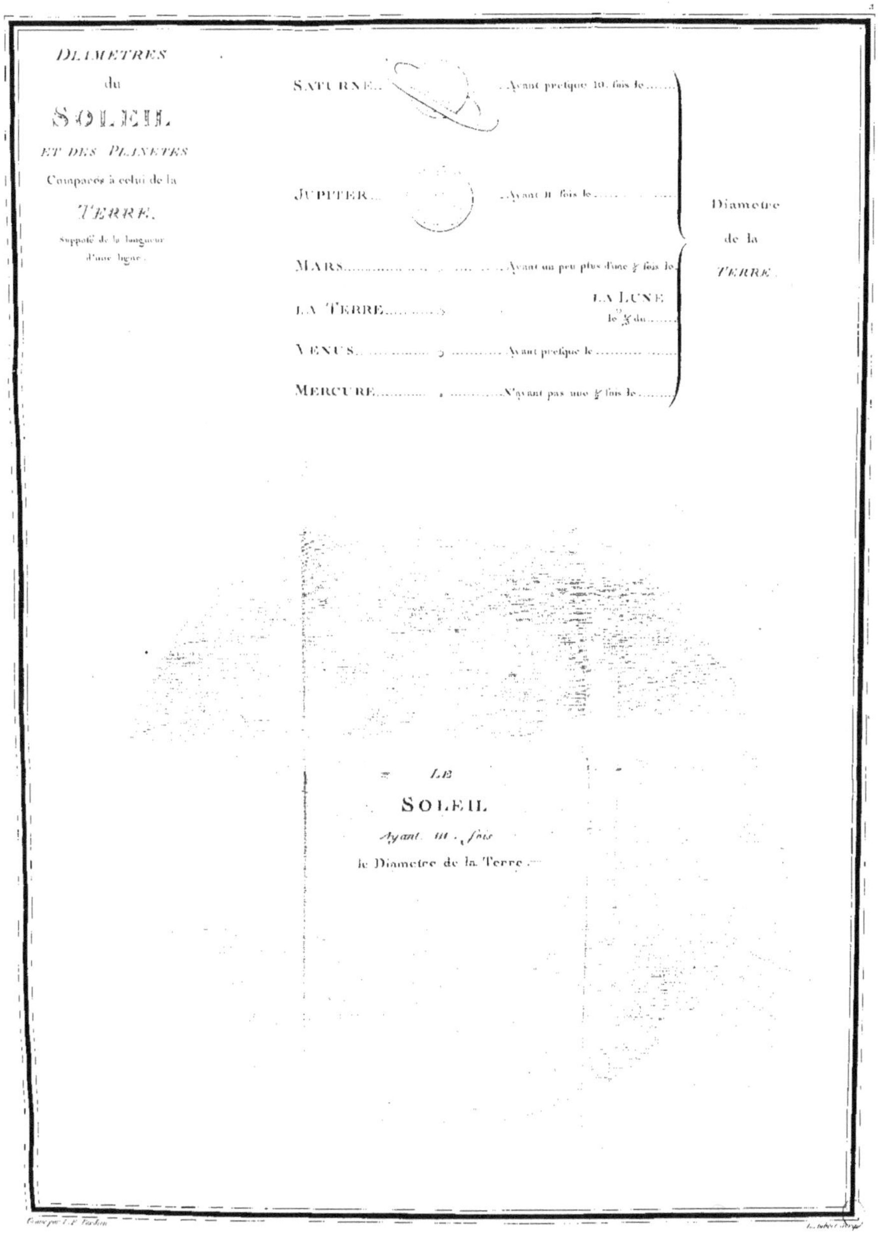

DIAMETRES

du

SOLEIL

ET DES PLANETES

Comparés à celui de la

TERRE.

Supposé de la longueur d'une ligne.

SATURNE ... Ayant presque 10. fois le ...

JUPITER ... Ayant 11 fois le ...

MARS ... Ayant un peu plus d'une ½ fois le ...

LA TERRE ...

LA LUNE le $\frac{3}{11}$ du ...

VENUS ... Ayant presque le ...

MERCURE ... N'ayant pas une ½ fois le ...

Diametre de la *TERRE*.

LE

SOLEIL

Ayant 111. fois

le Diametre de la Terre.

Ces Elémens de l'orbite de chaque Planète font :

1°. Sa *moyenne diftance*, qui eft la moitié de fon grand axe.

2°. Son *excentricité*.

3°. La *pofition* de l'Aphélie & du Périhélie.

4°. La *ligne des nœuds*.

5°. L'*inclinaifon* de fon plan fur celui de l'orbite terreftre appelée *écliptique* (1).

Les obfervations nous ont appris que ces Elémens ne font pas les mêmes dans les différens fiècles. Leurs changemens font, à la vérité, peu *fenfibles* dans l'intervalle d'un petit nombre d'années; mais ils le deviennent lorfque l'on compare l'état actuel du ciel avec celui des tems reculés.

Je vais ajouter deux mots d'explication fur quelques-uns de ces Elémens.

Excentricité.

Le Soleil n'occupe pas le centre (fig. 5) C de l'Ellipfe B A M N que décrit une Planète quelconque; mais il eft placé à l'un des foyers F de cette Ellipfe. La diftance C F eft ce que l'on nomme excentricité : elle n'eft pas fort confidérable ; & les orbites des Planètes font à-peu-près circulaires.

Périhélie & Aphélie (2).

On peut remarquer dans la circonférence des orbites des Planètes quatre points principaux.

Celui où la Planète eft dans la plus grande proximité du Soleil, & que l'on nomme *Périhélie*.

Celui où elle eft dans le plus grand éloignement, & que l'on nomme *Aphélie*.

Enfin, ceux où elle eft à une diftance moyenne.

---

(1) Ecliptique vient du grec ἐκλείπειν, *défaillir*, *éclipfer*. On a ainfi nommé ce cercle, parce que c'eft dans fon plan qu'arrivent les éclipfes.

(2) *Périhélie* & *Aphélie*. Dans ces deux mots, *hélie* vient du grec Ἥλιος, le Soleil ; le mot περὶ fignifie *autour*, *auprès* ; ἀφ' ou ἀπὸ marque l'éloignement.

Ainſi, l'Ellipſe B A M N étant toujours ſuppoſée l'orbite d'une Planète dont le Soleil occupe le foyer F, l'extrêmité B du grand axe, la plus voiſine de F ſera le point du Périhélie; l'autre extrêmité M ſera le point de l'Aphélie; & les deux extrêmités A & N du petit axe A N ſeront les points des diſtances moyennes. La diſtance F A qui eſt toujours égale à la moitié du grand axe B M, eſt ce que l'on appelle *diſtance moyenne.*

Des nœuds & des inclinaiſons des orbites.

La poſition des différentes orbites des Planètes dans l'eſpace n'eſt pas la même pour toutes : elles ſont inclinées les unes par rapport aux autres. Pour déterminer ces inclinaiſons, on les rapporte à un plan commun, qui eſt l'orbite de la Terre, appelée Ecliptique.

Le plan de chaque orbite coupe celui de l'Ecliptique. Les points où ces orbites ſe coupent ſe nomment nœuds; & l'on nomme *ligne des nœuds* celle qui eſt ſuppoſée aller d'un nœud à l'autre. On voit ainſi que les nœuds ſont aux endroits où cette ligne rencontre l'orbite de la Planète.

L'inclinaiſon du plan de chaque orbite par rapport à l'orbite de la Terre, & la poſition de la ligne des nœuds, déterminent ſa ſituation dans l'eſpace.

§. I V.

Des loix ſelon leſquelles les Planètes ſe meuvent dans leurs orbites.

Les Planètes ſe meuvent dans leurs Ellipſes ſuivant certaines loix qu'il eſt très-important de connoitre.

Le tems qu'une Planète, partie du point B (fig. 5), emploie à revenir à ce même point, eſt ce que l'on nomme *ſa révolution.* Sa viteſſe, en parcourant ſon orbite, n'eſt pas uniforme. Le point B du Périhélie eſt celui où ſa viteſſe eſt la plus grande. Elle va enſuite en diminuant, à meſure que la Planète s'avance vers l'Aphélie M; &, lorſqu'elle y eſt parvenue, ſa viteſſe eſt la plus petite possible. Elle recommence à augmenter ensuite par les mêmes dégrés, suivant lesquels elle avoit diminué, jusqu'à ce qu'elle soit revenue à son Périhélie.

Pour faire connoître la loi du mouvement de cette Planète, j'observerai que l'on nomme *rayon vecteur* toute ligne droite, telle que F T, menée du foyer F, où est le Soleil, à l'orbite de la Planète.

Cela posé, Képler a trouvé, par l'observation, que la Planète se meut de B en T, de manière que la surface B F T, comprise entre les rayons vecteurs B F, T F, & l'arc B T de l'Ellipse, croît proportionnellement au tems que la Planète emploie à parcourir cet arc. Ainsi, après un tems double, si la Planète se trouve en R, ce n'est pas l'arc B R qui est double de l'arc B T; c'est la surface B F R qui est double de la surface B F T.

La loi précédente est relative au mouvement particulier de chaque Planète dans son orbite; mais il existe une autre loi aussi importante, découverte de même par Képler, & qui lie entre eux les mouvemens des différentes Planètes.

Cette loi consiste en ce que *les carrés des tems des révolutions de deux Planètes quelconques, sont entre eux comme les cubes de leurs distances moyennes au Soleil.* Un exemple rendra ceci plus sensible.

La moyenne distance de la Terre au Soleil, comparée à la distance de Jupiter à ce même astre, est, à-peu-près, dans le rapport de 10 à 52. Les cubes de ces distances sont par conséquent dans le rapport du cube de 10 à celui de 52, c'est-à-dire, comme 10 est à 1407, à-peu-près.

Or, la durée de leurs révolutions est,

Pour la Terre, de 365 jours $\frac{1}{4}$.

Pour Jupiter, 4332 jours.

Et les carrés de ces nombres sont entre eux comme 133 à 18766, ou, ce qui revient au même, comme 10 à 1407. Il y a donc le même rapport entre les carrés des tems des révolutions, qu'entre les cubes des distances moyennes de ces deux Planètes: la même chose a lieu pour toutes les autres.

Les deux loix que je viens d'expoſer ſont d'autant plus importantes, qu'elles ſuffiſent, à bien peu de choſe près, pour déterminer à chaque inſtant la poſition de chaque Planète dans ſon orbite. Il ne faut pas diſſimuler cependant qu'elles ne ſont pas rigoureuſement exactes : & toutes les Planètes, principalement Jupiter & Saturne, s'en écartent un peu. Je parlerai ci-après de la cauſe de ces légères altérations.

§. V.

Grandeur des principaux Elémens des orbites de chaque Planète en particulier.

Après avoir expoſé ce qui concerne le mouvement des Planètes en général, je vais donner la valeur particulière des principaux Elémens de leurs orbites.

1°. *Diſtance moyenne de chaque Planète au Soleil.*

Cette diſtance moyenne eſt celle que l'on emploie ordinairement dans les calculs d'Aſtronomie (1). C'eſt auſſi celle à laquelle il convient de s'arrêter ici. Elle eſt :

	Lieues.
Pour Mercure, de	13456204
Pour Vénus, de	25144250
Pour la Terre, de	34761680
Pour Mars, de	52966122
Pour Jupiter, de	180794791
Pour Saturne, de	331604504
Pour Herſchel, de	663315454

En ſuppoſant que l'on trouvât quelque difficulté à retenir ces nombres, on conſervera au moins une idée du rapport qui exiſte entre eux, par celui qui ſe trouve entre les nombres 4, 7, 10, 15, 52, 95, & qui eſt à-peu-près le même, c'eſt-à-dire :

(1) *Aſtronomie* vient de *αστρον*, *aſtre*, & de *νόμος*, *diſtribution.*

Que

Que Mercure n'eſt *pas à la moitié* de la diſtance de la Terre ;
Que Vénus eſt *preſqu'à la moitié & demie ;*
Que Mars eſt *à une fois & demie* de cette diſtance ;
Que Jupiter eſt *plus de cinq* fois plus loin ;
Et que Saturne l'eſt *plus de neuf* fois.

2°. *Tems des révolutions de chaque Planète.*

De la différente diſtance des Planètes au Soleil, il réſulte néceſſairement auſſi une différence dans le tems qu'elles emploient à faire leurs révolutions. La Planète la plus près eſt celle qui emploie le moins de tems ; & celle qui eſt la plus éloignée en emploie le plus, ainſi que l'on va le voir.

Mercure fait ſa révolution en........................ 87 j. 23 h.
Vénus, en..224 j. 18 h.
La Terre, en....................................365 j. 6 h. 9′ 10″
Mars, en.............................. 1 an & 321 j. 22 h.
Jupiter, en...............................11 ans & 33 j.
Saturne, en...............................29 ans & 155 j.
Herſchel, en 30445,75 jours, ou un peu plus de 83 ans $\frac{1}{3}$.

Remar. La révolution de la Terre ſe nomme année *ſidérale* (1), parce que c'eſt le tems que cette Planète, vue du Soleil, emploie à revenir au même point du ciel, ou, ſi l'on veut, à la même Etoile.

Les tems des révolutions des Planètes ſont plus conſidérables lorſqu'elles ſont plus éloignées du Soleil, non-ſeulement parce qu'elles décrivent des orbites plus grandes, mais encore parce que leur vîteſſe eſt moindre. Saturne, par exemple, décrit une orbite preſque dix fois plus grande que celle de la Terre, & cependant il emploie trente fois plus de tems à la décrire : ſa vîteſſe n'eſt donc à-peu-près que le tiers de celle de la Terre. On conclut facilement de la deuxième des loix de Képler que j'ai expoſée dans le paragraphe précédent, que les vîteſſes moyennes des Planètes ſont réciproquement comme les racines carrées de leurs moyennes diſtances au Soleil.

(1) *Sidérale* vient du latin *Sidus*, Etoile.

Toutes les Planètes se meuvent d'Occident en Orient ; & l'identité de cette direction de mouvement est une des choses les plus singulières du système du monde. Nous verrons, en parlant des Satellites, qu'ils se meuvent dans le même sens ; & c'est aussi le sens dans lequel les Planètes se meuvent sur elles-mêmes. Nous verrons encore ci-après que les plans des orbites des Planètes & des Satellites sont peu inclinés les uns aux autres, & que ces orbites sont, à-peu-près, circulaires ; ensorte que tout paroît indiquer, avec la plus grande vraisemblance, une cause générale qui a imprimé aux Planètes & aux Satellites les mouvemens qui les animent. Mais quelle est cette cause physique ? C'est ce que personne n'a pu déterminer jusqu'ici d'une manière satisfaisante.

3°. *Excentricité des différentes Planètes.*

Les foyers de chacune des Ellipses que décrivent les Planètes autour du Soleil, ne sont pas à une égale distance des centres de ces Ellipses. En supposant la distance moyenne de la Terre au Soleil, divisée en 100000 parties, voici le nombre des parties correspondantes que renferme l'excentricité de chaque Planète :

	Parties.
Pour Mercure	7970
Pour Vénus	505
Pour la Terre	1680
Pour Mars	14170
Pour Jupiter	25078
Pour Saturne	54381
Pour Herschel	90805

4°. *Inclinaison des différentes orbites.*

J'ai dit précédemment que les plans des orbites des Planètes étoient inclinés les uns par rapport aux autres, & que cette inclinaison s'estimoit relativement à l'Ecliptique.

Cette inclinaison est,

Pour l'orbite de Mercure, de . . . . 6° 59′ 20″
Pour celle de Vénus, de . . . . 3° 23′ 20″
Pour celle de Mars . . . . 1° 51′
Pour celle de Jupiter . . . . 1° 19′ 10″
Pour celle de Saturne . . . . 2° 30′ 10″
Pour celle d'Herſchel . . . . 46′ 12″

Remarque. Il ne faut pas perdre de vue ce que j'ai dit, que les *excentricités* des Planètes & l'*inclinaiſon* de leurs orbites ne ſont pas les mêmes dans les différens ſiècles; c'eſt pourquoi je préviens que les valeurs précédentes ſont celles qui ont eu lieu au milieu de ce ſiècle, c'eſt-à-dire, au commencement de 1750.

§. VI.

Des mouvemens des Planètes ſur elles-mêmes.

Le plus grand nombre des Planètes paroît avoir un mouvement de rotation ſur ſon axe; voici, du moins, celles dont ce mouvement, *appelé diurne*, eſt connu :

Vénus fait ſa révolution ſur elle-même en . . . . 23 h. 20′
La Terre, en . . . . 23 h. 56′ 4″
Mars, en . . . . 25 h. 40′
Jupiter, en . . . . 9 h. 50′

Il eſt extrêmement probable que Mercure, Saturne & Herſchel ont également un mouvement de rotation ſur eux-mêmes. Si l'on n'a pu juſqu'à préſent s'en aſſurer, cela tient, pour les deux dernières, au grand éloignement où ces Planètes ſe trouvent de nous, ce qui nous empêche d'obſerver leurs taches; car ce n'eſt qu'au moyen de la diſparition & du retour des taches d'une Planète que l'on s'aſſure de ſa rotation. Quant à Mercure, comme il eſt fort près du Soleil, il nous paroît preſque toujours plongé dans les rayons de cet aſtre, ce qui nous empêche auſſi d'y obſerver des taches.

Mais l'analogie nous porte à croire que ces trois Planètes ſont douées d'un mouvement de rotation, ainſi que les autres.

D'ailleurs, il eſt naturel de penſer que le mouvement *de*

tranſlation des Planètes autour du Soleil, & leur mouvement *de rotation* ſur elles-mêmes, viennent de ce que la force primitive, quelle qu'elle ſoit, qui les a miſes en mouvement, n'a pas paſſé par leur centre de gravité; car il eſt prouvé géométriquement que, pour qu'une Planète n'eût point de mouvement de rotation, il ſeroit indiſpenſable que cette force eût exactement paſſé par ſon centre de gravité, ce qui eſt infiniment peu probable, puiſque ce centre eſt un point unique.

Les deux points oppoſés ſur leſquels une Planète tourne ſe nomment *Pôles* (1).

La ligne qui les joint, & qui paſſe par le centre de la Planète, ſe nomme *Axe de rotation.*

Le grand cercle qui, ſur cette Planète, auroit tous ſes points également diſtans des deux Pôles, ſe nomme *Equateur* (2).

Tous les cercles que l'on pourroit tracer ſur cette Planète, en les faiſant paſſer par les Pôles, ſe nomment *Méridiens* (fig. 10): *p, p* indiquent les Pôles; *a, a*, l'Axe de rotation, qui eſt ſuppoſé dans l'intérieur de la Planète; *e, e, e, e*, l'Equateur; *pmpm, pn pn, popo*, les Méridiens.

Je donnerai dans la ſuite la raiſon de ces différentes dénominations.

§. VII.

De la figure des Planètes, & en particulier de celle de la Terre.

Les Planètes, en conſéquence de leur mouvement de rotation, prennent une figure applatie à leurs Pôles, enſorte que leur diamètre eſt moins grand dans ce ſens que dans le ſens de l'Equateur. Voici le réſultat des recherches que l'on a faites ſur la figure de la Terre.

La figure de la Terre eſt à-peu-près celle d'une boule ou d'une ſphère (3) dont le rayon eſt de 1532 lieues $\frac{1}{2}$, à raiſon de 14693

(1) *Pôle* vient du grec Πωλεῖν, *tourner.*

(2) *Equateur* vient du latin *Æquare*, diviſer en parties égales.

(3) *Sphère* vient du grec Σφαῖρα, *boule* ou *globe.*

pieds, ou, ce qui revient au même, de 2282 toises par lieue. On a cru cependant long-tems qu'elle étoit parfaitement ronde. Newton & Huyghens ont senti les premiers qu'elle devoit être un peu applatie vers les Pôles. Huyghens se fondoit sur ce qu'en vertu du mouvement de rotation de la Terre, les parties voisines de l'Equateur décrivant de plus grands cercles, tendent avec plus de force à s'éloigner du centre de la Terre, à-peu-près comme nous voyons les corps lancés par une fronde s'éloigner avec d'autant plus de vîtesse, que le mouvement de la fronde est plus rapide.

Huyghens trouvoit, d'après cette considération, que la Terre étoit une Ellipsoïde de révolution, & que son diamètre à l'Equateur devoit surpasser l'axe de rotation de $\frac{1}{578}$, ou de 6 lieues environ.

En partant d'un principe que je ferai bientôt connoître, Newton trouva une différence plus grande entre les deux axes, & il démontra qu'en supposant la Terre homogène, cette différence devoit être de $\frac{1}{230}$ ou de 13 lieues.

Jusqu'alors la théorie seule donnoit à la Terre une figure applatie vers les Pôles; car les dégrés du Méridien, que l'on mesura depuis dans une grande étendue de la France, au commencement de ce siècle, sembloient indiquer un applatissement en sens contraire.

Cette contradiction entre la théorie & les observations fit naître quelques disputes dans le sein de l'Académie des Sciences. Les partisans de l'applatissement de la Terre vers les Pôles observoient, avec raison, que la différence des dégrés du Méridien, mesurés en France, étoit trop peu considérable pour que les erreurs les plus légères dans les observations n'influassent pas très-sensiblement dans les résultats : on proposa donc, pour décider la question, de mesurer *deux* dégrés du Méridien, l'un vers le Pôle, l'autre à l'Equateur. Le Ministre éclairé (1) qui avoit alors l'Académie dans son département, sentit l'importance de cette opération, & la fit

(1) M. le Comte de Maurepas.

agréer au Roi. En conséquence plusieurs Académiciens françois allèrent mesurer la grandeur d'un dégré à Tornéa, en Laponie, tandis que d'autres allèrent à Quito, dans le Pérou.

Il résulte des opérations de ces Académiciens, faites avec tout le soin possible, que les dégrés du Méridien sont d'autant plus grands, qu'ils sont plus près du Pôle : c'est ce que l'on voit par l'exposé suivant.

Le dégré du Méridien est :

	Toises.
Sous l'Equateur, de	56757
En France, de	57050
En Laponie, de . . . . -	57405

La question de l'applatissement de la Terre est donc réellement décidée par ces mesures, & l'on peut assurer que cette Planète est applatie vers ses Pôles, ainsi que Huyghens & Newton l'avoient avancé ; car des dégrés plus grands supposent une moindre courbure, ou, ce qui revient au même, un plus grand applatissement.

Cependant il faut observer que la figure de la Terre n'est point régulière, & que la courbure de ses différens Méridiens n'est pas exactement elliptique, comme les deux grands Géomètres que j'ai nommés plus haut, l'avoient conclu de leur théorie.

Quant à Jupiter, selon M. l'Abbé de la Caille, le diamètre de son Equateur surpasse d'un douzième l'axe qui passe par ses Pôles, ensorte que cette Planète est la plus applatie de toutes celles de notre systême, ce qui vient de ce que son mouvement de rotation est le plus rapide, puisque, comme on l'a vu, elle tourne sur elle même en 9 heures 50′ : son axe est incliné au plan de son orbite d'environ 87 d.

§. VIII.

De la Précession des Equinoxes, & de la Nutation de l'axe de la Terre.

J'ai déja observé que la Terre tourne sur elle-même en 23 h. 56′ 4″. L'axe sur lequel elle tourne est incliné au plan de l'Ecliptique de 66 d ½ environ, ensorte que le plan de l'Equateur fait avec celui de l'Ecliptique un angle de 23 d ½, ou, plus exactement, de 23 d 28′ : cet angle est ce que l'on appelle *obliquité de l'Ecliptique.*

Il ne faut pas croire que cette obliquité soit toujours la même : sa variation est, à la vérité, peu sensible ; mais, en comparant les observations anciennes aux observations modernes, on trouve qu'elle va en diminuant, & que, depuis deux mille ans, elle a diminué de 18 ou 20 minutes. Si cette diminution n'avoit point de bornes, l'Ecliptique & l'Equateur viendroient un jour à se confondre ; ensorte que, dans cette position, le Soleil étant constamment dans le plan de l'Equateur, il règneroit une équinoxe perpétuelle sur la Terre entière. Quelques Philosophes ont cru que cela étoit arrivé & pourroit arriver encore. J'exposerai ce que l'on peut conjecturer à cet égard, en parlant de la cause de cette diminution de l'obliquité de l'Ecliptique. Il suffira d'observer ici qu'elle dépend d'un changement dans la position de l'orbite de la Terre ; changement que nous avons vu avoir lieu pour toutes les Planètes.

L'Equateur coupe l'Ecliptique en deux points que l'on nomme *Points Equinoxiaux* ; & je nommerai *Ligne des Equinoxes*, ou simplement *Ligne Equinoxiale* (1), la ligne qui passe par le centre de la Terre, & qui les joint. Ainsi (fig. 11) T étant le centre de la Terre, TRBAHC son orbite, ou l'Ecliptique, MLER son Equateur, on doit concevoir le plan de cet Equateur, non pas couché sur le plan de l'Ecliptique, mais incliné de 23 d ½ : la ligne d'intersection ME de ces deux plans est la *Ligne Equinoxiale.* On la nomme ainsi, parce que l'Equinoxe a lieu lorsque cette ligne, prolongée, passe par le centre du Soleil S. Il est clair que cela arrive dans les deux points opposés de l'orbite, T & A : dans tous les autres points, la Ligne Equinoxiale ME, qui conserve toujours à-peu-près son parallélisme pendant le mouvement de la Terre, étant prolongée ne passera pas par le centre du Soleil S.

---

(1) Le mot *Equinoxial* vient du latin *nox*, nuit, & *æquus*, *a*, *um*, égal, égale.

Si cette ligne M E n'avoit point de mouvement autour du centre T de la Terre, il eſt viſible que les Equinoxes arriveroient toujours lorſque la Terre ſeroit aux points T & A de ſon orbite. Mais tandis que la Terre ſe meut d'Occident en Orient, cette ligne elle-même a un petit mouvement d'Orient en Occident; enſorte que, lorſque la Terre, avançant dans le ſens T B A C, arrive au point C, la poſition de cette ligne n'eſt plus ſuivant la droite M E, parallèle à T A, mais ſuivant la droite V C K, qui fait avec M E le petit angle E C K, la Ligne des Equinoxes ayant eu un petit mouvement de E en K, c'eſt-à-dire, en ſens contraire de celui de la Terre, qui ſe fait de C vers T; & c'eſt par cette raiſon que ce mouvement eſt dit *rétrograde*.

En vertu de cette nouvelle poſition, le prolongement de la Ligne Equinoxiale V C K rencontre le Soleil avant que la Terre ſoit revenue au point T : l'Equinoxe arrive ainſi plutôt chaque année que l'année précédente. C'eſt-là le phénomène connu ſous le nom de *Préceſſion des Equinoxes*.

On voit par-là que l'intervalle entre deux Equinoxes du Printems, & que l'on nomme *année tropique* (1) ou *année civile*, eſt moindre que la révolution moyenne de la Terre, de tout l'intervalle de tems que la Terre emploie à aller de C en T. Suivant les obſervations, l'angle E C K eſt de 50″ $\frac{1}{3}$. Cet angle eſt égal à l'angle C S T. Or, la Terre, décrivant environ 59′ de dégré par jour, emploie 20′ 22″ de tems, à décrire ces 50″ $\frac{1}{3}$, ou l'arc C T. D'où il ſuit que l'année *tropique*, ou *civile*, eſt plus courte que l'année *ſidérale* de 20′ 22″. Et, comme nous avons vu ci-deſſus que cette dernière eſt de 365 j. 6 heures 9′ 10″, l'année *tropique* doit être de 365 j. 5 h. 48′ 48″.

Hipparque de Bithynie (2), qui vivoit vers l'an 140 avant J. C.,

(1) *Tropique* vient du grec Τροπη, & ſignifie *retour*. On verra dans la ſuite que l'on a donné ce nom à deux Cercles au-delà deſquels le Soleil nous paroit ne pas s'avancer.

(2) La Bithynie étoit une contrée de l'Aſie mineure.

eſt

eſt le premier qui ait reconnu la Préceſſion des Equinoxes. Dans le ſiècle préſent, l'illuſtre Bradley a fait ſur cet objet une découverte non moins importante, & qui avoit dû néceſſairement échapper aux inſtrumens trop peu exacts dont les Anciens faiſoient uſage.

Pour donner une idée de cette découverte, nous obſerverons que, durant le mouvement de la Ligne des Equinoxes, l'axe de la Terre conſerve toujours à-peu-près la même inclinaiſon ſur le plan de l'Ecliptique ; mais cela n'eſt pas rigoureuſement exact ; & M. Bradley a découvert que ſon inclinaiſon eſt ſujette à de très-petites oſcillations qui l'*élèvent* & qui l'*abaiſſent* alternativement ſur le plan de l'Ecliptique. L'étendue de ces oſcillations eſt de 18″ environ : c'eſt ce que l'on nomme *Nutation de l'axe de la Terre.* Sa période eſt d'environ dix-huit ans. Nous verrons ci-après qu'elle eſt exactement la même que celle du mouvement des nœuds de la Lune, dont elle dépend.

En même-tems que l'axe de la Terre s'élève ou s'abaiſſe ſur le plan de l'Ecliptique, la ligne des Equinoxes, outre ſon mouvement moyen de 50″ $\frac{1}{5}$ par an, fait encore de petites oſcillations qui, ſuivant qu'elles ajoutent à ce mouvement moyen, ou qu'elles lui ſont contraires, l'accélèrent ou le retardent un peu, enſorte que ſon mouvement réel autour du centre de la Terre n'eſt pas exactement uniforme. On a déſigné ces petites inégalités par le nom d'*Equation de la Préceſſion des Equinoxes ;* & leur période eſt la même que celle de la nutation.

N. B. Sur un des côtés du Tableau qui va ſuivre, on trouvera, relativement à la Planète Herſchel, ſa *diſtance moyenne* du Soleil ; l'*inclinaiſon de ſon orbite*, *&c. &c.*, c'eſt-à-dire, tout ce qui peut avoir rapport à ſon mouvement & à ſon lieu dans l'eſpace : mais, vu ſon prodigieux éloignement, on ſent bien que je n'ai rien pu dire de ſon *diamètre*, de ſa *groſſeur*, non plus que de ſa révolution *diurne*, en ſuppoſant que cette révolution ait lieu.

§. IX.

Récapitulation concernant les Planètes.

Pour rapprocher ce qui a été dit des Planètes, je vais en présenter les principaux résultats dans le Tableau suivant.

TABLEAU des principaux résultats concernant les Planètes.

NOMS DES PLANÈTES.	DIAMÈTRES DES PLANÈTES EXPRIMÉS.		
	En lieues de 2283 toises.	En diamètre de la Terre.	En résultats de comparaison au diamètre de la Terre.
LE SOLEIL.	319377	111 $\frac{1}{45}$.	111 fois aussi grand.
MERCURE.	1166	0,4070	N'ayant que $\frac{2}{5}$.
VÉNUS....	2748	0,9593	Plus petite de $\frac{1}{25}$.
LA TERRE.	2865	1	
MARS.....	1899	0,6628	N'en ayant que $\frac{2}{3}$.
JUPITER...	32264	11,262	11 fois $\frac{1}{4}$ aussi grand.
SATURNE..	28600	9,9825	10 fois aussi grand.
HERSCHEL.			

GROSSEUR des Planètes comparée à celle de la Terre.

	En nombres ronds.	En nombres précis.
LE SOLEIL.	1400000 fois plus gros.	1385478.
MERCURE.	La 15ᵉ partie de la Terre.	0,067407.
VÉNUS....	Plus petite de $\frac{1}{9}$.	0,88281.
LA TERRE.		
MARS.....	$\frac{24}{27}$ ou plus petite de $\frac{1}{9}$.	0,29116.
JUPITER...	1400 fois.	1428.
SATURNE..	1000 environ.	995.
HERSCHEL.		

MOYENNES DISTANCES.

DU SOLEIL	*Lieues de 2283 toises.*
A MERCURE	13456204
A VÉNUS	25144350
A LA TERRE	34761680
A MARS	52966122
A JUPITER	180794791
A SATURNE	331604504
A HERSCHEL	663315454

NOMS DES PLANÈTES.	RÉVOLUTIONS	
	Diurnes.	Annuelles.
LE SOLEIL.	22j. 12h.	
MERCURE.	........,	87j. 23h.
VÉNUS....	23h. 20′	224j. 18h.
LA TERRE.	23h. 56′ 4″	365j. 6h. 9′ 10″.
MARS.....	24h. 40′	1 an 322j. 22h.
JUPITER...	9h. 50′	11 ans 33j.
SATURNE..	....	29 ans 155j.
HERSCHEL.	....	83 ans $\frac{1}{3}$.

	EXCENTRICITÉ en cent millièmes parties de la distance moyenne de la Terre au Soleil.	*OBLIQUITÉ des Orbites.*
MERCURE.	7970.	6° 59′ 20″.
VÉNUS...,	505.	3° 23′ 20″.
LA TERRE.	1680.	0
MARS.....	14170.	1° 51′.
JUPITER...	25078.	1° 19′ 10″.
SATURNE..	54381.	2° 30′ 20″.
HERSCHEL.	90805.	46′ 12″.

ARTICLE III.

Des Satellites (1).

ON entend, par Satellites des Planètes, des corps céleſtes, ou, ſi l'on veut, des Planètes d'un ordre inférieur, qui ne font leurs révolutions autour du Soleil, que parce qu'elles ſont emportées par les Planètes autour deſquelles elles tournent, pendant que celles-ci ſe meuvent autour de cet aſtre.

Les ſeules Planètes auxquelles on a reconnu des Satellites, ſont la *Terre*, *Jupiter* & *Saturne*. On a ſoupçonné que Vénus en avoit un; mais les obſervations de ce Satellite ſont trop incertaines pour que l'on ſe permette ici de prononcer ſur ſon exiſtence.

§. Ier

De la Lune.

Le Satellite qui accompagne la Terre dans ſon cours ſe nomme *Lune.* C'eſt un corps, à très-peu de choſe près, ſphérique, opaque, & qui ne nous envoie que la lumière qu'il reçoit du Soleil.

La Lune décrit autour de la Terre une orbite preſque circulaire, qui n'eſt pas exactement dans le plan de l'Ecliptique, mais qui lui eſt inclinée d'environ *cinq* dégrés. Les points où cette orbite coupe l'Ecliptique ſe nomment *Nœuds de l'orbite de la Lune;* la ligne qui les joint, & qui paſſe par le centre de la Terre, ſe nomme *Ligne des nœuds.*

La poſition de la Ligne des nœuds n'eſt pas conſtante; elle a un mouvement autour du centre de la Terre, & ce mouvement eſt rétrograde, c'eſt-à-dire, qu'il ſe fait en ſens contraire de celui de la Lune. Ce Satellite ſe meut comme la Terre, d'Occident en Orient; & le mouvement de la Ligne des nœuds ſe fait au con-

(1) *Satellites* s'eſt dit des *gardes* qui accompagnent un homme qui leur eſt ſupérieur, ou dont ils répondent.

traire d'Orient en Occident. Cette Ligne fait un tour entier dans l'intervalle de 18 ans environ.

L'inclinaison de l'orbite lunaire à l'Ecliptique est variable : la plus petite est de 4 dég. $58' \frac{1}{2}$, & la plus grande de $5^{d}\ 17' \frac{1}{2}$.

La distance de la Lune à la Terre est variable de même. Sa moyenne est de 86324 lieues, & elle varie d'environ un dix-huitième, soit en plus, soit en moins.

Son diamètre, vu de la Terre, dans sa moyenne distance, paroît sous un angle de $31'\ 31''$. Dans sa plus grande distance, il paroît sous un angle plus petit, & qui n'est que de $29'\ 28''$. Mais dans sa plus petite distance, cet angle est de $33'\ 36''$.

On appelle *Périgée* (1) le point de l'orbite de la Lune où elle est le plus près de la Terre ; & *Apogée*, celui où elle en est le plus loin. Ces deux points sont, à très-peu de chose près, diamétralement opposés ; mais ils ne sont pas fixes. Ils se meuvent autour de la Terre. Le tems d'une révolution entière de ces points autour de la Terre est d'environ 18 ans.

Le mouvement de ce Satellite dans son orbite est assujetti à un grand nombre d'autres inégalités dont le détail seroit déplacé dans cet Ouvrage. J'observerai seulement qu'elles ont, dans tous les tems, exercé la patience & la sagacité des Géomètres & des Astronomes, & que ce n'est que dans ces derniers tems que l'on est parvenu à les indiquer exactement par des Tables.

Le diamètre de la Lune est de 782 lieues, & sa masse n'est qu'un quatre-vingtième, environ, de celle de la Terre.

Elle n'est pas exactement sphérique ; mais son applatissement échappe aux observations, & ce n'est que la théorie qui le fait conclure.

La Lune nous présente toujours, à-peu-près, la même face ; ce qui n'arriveroit pas si ce Satellite ne tournoit pas sur lui-même : car il est visible que, dans ce cas, à mesure qu'il avanceroit dans son orbite, il nous découvriroit un nouvel hémisphère. Il est de

(1) *Perigée & Apogée* sont formés des mêmes prépositions que Périhélie, &c. avec le mot Γῆ, *la Terre.*

plus néceſſaire que la Lune tourne ſur elle-même dans le même tems qu'elle tourne autour de la Terre, c'eſt-à-dire, en 27 j. 7 h. & quelques minutes. Si ces deux mouvemens étoient parfaitement les mêmes, nous verrions toujours exactement le même hémiſphère de la Lune. Mais, à cauſe des petites inégalités auxquelles l'un & l'autre de ces mouvemens ſont aſſujettis, il arrive que la Lune nous découvre & nous cache ſucceſſivement quelques-unes des parties de ſon autre hémiſphère. C'eſt le phénomène que l'on nomme *Libration* (1).

On diſtingue trois révolutions de la Lune.

La révolution *ſidérale*, qui eſt ſon retour à une même Etoile : elle eſt de 27 j. 7 h. 43′ 11″ 5.

La révolution *périodique* (2), qui a rapport aux Equinoxes, & qui doit être un peu moindre que la précédente, à raiſon du mouvement rétrograde des Equinoxes : cette révolution eſt de 27 j. 7 h. 43′ 4″ 65.

La révolution *ſynodique* (3), c'eſt-à-dire, le retour de la Lune vue de la Terre au Soleil, eſt de 29 j. 12 h. 44′ 2″ 9. La raiſon pour laquelle cette révolution eſt plus grande que les précédentes vient de ce que, tandis que la Lune avance d'Occident en Orient, la Terre ſe meut auſſi d'Occident en Orient, & le Soleil nous paroît s'avancer dans le même ſens. D'où il ſuit que, lorſque la Lune eſt revenue au point de ſon orbite d'où elle étoit partie, elle a encore un peu de chemin à faire avant de ſe retrouver en conjonction avec le Soleil.

Je renvoie au troiſième Chapitre de cet Ouvrage ce qui regarde les apparences de ce Satellite, comme *Phaſes*, *Eclipſes* (4).

---

(1) *Libration.* Ce mot vient du latin *librare*, balancer.

(2) *Périodique* vient de deux mots grecs, *περὶ*, *autour* ; & *ὁδὸς*, *chemin* ; c'eſt-à-dire, *la révolution entière.*

(3) *Synodique* vient de deux mots grecs, *σύν*, *avec* ; & *ὁδὸς*, *chemin* ; c'eſt-à-dire, *chemins qui concourent enſemble.*

(4) *Phaſes* ſe dit des différens aſpects de la Lune ; en *Croiſſant*, en *Pleine Lune*, &c. Ce mot vient de *φάσις*, *apparition.* Il en ſera parlé ailleurs.

§. II.

Des Satellites de Jupiter.

Autour de Jupiter, ſont quatre Satellites ou quatre Lunes, qui font leurs révolutions en décrivant des orbites preſque circulaires. On nomme *premier* Satellite celui qui eſt le plus près de Jupiter: les autres ſuivent le même ordre pour leur dénomination.

Tems de la révolution des Satellites de Jupiter.

Premier	1 j. 18 h. 29′
Second	3 j. 23 h. 10′
Troiſième	7 j. 4 h. 0′
Quatrième	16 j. 18 h. 5′

Ces Satellites ſont aſſujettis, dans leurs mouvemens, à la belle loi découverte par Képler ſur les tems des révolutions des Planètes, comparés à leurs moyennes diſtances. C'eſt-à-dire que les carrés des tems des révolutions de ces Satellites ſont pareillement entre eux comme les cubes de leurs diſtances moyennes à Jupiter.

On peut donc, au moyen de cette règle, déterminer le rapport des diſtances moyennes des trois derniers Satellites à celles du premier. Voici ces diſtances moyennes en demi-diamètres de cette Planète.

Moyenne diſtance des Satellites de Jupiter.

Premier	$5 \frac{7}{10}$
Second	9
Troiſième	14
Quatrième	$25 \frac{3}{10}$

Ils ſe meuvent, comme Jupiter, d'Occident en Orient. Les plans de leurs orbites ſont peu inclinés au plan de l'orbite de Jupiter, comme on va le voir.

Inclinaiſon des orbites des Satellites de Jupiter.

Orbite du premier Satellite	3d 18′
Orbite du ſecond	3d 8′
Orbite du troiſième.	3d 18′
Orbite du quatrième	2d 36′

Ces inclinaiſons ſont variables : celles que je viens de rapporter ſont les inclinaiſons moyennes.

D'ailleurs, les mouvemens de ces Satellites ſont aſſujettis à beaucoup d'irrégularités que l'obſervation & la théorie ont fait connoître. Je parlerai, dans le troiſième Chapitre, de leurs Eclipſes & des avantages que l'on en a retirés pour le progrès de la Géographie.

§. III.

Des Satellites & de l'Anneau de Saturne.

Saturne a cinq Satellites qui ſe meuvent dans des orbites preſque circulaires. Voici les tems de leurs révolutions.

Tems des révolutions des Satellites de Saturne.

Premier	1 j.	21 h.	13′
Second	2 j.	17 h.	41′
Troiſième.	4 j.	12 h.	25′
Quatrième	15 j.	22 h.	41′
Cinquième	79 j.	7 h.	47′

Ces Satellites, ainſi que ceux de Jupiter, ſont aſſujettis à la loi de Képler, dont nous avons parlé. Voici quelles ſont leurs diſtances moyennes à Saturne, en demi-diamètres de cette Planète.

Diſtance moyenne du premier Satellite	$4 \frac{89}{100}$
Du ſecond	$6 \frac{27}{100}$
Du troiſième	$8 \frac{75}{100}$
Du quatrième.	$20 \frac{3}{10}$
Du cinquième.	$59 \frac{15}{100}$

Les orbites des quatre premiers Satellites sont situées dans le plan de l'anneau de Saturne dont je vais parler, & inclinées d'environ 31^d ½ à l'Ecliptique. A l'égard du cinquième, son orbite est inclinée d'environ 15^d au plan de l'Ecliptique.

Anneau de Saturne.

Saturne présente des phénomènes très-singuliers qui ont été observés la première fois par Galilée ; & depuis, Huyghens a fait voir qu'ils étoient produits par un anneau dont cette Planète est entourée (fig. 30).

Cet anneau est fort mince, presque plan & concentrique à sa Planète. Son diamètre est à celui de cette Planète comme 7 est à 3. L'espace vuide entre le globe & l'anneau est à-peu-près égal à la largeur de l'anneau, & cette largeur est environ égale à un tiers du diamètre de Saturne.

Son plan est incliné d'environ 31^d 20′ sur l'Ecliptique.

Cet anneau n'est point lumineux par lui-même. Semblable à toutes les Planètes, il réfléchit la lumière qu'il reçoit du Soleil.

Je parlerai dans le troisième Chapitre des phases de cet anneau.

SECTION II.

ARTICLE PREMIER.

Des Comètes (1).

LES Comètes ne diffèrent des Planètes, qu'en ce que leurs orbites, au lieu d'être presque circulaires, sont des Ellipses extrêmement alongées. D'ailleurs, elles sont assujetties, dans leurs mouvemens, aux belles loix de Képler, dont j'ai parlé à l'article des Planètes.

(1) *Comète* vient du grec κομητες, *Comète*, formé du mot κομη, *coëffure* ou *chevelure*. On leur donnoit ce nom parce que l'on ne reconnoissoit guères autrefois pour des Comètes que celles qui paroissoient traîner après elles une longue chevelure.

Le

Le Soleil occupe le foyer commun de leurs Ellipſes, & elles s'y meuvent de manière que leur rayon vecteur décrit des ſurfaces ou aires proportionnelles aux tems.

Elles ne ſont viſibles que dans la partie de leur orbite voiſine du Soleil. Lorſqu'elles ſont dans leur aphélie, elles ſont trop éloignées de nous pour être apperçues.

On conçoit qu'à ce grand éloignement du Soleil, elles doivent éprouver un froid rigoureux; mais leur chaleur augmente à meſure qu'elles s'en rapprochent; & celles qui, dans leur périhélie, en ſont très-voiſines, éprouvent une chaleur exceſſive. Suivant Newton, la Comète de 1680, dont la diſtance périhélie étoit de 166 fois moindre que la diſtance de la Terre au Soleil, dut éprouver, en paſſant par ce point, une chaleur preſque 2000 fois plus forte que celle d'un fer rouge.

Cette chaleur doit raréfier & élever en vapeurs les fluides qui ſont à la ſurface de ces Comètes; & c'eſt-là, ſelon toutes les apparences, ce qui forme leurs queues.

La Parabole n'étant, comme on l'a vu dans l'Introduction, qu'une Ellipſe infiniment alongée, on ſent bien qu'une portion très-petite d'une Ellipſe fort alongée ſe confond très-ſenſiblement avec une Parabole. Voilà pourquoi l'on calcule les mouvemens des Comètes dans une orbite parabolique, en déterminant l'eſpèce de Parabole qui ſe confond avec l'orbite de la Comète dont on a pluſieurs obſervations. On nomme Elémens de cette Parabole tout ce qui détermine ſa nature & ſa poſition dans l'eſpace.

On a déja obſervé 64 Comètes relativement auxquelles ces élémens ſont connus. Lorſque les élémens d'une nouvelle Comète ſont à-peu-près les mêmes que ceux d'une Comète déja obſervée, on eſt fondé à croire que cette nouvelle Comète eſt la Comète obſervée qui reparoît. C'eſt ainſi que Hallei, en comparant les élémens des Comètes obſervées en 1531, 1607 & 1682, trouva qu'ils étoient à-peu-près les mêmes, & conjectura qu'ils appartenoient à une ſeule & même Comète dont la révolution eſt de 75 ans. Il prédit, en conſéquence, ſon retour pour l'année 1758 ou 1759; & l'événement a juſtifié la hardieſſe de cette prédiction.

On croit aussi que la comète qui a paru en 1532 est la même que celle qui a paru depuis en 1661, & l'on attend son retour vers 1789 ou 1790.

Quand on connoît le tems de la révolution d'une Comète, on peut déterminer le grand axe de son orbite, & par conséquent la plus grande distance à laquelle elle s'éloigne du Soleil. Il suffit, pour cela, de faire cette proportion : *Le carré du tems de la révolution d'une Planète quelconque, de la Terre, par exemple, est au carré du tems de la révolution de la Comète, comme le cube du grand axe de l'orbite de la Planète est au cube du grand axe de l'orbite de la Comète.* En retranchant ensuite de ce grand axe la distance périhélie de la Comète, on a sa distance aphélie, ou, ce qui est la même chose, son plus grand éloignement du Soleil.

Les Comètes ne se meuvent pas toutes d'Occident en Orient, comme les Planètes. Les unes se meuvent d'Orient en Occident, & d'autres d'Occident en Orient. Plusieurs d'elles ont des orbites très-inclinées au plan de l'Ecliptique. Il paroît donc que la cause qui les a mises en mouvement dans l'espace n'est pas la même que celle qui a lancé les Planètes, ou du moins que son action sur elles a été très-différente. Les Comètes, si l'on peut s'exprimer ainsi, semblent avoir été jetées au hasard, tandis que les Planètes & leurs Satellites se mouvant dans le même sens, presque sur le même plan, dans des orbites presque circulaires, indiquent, comme je l'ai déja dit, une cause de mouvement qui leur est commune.

La grande variété du mouvement des Comètes & les irrégularités auxquelles elles sont assujetties dans leurs mouvemens, & dont j'indiquerai ci-après la cause, ont fait croire à quelques Philosophes que la Terre avoit été autrefois bouleversée par une d'elles, ou qu'elle pourroit l'être un jour.

On ne peut nier que cela ne soit possible, mais en même-tems on doit le regarder comme très-peu vraisemblable. L'effet des Comètes n'est guères à craindre que dans le cas où elles viendroient à frapper la Terre. Or, si l'on considère l'immensité de l'espace relativement aux volumes d'une Comète & de la Terre, & toutes les conditions requifes pour leur choc mutuel, on voit que cet effet eſt infiniment peu probable, fur-tout dans un auffi court efpace que l'intervalle de la vie ; enforte qu'aucun homme raifonnable ne doit s'effrayer d'un pareil danger. (*Voyez*, *fur les Comètes*, *l'excellent Ouvrage de M. du Séjour*).

Mais, d'un autre côté, fi l'on fait attention que le choc de la Terre par une Comète, quoique très-peu vraifemblable dans l'efpace d'un fiècle, le devient un peu plus dans l'efpace de deux, & ainfi de fuite ; on verra que l'on peut tellement multiplier le nombre des fiècles, que non-feulement ce choc devient probable, mais qu'il feroit même étonnant qu'il n'arrivât pas.

On pourroit donc regarder comme certain que ce phénomène a eu lieu, s'il étoit permis de reculer indéfiniment l'origine du Monde, & l'on rendroit ainfi raifon d'un grand nombre de faits d'hiftoire naturelle. Mais les Livres faints s'oppofent à de pareilles explications, à moins que l'on ne penfe avec Wifthon, que Dieu s'eft fervi de l'action d'une Comète pour produire le déluge univerfel.

ARTICLE II.

Des Etoiles fixes.

LES Etoiles fixes (1) font autant de Soleils répandus dans la vafte étendue des cieux. On s'eft affuré que les plus brillantes, & que, par cette raifon, on foupçonne être les plus voifines de nous, font au moins 27 mille fois plus éloignées que le Soleil. L'analogie nous porte à croire qu'il y a autour d'elles, comme autour de notre Soleil, des Planètes qui font leurs révolutions.

On a reconnu de bonne heure, pour l'ufage de l'Aftronomie, qu'il étoit néceffaire de les claffer par grouppes d'une certaine étendue qui compriffent un nombre plus ou moins grand d'Etoiles : c'eft ce que l'on nomme *Conftellations*. On leur a donné différens noms pris, en grande partie, dans la Mythologie. Les plus connues font celles du Zodiaque & celle de la petite Ourfe.

(1) *Etoile* eft formé du latin *Stella*, qui a le même fens.

On appelle *Zodiaque* une bande ou zône dans le ciel, qui renferme les orbites des Planètes & de leurs Satellites. Sa largeur eſt d'environ 16 dégrés, dont huit ſont d'un côté de l'Ecliptique, & huit de l'autre. L'Ecliptique coupe donc le Zodiaque dans ſa largeur en deux parties égales, pendant que, dans ſa circonférence, il eſt partagé en douze conſtellations. Voici les noms de ces conſtellations.

Conſtellations du Zodiaque (1).

Noms François.	Noms Latins.	Signes qui les repréſentent.
Le Bélier.........	*Aries*..........	...........♈
Le Taureau.......	*Taurus*.........	...........♉
Les Gemeaux......	*Gemini*.........	...........♊
L'Ecreviſſe........	*Cancer*.........	...........♋
Le Lion..........	*Leo*............	...........♌
La Vierge.........	*Virgo*..........	...........♍
La Balance........	*Libra*..........	...........♎
Le Scorpion.......	*Scorpius*........	...........♏
Le Sagittaire......	*Sagittarius*......	...........♐
Le Capricorne.....	*Caper*..........	...........♑
Le Verſeau.......	*Amphora*.......	...........♒
Les Poiſſons.......	*Piſces*.........	...........♓ (2).

La conſtellation de la petite Ourſe eſt remarquable en ce que ſa queue, formée de trois Etoiles, ſe termine preſqu'au Pôle,

(1) *Zodiaque* vient du grec Ζῶον, *animal*, parce que pluſieurs des Signes du Zodiaque portent le nom d'animaux.

(2) Les ſix premiers de ces Signes ſont appelés *ſeptentrionaux*, parce que le Soleil paroît les parcourir lorſqu'il eſt entre l'Equateur & le Pôle ſeptentrional. Les ſix autres s'appellent *méridionaux*, parce que cet aſtre paroît les parcourir lorſqu'il eſt entre l'Equateur & le Pôle méridional.

Et comme le Soleil nous paroît monter depuis ſon entrée dans le Signe du Capricorne juſqu'au Signe de l'Ecreviſſe, on nomme quelquefois Signes *aſcendans* les Signes du Capricorne, du Verſeau, des Poiſſons, du Bélier, du Taureau & des Gemeaux; & Signes *deſcendans*, ceux ſous leſquels le Soleil paroît deſcendre: ce ſont l'Ecreviſſe, le Lion, la Vierge, la Balance, le Scorpion & le Sagittaire. Ceci s'entendra mieux dans la ſuite.

c'eſt-à-dire, au point du ciel où iroit aboutir l'axe de la Terre prolongé vers le Nord.

On diſtingue les Etoiles par leurs différens dégrés de clarté, en Etoiles de la *première*, de la *ſeconde*, de la *troiſième* grandeur, &c. Mais quelques-unes d'elles offrent des ſingularités trop remarquables dans leur éclat pour les paſſer ſous ſilence.

Au mois de Novembre de l'année 1572, il parut preſque tout à coup une Etoile dans la conſtellation de Caſſiopée. Dès le 7 du même mois, elle étoit plus brillante qu'aucune des Etoiles de la première grandeur, & preſque égale en clarté à Vénus dans ſon plus grand éclat, & elle reſta ainſi brillante pendant quelques ſemaines; enſuite elle diminua inſenſiblement, & finit par diſparoître au mois de Mars de l'année 1574.

En 1604, Képler obſerva une Etoile à-peu-près ſemblable dans la conſtellation du Serpentaire. La durée de ſon apparition fut d'environ quinze mois; on ceſſa de la voir au commencement de 1606.

Ce qu'il y a de ſingulier dans ces deux phénomènes, c'eſt que ces Etoiles n'ont point paru changer de place; d'où l'on conclut qu'elles étoient beaucoup au delà de Saturne.

Il eſt impoſſible de ſavoir ſi elles reparoîtront un jour : on peut cependant le conjecturer avec vraiſemblance, ſi l'on conſidère qu'il y a des Etoiles dont l'apparition eſt périodique : telle eſt, entr'autres, une Etoile placée dans la conſtellation du Cygne, qui, pendant un période de 15 ans, eſt 10 ans apparente & 5 ans inviſible.

Quant à la cauſe de ces phénomènes, on l'ignore. Quelques Philoſophes ont cru que ces Etoiles avoient un côté lumineux & l'autre obſcur, & qu'en tournant ſur elles-mêmes, elles nous préſentoient ſucceſſivement ces deux côtés : d'autres ont penſé que, par un mouvement de rotation rapide, elles prenoient une figure très-applatie vers leurs pôles, ce qui leur donnoit très-peu d'épaiſſeur dans ce ſens, & une très-grande largeur dans le ſens de leur Equateur; & qu'enſuite, par l'action des corps qui les environnoient, elles ſe préſentoient ſucceſſivement à nos yeux dans le ſens de leur largeur, auquel cas elles devenoient viſibles : mais ce ne ſont là que des conjectures ſur leſquelles il eſt impoſſible de rien décider.

Quoique les Etoiles paroiſſent ſtationnaires les unes à l'égard des autres, & que, par cette raiſon, on les ait nommées *fixes*, cependant, en les obſervant avec attention, on a découvert des mouvemens particuliers dans quelques-unes des plus brillantes : celui d'Arcturus eſt très-ſenſible, & l'on a trouvé qu'il eſt de 2′ 30″ en 66 ans. Il eſt très-vraiſemblable qu'en les obſervant exactement durant un grand nombre de ſiècles, on découvrira dans toutes des mouvemens plus ou moins conſidérables.

Il ne faut pas, au reſte, attribuer entièrement ces mouvemens aux Etoiles ; il eſt très-poſſible qu'il n'y en ait qu'une partie de réelle, & que l'autre ne ſoit qu'apparente, & occaſionnée par le mouvement du Soleil, qui, ſuivant toutes les apparences, emporte avec lui dans l'eſpace tout notre Syſtême planetaire.

De la Voie lactée (1).

La *Voie lactée* eſt cette blancheur, de forme irrégulière, que l'on apperçoit dans un tems ſerein, & qui ſemble entourer le ciel comme une ceinture. En l'obſervant avec le Téleſcope (2), on y découvre un grand nombre de petites Etoiles, ce qui a donné lieu de penſer qu'elle étoit formée de la réunion d'une multitude preſque infinie d'Etoiles, trop voiſines les unes des autres pour être diſtinguées. Il paroît d'ailleurs que dans la ſuppoſition même où la Voie lactée auroit été une matière lumineuſe répandue dans l'eſpace, elle ſe ſeroit raſſemblée depuis long-tems, en forme de globes lumineux ou d'Etoiles, à moins qu'on ne la regarde comme une matière en vapeurs, à-peu-près ſemblable aux queues des Comètes, opinion que des gens fort éclairés ne m'ont pas paru éloignés d'admettre.

---

(1) *Voie lactée*, ou voie de lait, c'eſt-à-dire, *blanche*. Cette épithète eſt formée du latin *lac*, *lait*.

(2) *Téleſcope* vient de deux mots grecs, *τῆλε*, *loin* ; & de *σκέπτομαι*, *voir*.

On voit encore dans d'autres parties du ciel de petites blancheurs qui, à la vue ſimple, reſſemblent à des Etoiles peu lumineuſes : elles ſont connues ſous le nom de *nébuleuſes*. Vues au Téleſcope, elles paroiſſent être ou un amas de petites Etoiles, ou une vapeur blanche, large, & de forme irrégulière. Il paroît qu'elles ſont en petit ce que la Voie lactée eſt en grand, & qu'elles dépendent d'une cauſe ſemblable.

ARTICLE III.

De la pluralité des Mondes.

EN conſidérant le ſyſtême de l'Univers tel qu'il vient d'être décrit, il ſe préſente une queſtion bien intéreſſante à réſoudre, & qui conſiſte à ſavoir ſi les autres Planètes ſont habitées comme la Terre. On ſent facilement que le fil de l'analogie peut ſeul nous conduire dans cette matière ; mais on doit convenir qu'elle nous porte, avec la plus grande vraiſemblance, à penſer que ſur les autres Planètes, comme ſur la nôtre, il exiſte des êtres vivans & ſenſibles qui jouiſſent, comme nous, du ſpectacle de la Nature & de ſes avantages, & qui naiſſent, ſe reproduiſent & périſſent d'une manière ſemblable. Pour nous convaincre de cette vérité, imaginons un obſervateur placé au loin dans l'eſpace, & conſidérant tout le ſyſtême Planetaire. Il verra tourner les Planètes autour du Soleil, dans cet ordre de diſtance : Mercure, Vénus, la Terre, Mars, Jupiter & Saturne ; il les verra tourner ſur elles-mêmes ; la Terre lui paroîtra une des plus petites, & bien inférieure à Jupiter. Et, ſi le nombre des Satellites & la ſucceſſion rapide des jours & des nuits eſt favorable à la végétation & à l'exiſtence des êtres organiſés, Jupiter lui paroîtra, ſous ce rapport, avoir un grand avantage ſur la Terre. Je demande préſentement ſur laquelle de toutes ces Planètes l'obſervateur dont je parle imaginera de préférence des êtres animés, & ſi la Terre ne ſera pas une des dernières auxquelles il accordera cet avantage ?

L'obſervation ſuivante vient encore à l'appui de cette conſidération.

La tendance à l'organiſation que la matière nous ſemble avoir à la ſurface de la Terre, paroît être une propriété auſſi générale que la peſanteur dont je ferai voir l'univerſalité dans le Chapitre ſuivant. Il eſt donc naturel de croire que la matière s'organiſe d'une infinité de manières à la ſurface de toutes les Planètes, & qu'il exiſte ainſi ſur elles un grand nombre d'animaux & de végétaux. Mais comme la température influe beaucoup ſur l'organiſation, & que les différences qui en réſultent ſont très-ſenſibles ſur la Terre, il eſt probable que les êtres organiſés ne ſont pas les mêmes ſur les différentes Planètes, & que ſur Mercure ils ſont très-différens de ceux qui ſont ſur Saturne. Peut-être exiſte-t-il ſur Jupiter des êtres doués d'une intelligence bien ſupérieure à la nôtre, & qui, ayant un plus grand nombre de ſens, ont des connoiſſances que nous ne pouvons pas même ſoupçonner.

En étendant ces remarques aux Etoiles, on conjecture, avec beaucoup de vraiſemblance, qu'elles ſont les Soleils d'autant de Mondes planetaires habités comme le nôtre. On peut juger par-là de l'immenſité de cet Univers, & de la petiteſſe de l'homme, ainſi que de celle du globe qu'il habite.

CHAPITRE

CHAPITRE SECOND.

De la cause générale qui produit & qui entretient les mouvemens des Corps célestes.

APRÈS avoir exposé les Phénomènes célestes (1) tels que les observations nous les ont fait connoître, je vais parler de la cause générale qui les produit. Il n'entre pas dans le plan de cet Ouvrage de donner les preuves mathématiques, au moyen desquelles on est parvenu à s'assurer de son existence : ces preuves sont trop compliquées pour trouver place dans des leçons élémentaires. D'ailleurs, ceux qui desireront acquérir des connoissances plus approfondies sur cet objet, pourront consulter les Ouvrages de Newton & des grands Géomètres de ce siècle. Mon dessein est seulement de faire connoître les principaux résultats de leurs calculs, & de les mettre, autant qu'il est possible, à la portée de ceux qui n'auroient pas même de notions des Géométrie.

Quoique les vérités suivantes, destituées de l'appareil des calculs qui ont servi à les faire connoître, ne puissent pas généralement produire le même dégré de certitude qu'elles ont pour tous ceux qui sont en état de suivre ces calculs, j'espère cependant que l'enchaînement de ces vérités & la simplicité du principe qui leur sert de base, inspireront la plus grande confiance. Mais, comme il est souvent arrivé que les conjectures les plus ingénieuses ont été démenties par l'observation & l'expérience, je crois, pour ôter toute espèce de soupçon sur la vérité de ce qui va suivre, devoir prévenir mes Lecteurs qu'il ne s'agit pas ici d'un systême plus ou moins ingénieux, au moyen duquel on explique d'une manière vague les phénomènes ; mais qu'il s'agit d'un principe clair & précis, dont l'existence est démontrée par des observations

(1) *Phénomène* vient de φαίνειν, *paroître*, *apparoître*, *briller.*

multipliées & inconteſtables, & confirmée par une ſuite de raiſonnemens géométriques qui détruiroient irrévocablement ce principe, ſi les phénomènes étoient différens de ce qu'ils ſont. Ce grand avantage de pouvoir être ſoumis à un calcul rigoureux eſt ce qui diſtingue la théorie de la gravitation univerſelle de toutes les conjectures imaginées avant ſa découverte, pour expliquer le ſyſtême du Monde, & c'eſt ce qui la met à l'abri des révolutions qu'elles ont éprouvées. Car, de même que les découvertes d'Archimède ſur l'Hydroſtatique (1), & celles de Galilée ſur la peſanteur, n'ont ſouffert aucune variation depuis le tems de ces grands Géomètres juſqu'à nos jours, par la raiſon qu'elles ſont les réſultats du calcul & de l'expérience; de même auſſi on peut aſſurer que la ſublime théorie de Newton, ſur le Syſtême de l'Univers, ne ſera que ſe confirmer de plus en plus par les découvertes ultérieures, ainſi qu'on l'a déja éprouvé depuis que cette théorie a été généralement adoptée dans le Monde ſavant.

(1) *Hydroſtatique* eſt une ſcience qui s'occupe de la peſanteur des liquides. Ce mot eſt formé de ὕδωρ, *eau*; & de ἵστημι, *peſer*.

SECTION PREMIÈRE.

De la Pesanteur en général, & de ses principaux effets.

ARTICLE PREMIER.

Ce que c'est que la Pesanteur.

ON nomme *Pesanteur* cette force par laquelle un corps abandonné à lui-même se précipite vers la terre. Il n'en est aucun sur la surface du globe qui ne soit assujetti à son action ; & si quelques-uns, tels que la vapeur de la fumée, &c. s'élèvent au lieu de descendre, c'est qu'étant spécifiquement moins pesans que le fluide dans lequel ils nagent, la pesanteur des parties de ce fluide les force de remonter à sa surface : c'est ce qui arrive aux aërostats.

La Pesanteur d'un corps est proportionnelle à sa masse, c'est à-dire, qu'un corps qui renferme deux ou trois fois plus de matière qu'un autre, est deux ou trois fois plus pesant. Tous les corps obéissent à cette loi de la Pesanteur, avec la même vîtesse, lorsqu'aucun obstacle ne les en empêche. De-là vient que dans le vuide de la machine pneumatique (1), une plume & une balle de plomb tombent de la même hauteur, dans le même espace de tems. Mais, puisque tout corps n'est plus ou moins pesant qu'en conséquence de la quantité de matière qu'il renferme, on peut donc, par la pesanteur, estimer la densité respective des différens corps, tels que l'or, l'argent, &c.

La Pesanteur est perpendiculaire à la surface de la Terre, & à celle de l'Océan, qui la recouvre en grande partie ; car on démontre en Hydrostatique, que la mer, & généralement un fluide quelconque, ne peut être en équilibre, à moins que la direction de la Pesanteur ne soit perpendiculaire à sa surface. Il

(1) Du mot grec πνευμα, *souffle*, *esprit*.

s'enfuit que, fi la Terre étoit parfaitement fphérique, la Pefanteur feroit dirigée fuivant fon rayon, & par conféquent toutes les directions de la Pefanteur iroient fe réunir au centre de la Terre: mais cette Planète n'étant pas exactement une Sphère, comme je l'ai déja dit, la Pefanteur n'eft pas dirigée précifément vers fon centre.

Lorfqu'on a lancé un corps en l'air, on le voit s'élever & retomber enfuite en décrivant une ligne courbe, que Galilée a démontré être une *parabole*. Sans l'action de la Pefanteur, ce corps continueroit de fe mouvoir uniformément dans la direction fuivant laquelle il a été lancé; mais la Pefanteur, agiffant fur lui à chaque inftant, le détourne fans ceffe de fa direction, en l'abaiffant vers la Terre, & le force ainfi à décrire une parabole.

L'action de la Pefanteur n'eft pas bornée à la furface de la Terre; elle agit encore dans fon intérieur ainfi qu'au fommet des plus hautes montagnes. Il eft donc très-naturel de penfer que, s'il étoit poffible de s'élever au deffus, on fentiroit encore fon pouvoir, & qu'il s'étend jufqu'à la Lune, éloignée de la Terre de plus de 86 mille lieues, ou de 60 fois le rayon du Globe terreftre.

Si l'on conçoit un boulet lancé horizontalement du fommet d'une montagne, il retombera vers la Terre, à une certaine diftance du point d'où il fera parti. Cette diftance fera d'autant plus grande, que la force de projection aura été plus confidérable; & il eft poffible d'imaginer cette force affez grande pour que le boulet ne retombe pas fur la Terre, mais tourne fans ceffe autour d'elle: il deviendroit alors un fatellite de la Terre. C'eft exactement ainfi que la Lune fe meut autour de cette Planète.

Je ne puis me refufer au plaifir de préfenter ici à mes Lecteurs un morceau tiré de l'excellent Ouvrage de M. de la Place fur *la Théorie du mouvement & de la figure des Planètes*. Il préfente, en peu de mots, un tableau magnifique des idées les plus faines & les plus grandes que l'on ait eues fur cet objet.

« La pefanteur s'étend à l'infini dans l'efpace, en diminuant dans la raifon du carré des diftances au centre de la Terre. Cette diminution eft prefque infenfible au fommet des plus hautes montagnes, dont l'élévation eft toujours fort petite relativement au rayon du Globe terreftre: mais, à la moyenne diftance de la Lune, qui, suivant les observations de sa parallaxe, est à-peu-près soixante fois plus grande que ce rayon, la pesanteur est trois mille 60 fois moindre que sur la Terre. Un calcul très-simple fait voir que la pesanteur, ainsi affoiblie par la distance, est en équilibre avec l'effort que fait la Lune à chaque instant pour s'éloigner, par la tangente, de son orbite. Ainsi, le mouvement de ce satellite dans une orbe presque circulaire, est le résultat d'une force primitivement imprimée, & de l'action continuelle de la pesanteur. Sans la résistance que l'atmosphère oppose au mouvement des corps, un projectile, lancé horizontalement du sommet d'une montagne, avec une vitesse d'environ quatre cent mille soixante toises par seconde, deviendroit un satellite de la Terre. Cette vitesse excède considérablement celles que nous pouvons produire; & les corps projetés à la surface de la Terre, avec des vitesses beaucoup moindres, décrivent, en vertu de leur pesanteur, de petits arcs elliptiques qui se confondent sensiblement avec des paraboles.....

» La figure sphérique de tous les astres indique visiblement qu'à leur surface, comme à celle de la Terre, les corps sont animés par la pesanteur; & tous les phénomènes célestes déposent en faveur d'une gravitation universelle, proportionnelle aux masses, & réciproque au carré des distances. Le Soleil, dont la masse est beaucoup plus grande que celle des autres corps de notre Systême planetaire, les entraîne autour de lui dans des Ellipses dont il occupe un des foyers. Les carrés des tems de leurs révolutions sont comme les cubes de leurs moyennes distances à cet astre: & les aires que trace le rayon vecteur, mené de son centre à celui de chaque Planète, sont proportionnelles au tems employé pour les décrire.....

» Puisque tous les corps célestes pèsent vers le Soleil, cet astre doit peser à son tour vers chacun d'eux, suivant cette grande loi de la Nature qui balance les actions de toute espèce, par des réactions égales & contraires. Les Planètes pèsent également vers leurs satellites, & généralement vers tous les corps qu'elles attirent. On doit donc considérer toutes les molécules de la Nature comme les foyers d'autant de forces attractives proportionnelles aux masses, & réciproques aux carrés des distances. Les mouvemens célestes, étant le résultat de ces forces & de vitesses primitives, la multiplicité des attractions rendroit la détermination de ces mouvemens impossible, sans une circonstance heureuse qui a lieu dans notre Systême planetaire, & qui tient au rapport des masses & des distances des différens corps qui le composent. Leur disposition est telle, que chacun d'eux est sollicité par une force considérable, & par de petites forces qui ne font qu'altérer un peu ses effets. Ainsi la masse du Soleil, étant excessivement grande relativement à celle des Planètes & des Comètes, ces corps se meuvent à-peu-près comme s'ils n'obéissoient qu'à leur pesanteur vers cet astre; & les mouvemens des satellites autour de leur Planète principale, seroient considérablement troublés par une attraction aussi puissante, si la proximité de la Planète ne rendoit pas cette action à-peu-près égale à celle que le Soleil exerce sur la Planète elle-même. On peut donc, dans la recherche des mouvemens céleftes, ne confidérer d'abord que l'effet de la force principale, & déterminer enfuite, par des approximations fucceffives, les effets des forces perturbatrices.....

» C'eft ainfi que les Géomètres de ce fiècle ont déterminé les inégalités nombreufes de la Lune & des Satellites de Jupiter. La Lune, follicitée par une double pefanteur vers le Soleil & vers la Terre, les Satellites de Jupiter, foumis à fon action, à leur attraction réciproque, & à celle du Soleil, ne décrivent point des ellipfes conftantes autour de la Planète principale : la pofition de leurs nœuds & de leurs apogées, l'inclinaifon de leurs orbites, leurs excentricités, leurs grands axes varient fans ceffe. La théorie a non-feulement donné, fur toutes ces inégalités, des réfultats conformes aux obfervations, mais, en les faifant mieux connoître, elle a fourni les moyens d'en dreffer des Tables précifes. Les mêmes inégalités s'obfervent, quoique d'une manière moins fenfible, dans les mouvemens des Planètes : les Comètes en éprouvent de très-remarquables d'une révolution à l'autre par l'action des Planètes, principalement de Jupiter & de Saturne..... L'analogie nous porte à croire que l'action du Soleil n'eft pas renfermée dans les limites du Syftême planetaire, & qu'elle s'étend jufqu'aux Etoiles, enforte que tous ces aftres font foumis à la loi générale de la pefanteur. La diftance immenfe qui les fépare affoiblit leur action mutuelle, & rend leurs mouvemens prefque infenfibles....

Les phénomènes que nous venons d'expofer font indépendans de la figure & de la conftitution intérieure des corps céleftes ; ils tiennent aux mouvemens refpectifs de leur centre de gravité : l'attraction univerfelle produit encore des effets très-remarquables dans les mouvemens de leurs parties autour de ces centres & dans leurs figures. La pefanteur, à la furface des aftres, eft le réfultat des attractions de toutes leurs molécules : ces attractions, combinées avec la force centrifuge de leurs viteffes de rotation, leur donnent une figure elliptique applatie, & font croître la pefanteur, de l'Equateur aux Pôles, proportionnellement au finus de latitude. L'hétérogénéité des parties qui font à leur furface peut altérer ces loix : mais, au milieu de toutes ces irrégularités qui en réfultent à la furface de la Terre, on reconnoit toujours l'empreinte d'une figure & d'une loi de pefanteur, régulières & conformes à la théorie de la gravitation univerfelle. L'action des corps étrangers fur les fluides qui recouvrent les aftres doit y exciter des ofcillations continuelles, & faire varier à chaque inftant leur figure. Ce phénomène s'obferve fur la Terre, fous le nom de *flux & reflux de la mer*. Il a fa caufe dans l'action du Soleil & de la Lune fur les eaux de l'Océan ; &, comme la pofition refpective de ces deux aftres eft affujettie à des variations périodiques, remarquables par les Phafes de la Lune, les loix des ofcillations de la mer doivent être relatives à ces Phafes, ce qui eft conforme aux obfervations de tous les tems. L'atmofphère éprouve des changemens femblables, mais trop peu fenfibles pour avoir encore été déterminés..... Si le corps étranger qui attire un aftre répond conftamment au deffus du même point de sa surface, son action influe d'une manière constante sur la figure de l'astre qu'il attire. Telle est la position de la Terre relativement à la Lune, & l'on a quelques raisons de soupçonner que la même disposition a lieu généralement entre les Planètes & leurs Satellites. Il en résulte un allongement dans celui des diamètres des Satellites, qui, prolongé, va rencontrer le centre de la Planète principale.

Ces légères ellipticités de la figure des corps célestes les empêchent de s'attirer aussi exactement que si leurs masses étoient réunies à leurs centres de gravité. Les résultats de leurs attractions mutuelles passent à une petite distance de ces astres, & font un peu varier leurs mouvemens de rotation & la position de leur Equateur. Cette cause produit, par rapport à la Terre, les deux phénomènes connus sous le nom de *Précession des Equinoxes*, & de *Nutation de l'Axe terrestre*. Par rapport à la Lune, elle fait coïncider le moyen mouvement de rotation de ce satellite avec sa révolution moyenne autour de la Terre, & la position des nœuds de son Equateur avec ceux de son orbite.

» Mais un résultat très-important, & qui tend à maintenir l'ordre de cet Univers, c'est qu'au milieu de toutes les perturbations que les corps célestes éprouvent en vertu de leur action mutuelle, leurs moyens mouvemens de *rotation* & *révolution* sont inaltérables dans les hypothèses reçues sur l'action de la pesanteur....

» Tel est le précis des découvertes que Newton & les Géomètres de ce siècle ont faites dans l'Astronomie physique. Si l'on compare la grandeur des objets qu'elle embrasse avec la petitesse de l'homme & celle du globe qu'il habite, la grande variété des phénomènes célestes avec la simplicité de la loi dont ils dérivent; si l'on considère d'ailleurs la profondeur des méthodes qu'il a fallu inventer pour soumettre ces phénomènes à l'analyse, & l'accord toujours constant des résultats du calcul avec les observations, on sera forcé de reconnoitre qu'aucune autre science ne fait autant d'honneur à l'esprit humain. Dans l'ignorance de la vraie constitution de cet Univers, l'homme, séduit par les illusions des sens & de l'amour propre, s'est regardé long-tems comme le centre du mouvement des astres, & son orgueil a été puni par les vaines frayeurs qu'ils lui ont inspirées. En faisant tomber le voile qui lui cachoit le systême du Monde, il s'est vu loin du centre de l'Univers, placé sur une Planète presque imperceptible dans la vaste étendue du systême solaire, qui lui-même n'est qu'un point imperceptible dans l'immensité de l'espace. Mais les connoissances sublimes auxquelles on est parvenu sur ces grands objets sont bien propres à le consoler du peu de place qu'il occupe dans la Nature. Il ne s'agit point ici de systêmes enfantés par une imagination brillante, & démentis par l'expérience. Les résultats que nous venons de présenter sont appuyés sur les deux bases des connoissances humaines, l'*observation* & le *calcul*, & le tems ne fera qu'ajouter aux preuves qui les établissent....

» On peut accroitre de deux manières la probabilité d'une théorie; 1°. en diminuant le nombre des hypothèses sur lesquelles elle est fondée; 2°. en augmentant le nombre des phénomènes qu'elle explique. Or, le principe de la pesanteur a procuré ces deux avantages à la théorie du mouvement de la Terre.... Pour expliquer les mouvemens apparens des astres, Copernic admettoit trois mouvemens distincts dans la Terre; l'un autour du Soleil; un autre de révolution sur elle-même; enfin, un troisième mouvement des pôles de la Terre autour de ceux de l'Ecliptique. Le principe de la pesanteur les fait tous dépendre d'un seul mouvement imprimé à la Terre dans une direction qui ne passe pas par son centre d'inertie.

En vertu de ce mouvement, 1°. elle tourne sur elle-même & autour du Soleil; 2°. elle prend une figure applatie vers ses pôles; 3°. l'action du Soleil & de la Lune sur cette figure fait mouvoir l'axe de la Terre autour des pôles de l'Ecliptique.

La découverte de ce principe a donc réduit, au plus petit nombre possible, les suppositions sur lesquelles Copernic fondoit sa théorie. Elle a d'ailleurs l'avantage de lier cette théorie à tous les phénomènes astronomiques. Sans elle, l'ellipticité des orbites planétaires, les loix que les Planètes & les Comètes suivent dans leurs mouvemens autour du Soleil, leurs perturbations, les inégalités nombreuses de la Lune & des Satellites de Jupiter, la précession des Equinoxes, la nutation de l'axe de la Terre, la libration de la Lune; enfin, le flux & le reflux de la mer ne feroient que des résultats de l'observation, isolés entr'eux. C'est une chose vraiment digne d'admiration que de voir des phénomènes aussi disparates dériver tous d'une même loi qui les enchaîne au mouvement de la Terre; de manière que, ce mouvement étant une fois admis, on est conduit, par une suite de raisonnemens géométriques, à l'explication de la cause de ces phénomènes. Chacun d'eux fournit donc une preuve de son existence; &, si l'on considère que ce ne sont point de ces phénomènes particuliers, qui laissent toujours lieu de douter si quelque effet, non observé, ne démentiroit pas la théorie qui les explique, mais qu'il s'agit de la position & des mouvemens des corps célestes à chaque instant & dans tous leurs cours, il sera impossible de se refuser à l'ensemble de ces preuves, & de ne pas convenir que rien n'est mieux démontré dans la Philosophie naturelle que le mouvement de la Terre & la loi générale de la pesanteur en raison des masses, & réciproque au carré des distances.

ARTICLE

ARTICLE II.

De la Pesanteur de la Lune vers la Terre.

LA Pesanteur s'étend à l'infini dans l'espace, mais elle diminue à mesure que l'on s'élève au dessus de la Terre : cette diminution est trop peu sensible à des hauteurs aussi petites que celles où nous pouvons atteindre pour y être apperçue : elle est très-considérable à la hauteur de la Lune ; & voici comment on l'a déterminée.

La Lune, sans l'action de la Pesanteur, s'éloigneroit de la Terre, en continuant de se mouvoir dans la direction de la tangente qu'elle décrivoit à l'instant où la Pesanteur viendroit à l'abandonner. L'effet de la Pesanteur consiste donc à lui faire changer à chaque instant de direction en l'approchant de la Terre, & à la faire mouvoir autour de cette Planète, dans une orbite presque circulaire. Or, on trouve, par un calcul fort simple, que la Lune, dans l'espace d'une minute, s'est éloignée de quinze pieds & un dixième de la direction de la tangente sur laquelle elle étoit au commencement de cette minute ; d'où il suit que cet espace est celui que la Pesanteur, dans l'espace d'une minute, fait parcourir à la Lune, ou, ce qui revient au même, à un corps éloigné du centre de la Terre de 60 demi-diamètres terrestres.

Mais, à la surface de la Terre, c'est-à-dire, à une distance de son centre, égale à son demi-diamètre, l'expérience a fait voir que les corps parcourent, dans une minute, 3600 fois *quinze* pieds & un *dixième*. La Pesanteur est donc 3600 fois moindre, à une distance 60 fois plus grande. Or, 3600 est le carré de 60 ; il est donc prouvé que la Pesanteur diminue en même raison que le carré de la distance augmente : c'est ce que l'on exprime en disant que *la Pesanteur est en raison inverse* ou *réciproque du carré des distances au centre de la Terre.*

ARTICLE III.

De la Pesanteur de toutes les Planètes vers le Soleil.

LES corps, placés à la surface du Soleil, pèsent aussi vers son centre, & cette Pesanteur diminue en raison du carré de la distance au centre du Soleil. Sans l'action de cette force, les Planètes, lancées dans l'espace, continueroient de s'y mouvoir uniformément en ligne droite; mais la Pesanteur, toujours subsistante, les ramène sans cesse vers le Soleil, & les oblige de décrire des courbes elliptiques. Non-seulement les belles loix, découvertes par Képler, en sont une suite nécessaire, mais elles en démontrent incontestablement l'existence; car il est prouvé par la Géométrie la plus rigoureuse,

1°. Que, puisque les Planètes tournent autour du Soleil, de manière que leur rayon vecteur décrit des surfaces proportionnelles aux tems, la force qui les retient dans leurs orbites doit être dirigée vers le Soleil;

2°. Que, puisque ces orbites sont des ellipses, cette force doit diminuer en raison du carré de la distance au centre du Soleil;

3°. Enfin, que, puisque les carrés des tems des révolutions des Planètes sont comme les cubes des distances moyennes, toutes les Planètes, supposées à égale distance du Soleil & abandonnées à leur pesanteur, tomberoient sur lui avec une vîtesse égale.

D'où il suit que, relativement au Soleil, comme par rapport à la Terre, la Pesanteur est proportionnelle à la masse.

La Pesanteur sur le Soleil & la loi de sa diminution en raison du carré de la distance sont donc rigoureusement démontrées par les loix de Képler; non-seulement parce que cette Pesanteur les explique admirablement bien, mais parce qu'elle en est une suite nécessaire, & que ces loix ne peuvent subsister sans elle.

Je vais actuellement donner une idée, aussi nette qu'il est possible de le faire ſans calcul, de la manière dont la Peſanteur agit ſur les Planètes pour leur faire décrire leurs Ellipſes.

Conſidérons (fig. 12) l'Ellipſe APBR dont le Soleil occupe le foyer F, & dont C eſt le centre & AB le grand axe. Suppoſons enſuite qu'une Planète parte de ſon Périhélie A; la direction de ſon mouvement étant toujours ſuivant la tangente à l'Ellipſe, ſera à ce point perpendiculaire à ſon rayon vecteur FA. A meſure que la Planète s'éloigne de ſon Périhélie, en allant dans le ſens APB, ſon rayon vecteur, tel que FP, va toujours en augmentant, juſqu'à ce qu'elle ait atteint l'Aphélie B. De plus, la direction PL de ſon mouvement fait un angle obtus LPF avec le rayon vecteur PF. D'où l'on voit que la peſanteur de la Planète vers le Soleil, la faiſant tendre vers le point F, contrarie ſon mouvement, qui la porte vers le point L, & tend par conſéquent à le diminuer & à le faire changer de direction. Donc, dans l'intervalle compris depuis le Périhélie A juſqu'à l'Aphélie B, la vîteſſe de la Planète diminue ſans ceſſe; &, lorſqu'elle eſt arrivée au point B, ſa vîteſſe eſt la plus petite poſſible. Cette vîteſſe augmente enſuite lorſque la Planète revient à ſon Périhélie, en décrivant la partie BRA de ſon orbite, parce que, le rayon vecteur RF faiſant un angle aigu avec la direction RS du mouvement de la Planète, ſa peſanteur ſuivant RF, loin de contrarier ce mouvement, le favoriſe; enſorte qu'il augmente ſuivant les mêmes dégrés ſelon leſquels il avoit diminué dans la première moitié de l'Ellipſe.

La Planète, revenue au point A, ayant donc la même vîteſſe qu'elle avoit en partant de ce point, doit continuer à faire des révolutions ſemblables à celles que l'on vient de conſidérer.

On ſent aiſément, d'après ce que je viens de dire, pourquoi, lorſqu'une Planète eſt au point A, elle s'éloigne du Soleil, quoique ſa peſanteur y ſoit plus conſidérable à raiſon de ſa plus grande proximité de cet aſtre. Si la Planète n'avoit pas plus de vîteſſe à ce point de ſon orbite que dans les autres, ſans doute elle ſe rapprocheroit du Soleil : mais en même-tems que ſa peſanteur eſt plus grande, nous venons de voir que ſa vîteſſe eſt pareillement plus conſidérable ; & le calcul montre que l'effort de la Planète pour s'éloigner du Soleil l'emporte sur la pesanteur qui tend à l'en approcher.

On voit encore pourquoi la Planète, dans son Aphélie B, s'approche du Soleil, loin de s'en éloigner, quoique sa pesanteur soit alors moindre que dans tout autre point de son orbite. Cela vient de ce qu'en même-tems que sa pesanteur est moindre, sa vîtesse est plus petite, & telle que l'effort de la Planète pour s'éloigner du Soleil est plus foible que l'action de la pesanteur.

ARTICLE IV.

De la Pesanteur des Comètes vers le Soleil.

LA Pesanteur vers le Soleil s'étend indéfiniment dans l'espace, en décroissant toujours en raison du carré de la distance. Les Comètes sont donc, ainsi que les Planètes, soumises à son action dans tout leur cours. Elles doivent conséquemment observer dans leurs mouvemens les mêmes loix que les Planètes : c'est en effet ce que l'observation confirme. Toute la différence qui se trouve entre une Comète & une Planète tient uniquement à ce que l'Ellipse du premier de ces deux corps est plus alongée que celle du second ; & cet alongement est tel, qu'il permet, ainsi que je l'ai déja remarqué, de regarder comme parabolique la partie des orbites des Comètes dans laquelle elles sont visibles.

ARTICLE V.

De la Pesanteur des Satellites vers leurs Planètes.

CE que je viens de dire de la Terre & du Soleil doit s'appliquer également à toutes les Planètes. Tous les corps, placés à leur surface, pèsent vers leur centre ; & cette pesanteur s'étend indéfiniment dans l'espace, en diminuant en raison du carré des distances. C'est en vertu de cette loi que les Satellites de Jupiter

& ceux de Saturne se meuvent autour de ces Planètes, de la même manière que les Planètes se meuvent autour du Soleil. C'est la raison pour laquelle la belle loi de Képler, que *les carrés des tems des révolutions sont comme les cubes des distances moyennes*, se vérifie encore dans le mouvement des Satellites de Jupiter & de Saturne.

ARTICLE VI.

De la Pesanteur du Soleil vers toutes les Planètes, & généralement de toutes les parties de la matière les unes vers les autres.

C'EST une loi générale de la matière, que la réaction est égale & contraire à l'action. L'aimant, parce qu'il attire le fer, en est attiré lui-même avec une égale force ; &, si on le présente à un fer qui ne puisse se mouvoir, on verra cet aimant se porter vers lui. De-là, il suit que tous les corps qui pèsent vers le Soleil, ou, ce qui revient au même, que cet astre attire vers lui, l'attirent également vers eux. Mais la réaction de ces corps, se répartissant sur une masse excessivement grande relativement à eux, n'y doit occasionner qu'un déplacement presque insensible.

Nous avons vu précédemment que toutes les Planètes, supposées à une égale distance du Soleil, se porteroient vers lui avec la même vîtesse ; & nous en avons conclu que leur pesanteur sur cet astre étoit proportionnelle à leur masse. Leur réaction sur lui, & par conséquent le petit effort qu'il fait pour se mouvoir vers chacune d'elles, est donc en raison de leurs masses. Et comme la sphère d'activité de l'attraction de cet astre s'étend à l'infini dans l'espace, & embrasse la Nature entière, on voit que tous les corps de la Nature, & jusqu'aux molécules insensibles de la matière, l'attirent en raison directe de leur masse, & en raison inverse du carré de leur distance.

Il existe donc, non-seulement entre les grands corps qui se

meuvent dans l'efpace, mais encore entre leurs plus petites parties, une *gravitation* ou *attraction* univerfelle, de manière qu'à la furface du globule le plus petit que l'on puiffe imaginer, il y a, comme à la furface du Soleil & de la Terre, une force de pefanteur qui s'étend à l'infini, en diminuant en raifon du carré des diftances.

On peut maintenant fe former une idée précife de ce que l'on entend par *attraction* ou *Pefanteur univerfelle.* C'eft un effet général démontré par les obfervations, dont tous les phénomènes céleftes dépendent, & dont nous fentons à chaque inftant l'influence à la furface de la Terre. Mais l'attraction eft-elle une qualité inhérente à la matière, ou bien eft-elle l'effet d'un fluide environnant? C'eft ce que je ne me permettrai pas de décider. Je me contenterai d'obferver que la diminution qu'occafionneroit dans le mouvement des Planètes la réfiftance d'un fluide affez denfe pour produire leur pefanteur vers le Soleil, femble devoir faire rejetter toute idée d'un pareil méchanifme, & nous porter à croire que l'attraction eft une qualité des corps.

ARTICLE VII.

Denfité de quelques-unes des Planètes, déterminée par la loi de la Pefanteur.

PUISQU'UN corps attire d'autant plus fortement ceux qui l'environnent, qu'il renferme plus de matière, on peut déterminer fa maffe par la force de fon attraction. C'eft ainfi que l'on eft parvenu à connoître les rapports des maffes du Soleil, de la Terre, de Jupiter & de Saturne. Il doit paroître fort extraordinaire, fans doute, que l'on puiffe eftimer avec précifion les maffes & les denfités refpectives de ces corps que leur grand éloignement femble fouftraire à ces recherches, & dont nous ne pouvons obferver que les diamètres & les volumes. Je crois donc par cette raifon devoir expofer la méthode qui a conduit à ces découvertes intéreffantes.

Considérons pour cela le Soleil & la Terre. Nous avons vu ci-dessus que l'attraction de la Terre sur la Lune la détournoit à chaque instant de sa direction en tendant à l'approcher vers elle de 15 pieds $\frac{1}{10}$ dans l'intervalle d'une minute, ensorte que la pesanteur qui fait parcourir à la surface de la Terre 3600 fois 15 pieds $\frac{1}{10}$ dans une minute, ne fait plus parcourir dans le même tems que 15 pieds $\frac{1}{10}$ à une distance de son centre, égale à 60 fois son demi-diamètre, c'est-à-dire, à 85920 lieues. Mais le Soleil détourne à chaque instant la Terre de sa direction, comme celle-ci en détourne la Lune; & l'on trouve, par un calcul fort simple, que la Terre étant éloignée du Soleil de 34761680 lieues, la quantité dont la pesanteur l'a écartée à la fin d'une minute de la direction qu'elle avoit au commencement de cette minute est d'environ 34 pieds, ou, plus exactement, de 33,92 pieds. Cette quantité est conséquemment l'espace que la Pesanteur vers le Soleil fait parcourir dans une minute à un corps qui en est éloigné de 34761680 lieues.

Pour avoir maintenant l'espace que la Pesanteur vers la Terre feroit parcourir à cette distance, il faut diminuer les 15 pieds $\frac{1}{10}$ qu'elle fait parcourir à la distance de 85920 lieues, dans la raison du carré de 34761680 au carré de 85920, ce qui ne donne plus que 92 millièmes de pieds, pour l'espace que la Pesanteur vers la Terre feroit parcourir dans une minute, à une distance où la Pesanteur vers le Soleil fait parcourir 33,92 pieds, c'est-à-dire, 368 mille fois davantage. La force attractive du Soleil est donc 368 mille fois plus grande que celle de la Terre, & sa masse est, dans le même rapport, plus considérable que la masse de cette Planète; ou, ce qui revient au même, la masse de la Terre n'est que la 368 millième partie de celle du Soleil.

Les volumes de deux corps sphériques étant, comme on le démontre en Géométrie, proportionnels aux cubes de leurs diamètres, & le diamètre de la Terre étant 111 $\frac{1}{48}$ de fois plus petit que celui du Soleil, son volume est 1385478 fois moindre que celui de cet astre. La Terre, sous un volume 1385478 fois moindre, renferme par conséquent la 368 millième partie de la masse du Soleil ; d'où l'on voit qu'elle est plus dense que lui dans le rapport de 1385478 à 368000, c'est-à-dire, dans le rapport d'environ 4 à 1.

Il suit, de-là, que, si le Soleil étoit réduit à une masse de même densité que la Terre, son diamètre seroit moindre qu'il n'est, & au lieu de renfermer 111 diamètres de la Terre, il n'en renfermeroit plus qu'environ 72. Donc si l'on imagine, pour un instant, le centre du Soleil au point de l'espace qu'occupe le centre de la Terre, son volume s'étendroit encore au delà de l'orbite de la Lune (qui n'en est qu'à 60 demi-diamètres), quand même on supposeroit sa densité la même que celle de la Terre. On peut se former ainsi une idée de la masse énorme de cet astre, & de la petitesse de la Terre par rapport à lui.

En comparant, de la même manière, les quantités dont Jupiter & Saturne détournent leurs Satellites de la direction de leur mouvement, on trouve que la masse de Jupiter n'est que la 1067me partie de celle du Soleil, & que la masse de Saturne n'en est que la 3021me partie.

ARTICLE VIII.

Différence de Pesanteur d'un Corps supposé successivement transporté à la surface de quelques-unes des Planètes.

On peut, au moyen des déterminaisons précédentes, connoître de combien augmente ou diminue le poids d'un corps que l'on supposeroit transporté aux surfaces du Soleil, de la Terre, de Jupiter & de Saturne. Pour cela, considérons un poids d'une livre à la surface de la Terre, transporté sur le Soleil ; il est clair que sa pesanteur augmentera en raison de la supériorité de la masse du Soleil sur celle de la Terre ; mais d'un autre côté elle diminuera, en ce que ce corps est plus éloigné du centre du Soleil qu'il ne l'étoit du centre de la Terre. Et, comme le demi-diamètre du Soleil

Soleil est 111 fois plus grand que celui de la Terre, cette diminution sera, en vertu de la loi générale de l'attraction, dans le rapport du carré de 111 à celui de l'unité. On voit donc que pour avoir la pesanteur de ce corps à la surface du Soleil, il faut multiplier sa pesanteur sur la Terre, que j'ai supposé être d'une livre, par le rapport de la masse du Soleil à celle de la Terre, & diviser ce produit par le carré de 111; ce qui donnera 29 livres 14 onces, environ, pour cette pesanteur.

On trouvera, de la même manière, qu'à la surface de Jupiter ce corps peseroit à-peu-près 2 livres 10 onces; & qu'il peseroit une livre 5 onces sur Saturne.

ARTICLE VIII.

Différentes longueurs du Pendule à la surface de ces Planètes.

Si l'on transportoit à la surface du Soleil un Pendule (1), qui bat les *secondes* à la surface de la Terre, il est certain que la pesanteur y étant environ 29 fois plus grande, les oscillations du Pendule seroient beaucoup plus rapides, & que, pour les rendre plus lentes, & pour assujettir le Pendule à ne battre que les secondes, il faudroit l'alonger dans la même proportion. Donc la longueur du Pendule qui bat les secondes à la surface de la Terre étant d'environ 3 pieds 8 lignes, celle de ce même Pendule devroit être d'environ 15 toises 3 pouces à la surface du Soleil.

On trouve pareillement que la longueur de ce même Pendule, à la surface de Jupiter, est de 1 toise 2 pieds, & seroit de 4 pieds à la surface de Saturne.

(1) On appelle ainsi un poids suspendu, soit à un fil, soit à une branche de laiton très-mince, & que l'on peut mettre en mouvement d'un côté vers l'autre.

ARTICLE IX.

Remarque sur les résultats précédens.

CES résultats, déduits d'observations incontestables, par une suite de raisonnemens géométriques, ont le même dégré de certitude que ces observations elles-mêmes : & quoique l'on soit, au premier abord, tenté de regarder comme très-incertain tout ce que l'on peut dire sur ce qui se passe à la surface de corps aussi éloignés de nous, cependant, en faisant attention à ce que je viens d'exposer, on ne peut s'empêcher d'en reconnoître la vérité, & d'admirer en même-tems la hardiesse de l'esprit humain qui s'est élevé à de pareilles découvertes.

Mercure, Vénus & Mars n'ayant pas de Satellites, il est impossible de connoître, par le moyen dont je viens de parler, leur force attractive, & par conséquent leurs masses, ainsi que les phénomènes de la pesanteur à leur surface.

SECTION II.

Des Perturbations du mouvement des Corps céleſtes, occaſionnées par leur peſanteur les uns ſur les autres.

ARTICLE PREMIER.

Irrégularités dans les mouvemens des Planètes & des Satellites en général.

TOUS les Corps céleſtes réagiſſant les uns ſur les autres, en vertu de leurs attractions réciproques, on voit que les Planètes ne doivent pas exactement ſe mouvoir autour du Soleil, comme ſi elles n'obéiſſoient qu'à leur peſanteur ſur cet aſtre. A la vérité, la maſſe du Soleil, étant incomparablement plus grande que celle des Planètes, & ſa force attractive, infiniment plus puiſſante que la leur, il rend preſque inſenſible l'effet de leurs attractions réciproques.

Mais dans un ſiècle où, d'un côté, la préciſion des obſervations; de l'autre, les méthodes de l'analyſe ont été portées à un très-grand dégré de perfection, on n'a point négligé ces petits dérangemens, & on les a ſoumis à des calculs très-précis. Les méthodes qu'il a fallu imaginer pour y parvenir ſont peut-être ce qui fait le plus d'honneur aux grands Géomètres de ce ſiècle. Je vais tâcher de faire entendre quelques-uns de leurs réſultats, & je commencerai par ce qui concerne la Lune, dont les perturbations ſont les plus ſenſibles.

ARTICLE II.

Irrégularités dans le mouvement de la Lune.

LA Lune, en vertu de sa pesanteur vers la Terre, décriroit une Ellipse dont le centre de cette Planète occuperoit le foyer. Mais, en même-tems qu'elle pèse vers la Terre, elle pèse aussi vers le Soleil, qui l'attire à lui. Si le Soleil attiroit également, & de la même manière, la Lune & la Terre, le mouvement de ce Satellite autour de la Terre n'en seroit point troublé, puisque l'un & l'autre obéiroient, d'un mouvement commun, à l'attraction du Soleil. Mais la Lune étant tantôt plus près & tantôt plus loin du Soleil que la Terre, & se trouvant sur des rayons différens, on voit que l'attraction du Soleil doit agir différemment sur l'un & sur l'autre, & qu'ainsi il doit en résulter des inégalités très-sensibles dans le mouvement de la Lune; de sorte que ce Satellite ne décrit point un cercle ni une Ellipse, mais une courbe entièrement différente.

Pour déterminer cette courbe, il falloit rechercher, par les principes de la méchanique & par des méthodes exactes, ou du moins très-approchées, quelle étoit à chaque instant la position de la Terre & celle de la Lune par rapport au Soleil, en supposant que ces trois corps s'attirent en raison *directe* des masses, & *réciproque* du carré des distances. C'est le fameux problême connu sous le nom de *Problême des trois Corps* (1).

La solution de cet important problême a conduit non-seulement à expliquer toutes les inégalités du mouvement de la Lune, mais encore à former des Tables très-exactes de ce Satellite, au moyen desquelles on peut, à chaque instant, déterminer sa position par rapport à la Terre.

(1) *Problême* signifie, en Mathémathiques, *question à résoudre*. Ce mot vient du grec Προβάλλειν, *proposer*, *proférer*.

Comme il eſt impoſſible, ſans le ſecours de l'analyſe, de donner une idée, même imparfaite, de la manière dont toutes les inégalités du mouvement de la Lune dérivent de ſa double peſanteur vers le Soleil & vers la Terre, je me contenterai de rendre ici raiſon du mouvement rétrograde des nœuds de ſon orbite.

Concevons, 1°. que L T M S (fig. 13) ſoit le plan de l'Ecliptique, la Terre étant en T & le Soleil en S; 2°. que L O M V L ſoit le plan de l'orbite de la Lune, incliné à celui de l'Ecliptique d'environ 5^{d}; 3°. que L T M ſoit la Ligne des nœuds de cette orbite, ou, ce qui revient au même, la ligne d'interſection de ſon plan avec celui de l'Ecliptique, & que la Lune, en partant du point L, & décrivant la partie L O N de ſon orbite, ſoit au deſſus du plan de l'Ecliptique dans tout cet intervalle. Cela poſé :

Sans l'attraction du Soleil, la Lune iroit traverſer de nouveau ce plan au point M. Mais le Soleil tend, par ſon attraction, à l'y abaiſſer ſans ceſſe. La Lune obéiſſant donc à cette action, doit rencontrer ce plan plutôt qu'elle n'auroit fait ſans cela. Ainſi, au lieu de le traverſer au point M, elle le traverſera au point N, & N T R ſera la nouvelle poſition de la Ligne des nœuds.

En décrivant encore la partie N M V de ſon orbite, qui eſt au deſſous de l'Ecliptique, elle rencontreroit ce plan au point R ſans l'action du Soleil. Mais comme cet aſtre tend à l'approcher ſans ceſſe de ce plan, elle le traverſe plutôt au point V; & la nouvelle poſition de la Ligne de ſes nœuds eſt ſuivant la Ligne droite V T O. Donc cette poſition qui, au commencement de la révolution, étoit ſur la droite L M, ſe trouve à la fin ſur la droite V O, enſorte que la Ligne des nœuds a eu un petit mouvement de L vers V, & ce mouvement eſt viſiblement rétrograde ou contraire à celui de la Lune que l'on ſuppoſe ici avoir lieu dans le ſens L O M.

Quant à la quantité de ce mouvement, qu'il n'eſt pas poſſible d'obtenir ſans le ſecours du calcul, j'obſerverai que ſur cet objet, comme ſur le mouvement de l'Apogée, & ſur toutes les autres inégalités de la Lune, les réſultats du principe de la gravitation univerſelle ſont parfaitement conformes aux obſervations.

ARTICLE III.

Irrégularités dans le mouvement des Planètes.

De même que la Lune est troublée par l'action du Soleil dans son mouvement autour de la Terre, chaque Planète est aussi troublée dans sa révolution par l'action des autres Planètes. Obéissant, autant qu'il est possible, à ces différentes attractions, elle ne décrit pas exactement une Ellipse, & ne suit pas d'une manière exacte les loix de Képler. Les petites différences qui en résultent sont ce que l'on nomme *Perturbations* du mouvement des Planètes. C'est à cette attraction réciproque de toutes les Planètes qu'il faut attribuer le mouvement de leurs Aphélies, & celui de leurs nœuds dont on a parlé dans le premier Chapitre.

ARTICLE IV.

Du mouvement des Nœuds des Planètes.

De toutes ces perturbations, la seule que je puisse faire entendre sans calcul, est celle du mouvement des nœuds des Planètes. Considérons pour cela l'orbite de la Terre & celle de Jupiter. Il est visible que Jupiter, en attirant la Terre, tend sans cesse à l'approcher du plan de son orbite ; & que la Terre, au lieu de traverser l'orbite de Jupiter au même point où elle l'avoit traversée dans la révolution précédente, la traverse plutôt, comme nous venons de voir, que la Lune, par l'attraction du Soleil, traverse l'Ecliptique plutôt que dans la révolution précédente. La Ligne d'intersection du plan de l'orbite de la Terre avec celui de l'orbite de Jupiter a donc un mouvement rétrograde sur l'orbite de cette dernière Planète, à-peu-près comme les nœuds de la Lune ont un mouvement rétrograde sur l'Ecliptique.

Ce que l'on vient de dire de ces deux orbites de la Terre & de Jupiter a également lieu pour les orbites de deux Planètes quelconques. On peut donc, en connoissant les forces attractives de différentes Planètes, déterminer les petits changemens qu'elles occasionnent dans la position de leurs orbites les unes par rapport aux autres : d'où l'on peut conclure aisément ces mêmes changemens relativement à un plan fixe quelconque.

ARTICLE V.

Variation de l'obliquité de l'Ecliptique.

LES changemens dans la position de l'orbite de la Terre produisent une variation dans l'angle que fait l'Ecliptique avec l'Equateur, ou, ce qui est la même chose, dans l'obliquité de l'Ecliptique. On trouve par le calcul, que les positions des orbites de toutes les Planètes dans ce siècle sont telles, qu'il n'y en a pas une seule qui ne tende à diminuer l'obliquité de l'Ecliptique. Ainsi, quand même les observations anciennes & modernes ne concourroient pas toutes à indiquer cette diminution, elle seroit démontrée en vertu de la loi générale de l'attraction de tous les Corps célestes.

Quant à la quantité de cette diminution, il est impossible de la déterminer avec précision par les observations anciennes, à cause de leur peu d'exactitude ; & par les observations modernes, à cause de leur peu de distance respective. Voici ce que la théorie donne de plus approché sur cet objet.

La diminution de l'obliquité de l'Ecliptique est principalement due à l'action de Jupiter, la plus grosse des Planètes, & à l'action de Vénus, la plus proche de la Terre. Le rapport de la masse de Jupiter à celle du Soleil est bien connue par ce qui précède. Quant à la masse de Vénus, les seules données que les Géomètres aient pour la connoître, sont les dérangemens que son attraction occasionne dans les mouvemens des Planètes, & particulièrement dans ceux de la Terre. Or, en calculant le mouvement qu'elle doit produire dans l'Aphélie de la Terre, & en le comparant aux obſervations, on trouve que ſa maſſe eſt la 336399me partie de celle du Soleil; &, en partant de cette maſſe, on trouve que la diminution de l'obliquité de l'Ecliptique eſt de 51″ dans ce ſiècle. Cette diminution n'eſt pas la même dans tous les ſiècles. En n'ayant égard qu'à l'action des Planètes ſur la Terre, elle a des limites. Mais ſi l'on a égard à l'action des Comètes ſur la Terre, il eſt poſſible qu'elle devienne un jour très-conſidérable, & que les plans de l'Equateur & de l'Ecliptique coïncident; ce qui, comme je l'ai dit, produiroit une équinoxe perpétuelle, auſſi long-tems que ces deux plans reſteroient ſenſiblement dans cette poſition. Mais on ſent facilement que cela ne pourroit pas durer toujours, & que l'Ecliptique & l'Equateur, après s'être réunis, s'écarteroient enſuite d'une manière à-peu-près ſemblable à celle dont ils ſe ſeroient approchés. Au reſte, ſi cela arrive quelque jour, ce ne peut être que dans un tems fort éloigné; car il paroît que les maſſes des Comètes ſont fort petites, & qu'elles n'ont que très-peu d'influence ſur le mouvement de la Terre.

Remarque ſur la longueur de l'Année.

Le changement de poſition de l'orbite de la Terre occaſionne encore une petite variation dans la durée de l'année *tropique*. Pour la faire entendre, on doit obſerver qu'en même-tems que l'orbite terreſtre s'incline ſur l'Equateur par l'action des Planètes, ſes nœuds, ou, ce qui revient au même, les Points Equinoxiaux ont un mouvement qui ſe combine avec celui que l'action du Soleil & de la Lune occaſionne: d'où il ſuit que la Préceſſion des Equinoxes n'eſt pas ſeulement l'effet des attractions ſolaires & lunaires, mais encore celui de l'action des Planètes. A la vérité, cette influence des Planètes eſt très-petite; elle eſt d'ailleurs inégale dans les différens ſiècles, enſorte qu'au tems d'Hipparque elle étoit moindre qu'aujourd'hui. L'influence des attractions du Soleil & de la Lune étoit auſſi plus petite, parce qu'elle eſt, ſuivant la théorie,

théorie, plus petite lorſque l'obliquité de l'Ecliptique ſur l'Equateur eſt plus conſidérable ; d'où il ſuit que, cette obliquité ayant diminué depuis Hipparque, l'effet des attractions du Soleil & de la Lune, ſur la Préceſſion, a augmenté. En vertu de ces deux cauſes, la Préceſſion des Equinoxes étoit alors moindre que dans ce ſiècle : or, nous avons vu que c'eſt uniquement de la quantité de cette Préceſſion que dépend la différence des deux années *ſidérale & tropique ;* cette différence étoit par conſéquent moindre que de nos jours. Ainſi l'année tropique devoit, au tems d'Hipparque, ſe rapprocher davantage de l'année ſidérale, & par conſéquent être plus longue qu'aujourd'hui d'environ une vingtaine de ſecondes. Au reſte, cette diminution de l'année n'eſt que périodique, &, au bout d'un certain tems, elle augmentera ſelon les mêmes loix ſuivant leſquelles elle diminue.

Quant à l'année ſidérale, on avoit cru y remarquer quelques variations ; mais en diſcutant avec ſoin les obſervations anciennes & modernes, il paroît qu'elle n'a pas ſouffert d'altération ſenſible depuis Hipparque. D'ailleurs, on s'eſt aſſuré que l'action mutuelle des Planètes ne doit point influer ſur le tems de leurs révolutions, ni ſur leurs moyennes diſtances au Soleil.

ARTICLE VI.

Irrégularité dans les mouvemens des Comètes.

LES Comètes ſont également ſoumiſes à leur action mutuelle & à celle des Planètes. Mais, les maſſes de Jupiter & de Saturne étant conſidérablement plus grandes que celles des autres corps céleſtes, c'eſt principalement à leur attraction que l'on a égard dans le calcul des perturbations des Comètes. Sans les dérangemens occaſionnés par ces deux groſſes Planètes, & peut-être par d'autres que nous ne connoiſſons pas, une Comète reviendroit, à très-peu de choſe près, dans le même intervalle de tems, à ſon Périhélie ; mais l'attraction de ces deux corps change ſenſiblement d'une révolution à l'autre la poſition du Périhélie & de tous les autres élémens de l'orbite de la Comète, & ſur-tout le tems de ſa période, ou l'intervalle de tems qui s'écoule d'un paſſage au paſſage ſuivant par le Périhélie.

En ſoumettant au calcul l'effet de ces attractions, on a trouvé que le retour de la Comète qui a été obſervée en 1531, 1607 & 1682, a dû avoir des périodes inégales de 913 mois & demi, de 898 mois & demi, & que la période qui l'a fait reparoître dans ce ſiècle a dû être de 919 mois, ce qui s'eſt trouvé conforme aux obſervations. Hallei avoit prédit ſon retour pour l'année 1758, comme je l'ai dit dans le Chapitre premier; mais il n'avoit pas eu égard aux petites perturbations dont je viens de parler. M. Clairaut, y ayant appliqué ſa ſolution du Problême des trois Corps, trouva que la Comète ne devoit paſſer par ſon Périhélie qu'au mois d'Avril 1759. Il fit part de ce réſultat au Public dans un Mémoire qu'il lut ſur cet objet à l'Aſſemblée de l'Académie des Sciences du 14 Novembre 1758; & l'évènement a juſtifié le calcul de ce grand Géomètre.

ARTICLE VII.

Irrégularités dans les mouvemens des Satellites de Jupiter.

ENFIN, les attractions réciproques des Satellites de Jupiter, & celle du Soleil ſur ces différens corps, occaſionnent, dans leurs mouvemens, des perturbations qui ont rendu très-difficile la formation des tables de ces Satellites. On eſt parvenu cependant à en faire d'excellentes, uniquement en comparant entre elles un très-grand nombre d'obſervations.

Lorſque l'on a enſuite appliqué à ces perturbations la théorie de la gravitation univerſelle, les inégalités que l'on avoit tirées de la comparaiſon des obſervations ſe ſont non-ſeulement trouvées conformes aux réſultats de cette théorie, mais elle les a fait connoître encore d'une manière beaucoup plus préciſe.

ARTICLE VIII.

Du mouvement des Etoiles fixes.

L'ATTRACTION du Soleil s'étendant à l'infini dans l'espace, agit sur les Etoiles qui agissent également sur lui. Tous ces grands corps s'attirent réciproquement, suivant la même loi que les corps de notre système Planetaire. Mais, en même-tems que leur distance prodigieuse diminue l'effet de leur attraction, elle le rend beaucoup moins sensible pour nous. Cependant les mouvemens observés dans *Arcturus*, & dans quelques autres Etoiles de la première grandeur, ne permettent pas de douter qu'elles ne décrivent des courbes très-composées, & dépendantes des attractions que chacune d'elles éprouve de la part des autres. Mais ce ne sera que dans un grand nombre de siècles, & par une longue suite d'observations très-précises, que l'on pourra parvenir à savoir quelque chose sur la nature & la loi de ces mouvemens.

SECTION III.

Des effets de la Pesanteur de toutes les parties des Corps célestes.

LES phénomènes que je viens d'expliquer résultent de l'attraction des Corps célestes considérés en masses; mais il en existe plusieurs qui dépendent de la différence de l'attraction de leurs parties, & qui prouvent que la loi de l'attraction a lieu, non-seulement entre les Corps célestes, mais encore entre leurs plus petites molécules. C'est ce que je vais considérer dans les articles suivans.

ARTICLE PREMIER.

De la manière dont se forme la Pesanteur à la surface des Corps célestes.

Si l'on suppose une masse de matière homogène, & de figure sphérique, dont toutes les parties soient douées d'une force attractive proportionnelle à leur masse, & réciproque au carré de leur distance, il est clair que la Pesanteur à sa surface sera le résultat des attractions de toutes ses parties. Un Corps attiré vers chacune d'elles, tendant à obéir à toutes ces attractions, prendra une tendance moyenne qui, s'il est abandonné à lui-même, le portera perpendiculairement à la surface de cette sphère. C'est exactement ainsi, qu'à la surface de la Terre, & à celle de tous les autres Corps célestes, la Pesanteur se forme des attractions de toutes leurs molécules.

On voit facilement que les molécules de la Terre les plus voisines du Corps pesant, l'attirent plus fortement que celles qui sont au centre : mais les parties les plus éloignées l'attirent plus foiblement. Or, on démontre qu'en supposant la Terre sphérique, il se fait une compensation entre les attractions les plus fortes & les plus foibles ; de manière que l'attraction totale est la même que si toutes les parties de la Terre étoient réunies à son centre. C'est la raison pour laquelle tous les Corps célestes s'attirent mutuellement, à très peu de chose près, comme s'il existoit, au centre de leurs masses, des forces attractives proportionnelles à ces masses, & réciproques au carré des distances de leurs centres.

La Terre n'ayant pas une forme parfaitement sphérique, son attraction n'est pas exactement en raison inverse du carré des distances à son centre. Mais la différence est bien peu sensible, & le devient d'autant moins, que les distances sont plus considérables, parce que la différence de sa figure a celle d'une sphère est peu considérable, & d'autant moins sensible, que l'on s'éloigne davantage du centre de la Terre.

ARTICLE II.

De la diminution de la Peſanteur aux différentes profondeurs de la Terre.

SI, au lieu d'élever un corps au deſſus de la ſurface de la Terre, on l'abaiſſoit au deſſous à différentes profondeurs, il ſemble qu'en s'approchant davantage du centre de la Terre, ſa peſanteur devroit être plus conſidérable ; mais ce ſeroit tout le contraire. Les parties de la Terre qui ſeroient au deſſus de lui, l'attirant en ſens contraire, & tendant à l'éloigner du centre, diminueroient ſa peſanteur vers ce centre. Or, on trouve, par le calcul, que ſi la Terre étoit une ſphère de matière homogène (1), la peſanteur diminueroit depuis la ſurface juſqu'au centre, en même raiſon que les diſtances à ce centre ; enſorte qu'à ce point la peſanteur ſeroit nulle ; ce qui d'ailleurs eſt viſible, puiſqu'un corps y ſeroit également attiré de toutes parts.

ARTICLE III.

De la figure de la Terre.

SI toutes les parties de la Terre étoient immobiles, ou n'avoient qu'un mouvement commun de tranſlation autour du Soleil, la figure de la Terre ſeroit celle d'une ſphère, puiſqu'il n'y auroit aucune raiſon pour laquelle elle ſeroit plus applatie dans un ſens que dans les autres. Mais la Terre, ayant un mouvement de rotation ſur elle-même, ce mouvement doit altérer ſa figure, & la changer en celle d'un ſphéroïde. Examinons ce qu'elle devient alors.

Pour cela, ſuppoſons que la Terre ſoit une maſſe fluide homo-

(1) *Homogène*, c'eſt-à-dire, de même nature. Ce mot vient du grec ὁμὸς, *ſemblable* ; & de γενος, *eſpèce*.

gène dont toutes les parties soient en équilibre. Il est évident que les parties qui sont à l'Equateur décrivent de plus grands cercles dans le même tems, & sont par conséquent de plus grands efforts pour s'éloigner du centre de la Terre, comme on le démontre en méchanique. Si cet effort étoit assez grand pour vaincre la pesanteur qui les retient, elles se détacheroient de la Terre : mais comme il est environ 289 fois plus foible, la pesanteur est seulement affoiblie de cette même quantité.

Si donc on imagine une colonne d'eau qui s'élève du centre de la Terre jusqu'à l'Equateur, sa pesanteur sera diminuée par le mouvement de rotation de cette Planète. Si l'on conçoit de même une seconde colonne d'eau, qui, du Pôle, aboutisse au centre de la Terre, & communique avec la première, sa pesanteur ne recevra aucune altération de ce mouvement, puisqu'elle ne le partage point. Donc, pour qu'il y ait équilibre entre le poids de ces deux colonnes, il est nécessaire que la première soit un peu plus longue que la seconde, afin que, par l'excès de sa longueur, elle compense la diminution qu'elle éprouve dans sa pesanteur. Or, on trouve, par le calcul, n'ayant égard qu'à cette considération, que la colonne de l'Equateur doit être plus longue que celle du Pôle de la 578me partie de sa longueur totale.

Mais il existe une autre cause qui contribue encore à l'alonger. A mesure que la Terre change de figure & devient plus applatie vers les Pôles, la pesanteur, à un point quelconque pris dans son intérieur ou à sa surface, doit nécessairement changer : car il est visible que la pesanteur, étant le résultat des attractions de toutes les parties de la Terre, elle doit varier avec la figure de cette Planète.

Toutes les parties qui sont également éloignées du centre ne seront plus également pesantes, comme dans la supposition où la Terre seroit une sphère, puisqu'elles ne seront plus alors semblablement situées par rapport à la masse entière de la Terre. Or, on démontre que, dans ce cas, un corps pèse un peu moins lorsqu'il est placé dans le plan de l'Equateur, que lorsqu'il est placé sur l'axe de rotation ; sa distance au centre de la Terre étant d'ailleurs la même dans ces deux ſituations. L'excès du poids de la colonne d'eau du Pôle ſur celui de la colonne d'eau de l'Equateur eſt donc augmenté par cette nouvelle conſidération ; ce qui tend par conſéquent à diminuer la longueur de la première de ces deux colonnes, & à augmenter celle de la ſeconde. Leur différence en longueur doit donc être un peu plus grande que d'un 578e. Et l'on trouve, par le calcul, qu'elle eſt alors d'un 230e : d'où il ſuit que, dans ce cas, la Terre a un 230e moins d'épaiſſeur dans le ſens du Pôle que dans le ſens de l'Equateur, ce qui eſt beaucoup plus conforme aux obſervations.

Ce n'eſt pas tout encore. Ce que l'on vient de dire ſuppoſe que la maſſe de la Terre eſt compoſée de parties de même denſité : mais l'eau qui la recouvre, en grande partie, eſt d'une denſité moindre qu'elle, & il eſt poſſible qu'elle ſoit elle-même formée de couches différemment denſes, ce qui doit produire un applatiſſement plus ou moins conſidérable. Et, comme la figure & la profondeur de la Mer ſont très-irrégulières ; que, ſuivant toutes les apparences, les parties inégalement denſes de la Terre ne ſont pas ſymétriquement diſtribuées autour de ſon centre, on voit qu'il doit en réſulter dans la direction & la force de la peſanteur, & conſéquemment dans la figure de la Terre, des irrégularités ſenſibles. On ne doit donc pas être ſurpris ſi les différens dégrés des Méridiens, meſurés juſqu'ici, ſont, comme on l'a vu précédemment, très-irréguliers. Cette irrégularité, loin de donner atteinte à la loi générale de l'attraction de toutes les parties de la matière, la confirme, puiſqu'elle n'auroit pas lieu ſi la peſanteur étoit une force dirigée vers un ſeul point, & n'étoit pas le réſultat des attractions de toutes les parties de la Terre.

ARTICLE IV.

De la diminution de la Peſanteur en allant des Pôles à l'Equateur.

On voit, par ce qui précède, que la Peſanteur n'eſt pas la même ſur toutes les parties de la ſurface de la Terre. Elle doit diminuer à meſure que l'on s'éloigne du Pôle pour s'avancer vers l'Equateur ; enſorte qu'un poids d'une livre à Paris peſeroit moins à l'Equateur : c'eſt auſſi ce que l'obſervation confirme. Voici comment on s'en eſt aſſuré.

Le Pendule ne fait ſes vibrations que par l'action de la Peſanteur qui tend à le ramener ſans ceſſe à la ſituation verticale dont on l'avoit écarté d'abord. Il ne la dépaſſe qu'en vertu de la vîteſſe qu'elle lui imprime, & au moyen de laquelle il remonte de l'autre côté à une hauteur égale à celle dont il eſt parti. Il redeſcend enſuite & continue d'oſciller de la même manière ; il continueroit ainſi toujours ſans les frottemens & la réſiſtance de l'air qui s'y oppoſent. On conçoit que plus la Peſanteur eſt conſidérable, plus les oſcillations du Pendule doivent être rapides. Un moyen de s'aſſurer ſi la Peſanteur eſt plus grande ou moindre dans un endroit que dans un autre, eſt donc d'y porter ſucceſſivement le même Pendule, & de voir ſi, toutes choſes d'ailleurs égales, les oſcillations ſont plus promptes dans l'un que dans l'autre. On peut être certain que la Peſanteur ſera plus grande dans le lieu où ces oſcillations ſe feront dans un tems plus court.

On a fait cette expérience à l'Equateur & vers le Pôle, & l'on a trouvé que le Pendule qui, dans un jour, faiſoit à Paris un certain nombre d'oſcillations, en faiſoit moins lorſqu'il fut tranſporté à Cayenne, & plus lorſqu'il le fut à Pello (1), qui eſt beaucoup plus près du Pôle que Paris. On a trouvé ainſi qu'à Pello la Peſanteur étoit plus grande qu'à Paris, tandis qu'à Paris elle étoit plus grande qu'à Cayenne, & l'on a conclu qu'un poids de 100000 livres en France ne peſeroit que 99533 livres à Cayenne ; tandis que tranſporté à Pello, il peſeroit 100137 livres ; enſorte que de Cayenne à Pello, ſa Peſanteur augmenteroit de 604 livres.

Il eſt aiſé de ſentir que, dans les lieux où la Peſanteur eſt moindre, il faut raccourcir le Pendule pour lui faire battre les ſecondes & l'alonger dans ceux où elle eſt plus grande. Auſſi a-t-on

---

(1) Pello, au Nord de Tornea, en Laponie, au pied d'une montagne appelée *Kittiis*. Lat. 66° 48′ 20″.

obſerve

obſervé que le Pendule qui bat les ſecondes eſt plus long à Pello qu'à Paris, & qu'à Paris il eſt plus long qu'à Cayenne. Il eſt à Pello de 441, 27 lignes; à Paris, de 440,67 lignes & à Cayenne, de 438 lignes ½.

ARTICLE V.

De la Peſanteur conſidérée comme cauſe de la Préceſſion des Equinoxes (1), *& de la Nutation de l'axe de la Terre.*

Nous avons vu précédemment qu'une ſphère attire tous les corps qui l'environnent, comme ſi toutes ſes parties étoient réunies à ſon centre : d'où il ſuit que la réaction, étant égale & contraire à l'action, cette ſphère eſt pareillement attirée par ces corps, comme le ſeroit une maſſe égale à la ſienne & dont toutes les parties ſeroient réunies à ſon centre.

En ſuppoſant donc que la Terre fût une ſphère parfaite, l'attraction du Soleil & de la Lune ſur elle n'influeroit que ſur les mouvemens de ſon centre, ſans changer d'ailleurs la poſition de ſon axe de rotation. Mais la Terre eſt plus élevée, comme nous venons de le voir, à l'Equateur que ſous les Pôles. Si donc on conçoit une Sphère dont le diamètre ſoit l'axe même de la Terre & qui ait le même centre qu'elle, la Terre ſera formée de cette Sphère, &, de plus, d'une croûte appelée *Méniſque*, qui ira, en augmentant en épaiſſeur, des Pôles vers l'Equateur. Par exemple, (fig. 14) ABRA, repréſentant la Terre, dont AB eſt l'axe de rotation, MR le diamètre de l'Equateur; ANBOA étant la ſphère inſcrite dont je viens de parler AMNBROA ſera le Méniſque dont la Terre excédera cette Sphère. De ce que je viens de dire, il réſulte que l'action du Soleil & de la Lune ſur la Sphère inſcripte ANBOA, n'influe que ſur le mouvement du

---

(1) *Préceſſion des Equinoxes.* Ce mot vient du latin *præcedere ; aller devant, devancer.*

centre C. Mais leur action sur le Ménisque, AMNBROA change la position du plan de l'Equateur sur l'Ecliptique.

Pour concevoir ce changement, considérons un point quelconque M de ce Ménisque, placé à l'Equateur, comme une petite Lune attachée à la Terre & qui fait sa révolution dans l'espace d'un jour. Si l'on se rappelle ce que j'ai dit sur le mouvement rétrograde des nœuds de l'orbite de la Lune, on verra que, par la même raison, les nœuds de l'orbite du point M, qui est l'Equateur lui-même, tendent, en vertu de l'attraction du Soleil, à rétrograder sur l'Ecliptique. Or, ces nœuds sont la Ligne même des Equinoxes; donc l'action du Soleil sur le point M tend à faire rétrograder la ligne des Equinoxes.

Ce que je viens de dire du point M s'appliquant aux autres points du Ménisque, avec les modifications qui conviennent à leur distance plus ou moins grande de l'Equateur, on voit qu'ils tendent à faire rétrograder la Ligne des Equinoxes. De toutes ces tendances, il résulte une tendance moyenne qui forme la partie de la Précession des Equinoxes due à l'action du Soleil.

Une circonstance à remarquer dans cet effet de l'attraction du Soleil, c'est qu'en même-tems qu'elle fait rétrograder la Ligne des Equinoxes, elle ne produit aucun changement sensible dans l'inclinaison du plan de l'Equateur avec l'Ecliptique; & si la théorie donne une variation à cette inclinaison, il n'est pas possible d'en rendre raison sans le secours du calcul.

L'action de la Lune, sur le Menisque de la Terre, tend également, & par la même raison que l'on vient d'exposer, à faire rétrograder, sur le plan de l'orbite lunaire, l'intersection de ce plan avec celui de l'Equateur, sans changer sensiblement l'inclinaison de ces deux plans. Si l'orbite lunaire étoit dans le plan de l'Ecliptique, cette intersection seroit la Ligne même des Equinoxes, & la rétrogradation causée par la Lune s'ajouteroit exactement avec la rétrogradation occasionnée par l'action du Soleil. Mais, à cause de la petite inclinaison de l'orbite lunaire sur le plan de l'Ecliptique, le mouvement rétrograde que l'attraction de la Lune imprime à l'intersection de l'Equateur avec cette orbite, doit, en même-tems qu'il fait rétrograder la Ligne des Equinoxes, changer un peu l'inclinaiſon de l'Equateur ſur l'Ecliptique. Ce dernier changement dépend évidemment de la poſition des plans de l'Equateur & de l'orbite lunaire ſur celui de l'Ecliptique, ou, ce qui revient au même, de la poſition des nœuds de l'orbite lunaire & de la Ligne des Equinoxes : on voit donc que la période de 18 ans qui ramène les nœuds de l'orbite lunaire à la même poſition par rapport à la Ligne des Equinoxes, doit auſſi ramener la même inclinaiſon du plan de l'Equateur ſur l'Ecliptique.

Cette petite variation, dans l'inclinaiſon de l'Equateur, eſt ce que l'on nomme *Nutation de l'axe de la Terre*, parce que le plan de l'Equateur ne peut pas s'élever & s'abaiſſer ſur l'Ecliptique, ſans que l'axe de la Terre, qui lui eſt perpendiculaire, ne s'abaiſſe & ne s'élève lui-même. Cette nutation eſt uniquement due à l'action de la Lune, & l'on voit pourquoi ſa période eſt la même que celle du mouvement des nœuds de l'orbite lunaire.

Il réſulte de ce que je viens de dire, qu'une partie de l'effet de l'attraction de la Lune ſur le Méniſque terreſtre s'ajoute à l'effet de l'attraction du Soleil & augmente la *Préceſſion des Equinoxes ;* tandis qu'une autre partie eſt employée à produire la *Nutation de l'axe de la Terre*. En comparant la quantité de cette nutation, qui eſt de 18″, avec la Préceſſion moyenne des Equinoxes qui eſt de $50'' \frac{1}{4}$ par année, on a trouvé que l'effet de la Lune ſur cette Préceſſion moyenne, eſt environ le double de celui du Soleil : d'où l'on a conclu que la maſſe de la Lune eſt à-peu-près 80 fois plus petite que celle de la Terre.

Si l'on deſiroit de plus grands détails ſur cet objet, on pourroit conſulter le bel Ouvrage de M. d'Alembert ſur la Préceſſion des Equinoxes, qui renferme la première ſolution directe & générale que l'on ait donnée de ce difficile & important Problême.

C'eſt ici le lieu de répondre à une queſtion que l'on a ſouvent faite & qui conſiſte à ſavoir ſi les Poles de la Terre, ou, ce qui revient au même, ſi les extrémités de ſon axe de rotation ont pu changer de ſituation ſur la ſurface du globe, & répondre ſucceſſivement à différens points très-éloignés entre eux ſur cette ſurface.

Comme la solution de cette question est fort importante dans l'Histoire Naturelle, on ne sera pas fâché sans doute de trouver ici, en peu de mots, ce que la théorie nous apprend sur cette matière.

Si la Terre étoit entièrement solide, on peut démontrer que son axe réel de rotation ne s'écarteroit jamais par les attractions du Soleil & de la Lune que d'une très-petite quantité, du point auquel il répond aujourd'hui. Mais la Terre est recouverte des eaux de la Mer, dont la profondeur est très-irrégulière ; &, dans ce cas, il est possible que l'action du Soleil & de la Lune sur la Mer, & la réaction des eaux sur la surface du globe, occasionnent un déplacement sensible dans la position de l'axe terrestre, ensorte que ses extrémités parcourent une partie considérable de la surface de la Terre & répondent quelque jour à des points éloignés des Póles actuels, tels que Pétersbourg & son antipode. Je puis du moins assurer qu'il n'y a point jusqu'ici de démonstration de l'impossibilité d'un semblable déplacement ; & qu'en examinant avec attention cette matière, tout nous porte à le regarder comme possible. S'il existe réellement, on s'en appercevra un jour par le changement de Latitude de différens lieux de la Terre : mais comme ce changement est insensible dans un petit nombre de siècles, ce n'est qu'à la postérité la plus reculée qu'il appartiendra de prononcer sur cet objet.

ARTICLE VI.

De la Pesanteur considérée comme cause du Flux & du Reflux.

LES attractions du Soleil & de la Lune produisent encore sur la Terre un effet connu & observé sous le nom de *Flux & Reflux* de la Mer. On appelle ainsi le mouvement des eaux de la Mer, en vertu duquel elles s'élèvent & s'abaissent deux fois en 24 heures.

Les eaux, recouvrant en grande partie la surface de la Terre, éprouvent de la part de ces deux Astres une attraction plus ou moins forte, suivant qu'elles en sont plus ou moins éloignées. Cette différence d'attraction doit nécessairement troubler leur équilibre & les tenir dans une agitation continuelle. Examinons l'effet qui doit en résulter.

Pour cela, supposons la Terre en T & la Lune en L (fig. 15), LOO étant son orbite. Il est visible que la colonne d'eau au dessus de laquelle la Lune répond immédiatement étant plus près de cet Astre que le centre de la Terre, en est plus fortement attirée, & que cette attraction diminue un peu l'effet de l'attraction de la Terre sur cette même colonne d'eau. Devenant donc ainsi moins pesante que dans son état ordinaire, elle ne peut plus balancer la pression des colonnes d'eau plus éloignées : elle est par conséquent forcée de s'élever, pour compenser, par sa hauteur, la diminution de son poids.

Les eaux situées aux points A & B, à 90^d^ du point E au dessus duquel répond la Lune, doivent s'abaisser en même-tems en se précipitant vers le point E. La Mer sera donc dans sa plus grande élévation au point E ; & dans son plus grand abaissement, aux points A & B.

A 180^d^ du point où répond la Lune, ou, ce qui revient au même, au point R directement opposé à E, les eaux étant plus éloignées de la Lune que le centre de la Terre, en sont plus foiblement attirées ; ensorte que leur pression sur la surface de la Terre en est diminuée, puisque cette surface, entraînée par le centre de la Terre, obéit à une attraction plus puissante. On voit donc qu'à ce point R, la colonne d'eau doit encore s'élever ; & le calcul fait voir que l'élévation des eaux est, à très-peu de chose près, la même dans les deux points opposés E & R.

Considérons maintenant (fig. 15) le Soleil S en conjonction avec la Lune L ; il est clair qu'alors son action concourt avec celle de la Lune, & qu'ainsi la hauteur des marées sera la plus grande possible, sur-tout si ces deux Astres sont dans leur plus grande proximité de la Terre.

Si nous supposons ensuite, comme dans la figure 16, le Soleil en opposition avec la Lune, l'effet de ces deux Astres doit être encore le même ; car puisque l'effet de chacun de ces Astres est le même sur les eaux au dessus desquelles il répond, & sur celles qui sont dans la partie directement opposée, il est clair que l'effet de l'attraction des deux Astres sera le même, soit qu'ils se trouvent du même côté ou du côté opposé, pourvu qu'ils soient à-peu-près sur une même ligne avec le centre de la Terre.

Mais si, comme dans la figure 17, la Lune étoit à 90^{d} de distance du Soleil, ainsi que cela arrive dans les *Quadratures* (1), il est clair, par tout ce que l'on vient de voir, que la plus grande hauteur des marées, occasionnée par l'action de la Lune, répondroit au point où l'action du Soleil produiroit le plus grand abaissement; ensorte que cette action du Soleil détruiroit une partie de l'effet de la Lune, & la marée ne seroit alors que le résultat de la différence des actions de ces deux Astres.

On voit donc que, lorsque la Lune & le Soleil sont en conjonction & en opposition (ce qui arrive dans les Nouvelles & Pleines Lunes), les marées doivent être les plus grandes, & qu'elles doivent être les plus petites lorsque ces deux Astres sont à 90^{d} de distance l'un de l'autre ; ce qui arrive, comme je viens de le dire, dans le tems des Quadratures.

Dans les distances intermédiaires, la marée est plus forte que dans les *Quartiers*, & plus foible que dans les *Pleines* & les *Nouvelles Lunes*. Le point de la Terre où la plus grande élévation des eaux a lieu n'est point exactement celui qui est directement au dessous de la Lune ; ce doit être un point intermédiaire entre le Soleil & la Lune, mais plus près de la Lune que du Soleil, parce que l'action de la Lune pour produire les marées est environ deux fois plus considérable que l'action du Soleil, par la même raison que la première de ces deux actions influe deux fois plus que la seconde sur la Précession des Equinoxes.

Maintenant, si l'on compare aux observations ce qui vient d'être dit d'après la théorie, on trouvera le plus parfait accord, sur-tout

(1) C'est ce que l'on nomme le *premier* & le *dernier* quartier de la Lune. Il en sera parlé dans le troisième Chapitre.

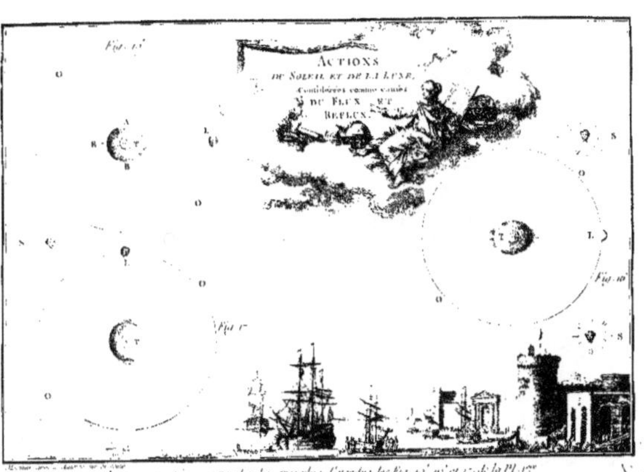

On a représenté sur cette planche avec plus d'étendue les Fig. 15, 16 et 17 de la Pl. 17e

ſi l'on a ſoin de faire entrer dans le calcul toutes les circonſtances eſſentielles. Mais comme de plus grands détails ſur cet objet ne peuvent être du reſſort de cet Ouvrage, les Lecteurs curieux de s'inſtruire à fond de cette matière pourront conſulter les Mémoires de MM. Bernouilli, Euler & Maclaurin, & les *Nouvelles Recherches* de M. de la Place, inſérées dans les Mémoires de l'Académie des Sciences, pour les années 1775 & 1776

ARTICLE VII.

La Peſanteur, cauſe d'un mouvement régulier dans l'Atmoſphère, ne l'eſt pas des vents aliſés; & de la véritable cauſe de ces vents.

On ſent aiſément que les attractions du Soleil & de la Lune ne pouvant arriver juſqu'à la Mer ſans pénétrer l'Atmoſphère, doivent néceſſairement y produire des oſcillations analogues à celles de la Mer. On peut donc aſſurer qu'il y a dans la maſſe d'air qui environne la Terre, un Flux & Reflux ſemblable à celui de l'Océan. Les colonnes de l'Atmoſphère ne peuvent s'élever ni s'abaiſſer ſans que la hauteur du Baromètre augmente ou diminue; enſorte qu'il y a dans le Baromètre des oſcillations pareilles à celles de la Mer. Indépendamment de toutes les variations accidentelles auxquelles il eſt ſoumis, il s'élève & s'abaiſſe deux fois par jour, par l'effet de l'attraction du Soleil & de la Lune ſur l'Atmoſphère. Mais le peu de denſité de l'air rend ces variations inſenſibles, &, ſous l'Equateur même, où elles ſont à leur plus haut point, elles ne doivent être, ſuivant la Théorie, que d'un cinquième de ligne.

Quelques Auteurs ont penſé que les vents *aliſés* (1) doivent leur origine à ces attractions du Soleil & de la Lune ſur l'air; mais on a reconnu que cela eſt impoſſible, & que l'action de ces Aſtres ne peut exciter que des oſcillations périodiques & inſenſibles dans

---

(1) Vents réguliers qui ſe font ſentir principalement dans la Zône Torride.

l'Atmoſphère. Il faut donc, pour expliquer ces vents, recourir à une autre cauſe. Voici celle qui paroît la plus vraiſemblable.

Le Soleil, étant ſuppoſé dans le plan de l'Equateur, y raréfie les colonnes d'air par ſa chaleur & les élève au deſſus de leur véritable niveau. Elles doivent donc retomber par leur poids en ſe portant vers les Pôles, dans les parties ſupérieures de l'Atmoſphère. Mais, en même-tems, dans la partie inférieure, il doit ſurvenir un nouvel air frais, qui, arrivant des climats ſitués vers les Pôles, remplace celui qui a été raréfié ſous l'Equateur. Il s'établit ainſi deux courans d'air, l'un dans la partie ſupérieure de l'Atmoſphère, & dont la direction eſt de l'Equateur vers les Pôles; & l'autre à la ſurface de la Terre, & qui a lieu des Pôles vers l'Equateur.

Cés deux courans ſont faciles à concevoir par ceux que l'on remarque dans un appartement échauffé, dont on tient la porte ouverte. Si l'on préſente une bougie à la partie inférieure de la porte, on voit la flamme ſe porter vers l'intérieur de l'appartement, ce qui prouve l'exiſtence du courant d'air du dehors en dedans; &, ſi l'on élève la bougie au haut de la porte, on voit la flamme ſe porter en dehors de l'appartement, ce qui indique un courant d'air en ce ſens.

Cela poſé, l'air, en vertu de la rotation de la Terre, a une vîteſſe d'autant moindre qu'il eſt plus éloigné de l'Equateur, puiſque les cercles qu'il décrit ſont plus petits. En s'avançant vers l'Equateur, il doit donc tourner moins vîte que les parties correſpondantes de la Terre. Les corps placés à la ſurface de la Terre doivent par conſéquent frapper l'air avec l'excès de leur vîteſſe & en éprouver une réſiſtance qui tend à diminuer leur mouvement de rotation. On voit ainſi que, pour un ſpectateur placé ſur la Terre, & qui ſe croit immobile, l'air paroît avoir un mouvement réel dans un ſens contraire à celui dans lequel la Terre tourne, c'eſt-à-dire, d'Orient en Occident, & c'eſt en effet la direction des vents aliſés.

ARTICLE

ARTICLE VIII.

Conclusion.

Si l'on se rappelle maintenant le grand nombre & la variété des phénomènes que l'on vient d'expliquer, & la manière simple dont ils dérivent de la Pesanteur générale de la matière ; si l'on fait ensuite réflexion que, indépendamment de toutes les preuves qui en démontrent l'existence, il est très-naturel d'admettre dans tous les corps célestes le pouvoir qu'a la Terre d'attirer à elle tous les corps qui l'environnent, il ne doit rester aucun doute sur la vérité de la théorie que je viens d'exposer, & l'on ne peut trop admirer comment des phénomènes en apparence aussi différens entre eux que le sont les mouvemens des Planètes selon les loix de Képler, les inégalités de la Lune, la Précession des Equinoxes & le flux & le reflux de la Mer, dépendent d'un même principe qui les enchaîne tous, & qui n'en fait qu'un seul phénomène général, celui de la gravitation universelle. C'est dans ce sens que l'on a eu raison de dire qu'il n'y auroit qu'une seule vérité pour qui connoîtroit parfaitement les causes les plus cachées des phénomènes de la Nature.

D'illustres Philosophes, frappés de la fécondité du principe de la Pesanteur de toutes les parties de la matière les unes vers les autres, ont cru pouvoir s'en servir pour expliquer un grand nombre de phénomènes que nous présentent la Physique & la Chymie, tels que la cohésion des corps, les affinités, l'ascension des liqueurs dans les tuyaux capillaires, la réfraction & l'inflection de la lumière, &c. Tous ces phénomènes paroissent en effet dépendre d'une tendance réciproque des différentes parties des corps, & il étoit bien naturel de présumer que cette tendance n'étoit que la gravitation même de toute la matière, en raison des masses, & réciproque au carré des distances, & dont l'existence est si bien démontrée dans la Physique céleste. Mais la vraie Philosophie ne doit admettre que ce qui est le résultat de l'observation ou du calcul. Or, en ſoumettant au calcul l'effet de cette gravitation générale, on trouve qu'elle eſt beaucoup trop foible pour produire la tendance en vertu de laquelle deux gouttes d'eau ou de mercure, préſentées très-près l'une de l'autre, ſe réuniſſent & n'en forment qu'une ſeule. On trouve encore qu'elle n'eſt pas, à beaucoup près, aſſez puiſſante pour ſoutenir les liqueurs à la hauteur à laquelle elles s'élèvent dans les tubes capillaires, ou pour infléchir la lumière qui paſſe près des corps, ou pour la réfracter. On peut dire la même choſe relativement aux affinités chymiques. Il paroît donc qu'outre la force générale de la gravitation univerſelle, il exiſte dans la matière un grand nombre d'autres forces particulières dont dépendent ces divers phénomènes.

CHAPITRE TROISIEME.

Des apparences des Corps céleſtes, relativement à un Spectateur placé ſur la Terre.

DANS les deux Chapitres précédens, j'ai expoſé les phénomènes céleſtes tels qu'ils ſont en eux-mêmes ; j'en ai expliqué la cauſe autant qu'il étoit poſſible de le faire ſans le ſecours du calcul : il reſte maintenant à parler de la manière dont ces phénomènes doivent ſe préſenter à un Spectateur placé ſur la Terre. On ſent aiſément que ce Spectateur, emporté dans l'eſpace par le mouvement de rotation de la Terre ſur elle-même, & par ſon mouvement autour du Soleil, ſe croyant d'ailleurs immobile, doit naturellement attribuer ces mouvemens aux corps céleſtes, enſorte qu'ils doivent lui paroître avoir des mouvemens compoſés de leurs mouvemens propres & des mouvemens qu'il leur attribue.

La biſarrerie de ces mouvemens compoſés a long-tems embarraſſé les Aſtronomes, avant que l'on en eût démêlé la partie réelle de celle qui n'eſt qu'apparente. Ptolémée imagina, pour les expliquer, un ſyſtême fort compliqué que chaque découverte nouvelle compliquoit davantage. Mais Copernic ayant découvert, ou au moins mis dans un plus grand jour, les différens mouvemens de la Terre, la facilité avec laquelle toutes les apparences du mouvement des Planètes s'expliquent, dans ce nouveau ſyſtême, le fit inſenſiblement adopter, malgré tous les préjugés contraires, & il n'eſt plus aujourd'hui de Savant qui ne l'admette.

SECTION PREMIÈRE.

Des mouvemens des Corps céleſtes vus de la Terre.

ARTICLE PREMIER.

Du mouvement diurne (1) *apparent des Corps céleſtes.*

Je ſuppoſerai, dans ce qui va ſuivre, un Spectateur obſervant ce qui ſe paſſe dans le ciel.

L'horizon (2) ſenſible de cet Obſervateur eſt le plan qui touche la ſurface de la Terre au point où il eſt placé. Ainſi, AOPRT (fig. 18) repréſentant la Terre, que l'on ſuppoſe tourner ſur l'axe AP, & O étant le lieu de l'Obſervateur, le plan tangent MON eſt ſon horizon *ſenſible.* La ligne OZ, perpendiculaire à ce plan, eſt une verticale. Le point Z où cette verticale prolongée eſt ſuppoſée rencontrer le ciel, ſe nomme *Zenith* (3); & le point R qui lui eſt oppoſé ſe nomme *Nadir :* ces deux points ſont les deux Pôles de l'horizon. On nomme horizon *rationnel* le plan HTL parallèle à l'horizon ſenſible, & qui paſſe par le centre T de la Terre.

En vertu du mouvement de rotation de la Terre, l'horizon ſenſible tournant avec elle, l'Obſervateur, ne s'appercevant pas de ſon mouvement, ni de celui de ſon horizon, croit que les Etoiles s'élèvent par l'Orient & s'abaiſſent à l'Occident, tandis que c'eſt réellement ſon horizon qui s'élèvent par l'Occident, &

(1) *Diurne* vient du latin *diurnus*, formé de *dies*, *le jour.*

(2) *Horizon* vient du grec ὁρίζω, *je borne ;* parce qu'en effet l'Horizon borne notre vue quand nous ſommes en pleine campagne.

(3) *Zenith* vient de l'arabe, & ſignifie *voie au deſſus ;* & *Nadir*, dans la même langue, ſignifie *voie oppoſée.* Voyez la Bibliothèque de M. d'Herbelot.

s'abaissent à l'Orient. Par la même raison qu'un homme, placé dans un vaisseau qui s'éloigne du rivage, peut croire que c'est le rivage lui-même qui s'éloigne du vaisseau. Les apparences sont donc visiblement les mêmes, soit que l'on suppose toutes les Etoiles tourner autour de la Terre, & l'Observateur immobile ; soit que l'on suppose les Etoiles immobiles, & la Terre tournant sur elle-même.

Mais si l'on fait attention à la distance prodigieuse du Soleil, qui est à plus de 34 millions de lieues ; à celle des Etoiles, qui est au moins 27 mille fois plus grande ; à la masse énorme de tous ces corps, qui sont peut-être un million de fois plus gros que la Terre, on doit sentir combien il répugne de leur attribuer un mouvement d'une rapidité aussi inconcevable que celle qui seroit nécessaire pour les faire tourner en 24 heures au tour de la Terre, tandis que, pour rendre raison de toutes ces apparences, il suffit de supposer un mouvement sur lui-même au Globe terrestre, qui n'a que 2800 lieues environ de diamètre. Une raison d'ailleurs bien puissante qui doit nous porter à admettre ce dernier mouvement, c'est que dans le cas où l'on supposeroit tous les Corps célestes tourner autour de la Terre, il seroit fort étrange que tant de corps isolés entre eux, & placés à des distances de la Terre aussi différentes, tournassent cependant tous dans le même sens, & n'employassent que le même tems à faire leurs révolutions. Si l'on vouloit assujettir au calcul des probabilités un phénomène aussi extraordinaire, on trouveroit qu'il y a des milliards à parier contre un que cela n'est pas ainsi, & qu'il existe une cause commune de toutes ces apparences, laquelle ne peut être que le mouvement diurne de la Terre sur elle-même.

ARTICLE II.

Du Lever & du Coucher des Astres.

Le centre de la Terre étant en T & l'Observateur en O (fig. 19), si l'on conçoit une Etoile placée en S sur le prolongement de l'axe BTA de la Terre, cette Etoile ne paroîtra pas avoir changé de place à l'Obſervateur, tandis qu'il décrit le petit cercle OMNR, en tournant avec la Terre. Elle ſera toujours également élevée ſur ſon horizon, & il la croira immobile. On voit ainſi que les deux points où l'axe de la Terre prolongé rencontre le Ciel, doivent paroître en repos; mais, à meſure qu'une Etoile eſt éloignée de ce point, elle paroît décrire un cercle d'autant plus grand, qu'elle en eſt plus diſtante: ces cercles ſont tous parallèles à l'Equateur; on les nomme, par cette raiſon, *Parallèles*, & ils ſont plus petits à meſure qu'ils approchent des Pôles.

Une Etoile, & généralement tous les corps céleſtes qui nous renvoient la lumière, peuvent être conſidérés comme le ſommet d'un cône (1) qui vient s'appuyer ſur une moitié de la ſurface de la Terre, & l'éclairer. Dans la partie de la Terre qui eſt oppoſée à l'Etoile, on ne peut l'appercevoir; mais elle peut être vue de tous les points qui ſont dans le cône de lumière. Or, la Terre en tournant ſur elle-même doit préſenter ſucceſſivement ſes différentes parties à ce cône, enſorte que l'Obſervateur doit s'y plonger en vertu de ce mouvement. Du moment où il commence à l'atteindre, l'Etoile paroît ſe lever pour lui: à meſure qu'il avance dans ce cône, l'Etoile paroît s'élever de plus en plus ſur l'horizon: lorſqu'il eſt exactement au milieu, l'Etoile eſt à ſa plus grande hauteur, elle eſt au milieu de ſa courſe apparente relativement à l'Obſervateur; &, ſi l'on fait paſſer alors un cercle par les deux Pôles & par le Zenith du Spectateur, ce cercle ira rencontrer l'Etoile. On nomme ce cercle *Méridien* (2); il diviſe en deux parties égales la portion de ce cercle que l'Etoile paroît décrire ſur l'horizon. L'Obſervateur, continuant toujours de ſe mouvoir dans le cône de lumière, finira par le quitter. Cet inſtant ſera celui du coucher de l'Etoile, qui ne reparoîtra enſuite que

(1) Un cône eſt une figure dont on ne peut donner une idée plus facile à ſaiſir qu'en la comparant à la forme d'un pain de ſucre.

(2) *Méridien.* Ce mot eſt formé du latin *meri*, *moitié*; & de *dies*, *le jour*, parce qu'en effet le jour eſt à la moitié lorſque le Soleil arrive au Méridien.

lorſque la Terre, en tournant, aura replongé de nouveau l'Obſervateur dans le cône de lumière.

Il eſt viſible que durant ce mouvement de l'Obſervateur, l'Etoile lui aura paru ſe mouvoir en ſens contraire de celui de la Terre, c'eſt-à-dire, d'Orient en Occident.

Ce que l'on vient de dire d'une Etoile peut également s'appliquer à la Lune, aux Planètes, & généralement à tous les Corps céleſtes : en l'appliquant au Soleil, on aura une idée parfaitement juſte du lever & du coucher de cet Aſtre, & de la manière dont le jour commence, s'accroît & finit.

ARTICLE III.

Des Saiſons.

SI le Soleil étoit toujours dans le plan de l'Equateur, il eſt clair que la moitié de la ſurface éclairée de la Terre s'étendroit d'un Pôle à l'autre : ainſi la Terre, en tournant ſur elle-même, préſenteroit ſucceſſivement tous ſes points au cône de lumière que nous ſuppoſons partir de cet aſtre : de plus, il eſt viſible que chaque point de la ſurface de la Terre ſeroit plongé dans ce cône durant une moitié de ſa révolution, & ceſſeroit d'y être durant l'autre moitié : les jours ſeroient donc égaux aux nuits.

On voit ainſi que cette égalité des jours & des nuits doit avoir lieu pour tous les pays de la Terre, excepté aux Pôles, lorſque le Soleil eſt dans le plan de l'Equateur ; & c'eſt ce qui arrive lorſque, par le mouvement annuel de la Terre dans l'Ecliptique, la Ligne des Equinoxes, ou, ce qui revient au même, l'interſection des plans de l'Equateur & de l'Ecliptique paſſe par le Soleil. Or, telle eſt la poſition de la Terre au commencement du Printems.

§. Ier

Poſition de la Terre au commencement du Printems. (Equinoxe le 21 Mars.)

La Terre (& par ce mot j'entends ici l'Obſervateur placé ſur cette Planète) ſe trouvant alors entre le Signe de la Balance & le Soleil, apperçoit cet Aſtre ſous le Signe du Bélier.

Si nous ſuppoſons un rayon de lumière tombant perpendiculairement du Soleil ſur la Terre, le point qu'il y marquera ſera viſiblement au milieu de la partie éclairée de la ſurface de la Terre, & également diſtant des deux Pôles. La Terre, en tournant en 24 heures, préſentera tous les points de ſa ſurface au Soleil; & le rayon tombant ſur le milieu de la ſurface éclairée, y tracera un cercle qui partagera la ſuperficie du Globe en deux parties égales : ce ſera l'*Equateur*.

La partie du Globe qui s'étend depuis l'Equateur juſqu'à notre Pôle nommé *Pôle arctique* (1), *boréal* ou *ſeptentrional*, s'appelle *Partie Septentrionale*; celle qui lui eſt oppoſée, & qui s'étend juſqu'à l'autre Pôle, nommé *Pôle antarctique* (2), *auſtral* ou *méridional*, s'appelle *Partie Méridionale*. Ces deux Parties ſont égales entre elles : de-là vient probablement le nom d'*Equateur* que l'on a donné au cercle qui les ſépare. On lui donne auſſi quelquefois le nom de *Ligne Equinoxiale*, parce que, quand le Soleil eſt dans le plan de ce cercle, il y a égalité de jour & de nuit dans tous les lieux de la Terre. En effet, puiſque cette Planète tourne ſur elle-même en 24 heures, à-peu-près, & qu'elle a toujours une moitié éclairée & une moitié dans l'ombre, on ſent bien, comme je l'ai déja dit, que, quand le rayon tombant ſur le milieu de la ſurface éclairée décrit l'Equateur, tous les Peuples d'un Pôle à l'autre entrent dans la partie éclairée à ſix heures du matin, & en ſortent à ſix heures du ſoir. Le jour eſt par conſéquent égal à la nuit.

§. II.

Poſition de la Terre au commencement de l'Eté. (Solſtice vers le 22 Juin.)

Nous avons vu, dans le premier Chapitre, que l'axe de la Terre eſt incliné au plan de l'Ecliptique de 66^{d} $\frac{1}{2}$. Lorſque la Terre eſt au

(1) *Arctique* vient du grec ἄρκτος, *ours*, parce que les Grecs nommoient ainſi la Conſtellation la plus voiſine du Pôle.

(2) *Antarctique* vient de deux mots grecs, ἀντι, *oppoſé*; & de ἄρκτος, *ours*, parce que ce Pôle eſt oppoſé au Pôle arctique.

commencement du Printems, ses deux Pôles sont semblablement situés par rapport au Soleil, & la lumière de cet Astre se répand également des deux côtés de l'Equateur. Mais, tandis que la Terre décrit son orbite autour du Soleil, son axe conserve toujours, à très-peu de chose près, son parallélisme, & le Pôle arctique se présente de plus en plus au Soleil jusqu'à-peu-près au 22 de Juin, jour auquel il est directement incliné vers le Soleil.

A cette époque, la Terre est entre le Signe du Capricorne & le Soleil, ensorte qu'elle apperçoit cet Astre sous le Signe du Cancer ou de l'Ecrevisse.

Considérons (*fig.* 20, *position de la Terre en Eté*) la Terre dans cette position, & supposons que T soit son centre, S celui du Soleil, P T N l'axe terrestre, dont P est le Pôle arctique; SMT le rayon qui tombe perpendiculairement du Soleil sur la surface de la Terre, & qui est dans le plan de l'Ecliptique; BTA une ligne perpendiculaire à l'Ecliptique, & par conséquent à ST. Il est visible que, dans cette situation du globe terrestre, la partie PA, située au delà du Pôle, sera éclairée par le Soleil, & que l'axe PTN, faisant avec ST un angle de $66^d\frac{1}{2}$, fera avec AT un angle de $23^d\frac{1}{2}$. Ainsi, depuis le Pôle arctique jusqu'à $23^d\frac{1}{2}$ au delà, tous les points de la Terre sont toujours dans la partie éclairée durant la rotation de la Terre sur elle-même. Il n'y aura donc point de nuit au commencement de l'Eté relativement à ces points.

Si l'on mène un rayon du Soleil S au point A, il tracera sur la Terre, par la révolution de cette Planète, un petit cercle A L parallèle à l'Equateur E G, & éloigné du Pôle de $23^d\frac{1}{2}$: on le nomme *Cercle Polaire arctique*; &, par ce que l'on vient de voir, il a la propriété de borner la partie de la surface de la Terre pour laquelle il n'y a point de nuit au commencement de l'Eté.

On voit clairement que tous les parallèles à l'Equateur E G auront, depuis le Cercle polaire A L jusqu'à l'Equateur, une plus grande partie dans la surface éclairée que dans l'ombre, & cela d'autant plus, qu'ils seront plus près du Cercle polaire. D'où il suit que, depuis ce cercle jusqu'à l'Equateur, les jours seront plus longs que les nuits; & la différence sera d'autant plus considérable, que l'on sera plus près du Pôle arctique P.

A l'Equateur, les jours seront égaux aux nuits. Mais en s'avançant au delà, vers le Pôle antarctique N, les parallèles à l'Equateur auront leur plus petite partie dans la surface éclairée, & leur plus grande dans l'ombre. Ainsi, relativement aux points situés sur ces parallèles, les jours seront plus courts que les nuits, & cela d'autant plus, que l'on s'approchera davantage du Pôle antarctique N.

On voit, de plus, que la surface éclairée par le Soleil, se terminant au point B, tous les points de la Terre, compris depuis le Pôle antarctique N jusqu'au point B, qui en est éloigné de $23^d \frac{1}{2}$, seront dans l'ombre, & que, relativement à ces points, il n'y aura pas de jour.

Une ligne droite SB, menée du Soleil au point B, tracera sur la Terre, en vertu du mouvement de rotation de cette Planète, un petit cercle BV parallèle à l'Equateur, & qui sera éloigné du Pôle antarctique de $23^d \frac{1}{2}$. Ce cercle se nomme *Cercle Polaire antarctique*, & il a la propriété de borner toute la partie de la surface de la Terre pour laquelle il n'y a point de jour au commencement de notre Eté.

Le rayon SM, perpendiculaire à la surface de la Terre, tracera sur la partie Septentrionale un cercle MR, parallèle à l'Equateur, & que l'on nomme *Tropique du Cancer*. Il est éloigné du Pôle de $66^d \frac{1}{2}$, & de $23^d \frac{1}{2}$ de l'Equateur. Dans cette position, le Soleil nous paroîtra le plus près possible du Pôle P, & par conséquent il sera à sa plus grande hauteur à midi sur notre horizon. Comme il ne s'éloigne de cette position que d'une manière presque insensible durant quelques jours, on l'a nommée *Solstice d'Eté* (1).

Il seroit inutile de considérer les positions de la Terre intermédiaires entre le Printems & l'Eté, parce que l'on sent aisément

(1) *Solstice* vient du latin *Sol*, *le Soleil*; & de *stat*, *il s'arrête*, parce que le Soleil, qui a paru monter de l'Equateur au Solstice, semble s'y arrêter avant de retourner en arrière.

que les différences qui ont lieu dans la longueur des jours depuis le commencement de la première de ces saisons jusqu'au commencement de la seconde, doivent aller toujours en croissant. Ainsi, les longueurs des jours doivent augmenter, & le Soleil doit paroître s'élever de plus en plus sur notre horizon, depuis le 21 Mars jusqu'au 22 de Juin. On voit également que depuis le 22 de Juin jusqu'au 21 de Septembre, tems de l'Equinoxe d'Automne, les jours doivent diminuer, ainsi que la hauteur méridienne du Soleil, à-peu-près de la même manière suivant laquelle ils avoient augmenté précédemment.

§. III.

Position de la Terre au commencement de l'Automne. (Equinoxe le 21 Septembre.)

La Terre, que nous venons de considérer au commencement de l'Eté, en continuant de s'avancer selon l'ordre des Signes, verra le Soleil passer successivement sous les Signes du Cancer, du Lion, de la Vierge. Enfin, elle le verra entrer dans le Signe de la Balance. A cette époque, ni l'un ni l'autre de ses deux Pôles n'est incliné vers le Soleil, & la Ligne d'intersection de l'Ecliptique & de l'Equateur passe par le centre de cet Astre, qui nous paroît alors être dans le plan de l'Equateur. Cette situation des Pôles par rapport au Soleil étant absolument semblable à celle de la Terre au Printems, tout ce que j'ai dit du Printems doit s'appliquer également à l'Automne. Les jours seront par conséquent égaux aux nuits, & c'est à cause de cette égalité que l'on nomme cette position de la Terre *Equinoxe d'Automne* ; elle a lieu le 21 de Septembre.

§. IV.

Position de la Terre au commencement de l'Hiver. (Solstice vers le 22 Décembre.)

La Terre, en continuant toujours de s'avancer dans son orbite, croit voir le Soleil parcourir les Signes de la Balance, du Scorpion, du Sagittaire. Lorsqu'il paroît entrer dans le Signe du Capricorne, elle est alors dans le point de son orbite opposé à celui où elle étoit au commencement de l'Eté. Son axe PTN (fig. 20, *position de la Terre en Hiver*) ayant, à très-peu de chose près, conservé son parallélisme, on voit que le Pôle antarctique N est directement incliné vers le Soleil, tandis que le Pôle arctique P est incliné en sens contraire. Si l'on fait sur cette situation de la Terre des considérations semblables à celles que l'on a faites en parlant de l'Eté, on verra,

1°. Que tous les points situés depuis le Cercle polaire arctique A jusqu'au Pôle P, n'auront point de jour;

2°. Que depuis ce cercle jusqu'à l'Equateur E G, les Parallèles auront leur plus grande partie dans l'ombre, & leur plus petite dans la surface éclairée, & qu'ainsi les jours seront plus courts que les nuits;

3°. Qu'à l'Equateur, les jours seront égaux aux nuits, & qu'en s'avançant vers le Pôle antarctique N, les Parallèles ayant leur plus grande partie dans la surface éclairée, les jours seront, relativement à eux, plus longs que les nuits. Les peuples situés sur ces Parallèles auront ainsi leur Eté, tandis que nous aurons notre Hiver;

4°. Enfin, que depuis le Cercle polaire antarctique jusqu'au Pôle N, il n'y aura point de nuit.

Le rayon SZ, tombant perpendiculairement du Soleil sur la surface de la Terre, tracera, par la révolution de cette Planète, un cercle ZX parallèle à l'Equateur, situé vers le Pôle antarctique, & éloigné de l'Equateur de 23^{d} $\frac{1}{2}$: c'est le *Tropique du Capricorne.*

Ce cercle est le terme du plus grand éloignement du Soleil au delà de l'Equateur, & par conséquent de la plus petite hauteur méridienne de cet Astre sur notre horizon; &, comme le Soleil ne s'en éloigne que d'une manière presque insensible pendant plusieurs jours, on nomme cette position du Soleil, *Solstice d'Hiver :* elle a lieu vers le 22 de Décembre.

§. V.

Retour de la Terre à l'Equinoxe du Printems.

Enfin, la Terre, pendant les trois derniers mois de l'année, revient, à très-peu de chose près, au point du Signe de la Balance d'où elle étoit partie, & croit voir le Soleil entrer dans le Signe du Bélier. La Ligne des Equinoxes ou de la section de l'Ecliptique & de l'Equateur passe de nouveau par le Soleil, & c'est le commencement d'un nouveau Printems. C'est ce retour de la Terre au même Equinoxe que l'on nomme *Année Tropique*, qui, comme je l'ai dit dans le premier Chapitre, diffère un peu de l'année sidérale, à cause du petit mouvement rétrograde de la Ligne des Equinoxes.

ARTICLE IV.

Remarques sur les effets de la chaleur du Soleil & sur l'inégalité des Saisons.

APRÈS avoir exposé en général la cause de la variété des Saisons, je vais placer ici quelques remarques curieuses & importantes sur les circonstances qui les accompagnent.

§. I.

Sur les effets de la chaleur du Soleil, & sur la chaleur centrale.

J'observerai d'abord que le Soleil restant plus long-tems en Eté qu'en Hiver sur notre horizon, nous jouissons plus long-tems de sa chaleur : de plus, les hauteurs méridiennes de cet Astre étant plus grandes, ses rayons tombent plus perpendiculairement sur nous, au lieu qu'en Hiver ils tombent plus obliquement en raison du peu d'élévation du Soleil : ils traversent par conséquent une plus grande étendue de l'Atmosphère de la Terre, qui en intercepte une partie considérable. On voit ainsi quelle est la cause principale des grandes chaleurs de l'Eté & des grands froids de l'Hiver.

J'obſerverai enſuite que, quoiqu'en Hiver le Soleil s'élève peu ſur notre horizon, il eſt cependant plus près de la Terre qu'en Eté. On doit ſe rappeller que la Terre ſe meut dans une Ellipſe, telle que ACBEA (fig. 21), dont le Soleil occupe un des foyers S, & qu'elle eſt le plus près poſſible de cet Aſtre lorſqu'elle paſſe par ſon Périhélie A, c'eſt-à-dire, par l'extrêmité du grand axe de ſon orbite, la plus voiſine du Soleil. Ce paſſage arrive dans ce ſiècle le 2 Janvier; la Terre eſt donc, à cette époque, moins éloignée du Soleil que dans tout autre point de ſon orbite. Elle paſſe au contraire en Eté, c'eſt-à-dire vers le premier de Juillet, à ſon Aphélie B, & alors elle eſt le plus loin qu'il eſt poſſible du Soleil. A la vérité, la différence entre ces deux diſtances Aphélie & Périhélie n'eſt pas conſidérable; elle eſt d'environ un trentième de la diſtance de la Terre au Soleil. Malgré cela, elle doit influer ſur la température de l'Hiver & de l'Eté. Elle adoucit un peu la rigueur du froid de nos Hivers, & modère la chaleur de nos Etés. C'eſt ſans doute une des raiſons pour leſquelles on a obſervé de plus grands froids, à pareille diſtance de l'Equateur, vers le Pôle antarctique que vers le Pôle arctique, parce qu'en même-tems que l'Hiver a lieu pour les peuples ſitués vers le Pôle antarctique, le Soleil eſt le plus éloigné poſſible de la Terre.

En parlant des effets de la chaleur du Soleil dans les différentes ſaiſons de l'année, je ne puis me refuſer au plaiſir d'expoſer, en peu de mots, l'idée la plus naturelle que l'on puiſſe ſe former de la chaleur centrale, ſur laquelle on a tant écrit dans ces derniers tems.

C'eſt un fait qui paroît certain qu'en portant un Thermomètre à différentes profondeurs conſidérables, il indiquera toujours le même dégré de température : ce dégré eſt le dixième au deſſus de la glace dans le Thermomètre de Réaumur, & c'eſt celui auquel un Thermomètre ſe ſoutient conſtamment dans les caves de l'Obſervatoire, dont la profondeur eſt de 80 pieds. D'où il ſuit que dans nos climats les grandes chaleurs de l'Eté & le froid rigoureux de l'Hiver ne pénètrent pas à cette profondeur. Les Thermomètres que l'on a descendus dans des mines beaucoup plus profondes ont toujours indiqué ce même dégré de température. On peut donc en conclure, avec une très-grande vraisemblance, que depuis 80 ou 100 pieds de profondeur jusqu'au centre de la Terre, la température est constante & égale à 10^{d}. du Thermomètre de Réaumur. Mais quelle est la cause de cette chaleur centrale ? C'est ce que je vais tâcher d'expliquer, d'après quelques Savans qu'une sage philosophie a su affranchir du joug des anciens préjugés, & garantir de la séduction des opinions nouvelles.

Pour cela, j'observerai que la chaleur du Soleil, qui agit sans cesse sur la surface de la Terre, & principalement dans la Zone Torride, doit se communiquer insensiblement dans tout son intérieur, & que depuis long-tems elle a dû parvenir jusqu'au centre de cette Planète. Cette chaleur augmenteroit sans cesse, & finiroit par embrâser la Terre, s'il ne s'en faisoit pas une déperdition continuelle. Il y a donc eu un terme où la chaleur de la Terre occasionnée par le Soleil a cessé d'augmenter, & c'est celui où ce qui s'en dissipoit à chaque instant s'est trouvé parfaitement égal à l'accroissement qu'elle recevoit de la part du Soleil. Une fois parvenue à ce terme, cette chaleur a dû rester stationnaire ; &, tant que la distance de la Terre au Soleil ne changera pas, elle se soutiendra constamment au même dégré. On voit d'ailleurs clairement qu'à la surface de la Terre où la chaleur des corps peut se dissiper & la chaleur du Soleil se communiquer avec facilité, il doit y avoir de grandes vicissitudes de froid & de chaud ; mais qu'à une certaine profondeur, on ne doit plus sentir que la chaleur permanente du Globe terrestre. Cela posé, n'est-il pas naturel de regarder cette chaleur comme étant la même que celle dont je viens de parler, & qui, suivant l'expérience, équivaut à 10^{d} du Thermomètre de Réaumur ?

Cette explication de la chaleur centrale me paroît beaucoup plus vraisemblable & plus conforme à la saine Physique, que celle dans laquelle on suppose que la Terre a été dans un état d'ignition, enſorte que ſa chaleur actuelle n'eſt que le reſte de ſa chaleur primitive. Je me garderai bien de nier ou d'affirmer rien ſur les différens états par leſquels, ſelon toutes les apparences, le Globe terreſtre a paſſé. Mais il me ſemble que, pour expliquer les phénomènes, on ne doit admettre que des cauſes inconteſtables; & que, dans le cas où elles nous manquent, au lieu de recourir à des ſuppoſitions pour le moins incertaines, il eſt bien plus ſage de convenir de notre ignorance.

§. II.

De l'inégalité des Saiſons.

Le Printems, l'Eté, l'Automne & l'Hiver ne ſont pas égaux entre eux.

De l'Equinoxe du Printems au Solſtice d'Eté, l'intervalle eſt de 92 j. 22 h. 14'.

Du Solſtice d'Eté à l'Equinoxe d'Automne, il eſt de 93 jours 13 h. 34'.

De l'Equinoxe d'Automne au Solſtice d'Hiver, cet intervalle eſt de 89 j. 16 h. 35'.

Et l'intervalle du Solſtice d'Hiver à l'Equinoxe du Printems eſt de 89 j. 1 h. 47'.

D'où il ſuit que le Soleil nous paroît être 186 j. 11 h. 48' dans les Signes ſeptentrionaux, & ſeulement 178 j. 18 h. 22' dans les Signes méridionaux. Cent quarante ans avant Jeſus-Chriſt, Hipparque, comme je le dirai bientôt, obſerva cette différence entre les Saiſons, mais il ne la trouva pas la même qu'aujourd'hui. L'intervalle de l'Equinoxe du Printems au Solſtice d'Eté, qui dans ce ſiècle eſt moindre que l'intervalle du Solſtice d'Eté à l'Equinoxe d'Automne, étoit, de ſon tems, plus conſidérable; & il s'aſſura que le premier étoit de 94 j. $\frac{1}{2}$, tandis que le ſecond n'étoit que de 92 j. $\frac{1}{2}$. Je penſe que l'on verra avec plaiſir le développement de la cauſe de cette différence entre les réſultats d'Hipparque & les nôtres. Il ſera d'autant plus utile, qu'il répandra un nouveau jour ſur ce que j'ai déja dit.

L'Ellipſe

L'Ellipse ACBEA (fig. 21) étant toujours supposée représenter l'orbite de la Terre, & le Soleil étant à l'un des foyers S, la Ligne des Solstices L H, qui est nécessairement perpendiculaire à la Ligne N M des Equinoxes, ne coïncide pas avec le grand axe A B, que l'on nomme aussi *Ligne des Absides.* Elle fait avec cet axe un petit angle L S A, de manière que la Terre arrive au Solstice d'Hiver L quelques jours avant de passer à son Périhélie A.

Supposons d'abord que le Solstice d'Hiver coïncide avec le Périhélie, il est clair que la Ligne C E, perpendiculaire à l'axe A B, sera la Ligne des Equinoxes, & que le point B de l'Aphélie sera le Solstice d'Eté. Or, la portion C B de l'orbite de la Terre étant exactement égale & semblable à la partie B E, il est visible que la Terre emploiera à parvenir de l'Equinoxe C du Printems au Solstice B d'Eté, le même tems que de ce Solstice à l'Equinoxe E d'Automne.

Il n'en est pas ainsi lorsque la Ligne L H des Solstices ne tombe pas sur la Ligne A B. Dans ce cas, la portion de l'orbite que la Terre parcourt depuis l'Equinoxe M du Printems jusqu'au Solstice H d'Eté, est moindre que C B. Car, si, d'un côté, elle renferme de plus la partie M C, d'un autre côté elle renferme de moins la partie H B. Or, l'angle M S C étant égal à l'angle H S B, & le rayon S B étant plus grand que le rayon S C, on voit clairement que la partie H B est plus grande que la partie M C. On sait, de plus, par la théorie du mouvement de la Terre, que sa vîtesse en B est moindre que sa vîtesse en C. La Terre emploie donc plus de tems à parcourir la partie H B que la partie M C. D'où il suit que la portion M C H de l'orbite de la Terre est parcourue en moins de tems que la partie C H B, & que par conséquent l'intervalle de l'Equinoxe du Printems au Solstice d'Eté est moindre que lorsque la Ligne des Solstices coïncide avec l'axe A B.

Au contraire, la partie H B N de l'orbite de la Terre est plus grande que la partie B N E, parce que l'arc H B est plus grand que l'arc N E. La vîtesse B y étant d'ailleurs moindre qu'en E, le premier de ces deux arcs est parcouru dans un tems plus considérable que le second, & par conséquent la Terre emploie plus de tems à décrire l'arc HBN que l'arc BNE : donc l'intervalle du Solstice d'Eté à l'Equinoxe d'Automne doit être plus grand que lorsque la Ligne des Solstices coïncide avec l'axe A B.

On voit, par-là, qu'il doit y avoir une différence entre l'intervalle de l'Equinoxe du Printems au Solstice d'Eté, & celui du Solstice d'Eté à l'Equinoxe d'Automne ; & que le premier de ces intervalles doit être moindre que l'autre : c'est la raison pour laquelle nous venons de voir que le premier n'est que de 92 j. 22 h. 14', tandis que le second est de 93 j. 13 h. 34'.

Ce seroit tout le contraire si la Terre passoit par son Périhélie avant d'arriver au Solstice d'Hiver. Car, en supposant que K S F soit la ligne des Solstices, & par conséquent D S G la ligne des Equinoxes, on prouvera, comme ci-dessus, que l'intervalle GBF de l'Equinoxe du Printems au Solstice d'Eté sera plus grand, & parcouru en plus de tems que la partie C B, tandis que l'intervalle FD, du Solstice d'Eté à l'Equinoxe d'Automne, sera parcouru en moins de tems que la partie B E. D'où il suit qu'alors l'intervalle de l'Equinoxe du Printems au Solstice d'Eté doit être plus grand ; & que l'intervalle du Solstice d'Eté à l'Equinoxe d'Automne doit être moindre que si la Ligne des Solstices coïncidoit avec l'axe B A.

Cette position que je viens de donner à la Ligne des Solstices, avoit lieu du tems d'Hipparque. Car, en vertu de la Précession des Equinoxes & du mouvement de l'Apogée du Soleil, la Terre, arrivée à son Périhélie, avoit encore plus de 30 dégrés à parcourir dans son orbite avant d'arriver au Solstice d'Hiver. Voilà pourquoi l'intervalle de l'Equinoxe du Printems au Solstice d'Eté étoit plus grand alors que celui de ce même Solstice à l'Equinoxe d'Automne ; au lieu que de nos jours le premier de ces intervalles est moindre que le second.

Pendant que la Terre parcourt la portion M B N de son orbite, ou, ce qui revient au même, pendant que le Soleil nous semble aller de l'Equinoxe du Printems à l'Equinoxe d'Automne, nous le rapportons aux Signes Septentrionaux ; & nous le rapportons aux Signes Méridionaux pendant que la Terre parcourt la partie N A M. Or, la première partie M B N eſt plus grande que la partie N A M; elle eſt d'ailleurs parcourue avec moins de vîteſſe. Le Soleil doit donc nous paroître plus long-tems dans les Signes Septentrionaux que dans les Signes Méridionaux : c'eſt la raiſon pour laquelle nous avons trouvé 187 j., ou, plus exactement, 186 j. 11 h. 48′ pour le premier de ces intervalles, & ſeulement 178 j. 18 h. 22′ pour le ſecond.

ARTICLE V.

Du Jour Naturel, du Jour Aſtronomique; du Tems vrai & du Tems moyen.

Le Jour *Naturel* eſt le tems que le Soleil paroît ſur l'Horizon, c'eſt-à-dire, l'intervalle de tems qui s'écoule depuis le lever juſqu'au coucher de cet Aſtre. Cet intervalle eſt plus long en Eté qu'en Hiver, pour tous les Peuples de la Terre qui ne ſont pas ſous l'Equateur : &, ſous ce cercle, il eſt le même dans toutes les Saiſons de l'année, & conſtamment égal à 12 heures.

On nomme Jour *Aſtronomique* l'intervalle de tems que le Soleil emploie à revenir au Méridien. Ce Jour eſt le même pour tous les Peuples de la Terre; mais il varie un peu dans les différentes Saiſons de l'année. Sa durée moyenne eſt de 24 heures, & par conſéquent plus grande d'environ 4′ que le tems de la révolution de la Terre ſur elle-même, qui n'eſt que de 23 h. 56′ 4″.

Pour faire entendre la raiſon de cette différence, ſuppoſons (fig. 22) le Soleil en S, la Terre en T, & O un point quelconque de la ſurface de la Terre, placé directement ſous le Soleil. Si le centre T de la Terre étoit immobile, il eſt viſible que le point O tournant autour de ce centre dans le ſens O M N, reviendroit ſous le Soleil dans l'intervalle de 23 h. 56′; mais, en même-tems que ce point tourne autour du centre T, ce centre ſe meut autour du Soleil, enſorte qu'il eſt tranſporté de T en Z. Lorſque le point O ſe retrouve directement au-deſſous du Soleil S; le rayon O Z n'eſt plus alors parallèle au rayon O T, & il fait avec le rayon Z K, parallèle à O T, un angle K Z O, égal à l'angle T S Z, que le Soleil paroît avoir décrit dans l'Ecliptique, & qui eſt de 59′ environ. Le point O a donc, dans l'intervalle d'un Jour, fait un tour entier autour du centre de la Terre, plus la trois cent ſoixante-cinquième partie de ce tour : or le tems que la Terre emploie à faire un tour entier étant de 23 h. 56′, celui qu'elle met à n'en faire que la trois cent ſoixante cinquième partie, eſt de 4′, à-peu-près ; l'intervalle de tems que le point O emploie à revenir ſous le Soleil, ou, ce qui revient au même, la longueur du Jour aſtronomique eſt donc de 23 h. 56′, plus 4″, c'eſt-à-dire, de 24 heures.

Si la Terre ſe mouvoit uniformément autour du Soleil, &, ſi le Plan de l'Equateur coïncidoit avec celui de l'Ecliptique, tous les intervalles d'un midi à l'autre ſeroient égaux ; mais l'inégalité des mouvemens de la Terre dans ſon orbite, & l'obliquité de l'Ecliptique ſur l'Equateur, font que le mouvement apparent du Soleil, rapporté à l'Equateur, n'eſt pas uniforme : il eſt le plus lent qu'il ſoit poſſible vers les Equinoxes, & le plus rapide vers les Solſtices, & ſur-tout vers le Solſtice d'Hiver : or, ce mouvement, évalué en dégrés, eſt, par ce qui précède, égal à celui que la Terre fait, de plus que ſon tour entier, pour ramener un point de ſa ſurface directement ſous le Soleil. L'excès du Jour aſtronomique, ſur le tems de la rotation de la Terre, n'eſt donc pas le même dans les différentes Saiſons de l'année ; d'où il ſuit que ce Jour n'eſt pas conſtamment de même longueur. Un Jour qui tient le milieu entre ces différens Jours, que l'on nomme *vrais*, eſt ce que l'on appelle Jour *moyen*. Le Jour *vrai* & le Jour *moyen* ſe diviſent également en 24 heures.

Le Tems moyen eſt le nombre des jours moyens & des heures moyennes, écoulés entre deux époques déterminées.

Le tems vrai eſt le nombre de Jours vrais & d'heures vraies, écoulés auſſi entre deux époques. La différence du Tems vrai & du Tems moyen, eſt ce que l'on nomme *Equation du Tems* : la plus grande différence ne va pas au delà de 15 ou 16 minutes.

ARTICLE VI.

Diviſion de la Terre en Zones.

LES différences de longueur des jours & des nuits en Eté & en Hiver, relativement aux différens peuples de la Terre, ont donné lieu aux Géographes de partager ſa ſurface en différentes Zones (1), ou bandes parallèles à l'Equateur.

Les Peuples ſitués entre l'Equateur & l'un & l'autre des deux Tropiques, voient le Soleil paſſer deux fois chaque année au deſſus de leur tête ; & c'eſt par cette raiſon que l'on a donné à la Zone compriſe entre les deux Tropiques, le nom de *Zone Torride.* Les Peuples qui l'habitent voient durant une partie de l'année le Soleil à midi vers le Sud, & durant l'autre partie ils le voient vers le Nord ; mais il eſt toujours du même côté par rapport à tous les autres Peuples de la Terre. On nomme *Zones Tempérées*, les deux parties de la ſurface de la Terre, compriſes depuis les Tropiques juſqu'aux Cercles Polaires ; &, *Zones Glaciales*, celles qui s'étendent depuis chacun des Cercles Polaires juſqu'à leurs Poles correſpondans.

ARTICLE VII.

Diviſion de la Terre par Climats (2).

UN Obſervateur, ſitué à l'un des Poles, a l'Equateur pour Horizon ; il ne peut conſéquemment voir le Soleil qu'autant que cet Aſtre eſt dans le plan, ou au deſſus de l'Equateur, relativement à ce Pole, ce qui dure environ ſix mois. Pendant le tems que cet Aſtre eſt au deſſous, il eſt inviſible pour ce Spectateur. Le

(1) *Zone* vient du grec Ζώνη, *ceinture. Torride* vient du latin *Torridus*, *brûlé.*

(2) *Climat* paroît venir de Κλιμαξ, *Région*, parce que les Climats ſont comme autant de régions différentes. M. de Gébelin le fait venir de Κλῖμαξ, *Echelle*, *dégrés.*

jour eſt donc de ſix mois au Pole, & la nuit y eſt de même durée; mais les réfractions dont je parlerai dans la ſuite, le Crépuſcule, la Lumiere de la Lune & celle des Etoiles, diminuent la longueur & les ténèbres de cette longue nuit.

En s'avançant du Pole vers les Cercles polaires, on a des jours & des nuits de pluſieurs mois; ils diminuent à meſure que l'on s'en approche, &, ſous les Cercles polaires eux-mêmes, le plus long jour de l'Eté n'eſt que de 24 h., & en Hiver la plus longue nuit eſt de même durée.

Au-delà de ce Cercle, en s'approchant de l'Equateur, le jour & la nuit ont lieu dans l'eſpace de 24 h., & la longueur du plus grand jour d'Eté qui eſt de 24 h. en partant du Cercle polaire, va toujours en diminuant, à meſure que l'on s'avance vers l'Equateur. Elle eſt ſucceſſivement & par degrés de 23, 22, 21 h., &c. juſqu'à l'Equateur, où le jour & la nuit ſont conſtamment de 12 heures dans toutes les Saiſons de l'année.

On nomme Climat de 23 heures, la zone compriſe depuis le Cercle polaire juſqu'au parallèle où le jour eſt de 23 h.; Climat de 22 h., la zone compriſe depuis ce parallèle juſqu'à celui où le jour eſt de 21 h., & ainſi de ſuite (1). On doit obſerver ici que les nuits de l'Hiver ſont de la même longueur que les jours de l'Eté; ainſi dans les Climats de 23, de 22 h., &c. les nuits d'Hiver ſont de 23, 22 heures, &c.

Au reſte, cette manière de diſtinguer les différens Pays de la Terre par les Climats eſt peu en uſage; & l'on a préféré, avec raiſon, de les déterminer par les *Latitudes* & les *Longitudes*, ce qui eſt incomparablement plus précis. Comme la connoiſſance de ce que l'on nomme Longitude & Latitude eſt de la plus grande importance en Géographie, je vais traiter cet objet avec tout le détail néceſſaire.

---

(1) En parlant des Globes & des Sphères, je donnerai une Table des Latitudes où commencent & finiſſent ces différens Climats, depuis l'Equateur juſqu'aux Pôles.

ARTICLE VIII.

De la Latitude terrestre.

SI l'on conçoit la surface de la Terre partagée par une infinité de Cercles parallèles à l'Equateur, il est visible que la position de chacun de ces Cercles sera déterminée par sa distance à l'Equateur. Or, on mesure cette distance au moyen d'un Méridien ou grand Cercle qui passe par les deux Poles & par l'axe de la Terre, & qui rencontre perpendiculairement l'Equateur. Le nombre de dégrés de ce Cercle, compris entre l'Equateur & le Parallèle dont il s'agit, fixe la distance de ces deux derniers Cercles. Cette distance à l'Equateur, comptée en dégrés du Méridien, est ce que l'on nomme *Latitude Terrestre.*

On voit ainsi que tous les points situés sous un même Parallèle, ont la même Latitude; d'où il suit que la Latitude ne fixe pas la position d'un point de la Terre, mais seulement celle du Parallèle sur lequel il est situé.

Pour rendre ceci plus sensible, supposons que T (fig. 23) soit le centre de la Terre, E G son Equateur, P T B son axe, & O un point quelconque de sa surface. La Latitude de ce point est le nombre de dégrés que renferme l'arc O E du Méridien P E B, ou la distance de ce point à l'Equateur, comptée en dégrés du Méridien.

Il est aisé de démontrer, qu'à cause de la distance immense des Etoiles relativement au rayon du Globe Terrestre, le point du Ciel Q que rencontre le prolongement P de l'axe de la Terre, est élevé au dessus de l'Horizon O K du même nombre de dégrés que renferme l'arc O E. La Latitude est donc égale à l'élévation du Pôle sur l'Horizon: ainsi à l'Equateur, le Pôle étant dans le plan de l'Horizon, la Latitude est nulle, ce qui est visible par la définition même de la Latitude; & sous les Poles, la Latitude est de 90 dégrés.

On nomme Latitude *Boréale* (1) ou *Septentrionale* (2), celle des lieux situés vers le Pole Septentrional ; Latitude *Auſtrale* (3) ou *Méridionale*, celle des lieux situés vers le Pole Auſtral.

Il exiſte un grand nombre de méthodes pour déterminer la Latitude : la plus ſimple de toutes, & la plus facile à concevoir, eſt celle-ci. Si, dans une nuit d'Hiver, on obſerve une des Etoiles qui ne ſe couchent jamais, telle que l'Etoile Polaire, il eſt viſible que, paroiſſant tourner autour du Pole, elle ſemblera, dans la partie ſupérieure de ſon cercle, s'être rapprochée de notre Zénith, tandis que, dans ſa partie inférieure, elle paroîtra s'en être éloignée. D'ailleurs, il eſt clair qu'autant elle aura été plus élevée que le Pole dans le premier cas, autant elle ſera plus abaiſſée dans le ſecond. Si l'on obſerve ainſi la plus grande & la plus petite hauteur de l'Etoile, on aura la hauteur du Pole, en prenant un milieu entre elles, ou, ce qui revient au même, en prenant la moitié de leur ſomme.

§. Ier

De la meſure des dégrés de Latitude, & de leurs différentes grandeurs.

Il eſt aiſé de concevoir, d'après ce que je viens de dire de la Latitude, la maniere dont on a meſuré les dégrés de Latitude pour déterminer la figure de la Terre. Suppoſons en effet que l'on obſerve d'un lieu donné, la hauteur d'une Etoile, lorſqu'elle paſſe au Méridien ; il eſt viſible que ſi cette Etoile eſt ſituée du même côté que le Pole, par rapport au Zénith, elle paroîtra plus élevée ſur l'Horizon à meſure que l'on s'avancera vers le Pole ; & l'on prouvera facilement, à cauſe de la diſtance immenſe des

(1) *Boréal* vient du grec Βορέας. Par ce mot, les Grecs déſignoient le vent de Nord-Eſt ; &, comme ce vent eſt très-froid, on a pris inſenſiblement Borée pour le vent du Nord.

(2) *Septentrional.* Les Latins appeloient *Septentrionales* les ſept Etoiles qui forment la conſtellation de la petite Ourſe.

(3) *Auſtrale* vient de Αὔστης, nom que portoit chez les Grecs le vent de Sud.

Etoiles,

Etoiles, que si, en marchant toujours sous le même Méridien, on s'est approché du Pole d'un dégré, l'Etoile paroîtra plus élevée d'un dégré sur l'Horizon, lorsqu'elle passera au Méridien. On connoîtra donc, par la difference des hauteurs méridiennes de l'Etoile, de combien de dégrés on s'est approché du Pole. Supposons que ce soit d'un dégré trente minutes, il ne s'agira plus ensuite que de mesurer en toises l'intervalle des deux lieux dans lesquels on a observé la hauteur de l'Etoile, & l'on aura, par une simple proportion, la longueur de dégré du Méridien ou de Latitude dans cet intervalle. C'est ainsi que l'on a observé la longueur des dégrés du Méridien, dont j'ai parlé dans le premier Chapitre, & que l'on s'est apperçu qu'ils étoient plus grands à une plus grande Latitude ; d'où l'on a conclu que la Terre étoit applatie vers les Poles, & moins épaisse dans ce sens que dans celui de l'Equateur.

§. I.

De la Parallaxe des Astres, & de la distance de la Lune à la Terre.

La différence des hauteurs méridiennes d'une Etoile indique avec precision la différence des Latitudes de deux lieux où l'on observe, à quelque distance que ces lieux soient l'un de l'autre, à cause de l'éloignement immense de la Terre aux Etoiles. Mais il n'en est pas ainsi lorsqu'il s'agit du Soleil, des Planètes, & sur-tout de la Lune. Alors les deux points de la Terre d'où l'on observe peuvent être assez éloignés entre eux pour que cet éloignement ait un rapport sensible avec celui de l'Astre observé ; &, en ce cas, on peut s'en servir pour déterminer la distance de l'Astre lui-même au centre de la Terre. Pour cela, supposons que T soit le centre de la Terre (fig. 24), O & K deux points situés sous le Méridien, & dont la distance O H K en dégrés, & par conséquent en lieues & en toises, soit connue. Supposons aussi qu'à ces deux points il y ait deux Observateurs qui observent le centre d'un Astre quelconque L, lorsqu'il passe au Méridien, & qui déterminent les hauteurs L K M & L O N de cet Astre ſur les Horizons K M & O N ; en tirant la droite K O, la poſition reſpective des points O & K, que nous ſuppoſons connue, fera connoître les deux angles M K O & N O K ; &, en leur ajoutant reſpectivement les deux angles L K M & L O N, on aura les deux angles L K O & L O K du triangle O L K. Si l'on retranche leur ſomme de 180^{d}, on aura l'angle K L O, formé par les deux droites menées de chaque Obſervateur au centre de l'Aſtre ; la moitié de cet angle eſt ce que l'on nomme la *Parallaxe* de l'Aſtre : &, comme la longueur du côté K O peut être facilement déterminée en lieues & en toiſes, on en conclura, par les règles de la Trigonométrie, la diſtance L T du centre de l'Aſtre au centre de la Terre.

Je ne dois pas diſſimuler ici que chaque Obſervateur pouvant ſe tromper de quelques ſecondes dans la détermination de la hauteur de l'Aſtre au deſſus de ſon Horizon, il peut y avoir une erreur de quelques ſecondes dans la meſure de l'angle K L O ; d'où il ſuit que ſi cet angle n'eſt lui-même que d'un petit nombre de ſecondes, ce qui arrive lorſque l'Aſtre eſt fort éloigné, l'incertitude ſur ſa véritable valeur pouvant aller au double de cet angle, celle ſur la diſtance de l'Aſtre ira par conſéquent au double de ſa véritable diſtance.

La Méthode précédente ne peut donc ſervir à meſurer la Parallaxe & la diſtance des Aſtres fort éloignés de nous, tels que le Soleil & les Planètes : mais pour la Lune, relativement à laquelle l'angle K L T eſt de 55 ou de 60′, & même davantage, l'inconvénient dont je viens de parler n'eſt point à craindre ; & je ne crois pas que, ſur la diſtance de la Lune à la Terre, qui eſt rapportée dans le premier Chapitre, l'erreur aille au delà de 50 ou 60 lieues.

On nomme Parallaxe horizontale de l'Aſtre L (fig. 25), l'angle formé par la droite horizontale L O, & par la droite T L, qui joint le centre de la Terre & celui de l'Aſtre lorſqu'il eſt à l'horizon ; c'eſt l'angle ſous lequel, du centre de l'Aſtre, on verroit le demi-diamètre de la Terre. Cet angle eſt pour la Lune de 57′ 3″ lorſqu'elle eſt dans ſa diſtance moyenne ; il eſt, pour le Soleil, de 8″ $\frac{1}{2}$, comme on l'a conclu des Obſervations du paſſage de Vénus : pour les Etoiles, il eſt abſolument inſenſible.

ARTICLE IX.

De la Longitude.

PUISQUE la Latitude ne détermine que la position du Parallèle ſur lequel l'Obſervateur eſt ſitué, il faut, pour connoître ſa position ſur le Globe, déterminer encore le point du Parallèle ſur lequel il eſt. Pour cela, on choiſit un Méridien fixe, que l'on nomme *Premier Méridien*, tel que celui qui paſſe à Paris. Il eſt viſible que les Méridiens de différens points d'un parallèle quelconque, feront des angles plus ou moins grands avec ce premier Méridien. L'angle que fait le Méridien du lieu de l'Obſervateur avec le premier Méridien, déterminera donc la poſition de l'Obſervateur ſur ce Parallèle. Cet angle eſt ce que l'on nomme *Longitude* du lieu de l'Obſervateur.

On voit par-là que la Latitude détermine le parallèle ſous lequel eſt l'Obſervateur, & que la Longitude détermine le point où il eſt ſur ce Parallèle; enſorte que, lorſque ſa Longitude & ſa Latitude ſont connues, on connoît ſa poſition ſur la ſurface de la Terre.

L'angle que fait le premier Méridien avec celui d'un lieu quelconque, ſe meſure par le nombre de dégrés de l'Equateur qu'ils interceptent, ou, ce qui revient au même, par le nombre de dégrés d'un Parallèle quelconque entre ces deux Méridiens. Mais on doit obſerver que ces dégrés ſont plus petits à meſure que les Parallèles approchent des Poles, parce que ces Cercles ſont eux mêmes plus petits. Je donnerai dans la ſuite une Table de la longueur, en toiſes & en lieues, des dégrés de Longitude meſurés ſur les Parallèles correſpondans à 1, à 2, &c. juſqu'à 90 dégrés de Latitude, c'eſt-à-dire, depuis l'Equateur juſqu'aux Poles.

§. I.

Différentes méthodes pour déterminer la Longitude.

La détermination de la Longitude eſt un des objets les plus importans de la Géographie : elle préſente beaucoup plus de difficultés que celle de la Latitude. Pour donner une idée des différentes manières dont on peut l'obtenir, imaginons à Breſt une Horloge bien réglée ſur le mouvement moyen du Soleil, & qui marque par conſéquent le tems moyen; il eſt clair que, le mouvement du Soleil étant bien connu par les excellentes Tables que l'on en a conſtruites, ſi l'on obſerve l'heure que marque cette Horloge lorſque le Soleil paſſe au Méridien un jour déterminé, on ſera en état d'en conclure l'heure qu'elle marquera à midi pour tous les jours de l'année.

Suppoſons maintenant que l'on embarque ſur un vaiſſeau cette Horloge, & qu'elle ne ſe dérange pas durant la route, lorſqu'elle ſera arrivée dans un lieu quelconque, par exemple à Cadix, elle marquera toujours la même heure que ſi elle fût reſtée à Breſt. Suppoſons enſuite que l'on obſerve à Cadix l'heure qu'y marquera l'Horloge lorſque le Soleil paſſe au Méridien, & que cette heure ſoit midi 8′ 2″; comme on eſt cenſé connoître l'heure que marque cette Horloge lorſqu'il eſt, ce jour-là, midi à Breſt, ſuppoſons encore qu'elle marque à cet inſtant midi une minute, & qu'ainſi elle avance d'une minute ſur le midi de Breſt; il eſt clair que lorſqu'il ſera midi à Cadix, il ſera à Breſt midi 7′ 2″; enſorte que le Soleil, par le mouvement journalier qu'il nous paroît avoir, ſe ſera éloigné du Méridien de Breſt de l'angle qu'il nous ſemble décrire en 7′ 2″. Or, cet Aſtre, nous paroiſſant parcourir 360ᵈ en 24 heures, nous paroît décrire, en 7′ 2″, un dégré 45′ 30″. Le Méridien de Cadix, dans le plan duquel ſe trouve le Soleil lorſqu'il eſt midi 7′ 2″ à Breſt, a donc une Longitude plus occidentale que Breſt, d'un dégré 45′ 30″.

On voit, par-là, que ſi l'on avoit une excellente Horloge qui ne ſe dérangeât pas ſur un vaiſſeau, malgré les différens mouvemens de tangage & de roulis qu'il éprouve, cette Horloge, une fois bien réglée dans le lieu du départ, ſerviroit, durant tout le voyage, à reconnoître, à chaque inſtant, la Longitude du vaiſſeau, relativement à ce lieu-là. Et, comme on peut avoir la Latitude par différentes méthodes, on auroit alors, avec beaucoup de préciſion, ſa poſition ſur la vaſte étendue des Mers,

& sa distance aux différens lieux connus de la Terre. On sent par-là toute l'importance de l'invention de semblables Horloges pour la Marine, & l'on ne doit pas être surpris des encouragemens que les Gouvernemens ont donnés aux Artistes pour cet objet. M. Harrisson, en Angleterre, M. le Roy (1) & M. Berthoud, en France, s'en sont occupés avec le plus grand succès. Les Montres marines qu'ils ont construites ont un dégré de perfection que l'on auroit à peine osé attendre, & qui donne lieu d'en espérer de plus grands encore.

On supplée de plusieurs manières au défaut d'Horloges pareilles à celles dont je viens de parler. Supposons, par exemple, qu'à Brest & à Cadix on observe un phénomène qui puisse être apperçu à la fois de ces deux endroits, tel qu'une Eclipse de Lune ou celle d'un Satellite de Jupiter. La Longitude de ces deux Villes étant différente, on n'y comptera pas la même heure, lorsque l'on observera le commencement de l'Eclipse. Ainsi, Cadix étant à l'Occident de Brest, si ce phénomène arrive à Brest à 11 heures 18′ 2″ du soir, on l'observera à Cadix à 11 h. 11′. De-là, on conclut que le midi a lieu à Brest 7′ 2″ plutôt qu'à Cadix; d'où l'on trouve, comme on l'a fait ci-dessus, que la différence en Longitude de Cadix & de Brest est d'un dégré 45′ 30″.

On fait encore usage des Eclipses de Soleil pour déterminer la Longitude. A la vérité, le commencement & la fin de ces Eclipses n'ont pas lieu en même-tems pour les différens points de la Terre, comme je le ferai voir dans la suite; ensorte que le calcul nécessaire pour conclure la Longitude est beaucoup plus compliqué pour les Eclipses de Soleil que pour celles de Lune. Mais les premières ont ce grand avantage, que l'on peut observer, avec une grande précision, leur commencement & leur fin; ce qui n'a pas lieu pour les secondes; par cette raison les observations des Eclipses de Soleil sont les moyens les plus exacts que l'on connoisse pour déterminer la Longitude.

---

(1) Cet Artiste célèbre a remporté deux fois le Prix de l'Académie des Sciences proposé pour cet objet.

Ces différentes manières de déterminer la Longitude de deux endroits supposent que l'on a des observations correspondantes faites dans ces deux endroits ; elles ne peuvent par conséquent servir à déterminer la Longitude d'un vaisseau sur mer. Cependant les observations de la Lune sont un des moyens les plus propres à nous faire connoître cette Longitude, & voici comment.

On observe d'abord les distances de la Lune à deux Etoiles, & le tems qui s'est écoulé depuis que le Soleil a passé par le Méridien du vaisseau, jusqu'à l'instant de l'observation. Je suppose que ce soit 4 h. 17′ ; on calcule, au moyen de cette observation, la position de la Lune dans son orbite, relativement à un Spectateur placé au centre de la Terre. Les Tables de la Lune donnent ensuite l'heure que l'on compte à Paris lorsque cette même position a lieu. Je suppose que ce soit 6 h. 25′, on compte par conséquent sur le vaisseau 4 h. 17′, tandis qu'il est à Paris 6 h. 25′ ; d'où l'on conclut que le midi arrive à Paris plutôt que dans le lieu où est le vaisseau, de 2 h. 8′. Or, le Soleil, paroissant décrire par son mouvement journalier 360^d en 24 h., paroît décrire 32^d en 2 h. 8′. L'angle formé par le Méridien de Paris & par celui du vaisseau, ou, ce qui revient au même, la différence de Longitude de Paris & du vaisseau est donc de 32^d, le vaisseau étant à l'Occident de Paris.

On voit, par-là, que l'exactitude de cette détermination dépend 1°. de la précision des instrumens dont on s'est servi pour observer la Lune, & de l'adresse de l'Observateur ; 2°. de la bonté des Tables de la Lune : celles-ci ont été portées à un grand dégré de perfection, depuis que, la Théorie de Newton ayant été généralement admise, les Géomètres ont soumis au calcul les irrégularités du mouvement de la Lune. Les Tables de M. Mayer & celles de M. Clairaut, calculées d'après cette théorie, sont d'une justesse qui laisse peu de chose à desirer.

On sent facilement que l'avantage des observations de la Lune, pour déterminer les Longitudes, tient à ce que le mouvement de ce Satellite dans son orbite est assez rapide, ce qui rend l'effet des erreurs des observations sur la Longitude beaucoup moins considérable ; car si l'on s'est trompé, par exemple, d'une minute de dégré, en observant la position de la Lune, l'instant que l'on compte à Paris, au moment de l'observation faite sur le vaisseau, ne sera pas exactement 6 h. 25′, ce sera 6 h. 25′ *plus* ou *moins* le tems que la Lune emploie à parcourir une minute dans son orbite. Ce tems est d'environ 2′, ensorte que l'on ne se trompe que de 2′ de tems à-peu-près sur l'heure que l'on compte à Paris, tandis qu'il est 4 h. 17′ sur le vaisseau ; ce qui produit 30′, de dégré d'erreur sur la Longitude.

Mais si la Lune, au lieu d'employer 2 minutes de tems pour parcourir une minute de dégré dans son orbite, en employoit treize fois davantage comme le Soleil, alors l'erreur dans la Longitude, au lieu d'être de 30′, seroit treize fois plus grande. D'où il suit que les observations du Soleil & des Planètes ne sont nullement propres à la détermination des Longitudes ; & que, si la Terre avoit un Satellite qui fût plus voisin d'elle & qui tournât par conséquent avec plus de rapidité, les observations de ce Satellite seroient plus avantageuses que celle de la Lune, en raison de ce que son mouvement seroit plus rapide. C'est un avantage qu'a sur nous la Planète de Jupiter, puisque son premier Satellite fait sa révolution en 1 j. 18 h. 29′.

ARTICLE X.

Du mouvement des Planètes vues de la Terre.

LES Planètes, vues du Soleil, nous paroîtroient décrire des orbites régulières en se mouvant toujours dans le même sens conformément aux Loix de Képler ; mais, vues de la Terre, elles paroissent avoir des mouvemens très-bisarres. Tantôt elles sont *rétrogrades*, tantôt *stationnaires* & tantôt *directes*. C'est ce que je vais tâcher de faire entendre en peu de mots.

Considérons, pour cet effet, une Planète supérieure, c'est-à dire, dont l'orbite embrasse celle de la Terre, telle, par exemple, que Jupiter. Soit S (*fig.* 26) le Soleil, T la Terre, T R *u* son orbite, J Jupiter, J L *q* son orbite. Supposons d'abord que la Terre T se trouve directement entre le Soleil S & Jupiter J; ensorte qu'elle rapporte Jupiter au point N du Ciel. Il est visible que la vîtesse de la Terre étant plus grande que celle de Jupiter, comme je l'ai dit dans le premier Chapitre, l'arc T R qu'elle décrit sera plus grand que l'arc J L que Jupiter décrira dans le même tems, ensorte que les rayons visuels T J & R L, menés de la Terre à Jupiter, se croisent dans un point Z. La Terre, arrivée au point R, rapportera Jupiter au point M du ciel. Cette dernière Planète paroîtra donc à la Terre s'être mue de N en M, c'est-à-dire, contre l'ordre des Signes du Zodiaque, tandis qu'elle se sera mue de J en L suivant l'ordre de ces Signes. Son mouvement apparent sera donc alors rétrograde.

Mais la Terre & Jupiter, en avançant dans leurs orbites, parviendront à une position telle que les arcs correspondans *t r* & *i l*, quoiqu'inégaux entre eux, seront cependant compris entre deux Parallèles *t i* & *r l* à cause de la plus grande obliquité de l'arc *t r* sur ces Parallèles. Les extrémités P & O de ces Parallèles sembleront se confondre dans le Ciel, à cause de leur excessive longueur, ainsi que les derniers arbres d'une longue avenue paroissent se toucher. Jupiter paroîtra donc alors n'avoir pas changé de place, ou être *stationnaire*.

Enfin, la Terre & Jupiter, en continuant toujours de s'avancer dans leurs orbites, & les arcs décrits par la Terre, devenant de plus en plus obliques sur le rayon visuel de Jupiter, l'arc *s u* qu'elle décrit, quoique plus grand que l'arc correspondant *p q* décrit par Jupiter, sera cependant compris par les rayons visuels divergens *s p* Q, & *u q* K. Jupiter paroîtra, dans cette position, s'être mu de Q en K, c'est-à-dire, suivant l'ordre des Signes du Zodiaque. Son mouvement sera par conséquent *direct*.

Puisque les rayons visuels, menés de Jupiter à la Terre, ont d'abord un mouvement rétrograde, sont ensuite stationnaires, &, enfin, ont un mouvement direct, il est clair qu'un Observateur, placé sur Jupiter, verra d'abord la Terre *rétrograde*, puis *stationnaire*,

ſtationnaire, enfin, *directe*. Or, les apparences du mouvement de la Terre, par rapport à cet Obſervateur, ſont évidemment les mêmes que celles des Planètes inférieures, telles que Vénus & Mercure, dont les orbites ſont embraſſées par celle de la Terre, relativement à un Obſervateur placé ſur la Terre. Ces deux Planètes doivent donc nous paroître *rétrogrades*, puis *ſtationnaires*, & enſuite *directes*.

Il n'eſt pas beſoin de faire obſerver que les Comètes ſont ſujettes aux mêmes apparences que les Planètes, & que leur mouvement, obſervé de la Terre, doit quelquefois paroître avoir une direction contraire à celle qu'il a dans l'eſpace.

On voit, par-là, avec quelle facilité les ſtations & les rétrogradations des Planètes, qui avoient ſi fort embarraſſé les Aſtronomes avant Copernic, s'expliquent par le mouvement de la Terre. Cette explication n'eſt point vague & arbitraire. En calculant, d'après elle, les différentes poſitions des Planètes, relativement à la Terre, on trouve, entre les réſultats du calcul & les obſervations, le plus parfait accord. Lorſque Copernic propoſa ſes nouvelles idées ſur le Syſtême du Monde, la ſimplicité de ſon explication des ſtations & des rétrogradations des Planètes, comparée à la prodigieuſe multiplicité d'*épicycles* dont on avoit, avant lui, embarraſſé leurs mouvemens pour rendre raiſon de ces phénomènes, fut ce qui frappa le plus les Aſtronomes. Et véritablement, pour qui la conſidérera avec l'attention convenable, ce ſera une des preuves les plus convaincantes du mouvement de la Terre autour du Soleil.

ARTICLE XI.

De la Parallaxe annuelle.

On a vu précédemment ce que l'on entend par la Parallaxe du Soleil, de la Lune, &c. Pour comprendre ce que l'on nomme Parallaxe *annuelle*, ſuppoſons que TRBKT (fig. 27) ſoit l'orbite de la Terre, dont le Soleil S occupe le foyer. Si un Spectateur placé en O sur la Terre T, observe la hauteur d'une Etoile E au dessus de son horizon O R, lorsqu'elle passe au Méridien, & que six mois après, lorsque la Terre est à l'autre extrêmité B du diamètre T S B de son orbite, il observe cette même hauteur; elle ne sera plus rigoureusement la même que dans la première observation. Il est facile de démontrer que la différence des deux hauteurs de l'Etoile est égale à l'angle formé en E par les deux droites T E & B E, menées de la Terre à l'Etoile. Cet angle est ce que l'on nomme *Parallaxe annuelle*, ou Parallaxe du grand orbe; c'est l'angle sous lequel on apperçoit, de l'Etoile, le diamètre de l'orbite de la Terre. Il est visible que plus une Etoile sera voisine de nous, & plus cet angle doit être considérable. On a donc cherché à le déterminer pour les Etoiles les plus brillantes, & que, par cette raison, on soupçonne être plus près de la Terre. Mais, quelques efforts que l'on ait faits, on n'a pu y parvenir, à cause de sa petitesse excessive, & l'on peut être sûr qu'il ne surpasse pas deux ou trois secondes. On peut juger par-là de la distance des Etoiles à la Terre, puisque l'orbe terrestre, c'est-à dire un espace de 68 millions de lieues de largeur, ne paroît pas, vu des Etoiles, sous un angle de plus de deux ou trois secondes: vraisemblablement il est beaucoup moindre relativement au plus grand nombre des Etoiles.

ARTICLE XII.

De l'Aberration de la Lumière.

POUR faciliter à mes Lecteurs l'intelligence du phénomène de l'aberration des Etoiles, je crois qu'il est indispensable de leur donner une idée de la décomposition des forces dans les Parallélogrammes, telle qu'on la trouve dans tous les Livres élémentaires de Méchanique. Or, il est démontré en Méchanique, & il n'est pas difficile de concevoir qu'un corps placé en Z (fig. 28), qui feroit pouffé en même-tems fuivant les deux directions Z T & Z K, par deux forces exprimées par ces deux lignes, ne fuivroit aucune des deux, & en prendroit une moyenne, exprimée par Z R. Ce que je viens de dire fuppofe que ce corps, placé en Z, ne trouve pas d'obftacle à fe mouvoir fuivant Z R; mais dans le cas où il y en auroit, on ne conçoit pas moins que l'impulfion doit avoir lieu dans la direction de Z R; & fi, pour rapprocher davantage ce principe du phénomène de l'Aberration, nous fuppofons, au lieu d'un corps phyfique, un être organifé, & fufceptible de fenfation, il fera encore vrai de dire que cet être, recevant en même-tems deux fenfations, l'une fuivant A Z, & l'autre fuivant E Z, jugera n'en avoir reçu qu'une, qu'il rapportera dans la direction moyenne F Z.

Obfervons encore que, fuivant la loi générale des réactions, un corps en mouvement de T en A qui rencontre un obftacle en Z, éprouve la même chofe que fi, étant en repos en Z, l'obftacle venoit le frapper avec la même vîteffe : il en eft de même des fenfations que nous éprouvons. Appliquons maintenant à la lumière ce principe général. Pour cela, nous obferverons que les rayons de lumière qui, en partant d'un Aftre quelconque, viennent frapper nos yeux, n'y parviennent pas dans un inftant; & l'on s'eft affuré, comme je le dirai ci-après en parlant des Eclipfes des Satellites de Jupiter, que la lumière emploie environ 8 minutes de tems à venir du Soleil jufqu'à nous, c'eft-à-dire, à parcourir un efpace de 34761680 lieues. Cela pofé,

Confidérons la Terre allant de T en Z, (fig. 28) & une Etoile qui nous envoie fes rayons fuivant la droite E Z perpendiculaire au plan de l'orbite de la Terre. La direction réelle des rayons de lumière au moment où ils viennent frapper l'œil d'un Obfervateur en Z, eft, fuivant Z K, prolongement de E Z. Mais l'Obfervateur étant en mouvement fuivant T Z, & rencontrant ces mêmes rayons en Z, leur attribuera un mouvement égal au fien : mais en fens contraire de A en Z, & en vertu de ces deux fenfations qu'il éprouvera en même-tems, il jugera que les rayons de lumière ont frappé fon œil dans la direction de F Z ou Z R moyenne, entre Z K & Z T, mais beaucoup plus près de Z K que de Z T, parce que le mouvement de la lumière est beaucoup plus rapide que celui de la Terre autour du Soleil. Si l'on suppose Z K égal à la distance de la Terre au Soleil, Z T sera la droite décrite par la Terre, dans le même tems que le rayon de la lumière décrit Z K, c'est-à-dire, pendant 8 minutes de tems. Mais la Terre décrit dans, cet intervalle, un arc de 20″ dans son orbite; d'où il suit qu'en achevant le Parallélogramme Z T R K, la droite K R, qui est égale à T Z, peut être considérée comme un arc de 20″, dont Z K est le rayon. La direction apparente Z R du rayon de l'Etoile fait donc avec sa direction réelle Z K, un angle égal à 20″. Ainsi, le Spectateur ne rapporte pas l'Etoile au point E qu'elle occupe dans le ciel, mais à un point F éloigné du point E de 20″. La Ligne F E est parallèle à la droite Z T, décrite par la Terre; d'où il suit que la direction de cette droite changeant continuellement, & faisant un tour entier dans l'espace d'une année, l'Etoile E paroîtra décrire un cercle autour du point véritable qu'elle occupe, & dont le rayon sera de 20″, & par conséquent le diamètre de 40″. Il est aisé de voir que ce mouvement de l'Etoile est contraire à l'effet de la Parallaxe annuelle, puisqu'en vertu de cette Parallaxe, l'Etoile doit paroître se mouvoir en sens contraire de la Terre, c'est-à-dire, de E vers H.

Ce que je viens de dire d'une Etoile qui répond directement au dessus de l'Ecliptique, doit également s'appliquer aux autres Etoiles avec les modifications qui conviennent à leur plus ou moins d'élévation au dessus de l'Ecliptique. Elles paroissent toutes décrire des Ellipses plus ou moins alongées, dont le grand axe est de 40″; c'est-là le Phénomène connu sous le nom d'*Aberration*. Il a également lieu pour les Planètes & pour les Comètes; mais il est alors compliqué des mouvemens de ces corps & de celui de la Terre, & la formule qui le représente n'est pas la même que pour les Etoiles.

Ce Phénomène fournit, comme on le voit, une des preuves les plus directes du mouvement annuel de la Terre autour du Soleil. Il étonna beaucoup les Astronomes du dernier siècle & du commencement de celui-ci, qui cherchoient à reconnoître l'effet de la Parallaxe annuelle sur la position des Etoiles. Ils furent surpris de voir des apparences contraires à celles qu'ils attendoient. Ce fut M. Bradlei qui, ayant suivi ces apparences avec l'attention la plus scrupuleuse, en détermina la cause, telle que nous venons de l'exposer.

ARTICLE XIII.

Des mouvemens apparens des Etoiles, occasionnés par la Précession des Equinoxes & par la Nutation de l'axe de la Terre.

NOUS avons vu, dans les deux Chapitres précédens, que l'intersection de l'Ecliptique & de l'Equateur avoit un mouvement retrograde de $50'' \frac{1}{3}$ par année. Ce mouvement revient à supposer que les Póles du Monde ou de l'Equateur décrivent autour des Pôles de l'Ecliptique deux cercles parallèles à l'Ecliptique, & qui sont éloignés des Póles de $23^d\ 28'$, c'est-à-dire, de l'inclinaison de l'Equateur sur l'Ecliptique. Leur mouvement étant de $50'' \frac{1}{3}$ par année, le tems d'une révolution entière est de 25748 ans. Les Pôles du Monde, en vertu de ce mouvement, ne répondent pas constamment aux mêmes Etoiles, & celle que nous avons nommée l'*Etoile Polaire*, n'a pas toujours été aussi près du Póle qu'elle l'est aujourd'hui. Les Etoiles qui sont présentement dans le plan de l'Equateur, n'y étoient pas il y a deux mille ans. Celles qui répondoient aux Equinoxes du Printems & de l'Automne n'y répondent plus maintenant. En général, l'état du Ciel par rapport aux Pôles du Monde, à l'Equateur & aux points Equinoxiaux, a changé considérablement depuis Hipparque, & change tous les jours, mais, comme la loi de la Précession est bien connue, on est en état de déterminer l'état du Ciel pour les siècles passés & à venir.

Outre ce mouvement général du Pôle du Monde autour de celui de l'Ecliptique, le premier de ces deux Pôles nous paroît encore faire de petites oscillations en vertu de la Nutation de l'axe de la Terre, comme je l'ai expliqué dans le second Chapitre, à l'occasion de ce phénomène. Ce Pôle nous semble ainsi décrire une petite Ellipse, dont le grand axe est d'environ 18″, & l'on conçoit facilement que ce léger mouvement doit changer un peu la position des Etoiles par rapport à l'Equateur & aux points Equinoxiaux.

SECTION II.

Des Phases des Corps célestes vus de la Terre.

ARTICLE PREMIER.

Des Phases proprement dites.

LES Planètes & les Satellites, n'étant éclairés que par le Soleil, doivent présenter, à un Spectateur placé sur la Terre, quelques singularités qui dépendent de leurs situations par rapport au Soleil & à la Terre. On apperçoit, dans certains tems, leur surface éclairée toute entière; dans d'autres, on n'en apperçoit qu'une partie. Elles se dérobent même quelquefois totalement à nos yeux. On a nommé *Phases* ces diverses apparences. Commençons par celles de la Lune.

§. Ier

Des Phases de la Lune.

Nouvelle Lune. Lorsqu'en tournant autour de la Terre, ce Satellite (fig. 29) se trouve entre le Soleil & nous, ou, ce qui revient au même, lorsque la Lune est en conjonction, la Terre T ne peut l'appercevoir, puisque sa partie éclairée étant toujours tournée vers le Soleil, elle ne nous présente alors que sa partie obscure; sa masse nous déroberoit même alors entièrement, ou du moins en partie, la lumière de cet Astre, sans l'inclinaison de l'orbite de la Lune ſur l'Ecliptique, en vertu de laquelle ce Satellite eſt ſouvent au deſſus ou au deſſous de ce plan, & ne ſe trouve point par conſéquent ſur la Ligne qui joint le Soleil & la Terre. Cette Phaſe de la Lune eſt appelée NOUVELLE LUNE.

Premier Quartier. Quelques jours après la Nouvelle Lune, ce Satellite, en s'avançant vers l'Orient, commence à nous laiſſer appercevoir un peu de ſa ſurface éclairée. Au bout de ſept jours, nous en voyons une moitié; c'eſt ce que l'on nomme PREMIER QUARTIER. On l'appelle auſſi *Croiſſant:* ſes cornes ſont tournées vers l'Orient, & ſa partie éclairée vers l'Occident.

Pleine Lune. En continuant d'avancer, la Lune, après ſept autres jours, ſe trouve en oppoſition; &, ſans l'inclinaiſon de ſon orbite, la Terre lui déroberoit alors la lumière du Soleil. Mais le plus ſouvent elle la reçoit: &, comme alors ſa ſurface éclairée ſe trouve directement tournée vers la Terre, elle nous paroît très-brillante, & nous voyons ſa ſurface éclairée toute entière. Cette Phaſe eſt la PLEINE LUNE.

Dernier Quartier. Enfin, après ſept jours encore, la Lune ne préſente plus à la Terre qu'une portion de ſa partie éclairée. C'eſt le DERNIER QUARTIER. Ses cornes ſont tournées vers l'Occident, & ſa partie éclairée vers l'Orient.

En revenant entre le Soleil & nous, elle achève ſa révolution ſynodique, & le tems qu'elle emploie à la faire, eſt ce que l'on nomme *Lunaiſon*, ou *Mois Lunaire.*

De la Lumière cendrée.

Avant ou après la Nouvelle Lune, on apperçoit une lumière très-foible ſur la partie de la ſurface de la Lune qui n'eſt pas éclairée par le Soleil: cette lumière ne peut venir du Soleil. Pour en expliquer la cauſe, il faut obſerver que lorſque la Lune eſt en conjonction avec le Soleil, la Terre eſt, par rapport à la Lune, en oppoſition avec le Soleil, enſorte qu'à cet inſtant la Terre doit paroître dans ſon plein, & par conſéquent dans ſon plus grand éclat, à un Spectateur placé ſur la Lune. La lumière réfléchie par la Terre doit même être plus considérable que celle de la Pleine Lune, puisque la surface de la Terre est beaucoup plus grande que celle de ce Satellite. C'est cette lumière que la Terre réfléchit à la Lune, qui nous rend visible la partie de la surface non éclairée par le Soleil; on la nomme *Lumière cendrée*, à cause de sa couleur.

§. II.

Phases de Vénus.

Toutes les Planètes ont aussi des Phases analogues à celles de la Lune. Mais, à cause de la grande distance de Jupiter & de Saturne à la Terre, leurs Phases sont insensibles, & ces Planètes nous présentent toujours, à peu de chose près, leur partie éclairée toute entière. Mars & Mercure ont des Phases sensibles; mais la Planète sur laquelle elles sont plus remarquables est Vénus. Lorsqu'elle est près de sa conjonction, on ne peut l'observer, parce qu'elle est alors trop près du Soleil, & qu'elle se trouve plongée dans ses rayons. Mais, à mesure qu'elle s'en dégage, elle présente un spectacle absolument semblable à celui que nous offre la Lune dans les mêmes circonstances. En la considérant avec un Télescope, on voit sa partie éclairée augmenter de plus en plus, jusqu'à ce qu'étant près de l'opposition, cette Planète se replonge de nouveau dans les rayons solaires, qui nous la font perdre de vue. Elle reparoît ensuite fort brillante, & sa surface éclairée va en diminuant suivant les mêmes dégrés selon lesquels elle avoit augmenté.

§. III.

Phases de l'Anneau de Saturne.

L'Anneau de Saturne (fig. 30) est, comme je l'ai observé dans le premier Chapitre, fort mince, relativement à sa largeur. Il présente des Phénomènes très-singuliers dépendans de sa position relativement au Soleil & à la Terre. Pour en donner une idée, j'observerai qu'il n'est, ainsi que tous les Corps célestes de notre Systême

Syſtême Planétaire, éclairé que par la lumière du Soleil. D'où il ſuit que cet anneau doit diſparoître à nos yeux toutes les fois que ſon plan prolongé paſſe entre la Terre & le Soleil, parce que dans cette poſition nous nous trouvons au deſſous de la partie éclairée de l'anneau. Il doit diſparoître auſſi lorſque ſon plan prolongé paſſe par le centre du Soleil, parce que cet Aſtre ne l'éclaire plus que dans le ſens de ſon épaiſſeur, qui eſt très-petite. Dans ces deux cas, Saturne paroît rond comme les autres Planètes : dans tous les autres, il eſt accompagné de ſon anneau.

Mais il peut arriver que cet anneau ne paroiſſe pas l'environner tout entier ; ce qui a lieu lorſque par le peu d'élévation de la Terre au deſſus de ſon plan, l'angle ſous lequel ſa largeur peut être apperçue, eſt moindre que celui ſous lequel on voit le diamètre de Saturne. Alors cette Planète paroît accompagnée de deux corps lumineux, qui ſemblent n'avoir aucune adhérence entre eux : ce ſont les deux extrêmités de l'anneau qui ſont vues de chaque côté de la Planète, tandis qu'une des branches de l'anneau eſt cachée derrière elle, & que l'autre, paroiſſant ſur la Planète, ſa lumière ſe confond avec celle de la Planète elle-même.

Ces biſarreries de l'anneau de Saturne étonnèrent beaucoup Galilée, qui les obſerva le premier, ainſi que les Aſtronomes qui les obſervèrent enſuite. Ils ſe tourmentèrent inutilement pendant plus de quarante ans pour en deviner la cauſe, juſqu'au moment où le célèbre Huyghens, ayant porté l'art des Téleſcopes à un dégré de perfection inconnu avant lui, ſuivit ces apparences avec plus d'exactitude qu'on ne l'avoit fait encore, & démontra qu'elles étoient produites par un anneau fort mince dont Saturne eſt environné. Les Lecteurs curieux de prendre des connoiſſances plus étendues ſur cet objet, peuvent conſulter l'excellent Ouvrage de M. du Séjour, qui a pour titre : *Eſſai ſur les Phénomènes relatifs aux diſparitions périodiques de l'Anneau de Saturne.*

ARTICLE II.

Des Eclipses & du Passage de Vénus.

§. Ier

Des Eclipses de Lune.

LA Terre, comme tous les corps opaques, intercepte la lumière du Soleil. Elle forme derrière elle, relativement à cet Astre, un cône d'ombre T L H, (figure 31) qui, à raison des grosseurs respectives du Soleil & de la Lune, se termine à un point H éloigné de la Terre d'environ 300 mille lieues, & par conséquent beaucoup au delà de la distance de la Lune. L'axe de ce cône d'ombre est le prolongement de la droite qui joint les centres du Soleil & de la Terre. Il est conséquemment sur le plan même de l'Ecliptique. On voit ainsi que si, dans l'instant où la Terre passe entre le Soleil & la Lune L, ce Satellite est dans le plan de l'Ecliptique, il sera plongé dans ce cône d'ombre, & privé de la lumière du Soleil. Dans cette position, la Lune sera éclipsée en entier, & il y aura *Eclipse de Lune*.

Mais si, lors de son opposition, la Lune est assez élevée au dessus de l'Ecliptique, pour qu'il n'y ait qu'une partie de sa surface engagée dans l'ombre de la Terre, l'Eclipse ne sera pas totale, elle ne sera que partielle, & d'autant moindre que la Lune sera plus élevée sur le plan de l'Ecliptique, ou plus abaissée au dessous.

Il suit de-là que si l'orbite de la Lune étoit exactement sur le plan de l'Ecliptique, il y auroit chaque mois Eclipse totale de Lune, lors de l'opposition de ce Satellite; mais, son orbite étant inclinée à l'Ecliptique, il arrive le plus souvent que, dans son opposition, il est au dessous ou au dessus du cône d'ombre formé par la Terre; &, dans ce cas, il n'y a point d'Eclipse.

La prédiction des Eclipses de Lune, se réduit donc à déterminer, d'après les connoissances que l'on a du mouvement de la Terre, de celui de la Lune & du mouvement de ses nœuds, quelles sont les oppositions dans lesquelles la Lune est assez peu élevée sur l'Ecliptique, pour qu'au moins une partie de sa surface s'engage dans l'ombre de la Terre, & c'est ce que l'on fait avec beaucoup de précision, au moyen des excellentes Tables que l'on a construites dans ce siècle, pour représenter le mouvement du Soleil & de la Lune ; ensorte qu'au moyen de ces Tables, on est en état de prédire, à très-peu de chose près, *le tems* des Eclipses, leur *grandeur* & leur *durée.*

Une circonstance essentielle des Eclipses de Lune, c'est que l'on apperçoit ce Satellite, quoique plongé dans l'ombre de la Terre : sa couleur paroît d'un rouge sombre, & la lumière qui la rend visible n'est que la lumière même du Soleil, réfractée par l'Atmosphère de la Terre, comme je l'expliquerai plus au long, en parlant des réfractions de l'Atmosphère.

§. II.

Des Eclipses de Soleil.

Si, lorsque la Lune est en conjonction avec le Soleil, elle est en même-tems sur le plan de l'Ecliptique, il est visible que se trouvant alors entre la Terre & le Soleil, elle doit nous cacher son disque tout entier, ou en partie.

Elle le cachera tout entier, si son diamètre, vu de la Terre, paroît sous un plus grand angle que celui du Soleil : dans ce cas, il y aura Eclipse *totale* de Soleil.

Elle ne le cachera qu'en partie, si son diamètre est vu de la Terre sous un plus petit angle que celui du Soleil ; dans ce cas, on verra autour de la Lune un anneau de lumière, qui sera l'excès du diamètre apparent du Soleil sur celui de la Lune.

Les circonstances des mouvemens du Soleil & de la Lune sont telles, que ces deux cas peuvent exister. Comme la distance de ces deux Astres à la Terre sont variables, leurs diamètres apparens le sont aussi, de manière que, lorsque la Lune est *Périgée* & le Soleil *Apogée*, ou la Terre Aphélie, ce qui est la même chose, le diamètre apparent de la Lune est plus grand que celui du Soleil ; & si, dans ce cas, elle se trouve exactement entre le Soleil & la Terre, elle le cache en entier. Mais si la Lune est *Apogée* & le Soleil *Périgée*, ou la Terre périhélie, ce qui est la même chose, le diamètre apparent de la Lune est plus petit que celui du Soleil, & lorsqu'elle se trouve exactement entre le Soleil & la Terre, elle ne le cache pas en entier, & en laisse appercevoir une partie sous la forme d'un anneau lumineux.

J'ai cherché à représenter ces deux sortes d'Eclipses dans la figure 32 ; S est le Soleil ; *oooo*, l'orbite de la Terre ; *xxxx*, celle de la Lune. Si la Terre étant à son Périhélie A, la Lune est à son Apogée B ; son diamètre apparent étant alors moindre que celui du Soleil, elle ne nous en cache qu'une partie : on voit autour d'elle un anneau de lumière. Le cône d'ombre formé par la Lune ne s'étend pas alors jusqu'à la Terre, qui, par conséquent, est toujours éclairée par une partie du Soleil.

Mais si, la Terre étant dans son Aphélie, la Lune est dans son Périgée C, son diamètre apparent étant alors plus grand que celui du Soleil, elle le cache entièrement à la Terre. Le cône d'ombre formé par la Lune, s'étend alors au delà de l'Observateur, & l'Eclipse est totale.

Il y a des Eclipses *partielles* de Soleil, comme nous avons vu qu'il y en avoit pour la Lune. Elles ont lieu lorsque la Lune ne se trouvant pas exactement entre le Soleil & l'Observateur, ne lui cache qu'une partie du disque solaire, ce qui vient de l'élévation ou de l'abaissement du centre de la Lune, au dessus ou au dessous de la Ligne menée de l'œil de l'Observateur au centre du Soleil ; mais il y a une différence essentielle entre les Eclipses de Soleil & celles de Lune, & qui consiste en ce que ces dernières ont lieu au même instant pour tous les pays de la Terre, sur l'horizon desquels la Lune se trouve alors. Du moment où elle atteint l'ombre de la Terre, la partie qui s'y plonge cesse d'être visible ; mais il n'en est pas ainsi des Eclipses de Soleil ; elles commencent à des instans différens, pour les divers lieux de la Terre, parce que chacun d'eux rapportant la Lune à différens points du Ciel, les uns doivent la rapporter ſur le Soleil avant les autres. La différence de poſition des lieux de la Terre, fait même que, pour quelques-uns, l'Eclipſe eſt totale, tandis qu'elle n'eſt que partielle pour d'autres. Toutes ces variétés qui dépendent de la Parallaxe de la Lune, rendent le calcul des Eclipſes de Soleil beaucoup plus compliqué que celui des Eclipſes de Lune. M. du Séjour a publié, dans les Mémoires de l'Académie des Sciences, des recherches très-intéreſſantes ſur cette matière, & dans leſquelles il développe toutes les ſingularités de ces Eclipſes. Je ne puis qu'y renvoyer les Lecteurs qui deſireroient de plus grands détails ſur cet objet.

C'eſt un Phénomène bien remarquable que celui qui, au milieu d'un beau jour, nous prive de la lumière du Soleil, & nous plonge dans une obſcurité profonde; à la vérité cette obſcurité ſe diſſipe en peu de tems; mais ce doit être un ſpectacle effrayant pour les hommes, qui, n'étant point prévenus de ce Phénomène, en ignorent la cauſe. Ils doivent craindre dans ce moment un bouleverſement de la nature entière. Nous ne devons donc point être étonnés des frayeurs que ces ſortes d'Eclipſes ont inſpirées dans les tems d'ignorance; & ſi, dans ce ſiècle, nous en ſommes garantis, ainſi que de la frayeur des Comètes, c'eſt un bienfait dont nous ſommes redevables au progrès des Sciences. Comme on peut être curieux de ſavoir combien dure l'obſcurité totale dont je viens de parler, j'obſerverai que ſa plus grande durée a lieu pour les peuples ſitués ſous l'Equateur, & que dans les circonſtances les plus favorables, elle eſt de 7′ 58″.

§. III.

Paſſage de Vénus ſur le diſque du Soleil.

Par la même raiſon que la Lune, en paſſant entre le Soleil & la Terre, intercepte ſa lumière & l'éclipſe en tout ou en partie; Vénus & Mercure, dans certaines circonſtances, produiſent auſſi une Eclipſe beaucoup plus petite, leur diamètre apparent étant beaucoup plus petit que celui de la Lune. Lorſque ces Planètes paſſent exactement entre le Soleil & la Terre, elles forment en ſe projettant ſur le diſque de cet Aſtre, une petite tache noire que l'on ne peut guères appercevoir qu'avec un Téleſcope. Cette petite tache, en vertu du mouvement de la Terre & de celui de la Planète, paroît décrire une corde du diſque du Soleil, & il eſt viſible que la différente poſition de deux Obſervateurs ſur la Terre doit leur faire paroître cette corde plus ou moins éloignée du centre du Soleil, ſuivant que, par l'effet de la Parallaxe, ils rapportent la Planète à un point plus éloigné ou plus près de ce centre. Il doit donc y avoir, relativement à ces deux Obſervateurs, une différence ſenſible dans la durée du paſſage de la Planète ſur le diſque du Soleil, c'eſt-à-dire, dans le tems qu'elle emploie à parcourir les cordes qu'elle leur paroît décrire; l'un d'eux doit ceſſer de la voir ſur le Soleil avant l'autre, & l'on ſent aiſément que la différence doit être plus ou moins grande, ſuivant le rapport de la diſtance mutuelle des deux Obſervateurs, à celles de la Planète & de la Terre au Soleil. On pourra ainſi conclure ce rapport de la différence obſervée dans la durée des paſſages. Mon objet n'eſt pas de donner la méthode dont on fait uſage pour cela; il me ſuffira d'obſerver ici que la durée des paſſages de Vénus donne ce rapport avec plus de préciſion que ceux de Mercure, & que c'eſt au moyen de ces paſſages que l'on a conclu que la diſtance moyenne de la Terre au Soleil eſt de 34 millions 761 mille 680 lieues.

§. IV.

Des Eclipſes des Satellites de Jupiter.

Si la Terre forme un cône d'ombre derrière elle, relativement au Soleil, on conçoit aiſément que Jupiter doit en former un beaucoup plus conſidérable, & que ſes quatre Satellites, en ſe plongeant dans ce cône, doivent s'éclipſer. Comme ce phénomène arrive très-fréquemment, à cauſe de leur nombre, de la proximité du premier Satellite, & de la grandeur du cône d'ombre de Jupiter, on en fait un grand uſage dans l'Aſtronomie pour déterminer les Longitudes. Ces Eclipſes ont donné lieu à une découverte des plus importantes de la Physique céleste ; celle du mouvement successif de la Lumière.

Pour la faire entendre, soit J K L (fig. 33), l'orbite de Jupiter, & T M N l'orbite de la Terre. Supposons que, lorsque la Terre est en T & Jupiter en J, & par conséquent dans sa plus grande proximité de la Terre, on observe une Eclipse du premier Satellite de Jupiter ; supposons encore que l'on calcule, d'après les mouvemens de ce Satellite & de Jupiter, l'instant où ce Satellite sera éclipsé, lorsque Jupiter sera en K & la Terre en N, c'est-à-dire, beaucoup plus éloignée de Jupiter : il est visible que si l'on voyoit ce Satellite s'éclipser au moment où il entre dans l'ombre de Jupiter, il n'y auroit point de différence entre l'instant de l'Eclipse observé & l'instant calculé. Mais l'observation donne au contraire une différence très-sensible entre ces deux instans. L'instant observé arrive toujours plus tard que l'instant calculé ; & la différence est quelquefois de 14 ou 15 minutes, lorsque Jupiter est fort loin de la Terre. D'où il suit que ce Satellite ne disparoît pas encore, quoique plongé dans l'ombre ; ce qui ne peut venir que de ce que le dernier trait de lumière qu'il nous envoie ne nous parvient qu'après un nombre de minutes d'autant plus considérable, que le Satellite est plus éloigné de la Terre.

De ces observations, on a conclu que la lumière emploie environ 16 minutes à parcourir le diamètre de l'orbite de la Terre, c'est-à-dire, 69 millions de lieues, & cette découverte intéressante a été pleinement confirmée par celle de l'aberration des *fixes*, comme je l'ai expliqué en parlant de cette aberration.

SECTION III.

Des Apparences occaſionnées par les Atmoſphères des Corps céleſtes.

ARTICLE PREMIER.

De l'Atmoſphère de la Terre & des apparences qu'elle produit.

LA Terre eſt enveloppée d'un fluide élaſtique & compreſſible, que l'on nomme *Air*, & dont la maſſe entière a été déſignée par le nom d'*Atmoſphère*. Il participe aux mouvemens de la Terre ſur elle-même, & autour du Soleil, ce qui le rend immobile relativement à nous.

L'air eſt 800 fois moins denſe que l'eau : il pèſe, comme tous les autres corps, ſur la Terre ; c'eſt ſa preſſion qui tient le mercure ſuſpendu dans le Baromètre à la hauteur de 28 pouces : ſa compreſſion ſur un homme d'une moyenne grandeur équivaut à un poids d'environ 33600 livres.

Si la denſité de l'air étoit par-tout la même, la hauteur de l'Atmoſphère ſeroit de deux lieues : mais il eſt moins denſe à meſure qu'il s'élève au deſſus de la ſurface de la Terre, enſorte que la hauteur de l'Atmoſphère eſt de plus de deux lieues ; & l'on conclut de l'étendue du crépuſcule, qu'elle doit être au moins de 16 lieues.

L'air ſe condenſe par le froid, & ſe dilate par la chaleur ; d'où il ſuit que l'Atmoſphère ne peut jamais être dans un parfait équilibre, & que la chaleur du Soleil doit le troubler ſans ceſſe. C'eſt, ſuivant toutes les apparences, ce qui cauſe les vents aliſés, comme nous l'avons dit à la fin du ſecond Chapitre.

§. I.

§. Ier

De la Couleur azurée du Ciel.

Considéré en petites masses, l'air est invisible. Il est trop rare pour que les rayons de lumière qu'il nous réfléchit puissent affecter sensiblement nos yeux. Mais, considéré en grande masse, & comme formant notre Atmosphère, il devient visible. La multitude de rayons que chaque point de cette masse nous renvoie produit alors une impression sensible sur l'organe de la vue, & nous l'appercevons avec une couleur bleue, parce qu'elle nous réfléchit les rayons bleus en plus grande quantité que les autres. Telle est la cause de cette couleur azurée, ou de ce bleu céleste qui, dans un tems serein, paroît nous environner de toutes parts, & que le vulgaire croit appartenir à une voûte à laquelle les Etoiles sont attachées. Cette voûte apparente n'est autre chose que l'Atmosphère de la Terre. Et, si cette Planète en étoit dépouillée, l'intervalle qui sépare les Etoiles nous paroîtroit d'une obscurité profonde.

§. I I.

Du Crépuscule.

Lorsque le Soleil n'est abaissé que de peu de dégrés au dessous de l'Horizon, ses rayons éclairent encore les parties supérieures de l'Atmosphère, comme on voit cet Astre dorer le sommet des montagnes lorsqu'il a cessé d'éclairer les plaines. Ses rayons brisés & réfléchis par l'Atmosphère parviennent à nos yeux, & produisent le Crépuscule. On voit ainsi que le Crépuscule n'est que la lumière du Soleil répandue dans notre Atmosphère quelque tems après son coucher, ou avant son lever. On le nomme, dans le premier cas, *Crépuscule du soir ;* &, dans le second, *Crépuscule du matin*, ou *Aurore.* Le Crépuscule cesse lorsque le Soleil est abaissé de 18^{d} au dessous de l'Horizon ; &, comme cela n'arrive pas dans nos climats pendant les grands jours de l'Eté, le Crépuſcule y dure pendant la nuit entière.

§. III.

De la Réfraction de l'Atmoſphère.

Il n'eſt perſonne qui n'ait remarqué cette propriété de l'eau, en vertu de laquelle elle fait paroître briſés les objets qui y ſont à demi-plongés, &, déplacé, le lieu apparent de ceux qui y ſont plongés entièrement. Un corps A poſé dans un vaſe MNRS (fig. 34) rempli d'eau, n'eſt apperçu en O que par le rayon de lumière AB, qui ſe briſe à ſon paſſage B de l'eau dans l'air, & qui, en s'approchant de l'horizontale MN, vient frapper l'œil du Spectateur en O. Ce Spectateur ne voit donc point le corps à ſa véritable place A; mais il le rapporte à un point E, ſur le prolongement de OB. Cette propriété de réfracter la lumière appartient à tous les fluides, & à l'air lui-même; enſorte que les rayons qui nous viennent d'un Aſtre quelconque, ſe briſent en paſſant dans l'Atmoſphère. Et, comme elle eſt compoſée de couches d'autant plus denſes, qu'elles ſont plus voiſines de la ſurface de la Terre, les rayons ſe réfractent continuellement de plus en plus, & décrivent une courbe, dont la dernière tangente eſt la direction ſuivant laquelle l'Aſtre eſt apperçu. Ainſi, OPQO (fig. 35) étant la Terre, & MKLQOP l'Atmoſphère, les rayons que l'Aſtre E nous envoie décrivent dans cet Atmoſphère une courbe M*m*O, & la tangente OI de cette courbe eſt la direction ſuivant laquelle un Obſervateur, placé en O, voit l'Aſtre qu'il rapporte conſéquemment au point F plus élévé ſur l'Horizon de l'angle EOF. Cet angle eſt ce que l'on nomme *Réfraction de l'Aſtre*. Il eſt d'autant moindre, que l'Aſtre eſt plus près du Zénith où la réfraction eſt nulle.

A l'Horizon, elle eſt de 33′. Le Soleil eſt donc viſible pour nous, quoiqu'il ſoit encore de 33′ au deſſous de notre Horizon. D'où il ſuit que la réfraction augmente la durée du jour.

La recherche de la Réfraction à différentes hauteurs eſt trop importante pour n'avoir pas fixé l'attention des Aſtronomes. Ils ont formé en conſéquence des Tables de ces Réfractions, en ayant égard à toutes les circonſtances qui les peuvent modifier, telles que la chaleur de l'air & ſa peſanteur.

On voit, par ce qui précède, de combien d'attentions délicates les obſervations Aſtronomiques ſont ſuſceptibles. L'aberration de la lumière & la Réfraction de l'Atmoſphère nous font paroître les Aſtres dans des lieux différens de ceux qu'ils occupent. Leurs mouvemens apparens ſont affectés de tous les mouvemens de la Terre : ainſi tout eſt illuſion dans l'Aſtronomie. On ne doit donc point être étonné des longues erreurs qui, dans cette ſcience, ont précédé la connoiſſance de la vérité.

Un effet très-remarquable de la Réfraction de l'Atmoſphère eſt la lumière que nous renvoie la Lune dans ſes Eclipſes. Sans cette Réfraction, la Lune, plongée dans l'ombre de la Terre, diſparoîtroit entièrement. Mais les rayons du Soleil, briſés par l'Atmoſphère de la Terre, pénètrent dans cette ombre, & vont éclairer la Lune d'une manière, à la vérité très-foible, parce que les couches d'air qu'ils ont traverſées avant de parvenir à cet Aſtre, en ont intercepté la plus grande partie. Sans cet affoibliſſement, la lumière de la Lune ſeroit plus vive dans les Eclipſes, en vertu de la Réfraction, que dans les Pleines Lunes. On peut conſulter, ſur cet objet, un Mémoire très-curieux de M. du Séjour, inſéré dans les Mémoires de l'Académie, pour l'année 1777.

ARTICLE II.

De l'Atmoſphère des autres Corps céleſtes.

§. I.

De l'Atmoſphère du Soleil.

Le Soleil eſt environné d'une Atmoſphère qui s'étend fort loin dans l'eſpace, & qui paroît atteindre juſqu'à la Terre. C'eſt cette Atmoſphère que l'on obſerve ſous le nom de Lumière Zodiacale.

On la voit, dans certains tems de l'année, sous la forme d'une pyramide ou d'un fuseau, dont la base est dirigée vers le Soleil, & la pointe vers quelques-unes des Etoiles du Zodiaque. L'axe de cette pyramide est dans le plan même de l'Equateur Solaire. Et, en effet, on conçoit qu'en vertu du mouvement de rotation du Soleil sur lui même son Atmosphère doit être plus alongée dans le plan de son Equateur que dans tout autre sens. Quelques Physiciens ont cru que c'étoit dans cette Atmosphère que se formoient les taches du Soleil qui s'y élevoient en forme de nuages, & quelquefois à une très-grande hauteur au dessus de sa superficie.

§. II.

Des Atmosphères des Planètes & de la Lune.

On ne sait rien de positif sur les Atmosphères des Planètes; seulement on soupçonne leur existence d'après quelques variations que l'on a remarquées à la surface de ces corps. Mais l'analogie nous porte à croire qu'ils en sont revêtus comme la Terre.

Ce que l'on connoît de plus probable sur l'Atmosphère de la Lune est dû aux excellentes recherches de M. du Séjour sur les Eclipses. Ce savant Académicien, ayant soumis à une analyse rigoureuse la théorie des Eclipses, & comparé, avec la plus scrupuleuse attention, toutes les observations des Eclipses du Soleil de 1764 & de 1769, a trouvé qu'elles paroissoient indiquer une inflexion d'environ 4″ dans les rayons du Soleil qui rasent le limbe de la Lune; d'où il suit que la réfraction horizontale qui, sur la Terre, est de 33′, n'est que de 2″ à la surface de la Lune, & qu'ainsi l'Atmosphère de ce Satellite est environ mille fois moins dense que celle de la Terre.

Cette *rareté* de l'Atmosphère Lunaire peut faire naître la conjecture suivante. Il est vraisemblable que l'Atmosphère de la Terre s'étend fort au loin dans l'espace, en diminuant sans cesse de densité; & l'on démontre que, dans le cas où sa densité seroit exactement proportionnelle à la force comprimante, l'Atmosphère s'étendroit à l'infini. Ne peut-on pas soupçonner, d'après cela, que les Atmosphères de la Lune & de la Terre se confondent, & sont formées d'un même fluide élastique répandu dans l'espace, & qui se condense à la surface de ces corps par l'action de la pesanteur. Il est visible que, dans cette supposition, l'Atmosphère de la Lune doit être beaucoup plus *rare* que celle de la Terre, puisque la pesanteur est moindre à la surface de ce Satellite.

§. III.

De la Nature des Atmosphères.

L'Atmosphère de la Terre paroît être un fluide en vapeurs, qui, par une pression considérable & un froid excessif, pourroit se condenser au point d'être réduit sous une forme fluide, telle que l'eau ou le mercure. Quoique jusqu'à présent on n'ait pas poussé jusqu'à ce point la condensation de l'air, tout nous porte cependant à croire qu'elle est possible; & ce qui la rend extrêmement probable, c'est que l'on peut avec tous les fluides connus, former des fluides invisibles, élastiques, compressibles, & qui ont, en un mot, toutes les propriétés générales de l'air. Les expériences suivantes établissent cette vérité d'une manière incontestable.

Le moment de l'ébullition d'un fluide est celui où il passe à l'état de vapeurs. Cet effet arrive lorsque la force expansive que la chaleur communique à ses parties est suffisante pour vaincre leur adhésion mutuelle & la pression de l'air ou des fluides environnans, qui tendent à les rapprocher. La pression de l'Atmosphère étant en raison des hauteurs du Baromètre, on voit ainsi, qu'il faut, pour faire bouillir l'eau, un dégré de chaleur plus ou moins considérable, suivant que le Baromètre est plus haut ou plus bas : c'est, en effet, ce que l'expérience a depuis long-tems appris aux Physiciens. On voit encore que dans le vuide de la machine Pneumatique (1), où la preſſion de l'air eſt à-peu-près nulle à cauſe de ſa *rareté*, l'eau doit bouillir & ſe vaporiſer au ſeul dégré de chaleur de l'Atmoſphère.

Le vuide le plus parfait que nous puiſſions faire, eſt celui qui ſe forme au haut du tube d'un Baromètre de Toricelli, fait avec ſoin. On a donc imaginé de faire paſſer dans ce tube quelques gouttes d'eau, ou du fluide dont on vouloit connoître la vaporiſation. Ces gouttes, ſpécifiquement plus légères que le mercure, montent à ſa ſurface; &, comme rien alors ne comprime leurs parties, on a obſervé qu'elles ſe réduiſent en vapeurs, & que l'élaſticité de ces vapeurs fait baiſſer le Baromètre plus ou moins, ſelon le dégré de chaleur de l'Atmoſphère, & la facilité plus ou moins grande du fluide à ſe vaporiſer. Dans une température moyenne, l'eau fait baiſſer le Baromètre de 5 à 6 lignes; l'eſprit de vin le fait baiſſer de 16 à 18 lignes, & l'Ether de 9 à 10 pouces. Ce dernier fluide l'abaiſſe même à ſon niveau lorſque la température eſt d'environ 32^{d} du Thermomètre de Réaumur; d'où il ſuit que, dans ce cas, l'élaſticité des vapeurs de l'Ether eſt égale à celle de l'Atmoſphère.

Il eſt aiſé de voir que l'abaiſſement du mercure a l'avantage de faire connoître le dégré de preſſion néceſſaire pour arrêter la vaporiſation à une température donnée; car il eſt clair, par exemple, que ſi un Baromètre dans lequel on a mis une goutte d'eſprit de vin a baiſſé de 18 lignes lorſque le Thermomètre marque 10^{d}, c'eſt une preuve qu'à ce dégré de chaleur la preſſion d'une colonne de 18 lignes de mercure ſuffit pour empêcher ce fluide de ſe réduire en vapeurs.

MM. de Lavoiſier & de la Place ſe propoſent de publier une ſuite d'expériences ſur cet objet, & de déterminer la loi de la vaporiſation de pluſieurs fluides à différentes températures; mais on doit rendre à M. Daniel Bernouilli la juſtice d'obſerver que,

(1) Machine au moyen de laquelle on pompe l'air de deſſous un récipient de verre qui la ſurmonte. Son nom vient du grec Πνεῦμα, *le ſouffle*.

dès 1751, il a fait connoître la plupart des résultats précédens, dans la pièce qui a remporté le Prix de l'Académie des Sciences, sur les *Courans.*

Il suit de ce que nous venons de voir, que, si l'on supposoit l'Atmosphère tout-à-coup anéantie, l'eau & tous les autres fluides qui sont à la surface de la Terre entreroient en ébullition : une partie se réduiroit en vapeurs, & formeroit une nouvelle Atmosphère. Il est donc naturel de penser que les différens airs dont l'Atmosphère est composée, & que l'on a su distinguer & analyser dans ces derniers tems, sont autant de fluides qui se réduisent en vapeurs, aux différens dégrés de température & de compression qui ont lieu à la surface de la Terre. Tous ces airs se dilatent par la chaleur & se condensent par le froid, comme les vapeurs ; & l'on parviendra peut-être un jour, au moyen d'un froid excessif & d'une forte compression, à faire passer à l'état fluide l'air fixe, qui, de tous ces airs, paroît le moins s'en éloigner.

On peut conclure de-là, ce me semble, qu'à la surface du Soleil, l'eau, le mercure & les autres fluides terrestres ne pourroient exister que sous la forme de vapeurs, & qu'ils y existent peut-être sous cette forme, tandis que l'air fixe peut exister sous la forme fluide à la surface de Saturne. Il paroît donc que le Globe terrestre ne doit les avantages que la fluidité de l'eau lui procure qu'à la distance où il est du Soleil ; & qu'à une distance beaucoup plus grande ou plus petite, ce fluide existeroit sous forme de glace, ou en vapeurs.

CHAPITRE QUATRIEME.

PRÉCIS HISTORIQUE de l'origine & des progrès de l'Astronomie.

L'ORIGINE de l'Astronomie, comme celle de presque toutes les Sciences, est enveloppée d'une obscurité impénétrable. Le spectacle du Ciel a dû, sans doute, fixer dans tous les tems l'attention des hommes, sur-tout dans ces climats heureux où la sérénité de l'air invitoit à l'observation des Astres ; mais quelques remarques grossières sur le lever & le coucher du Soleil & des Etoiles ne suffisoient pas pour former une Science, & l'Astronomie n'a commencé que du moment où un Observateur, ayant recueilli les observations de ses prédécesseurs, & suivi lui même, avec plus de soin qu'on ne l'avoit fait encore, les mouvemens des Corps célestes, essaya de déterminer, quoique d'une manière très-imparfaite, la loi de ces mouvemens. On ignore entièrement & le nom de ce premier Astronome & le tems où il a vécu ; mais, si l'on en juge par quelques Périodes dont les Caldéens & les Egyptiens faisoient usage, & qui supposent une Astronomie déjà perfectionnée, ce tems doit être fort reculé. En considérant d'ailleurs l'exactitude des Méthodes empyriques pour le calcul des Eclipses, qu'une longue tradition a transmises chez quelques peuples de la Terre, & en particulier dans l'Inde, & dont les Brames se servent aujourd'hui sans en connoître ni les principes ni les auteurs, on ne peut s'empêcher de convenir que l'Astronomie a été cultivée dans ces climats avec succès, dans des tems bien antérieurs à ceux dont l'Histoire nous a conservé le souvenir.

Ces considérations ont porté quelques Auteurs à penser que les monumens de l'Astronomie ancienne ne sont que les débris d'une Astronomie très-perfectionnée chez un peuple dont le nom & l'histoire ont péri par une suite de révolutions physiques & morales.

morales. Mais, ſans chercher à déprimer ici les recherches de ces Auteurs eſtimables, je crois pouvoir aſſurer que dans tout ce qui nous reſte d'Aſtronomie des Anciens, il n'y a rien qui ne puiſſe être le réſultat d'une longue ſuite d'obſervations, & des remarques que leur comparaiſon a dû préſenter. Leurs grandes Périodes & leurs Méthodes empyriques ſemblent même indiquer, avec beaucoup de vraiſemblance, que leurs obſervations étoient peu préciſes, & leurs théories Aſtronomiques très-peu avancées, & que ce n'eſt que par le grand nombre des obſervations & par la longueur de l'intervalle qui les ſéparoit, qu'ils ont ſuppléé à la préciſion des inſtrumens, ainſi qu'à la connoiſſance des véritables cauſes des Phénomènes céleſtes. Je conviendrai ſans peine que la Terre a éprouvé de grandes révolutions; tout, dans le monde phyſique & dans le monde moral, les atteſte; & il y a lieu de penſer qu'elles ont détruit plus d'une fois les Sciences & les Arts, & replongé le genre humain dans la barbarie. Mais il me ſemble que ce ſeroit en étendre trop loin l'influence, que de vouloir expliquer, par ce moyen, l'origine des connoiſſances Aſtronomiques chez les anciens peuples de l'Egypte & de l'Inde. Au lieu d'amuſer les Lecteurs par des ſyſtêmes d'autant plus attrayans, que, dans les ténèbres qui couvrent les premiers âges de l'Aſtronomie, on peut ſe permettre tous les écarts propres à flater l'imagination, je ne commencerai l'hiſtoire de cette ſcience qu'aux premières obſervations des Egyptiens & des Caldéens, qui nous ſont parvenues avec certitude.

De l'Aſtronomie chez les Caldéens & chez les Egyptiens.

Les premières obſervations des Caldéens dont nous ayons connoiſſance ſont trois Eclipſes de Soleil obſervées dans les années 719 & 720 avant notre Ere, & dont Ptolémée fait mention dans ſon Almageſte (1). Mais il eſt vraiſemblable qu'elles avoient

(1) L'*Almageſte* eſt un Ouvrage Aſtronomique de Ptolémée dont je parlerai bientôt. Cet Ouvrage ne nous fut connu que par les Arabes, & ſon nom eſt formé du mot arabe *al*, *le*, & du grec *μέγας*, *grand*; ce qui ſignifie dans ce ſens, *le grand Ouvrage*, *l'Ouvrage par excellence.*

S

été précédées d'un grand nombre d'autres moins précises, & qui, par cette raison, ont été négligées. Ce qui fait le plus d'honneur aux connoissances astronomiques de ce peuple, c'est une Période qu'ils nommoient *Saros*, & qui étoit composée de 223 mois Lunaires, ou de 6585 j. 8 h. Cette Période a l'avantage remarquable de ramener la Lune, à très-peu de chose près, à la même position relativement au Soleil, au nœud de son orbite & à son apogée. Ainsi, les Eclipses, observées dans une revolution, se renouvellent de la même manière dans les révolutions suivantes; ce qui donnoit un moyen très-simple de les prédire. En rapprochant tout ce qui nous reste de l'Astronomie des Caldéens, on conjecture, avec une grande probabilité, que le mouvement diurne de la Lune dans son orbite, la différence des deux années sidérale & tropique, & par conséquent la précession des Equinoxes qui la cause, leur étoient connus avec précision. Il paroît même qu'ils faisoient usage du Gnomon & des Cadrans solaires.

L'Astronomie n'est pas moins ancienne chez les Egyptiens que chez les Caldéens. La position exacte de leurs pyramides vers les quatre points cardinaux, nous donne une idée avantageuse de leur manière d'observer. Il est de plus très-vraisemblable qu'ils avoient des méthodes pour calculer les Eclipses de Soleil. La réputation de leurs Prêtres attira en Egypte les premiers Philosophes de la Grèce: & il y a tout lieu de croire que Pythagore leur a été redevable des saines notions que ce Philosophe & ses successeurs ont eues du système du monde.

L'Astrologie judiciaire fut très-accréditée chez les Peuples dont je viens de parler. Son origine remonte aussi haut que celle de l'Astronomie. Les hommes, se regardant comme le centre auquel tout devoit se rapporter, imaginèrent bientôt que les mouvemens des Astres étoient liés à leur sort, & que ces grands corps ne rouloient sur leurs têtes, que pour annoncer les principaux évènemens de leur vie. Une erreur aussi chère à l'amour-propre, & que le desir, si naturel à l'esprit humain, de pénétrer dans l'avenir fomentoit encore, a dû se conserver long-tems. Ce n'est que vers la fin du dernier siècle que la vraie Philosophie l'a fait enfin disparoître, en nous donnant des idées justes de nos rapports avec la Nature, & en nous faisant envisager le Globe que nous habitons, comme un point imperceptible dans l'immensité des Mondes qui peuplent l'Univers.

De l'Astronomie chez les Grecs.

On doit fixer à Thalès l'origine de l'Astronomie en Grèce. Cet illustre fondateur de l'Ecole Ionienne (1) voyagea en Egypte, & rapporta dans sa Patrie les connoissances qu'il y avoit puisées. Il enseigna la Sphéricité de la Terre, l'Obliquité de l'Ecliptique, la véritable cause des Eclipses de Soleil & de Lune. Il alla même jusqu'à prédire l'Eclipse de Soleil qui arriva l'année 585 avant notre Ere, au moment où Cyaxare, Roi des Mèdes, & Aliarthe Roi des Lydiens, étoient sur le point de se livrer bataille. Mais, si l'on considère le grand nombre d'élémens qu'une semblable prédiction suppose, & qui ne peuvent être connus que par une longue suite d'observations, on ne peut douter qu'il n'ait appris des Egyptiens la méthode dont il fit usage.

Anaximandre, Anaximène & Anaxagore, succédèrent à Thalès dans l'Ecole qu'il avoit fondée. On attribue au premier l'invention de la Sphère, du Gnomon & des Cadrans solaires. Il paroît aussi que l'on doit, à ces successeurs de Thalès, les premières Cartes de Géographie qui ayent été construites.

De l'Ecole Ionienne, sortit le chef d'une Ecole beaucoup plus célèbre, & qui illustra cette partie de l'Italie à laquelle on donna le nom de *Grande Grèce* (2). Pythagore, né à Samos (3), vers l'an 590 avant notre Ere, fut d'abord disciple de Thalès. Il

(1) Thalès étoit de Milet, ville de l'Ionie, contrée de l'Asie mineure, le long de la mer Egée, actuellement la mer d'Archipel.

(2) Le savant Abbé Mazocchi pense que la Grande Grèce ne dut son nom qu'à la réputation de l'Ecole de Pythagore, & que ce nom ne commença à être en usage que vers l'an 210 de Rome. J'ai suivi ce sentiment dansmon *Italie ancienne.*

(3) *Samos*, île de la mer Egée, près des côtes de l'Ionie.

voyagea en Egypte, d'après le conseil de son maître. Là, il conversa avec les Prêtres, se fit initier à leurs mystères, &, pendant son séjour, il s'instruisit à fond de leurs sciences. Les Gymnosophistes (1) de l'Inde, attirèrent ensuite sa curiosité; &, pour les entendre, il pénétra jusqu'aux bords du Gange (2). De-là, il revint dans sa patrie pour y répandre les connoissances qu'il avoit acquises dans ses voyages, & qu'il avoit perfectionnées par ses propres réflexions. Mais le despotisme sous lequel elle gémissoit alors, la priva de cet avantage; & ce Philosophe s'en exila lui-même pour se retirer en Italie, où il fonda son Ecole. Toutes les vérités astronomiques connues dans celle de Thalès furent enseignées avec plus de développement dans l'Ecole Pythagoricienne. Ce qui la distingue principalement, c'est la connoissance des deux mouvemens de la Terre sur elle-même & autour du Soleil, enseignée d'abord par Pythagore, & mise dans un plus grand jour par Philolaüs.

Suivant les Philosophes de cette Ecole, non-seulement les Planètes, mais les Comètes elles-mêmes, ces objets de frayeur pour le vulgaire, étoient en mouvement autour du Soleil. Ils ne les regardoient point comme des météores passagers formés dans l'atmosphère, mais comme des astres éternels, ainsi que les Planètes. Ces notions parfaitement justes du Systême du Monde, ont été saisies & adoptées par Sénèque, avec l'enthousiasme qu'une grande idée, sur l'objet le plus vaste des connoissances humaines, doit exciter dans l'ame d'un Philosophe. On doit cependant remarquer que ces opinions de l'Ecole Pythagoricienne étoient plutôt des vues philosophiques que des vérités solidement établies sur les observations. Les mouvemens des Corps célestes n'avoient pas été suffisamment observés pour en former une théorie; & c'est-là ce qui distingue Copernic de tous ceux qui,

---

(1) *Gymnosophistes* est le nom que les Grecs donnoient aux Philosophes de l'Inde qui n'avoient, dit-on, aucun vêtement. Ils avoient formé ce mot de Γυμνός, *nud*; & de Σοφός, *Sage*.

(2) L'un des plus grands fleuves de l'Inde, & dont les eaux se rendent dans le golfe de Bengale. Voyez la Carte d'Asie.

avant lui, ont reconnu les mouvemens de la Terre. Si, par exemple, Pythagore ou ſes ſucceſſeurs euſſent connu & expliqué, d'après leurs principes, la rétrogradation du mouvement des Planètes, on ne peut pas douter que toute l'Antiquité ne les eût adoptés avec d'autant plus de facilité, qu'elle n'auroit point été arrêtée par les obſtacles religieux qu'ils ont rencontrés au renouvellement de l'Aſtronomie.

Dans ce Précis hiſtorique où je me propoſe de rendre un compte rapide des principales recherches de l'eſprit humain ſur le ſyſtême de l'Univers, je paſſerai ſous ſilence tous les travaux des Aſtronomes grecs ſur le Calendrier, pour venir aux découvertes dont l'Aſtronomie eſt redevable à l'Ecole d'Alexandrie (1). A l'époque de ſon établiſſement, cette ſcience prit une face nouvelle. Au lieu de ſe livrer, comme on l'avoit fait juſqu'alors, à des conjectures ſouvent frivoles, on multiplia les obſervations. Les inégalités des mouvemens du Soleil & de la Lune furent mieux connues; la poſition des Etoiles fut déterminée; on ſuivit avec ſoin le mouvement des Planètes; enfin, l'Ecole d'Alexandrie donna naiſſance au premier ſyſtême aſtronomique, fondé ſur la comparaiſon des obſervations.

Après la mort d'Alexandre, ſes principaux Capitaines diviſèrent entr'eux ſon Empire, & Ptolémée Lagus eut l'Egypte en partage. Son amour pour les Sciences & ſes bienfaits attirèrent à Alexandrie, Capitale de ſes Etats, un grand nombre de Savans de la Grèce. Son fils Ptolémée Philadelphe, héritier de ſon trône & de ſes goûts, les y fixa par une protection particulière & par les ſecours en tout genre qu'il leur donna. Ariſtille & Timocharis furent les premiers obſervateurs de cette Ecole naiſſante; ils déterminèrent la poſition des principales Etoiles du Zodiaque; & leurs obſervations des Planètes ont ſervi de fondement à la Théorie de Ptolémée ſur leurs mouvemens.

(1) Alexandrie, ville fondée en Egypte par Alexandre, à l'embouchure du bras du Nil le plus occidental. Il exiſte encore dans ce lieu une eſpèce de ville de ce nom, avec cette différence que, la mer s'étant fort retirée, les maiſons actuelles ſont aſſez loin de l'emplacement des anciennes.

Vers le même tems, Aristarque de Samos s'illustra par ses travaux astronomiques. Celui de tous qui fait le plus d'honneur à son génie, est la manière dont il essaya de déterminer la distance de la Terre au Soleil, au moyen des Phases de la Lune. Il trouva que le Soleil étoit dix-huit ou vingt fois plus loin que ce Satellite; & quoique l'erreur de ce résultat soit très considérable, il reculoit cependant les bornes de l'Univers beaucoup au delà de celles qu'on lui supposoit alors. Aristarque fit encore revivre l'opinion de l'Ecole Pythagoricienne sur le mouvement de la Terre; &, sur l'objection qu'on pouvoit lui faire que ce mouvement devoit changer l'aspect des Etoiles, il répondoit que l'étendue de l'orbite terrestre étoit insensible par rapport à leur distance.

La célébrité d'Erathostène, en Astronomie, est principalement due à sa mesure de la Terre & à son observation de l'obliquité de l'Ecliptique. Ayant remarqué à Sienne (1) un puits que le Soleil éclairoit dans toute sa profondeur, à midi, le jour du Solstice d'Eté, il imagina d'observer la hauteur du Solstice à Alexandrie. En supposant ensuite ces deux villes sous le même méridien, & distantes l'une de l'autre de 5000 stades (2) il en conclut la grandeur du dégré de 25000 stades, ce qui pèche beaucoup par excès. Aussi ne fais-je mention de cette mesure que parce qu'elle est la première tentative que l'on ait faite en ce genre. Son observation de l'obliquité de l'Ecliptique, & celle que Pithéas de Marseille fit dans cette ville, sont très-précieuses, en ce qu'elles prouvent incontestablement une diminution dans cette obliquité, ce qui d'ailleurs est parfaitement conforme à la Théorie, comme on l'a vu dans le second Chapitre.

Le plus grand Astronome de l'Antiquité, celui qui, par le nombre, l'exactitude & l'importance de ses observations, mérita le mieux de l'Astronomie, est Hipparque de Bithinie; il florissoit à Alexandrie vers l'an 140 avant notre Ere. En comparant ses

---

(1) Sienne étoit la ville la plus méridionale de la Haute Egypte; c'est actuellement Assuan.

(2) Le *Stade* égyptien étoit de 52 toises & 2 ou 3 pieds.

obſervations avec celles d'Ariſtarque de Samos, faites 145 ans auparavant, il détermina, avec une préciſion inconnue juſqu'à lui, la longueur de l'année ; il découvrit l'inégalité de la durée des Saiſons, & il obſerva que, depuis l'Equinoxe du Printems juſqu'au Solſtice d'Eté, il s'écouloit 94 j. $\frac{1}{2}$, tandis que l'intervalle de ce Solſtice à l'Equinoxe d'Automne, n'étoit que de 92 j. $\frac{1}{2}$, enſorte que le Soleil employoit 87 j. à parcourir les Signes ſeptentrionaux, & ſeulement 178 j. à décrire les Signes méridionaux. Il s'apperçut encore que ce dernier intervalle étoit inégalement partagé par le Solſtice d'Hiver. J'ai expoſé dans le Chapitre troiſième la cauſe de ces inégalités, & la raiſon pour laquelle elles ſont dans ce ſiécle un peu différentes de ce qu'elles étoient au tems d'Hipparque.

Cette cauſe n'échappa pas entièrement à ce grand Obſervateur. Il ſuppoſa l'orbite du Soleil circulaire & parcourue d'un mouvement uniforme, mais dont la Terre n'occupoit pas le centre. En partant de cette hypothèſe, il trouva cette excentricité égale à $\frac{1}{24}$ du rayon de l'orbite, & il fixa le lieu de l'apogée du Soleil au 24me dégré des Gemeaux.

Hipparque ſe trompoit en regardant comme circulaire l'orbite elliptique que le Soleil paroît décrire, & en ſuppoſant uniforme le mouvement de cet Aſtre ; mais au moins il connut une partie de la cauſe dont dépendoient les phénomènes qu'il avoit obſervés. Il s'occupa beaucoup du mouvement de la Lune, & découvrit quelques-unes de ſes nombreuſes inégalités. Il meſura la durée de ſa révolution par une méthode ſemblable à celle qui lui avoit ſervi pour fixer la grandeur de l'année. Il détermina l'excentricité de ſon orbite, ſon inclinaiſon & le mouvement de ſon apogée. Enfin, l'Aſtronomie lui eſt redevable des premières Tables du Soleil & de la Lune. Les diſtances de ces deux Aſtres à la Terre furent encore l'objet de ſes recherches. Il imagina, pour y parvenir, une méthode très-ingénieuſe, fondée ſur l'obſervation de la Parallaxe ; & il en conclut la moyenne diſtance de la Lune à la Terre égale à 59 demi-diamètres du Globe Terreſtre. Il fixa celle du Soleil à 1200 de ces mêmes demi-diamètres. Ce dernier résultat est fort au dessous de la vérité ; mais il avoit l'avantage d'éloigner le Soleil beaucoup au delà de la distance qu'on lui assignoit. Il paroît aussi, par le rapport de Ptolémée, qu'il fit un grand nombre d'observations sur les Planètes; mais il est probable que la loi de leurs mouvemens lui parut si compliquée, qu'il n'osa pas entreprendre de la déterminer.

Le travail qui fait le plus d'honneur au zèle infatigable d'Hipparque, est le catalogue qu'il dressa des Etoiles fixes. Une nouvelle Etoile qui parut tout-à-coup de son tems le détermina à cette entreprise pour mettre la postérité en état de reconnoître les changemens qui pourroient arriver dans le ciel. Ses longs & pénibles travaux furent récompensés par la découverte importante du mouvement rétrograde de toutes les Etoiles ; mouvement occasionné, comme je l'ai dit dans le premier Chapitre, par celui des points Equinoxiaux.

La Géographie doit aussi publier avec reconnoissance que ce grand Astronome imagina le premier de faire usage des Longitudes & des Latitudes, pour fixer la position des lieux de la Terre, & qu'il employa les Eclipses de Lune pour déterminer la Longitude.

Quoique l'histoire de l'Astronomie nous offre quelques Observateurs depuis Hipparque jusqu'à Ptolémée ; cependant, comme ils n'ont rien ajouté de remarquable à cette science, je vais passer immédiatement aux travaux de cet Astronome, qui florissoit à Alexandrie vers l'an 135 de notre Ere. Ptolémée perfectionna la théorie de la Lune, déjà ébauchée par Hipparque, & confirma sa découverte du mouvement rétrograde des Etoiles. Mais ce qui lui a donné le plus de célébrité, c'est son grand Ouvrage appelé *Almageste*, dans lequel il rassembla un grand nombre d'observations astronomiques, & essaya de déterminer la disposition & les mouvemens des Corps célestes. Suivant Ptolémée, la Terre est immobile au centre de l'Univers ; le Soleil & toutes les Planètes se meuvent autour d'elle. Mais, comme les Planètes paroissent successivement directes, stationnaires & rétrogrades, il imagina de de les faire mouvoir dans des Epicycles (1), dont les centres mouvoient sur l'orbite même de la Planète. Souvent il étoit obligé de faire mouvoir sur ses premiers Epicycles, les Centres d'autres Epicycles; ensorte que chaque inégalité que l'observation faisoit découvrir, en exigeoit un nouveau. Ainsi, ce Systême, au lieu de recevoir une nouvelle confirmation par les découvertes ultérieures, se compliquoit davantage. Ce n'étoit donc point le vrai systême de la Nature. Mais, en ne le regardant que comme une hypothèse propre à représenter les mouvemens des corps célestes, on ne peut disconvenir que cette première tentative de l'esprit humain pour les assujettir à des loix constantes, ne fasse honneur à la sagacité de son Auteur.

De l'Astronomie chez les Arabes.

Aux travaux de Ptolémée, finit l'Histoire des progrès de l'Astronomie chez les Grecs. L'ambition des Romains, leur peu d'inclination pour les Sciences, la tyrannie de leur Gouvernement à l'égard des peuples soumis, les fureurs ou les imbécillités de leurs Empereurs; enfin, la décadence de leur Empire, & les irruptions des peuples septentrionaux, furent autant de causes qui éteignirent successivement le goût des Sciences & des Arts, & qui replongèrent les hommes dans l'ignorance. Une nuit profonde semble couvrir tout l'intervalle depuis Ptolémée jusqu'au tems où l'Astronomie reprit un nouvel éclat sous les Arabes. Ce peuple conquérant & fanatique, après avoir porté le ravage & sa religion dans les trois parties du Monde connu, n'eut pas plutôt goûté les douceurs de la paix, qu'il se livra aux Sciences avec ardeur. Peu de tems auparavant, il en avoit détruit le plus beau monument, en réduisant en cendres la fameuse Bibliothèque d'Alexandrie. Mais bientôt le repentir & les regrets suivirent cette

(1) *Cycle* vient du grec Κύκλος, *Cycle*, *Cercle*, *Epicycle* est formé du même mot, avec la préposition ἐπὶ, *autour*, *par-dessus*, &c. Ces Epicycles étoient de petits cercles ajoutés aux grands que l'on connoissoit déja.

exécution barbare dont le fanatiſme avoit dicté l'ordre à Omar, l'un de ſes premiers Chefs : les Arabes ne tardèrent pas à ſentir que, par cette perte irréparable, ils s'étoient privés du plus précieux avantage de leurs conquêtes. Obſervons ici que le goût des Sciences & des Arts chez preſque tous les peuples de la Terre, a été précédé par celui des conquêtes ou des guerres civiles. L'Ecole d'Alexandrie ſuivit immédiatement la mort d'Alexandre ; & , dans ces derniers tems, les beaux jours de Louis XIV, en France, & de Charles II, en Angleterre, ont ſuccédé aux horreurs des guerres civiles. Il ſemble que l'eſprit humain, mis en activité par les factions & par les guerres, cherche, dans la paix qui les ſuit, un aliment qui l'entretienne, & qu'il n'en trouve point de plus propre à cet objet que les Sciences & les Lettres.

Entre les Califes (1) qui ſe diſtinguèrent par la protection qu'ils accordèrent à l'Aſtronomie, on doit principalement citer Al-Mamoun, Prince de la Famille des Abaſſides (2), & qui régnoit à Bagdad (3) en 804. Vainqueur de l'Empereur Grec Michel III, il impoſa pour une des conditions de Paix, qu'on lui fourniroit les meilleurs originaux des Ouvrages grecs. L'Almageſte de Ptolémée fut de ce nombre : il le fit traduire en Arabe, & répandit ainſi dans ſa Nation toutes les connoiſſances aſtronomiques qui avoient illuſtré la Grèce. Non content d'encourager, par ſes bienfaits, les Savans les plus diſtingués de ſon tems, il fit lui-même pluſieurs obſervations dont une eſt relative à l'obliquité de l'Ecliptique, qu'il trouva être de $23^{d}\ 33'\ 52''$. Il fit de plus meſurer un dégré de la Terre dans une vaſte plaine de la Méſopotamie (4), nommée *Singar*. Mais l'impoſſibilité de connoître

---

(1) *Calife* ſignifie *Vicaire*, qui fait les fonctions d'un autre. C'eſt le nom que prirent les Souverains qui ſuccédèrent à Mahomet, & qui régnèrent ſur les Arabes après lui.

(2) C'eſt la ſeconde famille des Califes : la première étoit celle des Omiades.

(3) Bagdad, ville ſur le Tigre, eſt regardée par les gens du pays comme ayant ſuccédé à Babylone ; mais ce ſeroit plutôt à Ninive.

(4) Méſopotamie ſignifie *entre des fleuves*. C'eſt le nom que les Grecs donnèrent

avec précision la grandeur de la coudée arabe dont on se servit alors, nous empêche de prononcer sur l'exactitude de cette mesure (1).

Les encouragemens donnés à l'Astronomie par ce Prince & par ses Successeurs, firent naître parmi les Arabes un grand nombre d'Observateurs très-recommandables. Tel est, entre autres, Albaténius, qui rectifia la plupart des Elémens dont Ptolémée avoit fait usage. Mais il semble que le génie des Arabes se soit borné à l'art d'observer, & qu'il n'ait pu s'élever jusqu'aux causes des Phénomènes célestes. Ils ont laissé cette partie importante de l'Astronomie à-peu-près dans le même état où elle étoit du tems de Ptolémée, sans y ajouter aucune découverte remarquable.

Les bornes de ce Précis historique ne me permettent pas de faire connoître les progrès de l'Astronomie chez les Chinois & chez les autres peuples de la Terre. Je me contenterai d'observer qu'aucun peuple ne peut se vanter de monumens astronomiques aussi anciens que les Chinois, & que leurs observations paroissent remonter jusqu'à l'an 2155 avant notre Ere. Mais, malgré la grande vénération qu'ils ont toujours eue pour l'Astronomie, ils l'ont beaucoup moins perfectionnée que les Grecs & les Arabes.

De l'Astronomie dans l'Europe moderne.

C'est aux Arabes que l'Europe Moderne doit les premiers traits de lumière qui ont percé les ténèbres dont elle a été enveloppée pendant plus de douze siècles. Ils ont été nos Maîtres, comme autrefois les Egyptiens le furent des Grecs. Et le grand nombre de

---

à une étendue de pays assez considérable, située entre l'Euphrate à l'Ouest, & le Tigre à l'Est. Les Arabes l'appelèrent *l'île* ou *al Dgésira* : ce nom est actuellement en usage.

(1) De ce qu'Abulféda rapporte que le dégré terrestre fut évalué 53 milles arabiques & deux tiers, le célèbre M. d'Anville se croit en droit de conclure que la coudée peut être évaluée à 18 pouces & quelque chose ; mais ce n'est qu'une conjecture.

mots arabes dont nous faisons usage en Astronomie, est un monument durable des obligations que nous avons à ce Peuple.

Alphonse, Roi de Castille, fut un des premiers Souverains qui encouragèrent l'Astronomie en Europe. Cette Science compte peu de Protecteurs aussi zélés & aussi magnifiques. Mais les soins de ce grand Prince ne furent pas secondés par les Astronomes qu'il avoit fait venir à grands frais de tous les Pays de l'Europe; & les tables du mouvement des Planètes qu'ils publièrent en 1252, ne répondirent pas aux dépenses excessives qu'elles lui avoient occasionnées. Doué d'un esprit juste, il étoit choqué de l'embarras de tous les cercles dans lesquels ces Astronomes faisoient mouvoir les Planètes: il sentoit parfaitement que la Nature devoit agir par des moyens plus simples; &, à cette occasion, il se permettoit une plaisanterie à la vérité peu respectueuse, mais par laquelle il faisoit entendre qu'on étoit encore bien éloigné de connoître le véritable systême du Monde. *Si Dieu*, disoit-il, *m'avoit appelé à son Conseil lorsqu'il créa l'Univers, les choses auroient été dans un ordre meilleur & plus simple.*

Au tems d'Alphonse, l'Empereur Frédéric II se distingua par son zèle pour l'Astronomie. On doit à ses soins la première traduction de l'Almageste de Ptolémée: elle fut faite sur un Manuscrit arabe, la Langue grecque étant entièrement inconnue dans cette contrée.

Nous arrivons enfin à l'époque célèbre où l'Astronomie sortit de l'enfance, & s'éleva, par des progrès rapides & continus, à la hauteur où nous la voyons aujourd'hui.

Purbach & Régiomontanus préparèrent ces beaux jours de l'Astronomie, & Copernic les fit naître par l'idée grande & heureuse qu'il eut d'expliquer les Phénomènes célestes, au moyen des mouvemens de la Terre sur elle même & autour du Soleil. La complication du systême de Ptolémée embarrassoit depuis long-tems les Astronomes, mais il se maintenoit toujours par son ancienneté, par sa conformité avec les préjugés, & par la difficulté de lui en substituer un plus vraisemblable. Copernic osa franchir tous ces obstacles, qui avoient arrêté ses prédécesseurs;

&, en plaçant le Soleil au centre de l'Univers, il fit voir que les mouvemens extrêmement compliqués des Planètes devenoient très-ſimples en les rapportant au Soleil. Tous les Phénomènes alors connus ſe plièrent ſans effort à cette Théorie ; la Terre devenoit une Planète qui circuloit comme les autres autour du Soleil. En lui donnant un mouvement de rotation ſur elle-même, on n'avoit plus beſoin des mouvemens inconcevables qu'il falloit auparavant ſuppoſer aux Etoiles ; enfin tout annonçoit dans ce nouveau Syſtême cette belle ſimplicité qui nous charme dans les moyens que la Nature emploie, lorſque nous ſommes aſſez heureux pour les connoître. Ces idées parurent en 1563, dans l'Ouvrage intitulé, *de Révolutionibus Cœleſtibus.* Copernic, dans la crainte de révolter les préjugés reçus, ne les préſenta que comme une Hypothèſe. *Les Aſtronomes*, dit-il, dans ſa Préface, adreſſée à Paul III, *quoique perſuadés qu'il n'y a dans le Ciel aucun des Cercles qu'ils y ont imaginés, ne laiſſent pas d'employer ces ſuppoſitions contraires à la Nature : pourquoi ne pourrois-je pas ſuppoſer la Terre mobile, s'il en réſulte un calcul plus ſimple des Phénomènes ?*

Ce grand Homme n'eut pas le tems d'être témoin de la ſenſation que devoit produire ſon Syſtême. Il mourut preſque ſubitement à l'âge de 71 ans, d'un flux de ſang, peu de jours après avoir vu le premier Exemplaire de ſon Ouvrage. La Pruſſe polonaiſe s'honore de lui avoir donné la naiſſance. Il naquit à Thorn, le 19 Janvier 1472, d'une Famille noble. Après avoir appris dans la maiſon paternelle les Langues Grecque & Latine, il alla continuer ſes Etudes à Cracovie. Entraîné enſuite par ſon goût pour l'Aſtronomie, il entreprit le voyage d'Italie, & ſes connoiſſances lui méritèrent à Rome une place de Profeſſeur. Enfin il quitta cette ville pour ſe fixer à Varmi, où ſon oncle, alors Evêque, lui donna un Canonicat dans ſa Cathédrale. Ce fut-là qu'il médita ſon nouveau Syſtême, & que, pour l'appuyer ſur des obſervations inconteſtables, il obſerva très-exactement pendant près de trente-ſix années. A ſa mort, il fut inhumé dans la Cathédrale de Varmie, ſans pompe & ſans magnificence.

Mais ſon nom vivra juſques dans la poſtérité la plus reculée, dont il a mérité l'admiration & la reconnoiſſance.

Il eſt rare que la vérité ſoit accueillie ſans contradiction, ſurtout lorſqu'elle eſt oppoſée à des erreurs anciennes & très-accréditées, & lorſque, pour être entendue, elle exige que l'on s'élève au deſſus des préjugés des ſens. Le Syſtême de Copernic eut encore à vaincre des obſtacles d'un autre genre, & qui, naiſſant d'un fond très-reſpectable, l'auroient étouffé dès ſa naiſſance, ſi le progrès des lumières & la force de la vérité ne les euſſent ſurmontés. On invoqua, pour détruire un Syſtême Philoſophique, le témoignage des Saintes Ecritures, comme ſi l'Eſprit-Saint, en parlant à des hommes ignorans, n'eût pas dû ſe conformer à leur intelligence groſſière. On crut la Religion intéreſſée à ſoutenir l'immobilité de la Terre; & le fanatiſme le plus déshonorant & le plus abſurde tourmenta, par des perſécutions réitérées, des hommes qui, par leurs découvertes, illuſtroient leur Patrie & leur ſiècle.

Rothicus, diſciple de Copernic, fut le premier Aſtronome qui adopta publiquement les idées de ſon illuſtre Maître. Mais ce ne fut que vers le commencement du XVIIe ſiècle qu'elles prirent une grande faveur, & elles la dûrent principalement aux découvertes & aux malheurs de Galilée.

Un hazard heureux venoit de faire découvrir le Téleſcope. Galilée perfectionna cet inſtrument & le tourna vers le Ciel. Il apperçut les Phaſes de Vénus & de Mercure qu'il ſoupçonnoit, d'après la Théorie de Copernic, & il ne douta plus dès-lors du mouvement de ces Planètes autour du Soleil. Il découvrit encore les Satellites de Jupiter qui lui montrèrent une nouvelle analogie de la Terre avec les Planètes. Enfin, il apperçut les taches du Soleil & les apparences occaſionnées par l'anneau de Saturne.

En publiant ces découvertes, il fit voir qu'elles prouvoient, inconteſtablement, le mouvement de la Terre. Mais l'opinion de ce mouvement fut déclarée hérétique par une Congrégation de Cardinaux; & Galilée, ſon plus célèbre défenſeur, fut cité au Tribunal de l'Inquiſition, & forcé de ſe rétracter pour échapper à une prifon rigoureufe. De toutes les paffions, la plus puiffante eft, fans contredit, celle de la vérité dans un homme de génie. Perfuadé que, pour la faire adopter, il fuffit de la mettre au jour, il brûle de la répandre, & tous les obftacles qu'on lui oppofe ne fervent qu'à l'enflammer. Galilée, convaincu des mouvemens de la Terre par fes propres obfervations, médita long-tems un Ouvrage dans lequel il fe propofoit d'expofer, dans un grand jour, les preuves qui pouvoient l'appuyer. Mais, pour fe dérober en même-tems à la perfécution dont il avoit déjà été la victime, il imagina de les préfenter en forme de Dialogues entre trois interlocuteurs qui défendoient chacun les trois Syftêmes connus de l'Univers. On fent bien que tout l'avantage reftoit au défenfeur du Syftême de Copernic : mais Galilée, ne prononçant pas entre eux, & faifant valoir, autant qu'il étoit poffible, toutes les objections des partifans d'Ariftote & de Ptolémée, devoit s'attendre à jouir d'une tranquillité que lui méritoient fes travaux & fon grand âge. Le fuccès de fes Dialogues, & la manière triomphante avec laquelle toutes les difficultés contre le mouvement de la Terre y étoient réfolues, réveillèrent l'Inquifition. Ce grand homme, âgé de 70 ans, fut de nouveau cité à ce Tribunal; & la protection du Grand Duc de Tofcane ne put empêcher qu'il n'y comparût. On l'enferma dans une prifon où l'on exigea un fecond défaveu de fes fentimens, avec menace de la peine de relaps, s'il continuoit d'enfeigner le mouvement de la Terre. Enfin un décret de l'Inquifition condamna ce vieillard, refpectable à tant d'égards, à une prifon perpétuelle. Il fut enfuite élargi au bout d'une année par les follicitations du Grand-Duc. Mais, pour qu'il ne cherchât pas à fe fouftraire au pouvoir de l'Inquifition, on lui défendit de fortir du territoire de Florence. Il y mourut en 1642, dans fa maifon de campagne d'Arcetti, emportant avec lui les regrets de toute l'Europe favante qu'il avoit éclairée, & qui ne vit, dans le jugement porté contre lui, que l'ouvrage d'un Tribunal ignorant & fanatique. Il étoit né à Pife, en 1564, d'une famille diftinguée. Son éducation répondit à fa naiffance, & il annonça de bonne heure les talens qu'il développa dans la fuite.

La Méchanique lui doit un grand nombre de découvertes. Mais celle qui lui fait le plus d'honneur en ce genre, est sa belle Théorie de la chûte des Corps *graves*. J'ai déjà parlé de ses découvertes astronomiques. Il étoit encore occupé à démêler les effets de la libration de la Lune, lorsqu'il perdit la vue, trois ans avant sa mort. Tel fut ce grand homme contre lequel un Tribunal aussi odieux qu'incompétent, osa exercer une persécution si humiliante pour la raison humaine. *Tout Inquisiteur*, a dit à cette occasion un homme célèbre, *devroit rougir en voyant une Sphère de Copernic*.

Pendant que ces choses se passoient en Italie, & que le vrai Systême du Monde y étoit persécuté, Képler, en Allemagne, lui donnoit un nouveau lustre par ses découvertes sublimes sur la nature des orbites des Planètes, & sur la loi de leurs mouvemens. Mais, avant d'en parler, il convient de remonter plus haut, & de faire connoître les progrès de l'Astronomie dans le Nord de l'Europe depuis la mort de Copernic.

L'histoire de cette science nous présente en Allemagne un grand nombre d'excellens Observateurs; mais aucun ne se distingua davantage dans cette carrière que Guillaume III, Landgrave de Hesse. Il protégea l'Astronomie en Souverain, & la cultiva en Astronome. Il fit bâtir à Cassel un Observatoire qu'il munit d'instrumens travaillés avec grand soin; & il y observa lui-même depuis 1561 jusqu'en 1577. Il s'attacha plusieurs Astronomes distingués, & Ticho fut redevable, à ses pressantes sollicitations, des avantages que lui procura Frédéric, Roi de Danemarck.

Ticho-Brahé, l'un des plus grands Observateurs qui aient jamais existé, naquit en 1546, à Knud-Sturp (1), d'une Maison illustre de Danemarck. Son goût pour l'Astronomie se manifesta dès l'âge de 14 ans, à l'occasion d'une Eclipse arrivée en 1560. La justesse du calcul qui l'avoit annoncée lui inspira un desir d'en connoître les principes; & les oppositions de son gouverneur & de sa famille ne servirent qu'à l'enflamer davantage. Il voyagea en Allemagne,

(1) Knud-Sturp, dans la Scanie, division méridionale de la Norwège.

où

où il contracta différentes liaisons avec les Savans & les Amateurs les plus distingués. Il visita le célèbre Landgrave de Hesse qui le reçut de la manière la plus flatteuse, & qui l'honora depuis de son amitié & de sa correspondance. Enfin, de retour dans son pays, Frédéric, son Souverain, l'y fixa en lui donnant la petite Isle de Hunène ou d'Hwen, à l'entrée de la mer Baltique. Ticho y fit bâtir un Observatoire (1) qui devint fameux, sous le nom d'Uranisbourg ; & là, pendant un séjour de 21 ans, il fit un amas prodigieux d'observations, & plusieurs découvertes importantes.

A la mort de Frédéric, l'envie s'acharna sur Ticho, & le força d'abandonner sa retraite ; mais heureusement il retrouva un protecteur puissant dans la personne de l'Empereur Rodolphe II, qui se l'attacha par une pension considérable, & qui le logea commodément à Prague, où il mourut âgé de 55 ans, le 24 d'Octobre 1601.

Un nouveau catalogue d'Etoiles beaucoup plus exact que celui d'Hipparque & de Ptolémée, des observations nombreuses sur les Planètes, les découvertes de quelques-unes des principales inégalités de la Lune, la remarque importante que les Comètes sont au delà de l'orbite lunaire, une connoissance plus parfaite des Réfractions astronomiques : tels sont les services que cet illustre Observateur a rendus à l'Astronomie. Frappé des objections que les adversaires de Copernic opposoient au mouvement de la Terre, & peut-être entraîné par la vanité d'être lui-même inventeur d'un Systême nouveau, il méconnut, ou, du moins, combattit celui de la Nature. Suivant lui, la Terre est immobile au centre de l'Univers ; la Lune, le Soleil & les Etoiles tournent chaque jour autour d'elle, tandis qu'autour du Soleil tournent

(1) Ce monument de la bienfaisance d'un Roi & des travaux d'un grand Homme fut tellement négligé après le départ de Ticho, que M. Huet, en 1652, visitant le Nord, & mouillant à l'île de Huène exprès pour le voir, en put à peine découvrir quelques ruines. Et M. Picard y étant passé en 1671, le trouva absolument ignoré des gens du pays.

Mercure, Vénus, Mars, Jupiter & Saturne. Ce Systême rend, il est vrai, raison des apparences, aussi bien que celui de Copernic: on peut même considérer comme immobile tel point que l'on voudra, par exemple, le centre de la Lune, pourvu que l'on transporte, en sens contraire à tous les Corps qui l'environnent, les mouvemens dont il est animé; mais n'est-il pas physiquement absurde de supposer la Terre sans mouvement dans l'espace, tandis que le Soleil entraîne autour de lui les Planètes, au milieu desquelles elle est comprise?

Ticho eut pour disciple le fameux Képler, que l'on doit regarder comme le créateur de l'Astronomie moderne. Ce grand homme naquit en 1571, le 27 Décembre, à Viel, dans le Duché de Wittemberg. Doué d'une imagination ardente, & enflammé du desir de s'illustrer, la carrière paisible des Sciences lui parut d'abord peu capable de remplir ses vues; mais l'ascendant de son génie & les exhortations de Mœstlin le rappelèrent à l'Astronomie, & il y porta toute l'activité d'une ame passionnée pour la gloire.

Le présent le plus utile, &, tout-à-la-fois, le plus dangereux qu'un Savant puisse recevoir de la Nature, est une imagination brillante: elle est utile, en ce que celui qui la possède, tourmenté du desir de pénétrer la cause des phénomènes qu'il observe, s'élève quelquefois jusqu'à elle, & l'entrevoit long-tems avant que les observations aient pu l'y conduire. Sans doute il est plus sûr de remonter des phénomènes aux causes; mais cette marche est beaucoup plus difficile & plus tardive que la première, & l'histoire des Sciences nous prouve qu'elle n'a presque jamais été celle des inventeurs. L'imagination est souvent dangereuse, en ce que, prévenus pour la cause que nous avons supposée, loin de la rejetter lorsque les phénomènes y paroissent contraires, nous les déguisons & nous cherchons à les plier à nos hypothèses; nous mutilons, si je puis m'exprimer ainsi, l'ouvrage de la Nature, pour le faire ressembler à celui de notre imagination, sans songer que les autres hommes, ne mettant point à nos idées l'intérêt de l'amour-propre qui nous engage à les maintenir, ne les jugent que par leur conformité aux obſervations. Le Philoſophe, vraiment utile au progrès des Sciences, eſt celui qui, réuniſſant à une imagination profonde une grande ſévérité dans le raiſonnement & dans les expériences, eſt à la fois tourmenté par l'envie de connoître la cauſe des phénomènes, & par la crainte de ſe tromper ſur celle qu'il leur aſſigne.

Képler dut à la Nature le premier de ces avantages, & le ſecond à Ticho-Brahé. Etant allé voir ce grand Obſervateur à Prague, en 1598, Ticho, qui, dans les premiers ouvrages de Képler avoit démêlé ſon génie à travers les analogies myſtérieuſes des nombres & des figures dont ils étoient remplis, l'exhorta à obſerver, & lui procura le titre de Mathématicien Impérial. Képler fit un grand nombre d'obſervations, & leurs comparaiſons entre elles & avec celles de Ticho, le conduiſirent aux trois plus belles découvertes que l'on eût encore faites dans la Philoſophie naturelle.

Ce fut une *oppoſition* de Mars qui excita Képler à travailler préférablement ſur les mouvemens de cette Planète. Son choix fut heureux, en ce que l'orbite de Mars étant une des plus excentriques, les inégalités de ſon mouvement ſont en même proportion plus ſenſibles, & doivent plus facilement conduire à découvrir leur véritable cauſe. Après un grand nombre de tentatives, qu'il a rapportées avec le plus grand détail dans ſon fameux Ouvrage *de Stellâ Martis*, il parvint à s'aſſurer que Mars ſe meut dans une Ellipſe dont le Soleil occupe un des foyers, & que le rayon vecteur, mené du centre du Soleil à celui de la Planète, décrit des ſurfaces proportionnelles aux tems. Il étendit enſuite ces découvertes à la Terre & aux autres Planètes, & il publia, d'après cette théorie, en 1626, les Tables Rodolphines, à jamais mémorables en Aſtronomie, comme ayant été les premières qu'on ait calculées ſur les véritables loix des mouvemens des Planètes. Il n'eſt pas inutile d'obſerver que les principales difficultés que Képler eut à vaincre, tenoient aux préjugés métaphyſiques de ſon ſiècle, ſur la ſimplicité des mouvemens céleſtes. J'obſerverai auſſi, pour répondre aux détracteurs de la Géométrie pure, que, ſans les ſpéculations des Grecs ſur les courbes formées par la ſection d'un plan & d'un cone, les loix des mouvemens planétaires ſeroient peut-être encore ignorées. L'Ellipſe étant une de ces courbes, ſa figure applatie fit naître dans l'eſprit de Képler la penſée d'y faire mouvoir les Planètes. En faiſant enſuite uſage des propriétés nombreuſes que les Géomètres avoient trouvées ſur ſa nature, il reconnut la vérité de ſon hypothèſe. L'hiſtoire des Mathématiques nous offre un grand nombre d'autres exemples du paſſage des vérités ſpéculatives aux vérités phyſiques, & cela doit être ainſi, puiſque les phénomènes de la Nature ne ſont que les réſultats mathématiques d'un petit nombre de loix invariables.

Ce fut, ſans doute, le ſentiment de cette vérité qui donna naiſſance aux analogies myſtérieuſes des Pythagoriciens : elles avoient ſéduit l'imagination de Képler dans ſa jeuneſſe, & il leur fut redevable, dans la ſuite, d'une de ſes plus brillantes découvertes. Perſuadé qu'il devoit y avoir un rapport entre les tems des révolutions des Planètes & leurs moyennes diſtances au Soleil, il imagina de comparer ces diſtances aux corps réguliers, enſuite à l'harmonie des corps ſonores : mais, n'ayant rien trouvé, par ces différens moyens, qui le ſatisfît ſur le rapport des tems & des diſtances, il eſſaya de comparer les puiſſances des nombres qui les expriment. Il trouva ainſi que les carrés des tems des révolutions des Planètes étoient entre eux comme les cubes de leurs moyennes diſtances, & il eut l'avantage de voir cette belle loi s'obſerver auſſi entre les Satellites de Jupiter.

L'imagination ardente de Képler ne pouvoit pas s'exercer ſur les Phénomènes céleſtes, ſans chercher à en pénétrer la cauſe; mais les loix du mouvement n'étoient pas encore ſuffiſamment connues, ni la Géométrie aſſez perfectionnée, pour qu'il pût s'élever juſqu'à la découverte de la Peſanteur univerſelle. Il ne fit que l'entrevoir, & l'on trouve répandues dans ſes Ouvrages, des idées très-juſtes ſur cet objet. « La gravité, dit-il, n'eſt qu'une » affection corporelle & mutuelle entre des corps ſemblables » pour ſe réunir. Les corps graves ne tendent point vers le centre

» du Monde, mais à celui du corps rond dont ils font partie. » Si la Lune & la Terre n'étoient pas retenues dans leurs distances » respectives, elles tomberoient l'une sur l'autre, la Lune faisant » environ les $\frac{53}{54}$ du chemin ; la Terre feroit le reste, en les » supposant également denses ». Il croit encore que l'attraction de la Lune est la cause du flux & du reflux de la mer. On le voit enfin, dans ses Commentaires sur Mars, soupçonner que les irrégularités du mouvement de la Lune sont occasionnées par les actions combinées du Soleil & de la Terre sur ce Satellite.

L'Optique & l'Astronomie doivent encore à Képler plusieurs découvertes capables d'illustrer tout autre Astronome, mais qui disparoissent devant celles que je viens d'exposer. Avec autant de droit à l'admiration & à la reconnoissance de son siècle, qui croira que ce grand homme vécut dans la misère, & se vit contraint, pour subsister, de faire des Almanachs, tandis que l'Astrologie judiciaire étoit par-tout en honneur, & magnifiquement récompensée par les Souverains? Heureusement le génie trouve en lui-même, & dans l'estime du petit nombre de Savans en état de l'apprécier, de quoi se consoler de l'ingratitude, des intrigues & des sottises des hommes. Képler avoit obtenu des pensions qui lui furent toujours mal payées : étant allé à la Diette de Ratisbonne pour en solliciter le paiement, il mourut dans cette ville, le 5 Novembre 1631.

Les travaux d'Huyghens suivirent de près ceux de Képler & de Galilée. L'histoire des Sciences offre très-peu d'hommes qui, par l'importance & la sublimité de leurs recherches, aient autant mérité d'elles. L'application heureuse qu'il fit du pendule aux horloges, est un des plus beaux présens que l'on ait pu faire à l'Astronomie. Ce fut lui qui démontra le premier que les apparences de Saturne sont occasionnées par un anneau fort mince dont cette Planète est environnée. Son assiduité à observer ces apparences lui fit découvrir un des Satellites de Saturne. La Géométrie, la Méchanique & l'Optique lui sont redevables d'un grand nombre de découvertes intéressantes ; & l'on doit à ce rare génie la justice de remarquer que ses Théorêmes sur la force centrifuge, & sa belle théorie des *Développées* ont préparé les grandes découvertes de Newton sur le Systême du Monde.

A cette époque, l'Astronomie prit un nouvel essor, par l'établissement des Sociétés savantes. Il n'en est pas des Sciences & des Arts comme de la Littérature. Dans celle-ci, un ouvrage peut être porté, par un seul homme, au plus haut point de perfection auquel il puisse atteindre; on le lit avec le même plaisir dans tous les âges, & le tems ne fait qu'accroître sa réputation, par les vains efforts de ceux qui cherchent à l'imiter. Mais, dans les Sciences, quelque parfait que soit un ouvrage, il est nécessairement effacé par ceux qui le suivent, à cause des nouvelles découvertes que chaque siècle ajoute à celles des siécles précédens. Un Savant ne doit ainsi aspirer qu'à tenir un rang distingué dans l'histoire de la Science qu'il cultive. On ne lit presque plus les ouvrages de Képler; mais tout le monde connoît les fameuses Loix qu'il a trouvées, & il n'est personne qui, en considérant l'importance & la sublimité de ces Loix, ne place leur inventeur à côté des hommes qui se sont illustrés dans la carrière des Lettres. En général, on peut regarder les productions Littéraires comme l'ouvrage des individus, & les Sciences comme celui de l'espèce humaine entière. Elles ont besoin conséquemment, pour être perfectionnées, du concours d'un grand nombre d'hommes, qui, réunis en corps, associent leurs travaux & leurs lumières. Un autre avantage des Sociétés savantes, est l'esprit philosophique qui doit nécessairement s'y introduire, &, de-là, se répandre dans le reste de la Nation. Un Savant isolé peut se livrer, sans crainte, à l'esprit de systême; il n'entend que de loin les contradictions qu'il éprouve; mais dans une Académie, chacun ayant le même droit de faire adopter ses opinions, il en résulteroit un état de division continuel. Le desir de la paix & celui de persuader les autres établit donc, entre les membres, la convention de rejetter toute idée systématique, pour n'admettre que les résultats de l'observation & du calcul. Aussi l'expérience a-t-elle prouvé que, depuis un siècle, environ, que l'on a commencé à former ces établissemens, la vraie manière de philosopher s'est généralement répandue, & l'on ne voit plus, comme autrefois, les Savans allier leurs découvertes aux rêveries les plus ridicules & les plus absurdes.

De toutes les Académies, celles qui ont le plus contribué aux progrès des Sciences, & en particulier de l'Astronomie, sont l'Académie des Sciences de Paris, & la Société Royale de Londres. La première doit sa naissance à Louis XIV, dont l'ame grande & passionnée pour la gloire sentit l'éclat que les Sciences & les Lettres pourroient répandre sur son règne. Ce Monarque, dignement secondé par Colbert, invita les Savans étrangers les plus célèbres, à venir se fixer dans sa Capitale. Huyghens se rendit à cette invitation flatteuse, & l'Académie s'honore de le compter parmi ses premiers Membres. Il publia dans son sein son bel Ouvrage *de Horologio Oscillatorio*. Sans doute il auroit fini ses jours dans sa nouvelle Patrie, s'il n'eût appris que l'on alloit proscrire l'exercice de sa Religion en France. Sans attendre la publication de cet Edit fameux qui priva le Royaume d'un si grand nombre de citoyens utiles, il se retira à la Haye, où il étoit né, le 15 Avril 1625, & il y mourut le 15 de Juin 1695.

Dominique de Cassini fut aussi attiré à Paris par les bienfaits de Louis XIV; &, pendant 40 ans des plus heureux travaux, il enrichit l'Astronomie d'une infinité de découvertes; telles sont la théorie des Satellites de Jupiter, la découverte de quatre Satellites de Saturne, celles de la rotation de Jupiter & de Mars, des bandes parallèles qui environnent la première de ces Planètes, de la Lumière Zodiacale, &c.

Le grand nombre d'Académiciens d'un rare mérite qui ont successivement cultivé l'Astronomie, & les bornes de ce Précis historique ne me permettent pas de parler de leurs travaux ni de leurs personnes; je me contenterai d'observer que l'application du Télescope au quart de cercle, l'invention du Micromètre, le mouvement successif de la lumière, l'accourcissement du Pendule, qui bat *les secondes*, à l'Equateur; enfin, la mesure de la Terre sont autant de découvertes sorties du sein de l'Académie des Sciences.

L'Aſtronomie n'eſt pas moins redevable à la Société Royale de Londres ; & parmi les Aſtronomes qu'elle a produits, je citerai particulièrement Flamſteed, le plus grand obſervateur de l'Angleterre ; Hallei, auquel on doit, entre autres recherches très-intéreſſantes, l'idée ingénieuſe d'employer le paſſage de Vénus ſur le diſque du Soleil à déterminer la parallaxe de cet Aſtre ; enfin, Bradlei, dont le nom ſera célèbre à jamais, par les deux plus belles découvertes aſtronomiques que l'on ait faites dans ce ſiècle ; celle de l'aberration des fixes, & celle de la nutation de l'axe de la Terre. J'ai parlé précédemment de M. Herſchel.

De l'Aſtronomie Phyſique.

Après avoir expoſé les principales découvertes dont l'Aſtronomie eſt redevable aux Obſervateurs, il me reſte à préſenter, en peu de mots, les avantages immenſes qu'elle a rétirés de la connoiſſance des forces auxquelles tous les Corps céleſtes ſont ſoumis, & des ſublimes applications que l'on a faites de la Géométrie à la théorie de leurs mouvemens.

Deſcartes (1) eſt le premier qui ait tenté d'expliquer, par les loix de la Méchanique, les mouvemens des Planètes & de leurs Satellites ; il imagina des tourbillons de matière ſubtile, au centre deſquels il plaça les Corps céleſtes : celui du Soleil entraînoit les Planètes autour de cet Aſtre, & les tourbillons de la Terre, de Jupiter & de Saturne, faiſoient mouvoir les Satellites de ces différentes Planètes. Enfin, la peſanteur à la ſurface de la Terre étoit, ſuivant lui, l'effet de ces tourbillons. Si les loix, mieux connues, du mouvement des corps ont fait voir la fauſſeté de ce ſyſtême, on doit au moins ſavoir gré à ſon inventeur d'avoir eſſayé le premier de ſoumettre à ces loix les grands Phénomènes de la Nature.

Il étoit réſervé à Newton de nous faire connoître le principe

(1) René Deſcartes, né à la Haie, en Tourraine, le 31 Mars 1596, mourut en 1650, à Stockolm, où il avoit été appelé par la Reine Chriſtine.

général

général qui meut l'Univers. La nature, en le douant du plus profond génie qui ait existé, prit encore soin de le placer à l'époque la plus favorable. La Géométrie de l'infini commençoit à percer de toutes parts. Wallis, Wren & Huyghens venoient de découvrir les véritables Loix du mouvement. Les découvertes d'Huyghens, sur les *Développées* & sur la force centrifuge, conduisoient naturellement à la Théorie des mouvemens dans les courbes. Kepler enfin avoit déterminé les orbites des Planètes, & entrevu leur gravitation mutuelle. La Physique céleste n'attendoit ainsi pour éclorre qu'un homme de génie qui, en combinant & en généralisant toutes ces découvertes, sût en tirer la Loi de la Pesanteur universelle ; c'est ce qu'exécuta Newton avec le plus grand succès : & sa Théorie du Systême du Monde est, sans contredit, ce que l'on a jamais fait de plus important dans les Sciences.

Ce grand homme, immortel à tant de titres, naquit à Wooltrop, en Angleterre, sur la fin de l'année 1642 : ses premiers travaux, en Mathématiques, annoncèrent ce qu'il seroit un jour ; l'étude des livres élémentaires ne fut pour lui qu'une lecture rapide. A l'âge de 27 ans il étoit déjà en possession de deux de ses plus belles découvertes, son calcul des *Fluxions* & sa théorie de la Lumière. Le Docteur Barow lui céda sa place de Professeur de Mathématiques dans l'Université de Cambridge ; & ce fut pendant qu'il la remplissoit, qu'il publia son admirable Ouvrage *des Principes mathématiques de la Philosophie naturelle*. En 1696, il fut nommé Directeur des Monnoies à Londres ; &, en 1705, la Reine Anne le créa Chevalier. Cette Princesse s'entretenoit souvent avec lui sur les matières les plus abstraites, & plus d'une fois on l'a entendue se féliciter d'être contemporaine de ce grand homme. Il mourut au mois de Mars 1727, âgé de 84 ans & trois mois. Son corps fut transporté à l'Abbaye de Westminster, &, de-là, conduit avec le cortège le plus magnifique au lieu de sa sépulture, où sa famille lui a depuis fait élever un monument (1).

(1) Son Epitaphe finit ainsi : *Sibi gratulentur mortales tale tantumque extitisse*

Ce fut en *1666* que Newton, retiré à la campagne, dirigea pour la première fois ses réflexions vers le Systême du monde. La chûte des Corps à la surface de la Terre lui fit conjecturer que cette force que nous nommons *pesanteur* s'étendoit jusqu'à la Lune, & qu'en se combinant avec le mouvement de projection de ce Satellite, elle lui faisoit décrire autour de la Terre une orbite à-peu-près elliptique, ainsi que nous voyons les corps, lancés par une force quelconque, retomber sur la Terre, après avoir décrit des courbes paraboliques. En étendant ces idées aux Planètes, il fit voir, à l'aide d'une Géométrie très-délicate, que la loi des aires, décrites par les rayons vecteurs des Planètes, proportionnellement aux tems, indiquoit, dans ces grands corps, une force de pesanteur dirigée vers le centre du Soleil, & que l'ellipticité de leurs orbites démontroit que cette tendance décroît à mesure que le carré de leurs distances au Soleil augmente. D'où il conclut le rapport découvert par Képler, entre les distances & les tems des révolutions des Planètes; ensorte que les différentes loix observées dans leurs mouvemens, & qui auparavant étoient isolées, se trouvèrent être une suite nécessaire de la loi de l'attraction en raison directe des masses, & en raison réciproque du carré de la distance. En transportant cette loi à la Lune, considérée par rapport à la Terre, il en conclut la quantité de pieds dont cet Astre devoit descendre dans une minute. Mais il fut très-surpris de trouver le résultat de ses calculs différent de celui que l'observation lui donnoit, en partant de la grandeur que l'on supposoit alors au dégré terrestre.

Loin de forcer les observations pour les rapprocher de sa théorie, ce grand homme, aussi modeste que savant, abandonna pour un tems ses idées, & il ne les reprit que lorsque, ayant fait usage de la mesure du dégré que M. Picard fit en France, il trouva le plus parfait accord entre l'observation & son calcul. Il

---

humani generis decus. En voic à-peu-près le sens : Que les hommes s'applaudissent de l'existence de ce mortel extraordinaire qui fut, à tant de titres, l'honneur & la gloire de l'Humanité.

n'hésita plus dès-lors à regarder l'attraction comme une propriété générale de la matière. En soumettant au calcul les Phénomènes célestes, il eut la satisfaction de les voir se ranger tous sous cette grande loi de la Nature. D'après elle, il détermina l'applatissement de la Terre ; il calcula le Phénomène de la Précession des Equinoxes ; il fit voir que les marées sont une suite de l'inégale tendance du centre de la Terre & des eaux qui la couvrent en partie, vers le Soleil & vers la Lune ; & que les inégalités nombreuses de ce Satellite, qui avoient éludé les efforts des Astronomes, sont l'effet de sa double pesanteur vers le centre de la Terre & vers celui du Soleil ; d'où résultèrent les meilleures Tables de la Lune qui eussent paru jusqu'alors. Enfin, il démontra que les Comètes sont de véritables Planètes qui décrivent des Ellipses très-alongées, & qui ne sont visibles que dans la partie de leurs orbites la plus voisine du Soleil.

Il est aisé de sentir que ces découvertes sublimes dûrent fixer l'attention du petit nombre de Géomètres en état de les entendre : &, comme la multitude des objets qui se présentoient en foule à leur inventeur ne lui avoit pas permis de les traiter avec toute l'étendue nécessaire, que d'ailleurs une discussion plus approfondie exigeoit une analyse plus perfectionnée, les Géomètres qui ont succédé à Newton, ont repris les différens problêmes dont il n'avoit pu qu'ébaucher la solution. Ce qui forme la preuve la plus complette de la vérité de sa Théorie, c'est que l'accord entre le calcul & l'observation s'est trouvé d'autant plus parfait, que le premier a été plus rigoureux, & la seconde plus précise.

La Théorie de la Lune a reçu dans les mains de MM. Euler, d'Alembert & Clairaut, un dégré de perfection auquel il sera très-difficile de rien ajouter.

Le premier de ces grands Géomètres a déterminé les inégalités des Planètes résultantes de leur action mutuelle, & a fait voir que la diminution de l'obliquité de l'Ecliptique en étoit une suite nécessaire.

Nous devons au second la première solution rigoureuse du problême de la Précession des Equinoxes, & de la nutation de l'axe de la Terre ; & la méthode qu'il a imaginée pour y parvenir, eſt un chef-d'œuvre de Dynamique (1).

La Théorie de la figure de la Terre & la prédiction du retour de la Comète de 1759, d'après le calcul des altérations occaſionnées dans ſon mouvement par les attractions de Jupiter & de Saturne, font le plus grand honneur à M. Clairaut & à la Géométrie françoiſe.

Dans ces derniers tems, l'illuſtre M. de la Grange a déterminé, par une ſublime analyſe, les inégalités des Satellites de Jupiter, & les Phénomènes de la libration de la Lune.

Enfin, le flux & le reflux de la mer ont été ſoumis au calcul par MM. Daniel Bernoulli, Maclaurin & Euler ; & M. de la Place a repris cette matière, & l'a traitée avec plus de rigueur qu'on ne l'avoit fait encore, dans ſes *Nouvelles Recherches ſur le Syſtême du Monde*, inſérées dans les Mémoires de l'Académie, pour les années 1775 & 1776.

En considérant les progrès de l'Aſtronomie, on ne peut ſe refuſer à un juſte ſentiment d'admiration pour l'intelligence de l'homme qui, habitant un Globe d'une auſſi petite étendue que la Terre, eſt parvenu cependant à meſurer les diſtances des grands Corps qui ſe meuvent au loin dans l'eſpace, à ſoumettre leurs mouvemens à des calculs précis, & à déterminer le principe qui entretient le mouvement de l'Univers. Aucune autre ſcience ne fait autant d'honneur à l'eſprit humain, ſoit par la grandeur & l'importance de ſon objet, ſoit par le nombre & l'enchaînement des vérités. L'Aſtronomie embraſſe toutes les parties Mathématiques ; les découvertes les plus intéreſſantes de la Géométrie, de l'Optique & de la Méchanique lui appartiennent ; & c'eſt par les ſublimes applications que les grands Géomètres de ce ſiècle ont faites de l'analyſe au Syſtême du Monde qu'ils ſe ſont le plus illuſtrés. Cette ſcience a d'ailleurs contribué, à

(1) Ce mot, venant du grec *Δυναστaι*, *être puiſſant*, eſt le nom d'une partie des Mathématiques qui s'occupe des forces.

beaucoup d'égards, au bien de l'humanité. La Géographie & la Navigation lui sont redevables des moyens les plus sûrs que l'on connoisse pour fixer la position des lieux de la Terre, & pour se conduire sur la vaste étendue des mers. Mais son principal avantage est d'avoir délivré les hommes des vaines frayeurs enfantées par l'ignorance, & nourries par la superstition. Dans les ténèbres de l'ignorance, l'homme foible & timide tremble à chaque Phénomène extraordinaire qu'il voit paroître ; il craint que ce ne soit l'avant-coureur de quelque révolution sinistre ; impatient d'en connoître la cause, il ne peut rester long-tems dans un doute pénible ; son imagination lui crée de vains fantômes auxquels il attribue l'objet de sa terreur, & qu'il cherche à fléchir : de-là, ces frayeurs extravagantes de plusieurs peuples à la vue des Eclipses (1), ou à l'apparition des Comètes. Si l'homme a montré trop d'orgueil en se faisant le centre de la Nature, & en rapportant à soi tous les Phénomènes célestes, on peut dire qu'il en a été bien puni par les craintes qu'ils lui ont inspirées. Heureuse-

(1) Les Mexicains imaginoient que la Lune, dans ses éclipses, avoit été blessée par le Soleil à la suite d'une querelle que ces deux Astres avoient eue ensemble. En conséquence, ils jeûnoient ; les femmes se maltraitoient elles-mêmes, & les filles se tiroient du sang des bras.

Les Indiens attribuent les Eclipses à un Dragon malfaisant qui veut dévorer la Lune. Les uns font un grand vacarme pour lui faire lâcher prise, pendant que les autres se mettent dans l'eau jusqu'au col pour l'appaiser. Cet usage bisarre est entretenu par la mauvaise foi des Brames, qui se font donner des aumônes pour la délivrance de la Lune. Je tiens ce dernier fait d'un homme très-éclairé, qui connoît parfaitement l'intérieur de l'Inde.

Ce n'a été que vers la fin du dernier siècle que nous avons cessé de nous effrayer à la vue des Comètes & des Eclipses. La Comète de 837 inspira une telle crainte à Louis-le-Débonnaire, que ce Prince superstitieux & foible consulta à ce sujet tous les Astrologues de son Empire, & fonda des Monastères. Il mourut deux ans après de la frayeur que lui causa une Eclipse totale de Soleil. La grande queue que traînoit après elle la Comète de 1456 répandit la terreur dans l'Europe déja effrayée des succès rapides des Turcs, qui venoient de détruire l'Empire grec. Le Pape Caliste ordonna une espèce d'*Angelus*, que l'on récitoit le matin, à midi & le soir, & dans lequel on conjuroit la Comète & les Turcs. Observons

ment la connoiſſance du vrai Syſtême du Monde a banni pour jamais ces craintes & les ſuperſtitions qui en ſont nées. Ce n'eſt pas que le peuple ſoit plus éclairé qu'autrefois, mais il n'a de préjugés que ceux qu'on lui donne ; & les lumières ſont aujourd'hui trop répandues, pour qu'une opinion ridicule ou ſuperſtitieuſe s'accrédite & ſubſiſte long-tems.

Remarque ſur le Syſtême de Copernic.

Je terminerai ce Précis hiſtorique par la remarque ſuivante, qui me paroît mériter l'attention des Lecteurs.

Le mouvement de la Terre eſt la baſe de l'Aſtronomie & toutes les découvertes importantes que l'on a faites dans cette ſcience, depuis Copernic, ſont intimement liées à ce mouvement. Son exiſtence avant Newton étoit extrêmement vraiſemblable ; mais la découverte de la Gravitation univerſelle a porté à un tel point ſa probabilité, qu'il n'y a rien de mieux prouvé dans la Philoſophie naturelle. Pour établir cette aſſertion, conſidérons d'abord les preuves que les obſervations ſeules peuvent fournir du mouvement de la Terre.

---

ici, à l'avantage des Sciences, que cette Comète a reparu dans ce ſiècle en 1759, ſans cauſer la moindre frayeur ; mais elle a excité l'intérêt le plus vif dans l'eſprit des Géomètres & des Aſtronomes par la confirmation que l'on en attendoit & qu'elle a donnée de la théorie des Comètes & des changemens qu'elles éprouvent par l'action des Planètes. L'Empereur Charles-Quint crut reconnoître dans la Comète de 1556 un ſigne céleſte qui l'avertiſſoit de ſonger à la mort. Enfin, en 1686, les Proteſtans en France regardoient les Comètes, qui venoient de paroître en grand nombre, comme les avant-coureurs des perſécutions qu'ils eſſuyoient. La crainte des Comètes & des Eclipſes étoit alors ſi généralement répandue, que Bayle crut devoir réfuter toutes les raiſons futiles dont on ſe ſervoit pour la juſtifier. Il publia ſur cet objet ſes *Penſées diverſes*, ouvrage rempli d'excellentes réflexions qui, même aujourd'hui, ne ſont pas tout-à-fait inutiles. A l'occaſion de l'Eclipſe du 12 Août 1654, il rapporte l'anecdote ſuivante. « La conſternation, dit-il, étoit ſi » grande, qu'un Curé de campagne ne pouvant ſuffire à confeſſer tous ſes Paroiſſiens, » qui croyoient en mourir, fut contraint de leur dire au prône *qu'ils ne ſe preſſaſſent » pas tant, & que l'Eclipſe avoit été remiſe à la quinzaine* ».

Tous les Corps céleſtes nous paroiſſant ſe mouvoir d'Orient en Occident dans l'eſpace d'environ 24 heures, il eſt infiniment probable qu'il exiſte une cauſe commune à tous ces mouvemens. Or, ſi l'on obſerve que le Soleil & la Lune ſont à des diſtances très-différentes de la Terre, qu'il en eſt de même des Planètes, des Comètes & des Etoiles, enſorte que tous ces Corps ſont iſolés entre eux; on ſentira facilement que ce n'eſt point dans le Ciel qu'il faut chercher la cauſe générale de leur mouvement diurne, & qu'il n'eſt qu'une apparence occaſionnée par le mouvement de la Terre ſur elle-même. D'ailleurs, la parallaxe du Soleil étant preſque inſenſible, ſa maſſe eſt incomparablement plus grande que celle de la Terre, & ſa diſtance eſt exceſſive. Or, n'eſt-il pas abſurde de ſuppoſer un auſſi grand corps tourner en 24 heures à cette diſtance autour de la Terre, tandis que l'on peut ſatisfaire à cette apparence & à celles que nous préſentent tous les autres Corps céleſtes, en faiſant tourner ſur ſon axe un Globe de 2800 lieues de diamètre? Enfin, ce mouvement de rotation eſt indiqué par la diminution de peſanteur à l'Equateur. Car il eſt viſible que ſans ce mouvement, la Terre ſeroit parfaitement ſphérique, & que les Corps ne devroient pas peſer davantage aux Pôles qu'à l'Equateur.

Quant au mouvement de la Terre autour du Soleil, il eſt prouvé, par la biſarrerie des mouvemens céleſtes, lorſqu'on les rapporte à la Terre; &, par leur ſimplicité, lorſqu'on les rapporte au Soleil. Dans la ſuppoſition de la Terre immobile, il faut, pour expliquer les Phénomènes, ſuppoſer que les Planètes & les Comètes décrivent des courbes très-compoſées, par des mouvemens encore plus compliqués, & en vertu deſquels elles ſont ſucceſſivement directes, ſtationnaires & rétrogrades. En ſuppoſant, au contraire, la Terre en mouvement, tous ces différens Corps ſe meuvent autour du Soleil dans des orbites elliptiques, en ſuivant des loix ſimples, uniformes pour les Planètes & pour les Comètes, & qui ſe retrouvent dans les mouvemens des Satellites autour de leurs Planètes principales.

L'analogie vient encore à l'appui de ce systême. Jupiter, beaucoup plus gros que la Terre, tourne sur lui-même ; il est le centre du mouvement de quatre Satellites : n'est-il pas naturel de penser que la Terre est, comme lui, une Planète qui se meut sur son axe, & dont la Lune est un Satellite ?

Enfin, tout annonce, dans ce systême, cette grande simplicité & cette généralité qui, aux yeux d'un Observateur Philosophe, est la marque infaillible du vrai Systême de la Nature. D'ailleurs, le mouvement de la Terre est prouvé directement par l'aberration des Etoiles, qui n'est qu'une combinaison de ce mouvement avec celui de la lumière.

Telles sont les preuves tirées des observations, en faveur des mouvemens de la Terre sur elle-même & autour du Soleil, & il faut convenir qu'elles sont de nature à porter une conviction entière dans tout esprit attentif & dégagé de préjugés. Voyons maintenant celles que fournit le principe de la Pesanteur universelle.

Pour cela, j'observe qu'il y a deux moyens d'augmenter la probabilité d'un systême : l'un est de réduire à un plus petit nombre les suppositions sur lesquelles il est fondé ; l'autre est de faire voir qu'il explique un plus grand nombre de phénomènes. Or, le principe de la gravitation a procuré ces deux avantages au Systême de Copernic.

D'abord, ce principe est tellement lié au mouvement de la Terre, qu'il n'ajoute aucune supposition nouvelle à ce Systême. En effet, si la Terre est en mouvement, il est nécessaire d'admettre les loix de Képler, & il est démontré que ces loix ne peuvent subsister sans la pesanteur des Planètes vers le Soleil ; d'où il suit que le mouvement de la Terre suppose nécessairement le principe de la pesanteur. Il est d'ailleurs visible que réciproquement ce principe ne peut exister sans le mouvement de la Terre. Mais Copernic étoit obligé de faire trois suppositions pour expliquer les Phénomènes célestes, en donnant à la Terre un mouvement autour du Soleil, un mouvement sur son axe, &, de plus, en faisant

faisant mouvoir les extrêmités de cet axe autour des Pôles de l'Ecliptique. Le principe de la Pesanteur universelle les réduit à la seule supposition d'un mouvement imprimé à la Terre dans une direction qui ne passe pas par son centre d'inertie ; car, en vertu de ce mouvement, cette Planète doit tourner autour du Soleil & sur elle-même ; elle doit prendre une figure applatie vers les Pôles, & l'action du Soleil & de la Lune sur elle doit produire un mouvement dans son axe autour des Pôles de l'Ecliptique. La gravitation universelle a donc réduit au plus petit nombre possible les suppositions sur lesquelles est fondé le Systême de Copernic. Elle a d'ailleurs l'avantage de lier ce Systême à tous les Phénomènes astronomiques. Sans elle, l'ellipticité des orbites des Planètes, les loix que les Planètes & les Comètes suivent dans leurs mouvemens, leurs perturbations, les nombreuses inégalités de la Lune, celle des Satellites de Jupiter, la figure applatie de cette Planète & de la Terre, la Précession des Equinoxes & la nutation de l'axe terrestre ; enfin, le flux & le reflux de la mer ne seroient que des résultats de l'observation, isolés entre eux ; mais nous avons vu, dans le second Chapitre, qu'ils dérivent nécessairement du principe de la Pesanteur universelle, qui les enchaîne & qui les lie au mouvement de la Terre ; de manière que ce mouvement étant une fois admis, on est conduit à tous ces Phénomènes par une suite de raisonnemens - géométriques. Chacun d'eux fournit donc une nouvelle preuve de l'existence de ce mouvement. Or, si l'on considère que ce ne sont point des Phénomènes particuliers qui laissent toujours lieu de douter si quelque effet non observé ne démentiroit pas le Systême qui les explique, mais qu'il s'agit des mouvemens & de la position des Corps célestes dans tout leur cours, il est impossible de se refuser à l'ensemble de toutes ces preuves, & de ne pas convenir qu'il n'y a rien de mieux constaté dans les Sciences que le mouvement de la Terre & la gravitation universelle de toutes les parties de matière.

NOMS ET USAGES

De quelques Instrumens dont on se sert pour démontrer le Systême du Monde, ou quelques-uns des Phénomènes célestes.

On a fait, pour la démonstration du Systême du Monde, des Sphères, des Planisphères, des Globes célestes : je ne parlerai que de ceux qui sont les plus connus, & qu'il importe le plus de connoître.

1°. La *Sphère de Ptolémée*, appelée aussi *Sphère armillaire*, à cause des cercles qui entrent dans sa composition, est construite d'après un systême faux. La Terre y occupe le centre ; le Soleil & la Lune, suspendus à des supports, peuvent paroître dans leurs révolutions périodiques passer sous tous les points de l'Ecliptique. Ceci n'est bon, à la rigueur, que pour représenter des apparences ; & l'on y supplée avantageusement par quelques-uns des usages du Globe, dont je parlerai à la fin de la Géographie. Cette Sphère n'est utile qu'à présenter à la vue les principaux cercles imaginés dans le Ciel pour la justesse des observations astronomiques ; tels sont *l'Equateur*, *le Méridien*, *les deux Tropiques*, *les deux Cercles Polaires*, *les deux Colures*, dont un passe aux points des Solstices, & l'autre aux points des Equinoxes ; & enfin, *l'Horizon* qui tient au pied de la Machine, & dans lequel on la fait tourner. Mais cette Sphère peut donner des idées fausses aux Commençans ; je conseille bien de ne pas s'en servir.

2°. La *Sphère de Copernic* est construite pour représenter le Systême du Monde tel qu'il est réellement ; mais elle est faite d'une manière si vicieuse, que l'usage que l'on se proposeroit d'en faire ne peut être d'aucun fruit.

La Machine à laquelle je donne la préférence, à toutes sortes d'égards, quoiqu'elle soit encore susceptible de perfection, est celle du sieur Fortin (1), formant un *Planisphère* à rouage.

Du Planisphère du sieur Fortin.

Ce Planisphère à rouages présente, à la vue, le Soleil & les Planètes dans leur rapport respectif ; j'en excepte celui des distances & des grosseurs. Mais ces Planètes sont disposées dans leur rapport de situation à l'égard du Soleil ; &, au moyen d'une petite manivelle que l'on tourne soi-même, elles font toutes ensemble leurs révolutions autour du Soleil, dans un rapport de tems qui est à-peu-près celui qui

(1) Se trouve actuellement chez le sieur de la Marche, rue du Foin Saint-Jacques.

ſe trouve dans la Nature. Je ne dirai rien ici de ce qui concerne la Terre en particulier, parce que j'en parlerai à l'article ſuivant ; mais je vais indiquer deux uſages particuliers à ce Planiſphère.

1°. *Diſpoſer la Sphère conformément à l'état du Ciel pour tel jour que l'on voudra.*

Placez la Terre de manière qu'elle apperçoive le Soleil ſous le point du Ciel où il nous paroit être, & que chaque Planète ſoit vis-à-vis les dégrés des Signes auxquels elles doivent correſpondre (1). On trouve ces poſitions dans les Tables Aſtronomiques ; alors vous aurez la ſituation des Planètes rapport au Soleil. Pour connoître les lieux de chaque Planète vue de la Terre, pour tel jour que l'on voudra, il faut conſulter la *Connoiſſance des Tems*, ou ſe ſervir du *Calendrier de la Cour*, qui donnent les lieux des Planètes de 15 jours en 15 jours. Alors on peut placer chaque Planète de manière que la ligne imaginée de la Terre à la Planète, & que l'on repréſente avec une petite verge de laiton, réponde au point de l'Ecliptique, qui eſt le lieu de la Planète.

2°. *Expliquer les Stations, Directions & Rétrogradations des Planètes.*

On a vu que les *ſtations*, *directions* & *rétrogradations* des Planètes ne ſont que des Phénomènes apparens. Le Planiſphère les fera comprendre aiſément.

Pour les Planètes inférieures, comme les rétrogradations de Vénus ſont peu communes, & n'arrivent que de 20 en 20 mois, il faut conſidérer Mercure & la Terre.

Mercure fait ſa révolution en trois mois environ. Ainſi, pendant que la Terre parcourt un Signe, Mercure en parcourt quatre. Placez la Terre au premier dégré de la Balance, & Mercure diamétralement oppoſé derrière le Soleil au premier dégré du Bélier.

Si l'on fait parcourir à la Terre le Signe entier de la Balance, Mercure aura parcouru ceux du Bélier, du Taureau, des Gemeaux & du Cancer ; il eſt alors viſible pour la Terre avec laquelle il eſt en quadrature : elle le rapporte vers le commencement des Gemeaux. Pendant qu'il a parcouru la dernière moitié du Cancer, il n'a pas paru changer de place, & nous le croyons *ſtationnaire.* Faites-lui parcourir les 15 premiers dégrés du *Lion*, alors la Terre le rapportera vers le cinquième dégré des Gemeaux, & il ſera *direct.* Faites-lui parcourir enſuite le Signe de la Vierge, la Terre le verra encore direct ; elle le rapportera alors vers le dixième dégré des Gemeaux. Quand il aura parcouru la moitié de la Balance, il ſera *rétrograde*, puiſque la Terre le rapportera vers le ſeptième ou huitième dégré des Gemeaux.

(1) On peut faire tourner ces Planètes ſur leurs canons, l'une après l'autre, avec la main, ſans faire mouvoir la manivelle.

Si Mercure parcourt le reſte de la Balance, il ſera beaucoup plus rétrograde, puiſque la Terre le voit revenir vers le commencement des Gemeaux. S'il parcourt enſuite la moitié du Scorpion, il ſera toujours rétrograde. Il le ſera encore en parcourant le reſte du Scorpion. Quand il ſera au premier dégré du Scorpion, il ſera en parfaite oppoſition. La Terre, qui n'aura parcouru que deux Signes pendant tout ce mouvement de Mercure, le rapportera alors exactement au premier dégré des Gemeaux.

Faites-lui parcourir le Signe entier du Sagittaire, il ſera encore plus rétrograde, puiſque la Terre le rapportera vers la moitié du Taureau. S'il parcourt enſuite le Capricorne, il commencera à être direct; la Terre le rapportera vers les derniers dégrés du Taureau. En parcourant le Verſeau, la Terre le verra toujours direct: il commencera à être en quadrature avec elle, & ſtationnaire pour la ſeconde fois; enſuite il continuera d'être direct en achevant ſa révolution.

Ce qui vient d'être dit de Mercure peut être appliqué à Vénus; les intervalles de tems ſont ſeulement plus longs. De-là, il eſt aiſé de conclure que, lorſque ces Planètes ſont dans leurs conjonctions inférieures, elles doivent paroitre long-tems rétrogrades; elles paſſent devant le diſque du Soleil en rétrogradant; elles ſont directes avant & après leurs conjonctions ſupérieures, & ſtationnaires vers leurs quadratures, c'eſt-à-dire, à-peu-près lorſque la Terre les voit dans leur grand éloignement à droite & à gauche du Soleil.

Les ſtations, directions & rétrogradations des Planètes ſupérieures n'ont lieu que parce que la Terre ſe meut plus vite qu'elles. Il eſt clair que quand la Terre voit une Planète rétrograde, cette Planète voit auſſi la Terre rétrograder. Conſidérons la Terre & Jupiter; ce qui ſera dit pour Jupiter pouvant être appliqué à Mars & à Saturne.

Jupiter emploie environ 12 ans à faire ſa révolution; ainſi, il ne parcourt qu'un Signe pendant que la Terre en parcourt preſque douze. Placez la Terre au premier dégré de la Balance, & Jupiter vis-à-vis le premier du Verſeau. Faites parcourir à la Terre les Signes de la Balance, du Scorpion & du Sagittaire: pendant ces trois mois, Jupiter n'aura parcouru qu'environ 9 dég. du Verſeau. La Terre, qui l'aura vu s'avancer, le verra *direct.* Faites parcourir à la Terre le Capricorne: pendant ce tems-là, Jupiter n'aura parcouru que trois dégrés de plus; la Terre le croira *ſtationnaire*, parce qu'il paroîtra ne pas changer ſenſiblement de place. Faites parcourir à la Terre le Signe du Verſeau, Jupiter n'aura encore parcouru, pendant ce tems, que trois dégrés, & ſera dans le quinzième dégré du Verſeau. La Terre l'aura encore vu direct pendant quelque tems. Mais, après ce tems, la Terre l'ayant dépaſſé, rapportera Jupiter à quelques dégrés en arrière, & il paroîtra alors *rétrograde.* Faites parcourir à la Terre le Signe des Poiſſons, Jupiter ne ſera parvenu qu'au dix-huitième dégré du Verſeau. Il paroîtra encore rétrograder. Pendant que la Terre parcourra le Signe ſuivant, il paroîtra ſtationnaire; mais lorſque la Terre aura parcouru le Signe du Taureau, Jupiter étant parvenu au 24e dégré du Verſeau, la Terre le verra direct : il continuera de paroître encore long-tems direct pendant tout le tems qu'il sera en conjonction avec le Soleil, & même long-tems après.

Cette explication convient aux trois Planètes supérieures. Il est aisé de voir qu'elles paroissent directes dans leurs conjonctions, rétrogrades dans leurs oppositions, & stationnaires dans les tems intermédiaires. On remarquera que ces Phénomènes sont d'autant plus rares, que ces Planètes sont moins éloignées du Soleil, parce que la Terre passe plus souvent entre le Soleil & celles qui se meuvent moins vîte.

Il faut observer encore que les tems des stations & des rétrogradations ne sont pas physiquement tels que l'on pourroit les supposer, d'après ces explications ; mais il falloit se faire comprendre, & rendre ces Phénomènes sensibles sur la machine. On a vu d'ailleurs ce qui en a été dit vers la fin du Chap. III, Art. X, p. 111.

Machine propre à expliquer le mouvement particulier de la Terre.

J'avois parlé précédemment, avec beaucoup d'éloges, de la Machine Géocyclique de M. Fortin : c'étoit ce qu'il y avoit de mieux alors, & ce seroit encore celle dont on retireroit le plus d'avantages pour les démonstrations faites verbalement aux enfans qui ne conçoivent bien que ce qu'ils ont sous les yeux (car je ne crois pas devoir parler de la Machine de M. l'Abbé Grenet ; ce n'est réellement que celle de M. Fortin, qu'il a imitée jusques dans ses défauts). Mais M. Cannebier, ancien Professeur de Mathématiques à l'Ecole Royale Militaire, vient d'en donner une au Public qui a mérité l'approbation de l'Académie des Sciences, & qui me paroit préférable aux anciennes, tant par la simplicité des moyens, que par le rapprochement de ses effets avec ceux qui se passent dans la Nature.

Il est hors de doute qu'en fait d'instruction, les moyens les plus simples, & qui conduisent le plus directement au but, sont en général les seuls que l'on doive employer ; &, si l'on se permet quelque fois des suppositions contraires à la vérité, ce ne doit être que dans le cas où il y a impossibilité d'arriver au but sans ces suppositions.

Pour apprécier la Machine de M. Cannebier, d'après ce principe incontestable, il faut se rappeler, comme je l'ai dit plus haut, que, dans notre Systême Planétaire, chacune des Planètes qui le composent a reçu, dans l'origine, deux mouvemens, l'un périodique ou de translation dans une courbe elliptique autour du Soleil, & l'autre diurne ou de rotation sur elle-même. Or, dans la nouvelle Machine, la même impulsion suffit pour satisfaire à ces trois conditions, tandis que dans les anciennes, tant de M. Fortin que de M. Grenet, la Terre se meut dans un cercle, & sans mouvement diurne.

En second lieu, dans la Nature, le mouvement annuel de la Terre s'exécute de manière que l'axe de son mouvement diurne est incliné sur le plan de l'orbite, & garde sensiblement le parallélisme d'où résultent les phénomènes des Saisons, de la différente longueur des jours, &c. &c.

C'est sur-tout dans cette seconde comparaison que la Machine de M. Cannebier l'emporte sur celles qui l'ont précédée. Ces dernières conservent bien le parallélisme de l'axe de rotation ; mais c'est en donnant à la Terre un troisième mouvement d'Orient en Occident ; mouvement absolument contraire aux idées reçues, & qui ne peut manquer de donner une idée fausse de ce qui se passe dans la Nature.

Ce n'est pas ici le lieu de démontrer pourquoi ce défaut devoit se montrer nécessairement dans la Machine de M. Fortin & dans celle de M. Grenet, qui n'a rien ajouté au mérite de la première : je dirai seulement que M. Cannebier a trouvé le moyen de conserver le parallélisme de l'axe de rotation, sans introduire le troisième mouvement. Ceux de mes Lecteurs qui voudroient avoir à cet égard ; de plus grands éclaircissemens, peuvent s'adresser à l'Auteur lui-même, qui, je pense, les leur donnera avec plaisir. Ils auront occasion de voir par eux mêmes ;

1°. que, dans cette exacte & ingénieuse Machine, l'axe de la Terre décrivant la surface d'un cylindre, il n'est pas nécessaire d'avoir recours à un mouvement particulier pour conserver son parallélisme.

2°. Que l'Ecliptique, dans lequel la Terre est maintenue dans tous les instans de la révolution périodique, étant une section oblique du cylindre décrit par l'axe, doit être une courbe elliptique.

3°. Que les deux mouvemens annuel & diurne, dérivant du même principe, sont infiniment rapprochés de ce qui se passe dans la Nature.

4°. Que la position naturelle de cette Machine étant celle de la Sphère parallèle, un Observateur, placé à l'un des Pôles du Globe, doit nécessairement avoir le Soleil six mois au dessus de son horizon & six mois au dessous ; que le Soleil ne doit paroître répondre à l'Equateur que dans deux instans de sa révolution périodique & apparente autour de la Terre (ces deux instans sont ceux des Equinoxes) : dans tous les autres points de la même révolution, & pour un Observateur quelconque, il doit paroître au dessus ou au dessous de l'Equateur, avec une déclinaison qui ne peut être que de $23^{d}\ \frac{1}{2}$ environ dans le plus grand éloignement, &c. &c.

5°. Que l'Auteur, voulant écarter tout ce qui pouvoit induire en erreur les jeunes gens, pour lesquels principalement il a travaillé, n'a pas ombré un hémisphère de la Lune, comme cela se pratique, dans les Machines dont je viens de parler, il s'est contenté de la diviser par des arcs de cercle, au moyen desquels on voit clairement comment ce Satellite de la Terre, présentant successivement tous les points de sa surface aux rayons du Soleil, nous montre toujours le même hémisphère, mais diversement éclairé ; d'où résulte le phénomène des phases par rapport à nous.

6°. Pour suppléer au petit nombre de révolutions diurnes, on a placé, au Pôle boréal du Globe, la tige de deux aiguilles, dont l'une porte à son extrêmité l'image du Soleil. Cette image peut être rapprochée ou éloignée du Pole à volonté, suivant les différentes déclinaisons de cet Astre, & les deux peuvent avoir plus ou moins d'ouverture entre-elles ; en sorte que, par leur moyen, on peut résoudre tous les petits problêmes concernant le Globe qu'on est dans l'usage de proposer aux jeunes-gens (1).

Connoître la durée des Jours & des Nuits à Paris dans les différentes situations de la Terre avec la Machine de M. Fortin.

Le Globe Terrestre porte un cercle de cuivre mobile sur deux points, afin de marquer l'Horizon de Paris & de tous les autres lieux situés sous le même Méridien. Faites mouvoir ce cercle du Nord au Sud, en le faisant monter du côté du Nord, jusqu'à ce que l'arc du Méridien, compris entre le Pôle & le cercle, soit celui de la Latitude, ou hauteur du Pôle (la graduation du premier Méridien servira à déterminer cette Latitude) ; alors tournez vis-à-vis du rayon solaire le Méridien de Paris, pris dans l'hémisphère dans lequel Paris est situé. (Il faut remarquer que l'Equateur du Globe est divisé en 24 heures ; que le Méridien de Paris, dans l'hémisphère où cette Capitale se trouve, marque Midi ou XII heures, & que les XII heures opposées marquent Minuit.) Faites ensuite tourner le Globe sur lui-même, d'Occident en Orient, ou de droite à gauche, jusqu'à ce que le rayon solaire rencontre l'Horizon ; alors ce rayon solaire, qui aura parcouru les heures du matin, indiquera le Méridien auquel répond l'heure du lever du Soleil. Si l'on fait ensuite tourner le Globe d'Orient en Occident, ou de gauche à droite, jusqu'à ce que le rayon solaire rencontre un autre point de l'Horizon, alors l'heure correspondante au Méridien que le rayon solaire indiquera, sera celle du coucher du Soleil. On aura, par ce moyen, la durée totale du jour, & le reste des 24 heures sera la durée de la nuit.

Expliquer les Phases de la Lune.

Il faut convenir que la petitesse de cette Machine la rend d'un usage un peu incommode pour expliquer les Phases de la Lune, & que la grosseur que l'on a été obligé de donner à la Terre empêche que l'on ne puisse faire bien entendre les Eclipses.

Quant aux Phases, voici comment on les explique. Placez la Terre au premier dégré de la Balance, & tournez le quart de cercle qui porte la Lune, de façon que la Lune soit entre le Soleil & la Terre. Dans cette situation, la Lune est en conjonction avec le Soleil ; & il y auroit Eclipse de Soleil si cet Astre se rencontroit

(1) Il existe, entre les mains de M. Moreau, Professeur de Mathématiques, d'Astronomie & de Géographie, rue des Francs-Bourgeois, N°. 9, près la place Saint-Michel, une Machine avec des rouages en cuivre, exécutée par lui-même, représentant le mouvement des Planètes autour du Soleil, & celui de la Terre sur elle-même ; mais elle seroit d'un prix bien plus considérable. Ce Professeur s'en sert pour ses leçons particulières.

dans le même plan avec la Terre & la Lune. Mais on a vu (Chap. III, pag. 122 & suiv.) que cela n'arrivoit que dans certains cas. Cette position est celle de la *Nouvelle Lune.*

Comme la Lune fait sa révolution en 27 jours & demi, sept jours après la conjonction, la Lune a fait le quart de sa révolution. Faites mouvoir lentement la Machine pour exécuter ce quart de révolution, & tournez aussi, du côté du Soleil, la moitié blanche du Globe Lunaire ; dans cette situation, la Lune sera dans le *Premier Quartier.* La Terre en voit un quart éclairé, tandis que l'autre quart noirci représente celui que l'on ne voit pas, & qui est dans l'ombre. Avant que la Lune arrive à cette Phase, elle est visible tous les soirs, sous la forme d'un croissant, dont les pointes sont tournées vers l'Orient, & qui augmente peu-à-peu, parce que la lumière du Soleil éclaire progressivement le côté qui regarde la Terre.

Sept autres jours après, comme la Lune est diamétralement opposée au Soleil, il faut faire venir le Globe Lunaire derrière la Terre ; c'est ce que l'on appelle *Opposition.* Dans cette situation, il y auroit Éclipse de Lune si les trois Corps célestes, le Soleil, la Terre & la Lune, se trouvoient, ou à-peu-près, dans la même direction. Mais cela n'arrive que dans certains cas. Cette position de la Lune se nomme *Pleine Lune.* Pour en avoir une idée, il faut tourner du côté du Soleil la moitié blanche de la Lune, & supposer qu'elle peut être éclairée par le Soleil.

Encore sept jours après, la Lune se trouve dans la seconde quadrature. Après avoir fait faire ce troisième quart de tour à la petite Lune, tournez encore sa moitié blanche du côté du Soleil ; on appelle cette Phase *Dernier Quartier.* On ne voit alors qu'un quart de la Lune. Il faut remarquer que, depuis la première quadrature jusqu'à l'opposition, le disque lunaire se remplit de plus en plus, & qu'il diminue ensuite jusqu'au dernier Quartier. Depuis ce dernier Quartier, la portion éclairée de la Lune diminue chaque jour ; la Lune ne paroit que le matin du côté de l'Orient, sous la forme d'un croissant, dont les pointes sont tournées vers l'Occident.

Enfin, après sept jours, la Lune est revenue en conjonction avec le Soleil ; elle n'est plus visible.

Comme ce que j'ai dit dans tout le corps de cet Ouvrage n'a pas de rapport à l'Astronomie-pratique, je renverrai, pour les usages des Globes Célestes, à un petit Livre qui se trouve chez le sieur Latré, Graveur ordinaire du Roi, &c., rue Saint-Jacques. *J'en extrairai seulement quelques problèmes qui ont rapport au Globe Terrestre. Mais auparavant je vais donner une courte description de la Machine appelée* GLOBE TERRESTRE.

Description du Globe Terrestre artificiel.

Dans cette espèce de Globe, il faut distinguer deux parties très-séparées ;

Le pied du Globe qui supporte un cercle horizontal & large,

Et

Et le Globe, entouré d'un cercle, appelé Méridien : ce Globe peut ſe mouvoir dans l'Horizon, en faiſant gliſſer le Méridien dans deux échancrures, & il peut tourner dans le Méridien auquel il eſt attaché par les extrêmités de ſon axe.

Examinons chacune de ces Parties.

L'HORIZON, comme on l'a vu, eſt, dans la Nature, le cercle qui borne notre vue quand nous ſommes en pleine campagne. On le nomme *Horizon viſuel* ou *ſenſible*. Les Aſtronomes, comme on l'a dit auſſi, ont ſuppoſé un autre Horizon parallèle à l'Horizon viſuel, mais paſſant par le centre de la Terre : on le nomme Horizon *rationel*. L'Horizon viſuel change pour nous lorſque nous changeons de place ſur la Terre ; l'Horizon *rationel* eſt ſuppoſé changer de même. C'eſt cependant ce dernier Horizon qui eſt ici repréſenté dans le Globe, & qui lui ſert de ſoutien.

Véritablement il ne peut pas varier pour les différens points du Globe ; mais, comme le Globe peut ſe mouvoir du *Nord* au *Sud*, en faiſant tourner le Méridien dans les échancrures faites à l'Horizon, & qu'il peut tourner ſur ſon axe de l'*Eſt* à l'*Oueſt*, ou *vice verſâ* ; on ſent bien qu'il eſt aiſé d'amener ſous le Zenith le pays dont on voudra avoir l'Horizon. Parce que tout Peuple, toute Ville, &c. eſt toujours au centre de ſon Horizon, ayant au deſſus de ſoi le point nommé *Zénith*, & au deſſous le point nommé *Nadir*.

On trouve ſur l'Horizon du Globe artificiel, 1°. les noms des mois de l'année ; 2°. les noms des quatre points cardinaux ; ſavoir, le *Septentrion* ou Nord ; le *Midi* ou Sud ; l'*Orient* ou l'Eſt, ou le Levant ; & l'*Occident*, l'Oueſt ou le Couchant : on y a joint de plus les noms des vents intermédiaires ou collatéraux.

Le Nord & le Midi ſont conſtamment aux mêmes points, ce ſont ceux par où paſſe le grand Méridien dans les deux entailles.

Quant aux points de l'Orient & de l'Occident, il faut diſtinguer,

1°. L'Orient & l'Occident *vrais* ; ce ſont les points où le Soleil paroît ſe lever & ſe coucher au commencement du Printems & au commencement de l'Automne. Ces points ſont ceux où l'Equateur paroît toucher l'Horizon.

2°. L'Orient & l'Occident d'*Eté* : ils ſont entre les points précédens & le Nord ; ce ſont ceux où le Tropique du Cancer paroît toucher l'Horizon.

3°. L'Orient & l'Occident d'*Hiver* : ils ſont entre les deux premiers points & le Sud ; ce ſont ceux où le Tropique du Capricorne paroît toucher l'Horizon.

Quant aux noms des Signes du Zodiaque qui ſe trouvent ſur cet Horizon, ils y ſont rapprochés d'autres diviſions qui indiquent les mois, & font connoître à quelle époque de chaque mois répond le commencement de chaque Signe. Les noms des Villes, placés ſur les ſupports avec leurs Latitudes & leurs Longitudes, ſont une eſpèce de ſuperfluité ; quelquefois même ils ſont inexacts.

Le GLOBE offre trois parties à diſtinguer ; 1°. le Méridien qui l'entoure ; 2°. le petit Cadran qui eſt à l'extrêmité ſupérieure de l'axe de la Terre ; 3°. le Globe en lui-même, quant à ſes diviſions Mathématiques (Quant aux diviſions Phyſiques du Globe, j'en parlerai en commençant la Géographie).

I. Le Méridien eſt eſſentiellement celui de l'Horizon du Globe ; car tout Horizon eſt ſuppoſé avoir un Méridien qui ſépare, en deux parties, la partie ſupérieure du Globe dont il eſt le Méridien ; l'une eſt *Orientale*, & l'autre *Occidentale*.

Il faut remarquer que quand le Soleil, au milieu de ſa courſe apparente ſur notre Horizon, eſt arrivé au Méridien, il eſt Midi pour tous les Peuples qui ſe trouvent ſous ce cercle, depuis un des Pôles juſqu'à l'autre.

J'ai déja dit que l'Horizon n'étoit pas le même pour chaque Peuple, &, dans toute la circonférence du Globe, chaque Peuple a le ſien. Quant aux Méridiens, il doit y en avoir autant que de points ſur la circonférence du Globe, en allant de l'Oueſt à l'Eſt : mais comme ces deux cercles ſont à-peu-près fixes dans le Globe artificiel, on a recours à un moyen fort ſimple, c'eſt de hauſſer ou de baiſſer le Pôle ſur l'Horizon, ſelon la ſituation du Peuple dont on veut parler, puis de faire tourner la boule qui repréſente la Terre, juſqu'à ce qu'enfin on ait placé ce Peuple au milieu de l'Horizon.

Sur le Méridien, on trouve tracés les *Latitudes* & les *Climats*.

Latitudes.

La *Latitude*, comme on l'a vu, n'eſt que la diſtance d'un lieu à l'Equateur, dans la partie Septentrionale & dans la partie Méridionale. On a vu auſſi que, ces dégrés, ſe comptant depuis l'Equateur, il n'eſt pas poſſible de compter plus de 90 dégrés de Latitude, puiſqu'alors on eſt au Pôle. Chaque dégré de Latitude eſt eſtimé de 25 lieues terreſtre, de 2282 toiſes.

Les *Longitudes*, dont il a été parlé pag. 107, ſe meſurent, comme on l'a dit, en partant d'un Méridien quelconque, mais plus ordinairement du premier qui paſſe à l'Iſle de Fer, la plus occidentale des Iſles Canaries. Il y fut fixé par Ordonnance de Louis XIII.

Je dois remarquer que ce n'eſt que dans l'uſage ordinaire que l'on compte les Longitudes du Méridien qui paſſe par l'Iſle de Fer. Ce premier Méridien n'eſt pas celui des Anglois, des Hollandois, &c. ; il n'eſt pas même celui dont les Académiciens François ſe ſervent dans leurs opérations.

Les Aſtronomes & les Navigateurs François qui ont publié récemment des Ouvrages, comptent les Longitudes du Méridien de Paris, en obſervant d'indiquer ſi la Longitude eſt orientale ou occidentale. Non-ſeulement cela eſt plus convenable, puiſqu'ils comptent ainſi du lieu où ſe trouve leur principal Obſervatoire, mais même cela eſt plus juſte ; car le bourg principal de l'Iſle de Fer n'eſt qu'à 19ᵈ 53′ 45″ à l'occident du Méridien de Paris ; & ce fut pour plus de facilité que M. de Liſle ſuppoſa Paris à 20ᵈ du Méridien de cette Iſle, regardé comme le premier Méridien. Quand on eſtime la différence des dégrés de Longitude en meſures de tems, il faut ſe rappeler que 15 dégrés donnent une heure, & que par conſéquent 4 minutes de tems font une différence d'un dégré.

Les dégrés de Longitude vont en diminuant d'étendue depuis l'Equateur juſqu'aux Pôles. Les voici en toiſes & en lieues dans la Table ſuivante.

TABLE du raccourciſſement des Dégrés de Longitude, depuis l'Equateur juſqu'aux Pôles, eſtimés en lieues de 2282 toiſes.

Dégrés.	Toiſes.	Lieues & Toiſes.	
0	57050	25	0.
1	57041	24	2273.
2	57015	24	2204.
3	56972	24	2204.
4	56911	24	2143.
5	56833	24	2065.
6	56738	24	1970.
7	56625	24	1857.
8	56495	24	1727.
9	56347	24	1579.
10	56183	24	1415.
11	56002	24	1284.
12	55803	24	1035.
13	55587	24	819.
14	55355	24	587.
15	55106	24	338.
16	54840	24	72.
17	54557	23	2101.
18	54257	23	1771.
19	53941	23	1455.
20	53609	23	1123.
21	54260	23	774.
22	52895	23	409.
23	52514	23	28.
24	52117	22	1913.
25	51705	22	1501.
26	51276	22	1072.
27	50832	22	628.
28	50372	22	168.
29	49897	21	1975.
30	47406	21	1484.
31	48901	21	979.
32	48381	21	459.
33	47846	20	2206.
34	47298	20	1658.
35	46732	20	1092.
36	46154	20	514.
37	45562	19	2204.
38	44956	19	1598.
39	44337	19	979.
40	43703	19	345.
41	43056	18	1980.
42	42397	18	1321.
43	41725	18	649.
44	41038	17	2244.
45	40340	17	1546.
46	39630	17	836.
47	38908	17	114.
48	38174	16	1662.
49	37429	16	917.
50	36671	16	159.
51	35902	15	1672.
52	35123	15	893.
53	34333	15	103.
54	33532	14	1584.
55	32722	14	774.
56	31902	13	2236.
57	31076	13	1410.
58	30231	13	565.
59	29384	12	2000.
60	28525	12	1141.
61	27659	12	275.
62	26784	11	1682.
63	25904	11	802.
64	25010	10	2190.
65	24110	10	1290.
66	23204	10	384.
67	22291	9	1753.
68	21371	9	833.
69	20445	8	2189.
70	19512	8	1256.
71	18573	8	317.
72	17629	7	1675.
73	16679	7	705.
74	25724	6	2032.
75	14764	6	1072.
76	13801	6	109.
77	12833	5	1423.
78	11862	5	452.
79	10885	4	1757.
80	9907	4	779.
81	8924	3	2078.
82	7941	3	1095.
83	6953	3	107.
84	5963	2	1399.
85	4972	2	408.
86	3980	1	1698.
87	2986	1	704.
88	1991	0	1991.
89	996	0	996.
90	000	0	000.

Climats.

Les *Climats* ſont des diviſions pour leſquelles on part auſſi de l'Equateur ; mais, comme on l'a vu, elles ont rapport à la différente longueur des plus longs jours d'Eté & des plus longues nuits d'Hiver, laquelle va toujours en augmentant depuis l'Equateur, où le jour eſt de 12 heures ; juſqu'aux Pôles, où il eſt de ſix mois.

Cette diviſion ſuppoſe la Terre partagée en différentes bandes d'une certaine largeur & parallèles à l'Equateur. Il y en a de deux ſortes, les Climats d'*heures* & les Climats de *mois*.

Il y a 24 Climats d'heures, ou, ce qui feroit plus juſte, de demi-heures, à la fin de chacun deſquels le jour eſt plus long d'une demi-heure qu'à la fin du Climat précédent : ils commencent à l'Equateur, & finiſſent au Cercle polaire.

Il y a 6 Climats de mois, à la fin de chacun deſquels le jour eſt plus long d'un mois qu'à la fin du Climat précédent : ils s'étendent depuis les Cercles polaires juſques aux points des Pôles.

Il y a donc en tout 30 Climats, dont 24 d'heures & 6 de mois.

Il eſt aiſé de ſentir que, quand on connoit la durée du plus long jour d'un Peuple, on découvre aiſément dans quel Climat il eſt ſitué, puiſque, le jour étant de 12 heures ſous l'Equateur, il faudra compter les Climats par le nombre de demi-heures dont le jour de ce Peuple excèdera 12 heures. Ainſi, le jour de 16 heures indiquera le huitième Climat, le jour de 18 heures le douzième Climat, &c. Et, par la même raiſon, quand on ſait à quel Climat appartient un Peuple, on trouve ſon plus grand jour, en réduiſant en heures les demi-heures données par les Climats. Je vais mettre ici une Table qui indique à quels dégrés de Latitude finiſſent chacun des Climats.

TABLE des Latitudes qui terminent chaque Climat.

CLIMATS DE DEMI-HEURE.

Climats.	Dernière Latitude.		Climats.	Dernière Latitude.	
1	8d	25′	13	59d	58′
2	16	25.	14	61	18.
3	23	50.	15	62	25.
4	30	20.	16	63	22.
5	36	28.	17	64	6.
6	41	22.	18	64	49.
7	45	29.	19	65	21.
8	49	1.	20	65	47.
9	51	58.	21	66	6.
10	54	27.	22	66	20.
11	56	37.	23	66	28.
12	58	39.	24	66	31.

CLIMATS DE MOIS.

Mois.	Latitudes.	
1	67d	30′
2	69	30.
3	73	20.
4	78	20.
5	84	10.
6	90	0.

II. Le petit Cadran qui eſt à l'extrêmité de l'axe, du côté du Pôle arctique, ſert à différentes opérations, dont quelques-unes auront place ici. Il eſt arrêté au Méridien & diviſé en deux fois 12 heures. Les XII qui ſont dans la partie ſupérieure marquent midi, & les XII qui ſont en bas marquent minuit. Toutes les autres heures marquées entre midi & minuit ſont, du côté de l'Orient, des heures du matin; du côté de l'Occident, ce ſont les heures du ſoir. Ce qui ſuit rendra ceci ſenſible: ce ſont quelques Problêmes pris dans des Ouvrages élémentaires de Sphère.

1°. *Connoître quelle heure il eſt en un lieu quelconque, quand il eſt midi ou toute autre heure dans un lieu donné, par exemple, Paris.*

Amenez le lieu donné, Paris, par exemple, ſous le grand Méridien, &, lorſqu'il y eſt arrivé, poſez l'aiguille du Cercle horaire ſur midi. Si le lieu dont vous voulez ſavoir l'heure eſt oriental, vous tournerez le Globe d'Orient en Occident, juſqu'à ce que ce lieu ſe trouve ſous le Méridien: alors vous obſerverez le nombre ſur lequel l'aiguille ſe trouve poſée; il vous indiquera l'heure actuelle du lieu demandé; & cette heure eſt néceſſairement une des heures de l'après-midi.

Vous trouverez, de cette manière, que quand il eſt midi à Paris, il eſt environ deux heures après-midi à *Conſtantinople*; près de trois heures & demie à *Iſpahan*; cinq heures & un quart à *Agra*; ſix heures trois quarts à *Siam*; ſept heures & demie à *Pékin*, &c. Si le lieu dont on veut trouver l'heure étoit à l'Occident de Paris, il faudroit faire tourner le Globe d'Occident en Orient, & les heures indiquées par la petite aiguille feront des heures du matin.

2°. *Trouver la Latitude & la Longitude d'un lieu donné.*

Mettez le lieu donné ſous le Méridien, & remarquez quel eſt le dégré de l'Equateur qui ſe trouve préciſément ſous le Méridien; car c'eſt le dégré de la Longitude particulier au lieu donné; & le dégré du Méridien qui répond exactement à cet endroit, eſt préciſément ſa Latitude, qui eſt ſeptentrionale ou méridionale, ſuivant que le lieu eſt au Midi ou au Nord de l'Equateur.

3°. *La Longitude & la Latitude d'un lieu étant donnés, trouver ce lieu ſur le Globe.*

Ce problême eſt l'inverſe du précédent.

Placez le dégré de Longitude donné ſous le Méridien; comptez, ſur le même Méridien, le dégré de Latitude donné, ſoit méridionale, ou ſeptentrionale: ce point ſera le lieu demandé.

4°. *Un instant étant donné pour un lieu quelconque, trouver les endroits de la Terre qui ont midi en même-tems.*

Elevez le Pôle suivant la Latitude du lieu donné, mettez ce lieu sous le Méridien, & placez l'aiguille polaire sur l'heure donnée; tournez ensuite le Globe jusqu'à ce que l'aiguille soit sur XII heures d'en-haut. Cela fait, fixez le Globe dans cette situation, & remarquez quels sont les lieux placés exactement sous le Méridien ; tous les lieux qui s'y trouveront auront midi, pendant que le lieu qui y avoit été placé d'abord aura l'heure qu'on lui a assignée en premier lieu.

5°. *Connoître, en tous tems, la longueur du jour & de la nuit dans un endroit de la Terre donné.*

Elevez le Pôle suivant la Latitude du lieu donné ; cherchez le lieu de l'Ecliptique où le Soleil paroît être dans le tems (ce qui se trouve dans certains Almanachs & dans la *connoissance des Tems*), & placez-le à l'Horizon, du côté de l'Orient; mettez l'aiguille polaire sur XII heures d'en-haut, puis tournez le Globe jusqu'à ce que le même endroit de l'Ecliptique touche & rase le côté occidental de l'Horizon ; regardez le nombre d'heures que l'aiguille marquera entre ce nombre XII : c'est celui où elle se trouvera qui donne la longueur du jour au tems desiré ; puis son complément à 24 heures sera la longueur de la nuit.

6°. *Connoître la longueur des plus longs & des plus courts jours dans quelque lieu du Monde que ce soit.*

1°. Elevez le Globe suivant la Latitude du lieu donné ; 2°. mettez le premier dégré du Cancer (si ce lieu est dans l'Hémisphère septentrional, & le premier dégré du Capricorne s'il est dans l'Hémisphère méridional) au côté oriental de l'Horizon ; 3°. placez l'aiguille sur midi ; 4°. tournez le Globe jusqu'à ce que le même point touche le côté occidental de l'Horizon ; 5°. observez sur le Cercle horaire le nombre d'heures que l'aiguille a parcouru : c'est la longueur du plus long jour, dont le complément à 24 heures est l'étendue de la plus courte nuit. A l'égard du plus court jour & de la plus courte nuit, ils sont l'inverse de ceux que l'on vient de trouver.

Je crois devoir renvoyer à l'usage des Globes de Bion & au petit Ouvrage que j'ai nommé plus haut, ceux qui voudroient avoir un plus grand nombre de Problêmes de ce genre.

Je finirai par indiquer les principaux Instrumens *Astronomiques* & *Géographiques* qui se trouvent chez le sieur de la Marche, successeur du sieur Fortin.

Machines Aſtronomiques & Géographiques qui ſe trouvent chez le ſieur de la Marche, rue du Foin-Saint-Jacques.

Globes céleſte & terreſtre, de 18 pouces de diamètre, dreſſés par ordre du Roi. Par le ſieur Robert de Vaugondy.

Globes céleſte & terreſtre de 12 pouces, dont le céleſte eſt exécuté par M. Meſſier, Aſtronome de la Marine, de l'Académie Royale des Sciences, &c. &c. dont la poſition des Etoiles eſt réduite à l'année 1800.

Globes céleſte & terreſtre, & Sphères de tous les diamètres, au deſſous de 12 pouces.

Atlas céleſte de Flamſtéed.

Uranographie, en deux grands Hémiſphères, imprimés en deux couleurs.

Nouveau Planétaire, ou Sphère de Copernic mouvante.

Machine Géocyclique, ſervant à démontrer le mouvement de la Terre autour du Soleil, &c. &c.

Et en outre, toutes les Cartes & Atlas du fonds de M. Robert de Vaugondy.

Quant aux Cartes de la Marine & celles de MM. de Lille & Buache, elles ſe trouvent chez le ſieur Dezauche, rue des Noyers.

Les Cartes de l'Obſervatoire, celles des Pays-Bas, ſe trouvent chez le ſieur Varignon, rue Dauphine, du côté de la rue Chriſtine.

Fin de la Partie Aſtronomique.

COSMOGRAPHIE ÉLÉMENTAIRE.

PARTIE GÉOGRAPHIQUE.

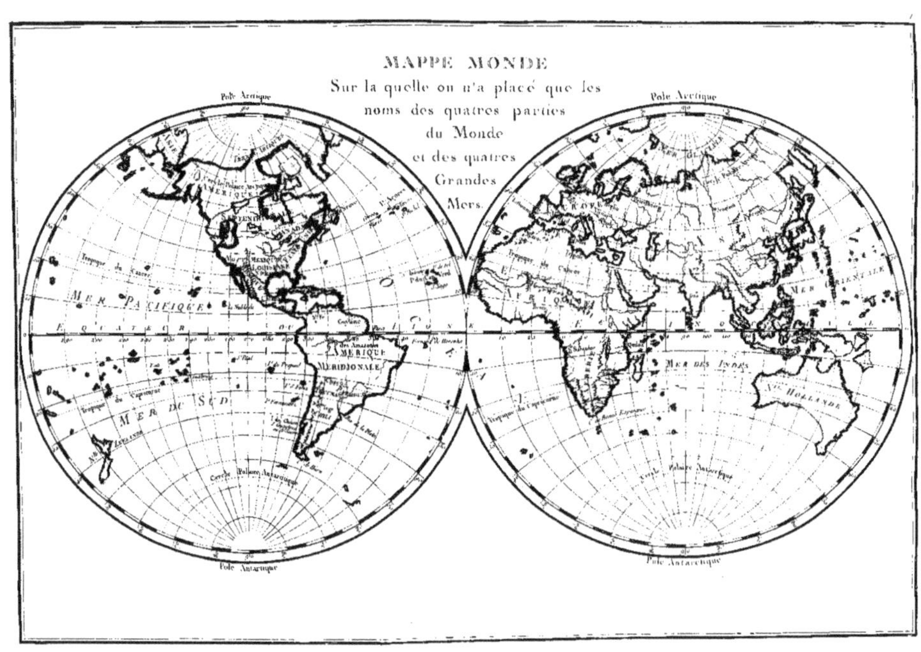
MAPPE MONDE
Sur la quelle on n'a placé que les
noms des quatres parties
du Monde
et des quatres
Grandes
Mers.
Pole Arctique
Pole Arctique
Tropique du Cancer
MER PACIFIQUE
AMERIQUE MERIDIONALE
Tropique du Capricorne
MER DU SUD
Cercle Polaire Antarctique
Pole Antarctique
Tropique du Cancer
MER ORIENTALE
MER DES INDES
N. HOLLANDE
Tropique du Capricorne
Cercle Polaire Antarctique
Pole Antarctique

COSMOGRAPHIE ÉLÉMENTAIRE.

PARTIE GÉOGRAPHIQUE.

INTRODUCTION.

LA GÉOGRAPHIE eſt la deſcription de la ſurface du Globe terreſtre.

On peut appeler Géographie *Mathématique* celle qui donne les dimenſions de la Terre & de ſes principales diviſions; Géographie *Phyſique*, celle qui traite ſeulement des terres, des eaux & des productions de la Terre en général, ou de quelque pays en particulier; & Géographie *Civile* ou *Politique*, celle qui décrit les Etats civiliſés, comme les Empires, les Royaumes & les Républiques.

On ſe ſert, pour repréſenter la ſurface de la Terre, d'une machine que l'on appelle *Globe artificiel*, & de Cartes gravées, ſur leſquelles, auſſi bien que ſur le Globe, ſont tracés les contours, les diviſions, les fleuves, &c. des pays que l'on veut repréſenter.

Ces Cartes portent différens noms, ſelon l'étendue ou la nature des objets qu'elles offrent.

A a ij

Celles qui représentent toute la Terre, soit qu'elles l'offrent en deux hémisphères, ou dans une seule étendue, sont appelées *Mappemondes.*

Les Cartes qui représentent chacune des quatre Parties du Monde, ou même des Etats entiers, sont appelées Cartes *générales.*

Celles qui ne représentent que quelque portion d'un Etat, comme une Province ou un Evêché, sont nommées Cartes *Chorégraphiques.*

Celles qui ne représentent qu'un lieu particulier, comme un emplacement ou une ville, sont appelées Cartes *Topographiques.*

Enfin, celles qui ont pour objets les Eaux, quelque portion de la Mer, par exemple, sont appelées Cartes *Hydrographiques.*

Définition de quelques termes dont on fait usage en Géographie.

POUR LES TERRES.

CONTINENT. Grande partie de terre environnée d'eau de toutes parts. Ce mot vient du latin *cum*, *avec*, marquant réunion; & de *tenens*, *tenant*; ce qui donne l'idée d'une grande étendue, dont toutes les parties tiennent ensemble.

PRESQU'ISLES. Ce sont des parties des Continens, avancées dans la Mer, & environnées d'eau de trois côtés. On les nomme aussi *Péninsules* & *Chersonèses.* Le premier de ces mots est latin, & signifie *Presqu'île*; le second est grec, & signifie *Isle terrestre.*

ISLES. Portions de terre entièrement environnées d'eau.

ISTHME. Portion de terres resserrée entre deux Mers, & joignant ensemble deux terres plus considérables.

POUR LES EAUX.

MER. On donne en général ce nom à l'étendue des Eaux qui entourent les Terres, & qui occupent une partie de la surface du Globe. Quelquefois on lui substitue le nom d'Océan: mais on verra qu'il a une signification particulière.

GOLFE. Portion de mer qui s'avance entre les Terres, & communique avec la Mer par un détroit. Lorsque le Golfe est petit, il prend le nom de *Baie*, ou même d'*Anse.*

LACS. Etendues d'eau plus ou moins considérables, au milieu des Terres, & n'ayant avec la Mer aucune communication apparente. Les *Etangs* ne sont que de petits Lacs.

DÉTROIT. Portion de mer resserrée entre deux Terres, & joignant ensemble deux Mers plus considérables.

Suite des définitions.

POUR LES TERRES.

CAP. Pointe de terre élevée, & qui, de la côte d'un continent ou d'une ile, s'avance dans la Mer. Lorſque le terrein n'y offre pas de montagnes, on ſe ſert ordinairement du nom de *Promontoire*. C'eſt le ſeul que les Latins employaſſent.

BANCS DE SABLE. Ce ſont des terreins élevés preſque à fleur d'eau.

LES VIGIES ſont des pointes de rochers cachées ſous l'eau, & plus ou moins proches de ſa ſurface.

POUR LES EAUX.

SOURCES. Eaux douces qui ſe trouvent dans l'intérieur des Terres. Il y en a de chaudes que l'on nomme alors *Thermales*, d'un mot grec qui ſignifie *chaleur*.

FLEUVE. Eau douce, & preſque toujours ſalubre, qui, coulant d'une ſource éloignée, va ſe jeter dans la Mer. On appelle ſon *lit* le long baſſin dans lequel coule le fleuve.

LES RIVIERES ne diffèrent en général des fleuves, que parce qu'elles ont moins d'étendue. On appelle *la droite* d'une rivière le côté qui feroit à la droite d'une perſonne qui tiendroit la place de la rivière & iroit dans le même ſens.

Des Vents.

On appelle *Aires*, différens points de l'horizon d'où le vent peut ſouffler : on en compte en tout 32.

Les quatre principaux ſont le *Nord*, l'*Eſt*, le *Sud* & l'*Oueſt*. Entre ceux-ci, ſont le *Nord-Eſt*, le *Sud-Eſt*, le *Sud-Oueſt* & le *Nord-Oueſt*.

Religions & Gouvernemens.

Il eſt bon de ſavoir en combien d'eſpèces on peut diviſer les différentes Religions, & les principales ſortes de Gouvernemens.

I. Toutes les Religions peuvent ſe ranger en cinq claſſes.

1°. La Religion Chrétienne, qui ſe diviſe en Egliſe *Grecque* & en Egliſe *Latine* ; chacune d'elles renferme pluſieurs Sectes. L'Egliſe Latine, ou Catholique, Romaine reconnoît le Pape pour chef, & eſt ſuivie en France, Italie, Eſpagne, &c.

2°. La Religion Judaïque se divise en *Rabinisme* & en *Samaritain* ; elle n'est professée que par les Juifs, qui ne forment nulle part un Etat indépendant.

3°. La Religion Mahométane, divisée en secte d'*Omar* & en secte d'*Ali*, & professée par-tout où sont établis les Asiatiques, qui prennent le titre de *Musulmans*, soit Arabes, Turcs ou Tartares.

4°. Le Sabéïsme ou culte des Corps célestes, & principalement du Soleil. Cette Religion ressemble à celle des anciens Guèbres, & l'on croit qu'elle se rapportoit au culte d'un Etre Suprême adoré dans chacun de ses ouvrages.

5°. Enfin, l'Idolâtrie, ou culte des Idoles.

II. Pour réduire les Gouvernemens à la division la plus simple, il faut observer,

1°. Si l'autorité est entre les mains d'un *seul* ou de *plusieurs*.

Quand un seul gouverne, s'il se conforme aux Loix de l'Etat il est *Monarque*, & son gouvernement est appelé *Monarchique*.

Si ce Prince ne suit ou peut ne suivre que sa volonté dans une infinité de circonstances, alors c'est un *Despote*, & son gouvernement est *despotique*.

2°. Quand plusieurs gouvernent, c'est ce que l'on nomme république ; mais il faut remarquer si l'autorité est entre les mains des *Nobles* ou entre celles du *Peuple*.

Quand les Nobles gouvernent, c'est l'*Aristocratie*, & le Gouvernement est *aristocratique*.

Quand l'autorité est entre les mains du Peuple, c'est la *Démocratie*, & le Gouvernement est *démocratique*.

3°. Si l'autorité du Souverain est contrebalancée par celle de la Nation, c'est alors le Gouvernement *mixte*.

CHAPITRE PREMIER.

Du Globe artificiel, & de la Mappemonde.

ARTICLE PREMIER.

Du Globe.

JE ne décrirai point ici tous les usages du Globe ; j'ai dit ce qu'il suffit d'en savoir, page 176 & suivantes : je ne parle ici que de la boule qui tourne sur un axe, & qui représente la Terre. Il faut y remarquer des *points*, des *cercles*, & la *configuration* des quatre Parties du Monde.

1°. Les deux points sont, le *Pôle arctique*, qui, quand le Globe est bien placé par rapport à nous, se trouve en haut, c'est-à-dire au dessus de l'horizon qui tient au pied de la machine ; le *Pôle antarctique*, qui est le point opposé.

2°. Les Cercles se présentent de deux manières.

L'*Horizon* est large & plat, & tient au pied de la machine.

Le *Méridien* tient au Globe proprement dit, & tourne dans l'horizon pour élever & pour abaisser le Pôle.

Les autres Cercles sont tracés sur le Globe même ; ce sont :

L'*Equateur*, qui entoure le Globe à une distance égale des deux Pôles.

L'Ecliptique qui est incliné sur l'Equateur, & qui le coupe en deux points.

Les deux *Tropiques* à $23^{d}. \frac{1}{2}$ de chaque côté de l'Equateur : celui qui est entre l'Equateur & le Pôle arctique se nomme Tropique du *Cancer* ; celui qui lui est opposé, Tropique du *Capricorne*.

A 23 dégrés ½ des Pôles, il y a aussi de chaque côté un petit cercle; ils sont appelés *Cercles Polaires.*

On a, de plus, tracé sur le Globe d'autres cercles de dix en dix dégrés, parallèlement l'Equateur, & depuis ce cercle jusqu'aux Pôles.

Perpendiculairement à l'Equateur, c'est-à-dire, en allant d'un Pôle à l'autre, on a aussi tracé des cercles de dix en dix dégrés, & qui entourent le Globe : ce sont autant de Méridiens, c'est-à-dire que quand le Soleil se trouve en face d'un de ces cercles, il est midi pour tous les peuples qui sont dessous.

Mais, entre ces Méridiens, il en est un qu'il faut distinguer; on le nomme le *grand Méridien.* Il passe par l'Isle de Fer, la plus occidentale des Canaries; & c'est de lui que, d'Occident en Orient, on compte de dix en dix les autres Méridiens (1).

Voyons actuellement quelques-uns des usages de tous ces cercles.

L'Equateur, que l'on nomme aussi la *Ligne*, sépare le Globe en partie *septentrionale* & en partie *méridionale.*

§. Ier

Des Zones.

Les deux Tropiques & les Cercles polaires divisent le Globe, parallèlement à l'Equateur, en cinq bandes ou ceintures que l'on appelle *Zones.*

La Zone *Torride* est entre les deux Tropiques.

Les deux Zones *tempérées* s'étendent depuis les Tropiques jusqu'aux Cercles polaires.

Les deux Zones *glaciales* sont renfermées par les Cercles polaires, ayant au centre les points des Pôles.

---

(1) Sur les Cartes Françoises modernes, on emploie le méridien de l'Observatoire; sur les Cartes Angloises, celui de Greewich, ce qui doit rendre les Cartes infiniment plus exactes.

§. II.

§. II.

Des Latitudes.

Les Cercles qui ſont tracés ſur le Globe de dix en dix, parallèlement à l'Equateur, ſont nommés *parallèles*, & ſervent à indiquer à quelles diſtances les pays ſont de l'Equateur; on les appelle auſſi *Cercles de Latitude.*

La Latitude eſt la diſtance qu'il y a d'un lieu à l'Equateur. Comme on en compte les dégrés depuis ce cercle juſqu'au Pôle, & que cela ne fait que le quart de la circonférence du Globe qui renferme 360 dégrés, on ne peut donc compter que 90 dég. de la Latitude : ces dégrés ſont marqués ſur le premier Méridien.

§. III.

Des Longitudes.

Les cercles nommés ci-deſſus Méridiens ſont auſſi appelés cercles de *Longitude.* Marqués de dix en dix, ils diviſent la circonférence du Globe, à partir du premier Méridien, en 360^{d}, qui ſe comptent d'Occident en Orient.

Il faut remarquer que les Cartes faites en Angleterre n'ont pas le premier Méridien placé où eſt le nôtre, & que les Cartes dreſſées ſous les yeux des Aſtronomes françois, ont leur premier Méridien paſſant par Paris, qui eſt à 20 dég. du premier Méridien ordinaire, comme je l'ai déjà dit. Mais celui qui ſe trouve ſur tous les Globes & ſur toutes les Mappemondes, paſſe à l'Iſle de Fer, la plus occidentale des Canaries.

La Longitude d'un lieu eſt la diſtance, en dégrés, qu'il y a entre le lieu dont on parle & le premier Méridien; elle ſe compte d'Occident en Orient, juſqu'à 360^{d}; ces dégrés ſont *marqués* ſur l'Equateur.

Les dégrés de Latitude ſont tous eſtimés de 25 lieues de 2282 toiſes chacune.

Les dégrés de Longitude n'ont cette étendue que sous l'Equateur ; car, comme les Méridiens vont en se rapprochant pour arriver aux Pôles où ils se réunissent en un point, ils laissent ainsi moins d'espace entre eux à mesure qu'ils s'approchent des Pôles. On peut consulter la Table de la page 179, au moyen de laquelle on a le nombre de lieues que renferme chaque dégré de Longitude, par dégré & demi-dégré de Latitude, & l'usage en est infiniment commode, puisqu'à l'inspection seule des dégrés, vous avez aussi tôt une idée de l'étendue d'un pays : car dès que chaque dégré de Latitude vous donne 25 lieues, & qu'au moyen de la Table vous savez combien donne de lieues chaque dégré de Longitude, à la Latitude où vous voulez le mesurer, il est aisé de trouver l'étendue du Sud au Nord, & de l'Ouest à l'Est.

§. IV.

Des Climats.

Peut-être dois-je ajouter ici un mot sur les Climats, quoique j'en aye déjà parlé dans la première Partie.

Les Climats sont des divisions *idéales* (1) du Globe, faisant partie des Zones, c'est-à-dire, entourant le Globe de l'Equateur aux Pôles, mais disposés, par leur largeur, de manière que le jour est plus grand à la fin de chaque Climat qu'à la fin du Climat précédent.

La partie Septentrionale, ainsi que la partie Méridionale, sont divisées en 30 Climats.

Il y en a 24 dans chacun desquels les plus longs jours augmentent d'une demi-heure, ensorte que de l'Equateur, où le plus long jour est de 12 heures, ils vont en augmentant de manière que, sous chacun des cercles polaires où finissent les 24 Climats, le plus long jour est de 24 heures ; on les nomme *Climats d'heures.*

(1) Je dis idéales, parce que ces divisions ne sont pas tracées sur les Globes; mais elles sont marquées sur le Méridien qui passe dans l'Horizon.

Il y a, depuis les Cercles polaires jusqu'aux Pôles, 6 Climats dans chacun desquels le jour augmente d'un mois, ensorte qu'il est de six mois au Pôle ; on les nomme *Climats de mois*. Ce n'est pas ici le lieu d'en donner la raison ; elle se trouve dans le troisième Chapitre de la première Partie.

Il suffit donc d'entendre bien que le jour étant de 12 heures sous l'Equateur, & de six mois au Pôle, on a partagé le Globe de manière à diviser cette augmentation en vingt-quatre espaces, qui donnent chacun une demi-heure depuis l'Equateur jusqu'aux Cercles polaires ; & en *six* autres, qui donnent chacun un mois d'augmentation depuis ces cercles jusqu'aux Pôles. On a donné, pag. 181, une Table des dégrés de Latitude où finit chaque Climat.

Comme chaque Climat d'heure ajoute une demi-heure au jour de 12 heures que l'on a sous l'Equateur, quand on sait quel est le plus long jour d'un peuple, on sait aussi quel est son Climat : car, si à Paris nous avons seize heures de Soleil dans les plus grands jours, notre jour a donc quatre heures de plus que celui de l'Equateur ; mais ces quatre heures seront 8 demi-heures ou 8 Climats. On peut retrouver de même les heures du plus long jour, par le nombre de Climats. Si le jour a 20 heures, c'est que l'on est dans le seizième Climat, & ainsi de tous les lieux.

ARTICLE II.

De la Mappemonde.

LES Mappemondes représentent ordinairement toute la surface du Globe, projettée de manière qu'une moitié se trouve depuis le premier Méridien jusqu'à 180 dég., renfermée dans un cercle ; & que l'autre, à commencer de ce 180me dégré jusqu'au premier Méridien, est renfermée dans un autre.

On y trouve aussi, tracés, l'Equateur, les Cercles polaires, &c.; enfin, tous les cercles que j'ai indiqués sur le Globe.

Il faut remarquer que, sur les Cartes, le *Nord* est en haut, l'*Orient* à la droite de la personne qui étudie, le *Sud* au bas de la Carte, & l'*Occident* à la gauche.

CHAPITRE SECOND.

Idées générales de Géographie - Physique.

LA première chose qui se présente, en jettant les yeux sur le Globe terrestre, est la distinction de la Terre & des Eaux. La Terre se divise en Continens & en Iles. Les Continens sont :

1°. L'ancien Continent, qui comprend *l'Europe*, l'*Asie* & l'*Afrique* : sa plus grande longueur se mesure depuis le Nord de la Tartarie Orientale, jusqu'au Cap de Bonne-Espérance : elle est d'environ 3600 lieues, & son inclinaison sur l'Equateur est d'environ 30^{d} ; 2°. le nouveau Continent, auquel on a donné le nom d'*Amérique*. Sa plus grande longueur doit être prise de l'embouchure du Fleuve de la Plata, jusqu'à cette contrée maré-cageuse qui s'étend au delà des Assiniboïs : elle est d'environ 2500 lieues, & son inclinaison à l'Equateur est d'environ 30 dég., mais en sens contraire à celle de l'ancien Continent.

La surface de ces Continens a de grandes inégalités. Elle est partagée par de grandes chaînes de Montagnes dont les unes sont parallèles à l'Equateur, & les autres sont du Nord au Sud. On y remarque, de plus, de grands Plateaux fort élevés au-dessus du niveau de la Mer, & que l'on peut regarder comme des troncs dont les chaînes de montagnes sont les différentes branches. Il y a deux de ces plateaux en Europe, l'un dans la partie Septentrionale de la Russie, l'autre en Suisse. L'Asie nous en offre un très-grand au Nord de l'Inde ; ce sont les montagnes du *Tibet*. Un autre, en Afrique, occupe le centre de la Cafrerie ; c'est le Mont *Lupata*. Enfin, il en existe deux en Amérique, l'un au Nord vers l'Ouest du Canada ; l'autre, entre le Brésil & le Chili ; c'est le *Mato-Grosso*.

Les îles, les rochers, les bancs de sables, les élévations à fleur d'eau, que les Marins appellent *Vigies*, ne sont autre chose que des sommets de montagnes qui s'élèvent du fond de la Mer. Si, par exemple, la France étoit couverte de 50 brasses d'eau, les Alpes, les Pyrénées, les Cévennes, &c., ne seroient que des îles pour ceux qui navigeroient sur cette nouvelle mer.

Les plus hautes montagnes connues sont, le *Pic d'Adam*, dans l'île de Ceylan ; le *Pic de Ténérif*, dans l'île de ce nom ; l'une des Canaries : mais, quoique fort élevées, ces montagnes le sont beaucoup moins que celles qui sont comprises dans la chaîne des Cordilières au Perou. Le sol où se trouve la ville de Quito est, suivant les observations de M. de la Condamine, élevé de 1460 toises au dessus du niveau de la Mer ; ensorte que les montagnes qui s'élèvent sur ce sol ont une prodigieuse hauteur. La montagne de Chimboraco, suivant les Académiciens qui ont mesuré au Pérou le dégré du Méridien, a 3220 toises de hauteur.

Une chose bien remarquable, c'est la grande quantité de coquillages & d'autres productions marines que l'on trouve sur les montagnes, & qui ne permet pas de douter que la Mer ne les ait couvertes autrefois. On trouve aussi, dans un grand nombre d'endroits, des bancs de coquilles qui ont 100 & 200 lieues de longueur, & jusqu'à 50 ou 60 brasses de profondeur. Il est donc incontestable que la Terre a éprouvé de grandes révolutions qui ont changé considérablement la position des Mers, de manière que la plus grande partie de la Terre connue a été autrefois submergée. Ces révolutions sont encore indiquées par les défenses d'Eléphans que l'on trouve en grande quantité dans la Sybérie & dans le Nord de l'Amérique. On a de plus observé dans un grand nombre de pierres, en France, en Allemagne, & dans les parties du Nord, des vestiges de plantes que l'on ne retrouve plus dans ces climats, & qui croissent aujourd'hui dans l'Inde & dans les pays chauds de l'Amérique.

En considérant toutes ces révolutions, ne peut-on pas supposer que l'axe de la Terre a répondu autrefois à des points très-éloignés des Pôles actuels, ensorte que la Sybérie & tous les pays du Nord étoient alors situés vers le Midi ? Dans cette supposition, on conçoit facilement que la Mer a pu couvrir de très-hautes montagnes : car la rotation de la Terre tient les eaux de la Mer fort élevées à l'Equateur; d'où il ſuit que ſi, par une cauſe quelconque, ſon axe de rotation venoit à changer, les éminences qui ſont préſentement au fond de la Mer à l'Equateur, ſe découvriroient, & celles qui ſont vers les Pôles ſeroient ſubmergées. Je ne vois même que ce moyen d'expliquer phyſiquement la ſubmerſion des montagnes de 12 ou 1500 toiſes de hauteur, au deſſus deſquels la Mer a laiſſé des marques inconteſtables de ſon ſéjour.

Quant à la cauſe du changement de l'axe de la Terre, ſi l'on regarde ſon action comme très-lente, il me ſemble que l'on ne doit pas la chercher ailleurs que dans les attractions du Soleil & de la Lune ſur la Mer, comme je l'ai déjà dit (Chapitre ſecond, Section III, Art. V, pag. 73). Mais ſi, comme pluſieurs Phénomènes paroiſſent l'indiquer, la Terre a éprouvé une ſecouſſe violente & inſtantanée, qui a détruit une grande partie des animaux & bouleverſé la ſurface de la Terre, la cauſe la plus naturelle que l'on puiſſe admettre eſt le choc de la Terre par une Comète. Au reſte, il eſt poſſible que le changement que nous préſente l'Hiſtoire naturelle du Globe ait été l'effet de ces deux cauſes.

Parmi les Phénomènes ſinguliers que nous offrent l'inſpection des montagnes, les Volcans & les Glaciers ſont les plus remarquables. Les uns, tels que le *Véſuve* & l'*Etna*, vomiſſent des matières enflammées qui ſe répandent au loin dans les plaines : les autres, comme les *Glaciers* de Suiſſe & de Savoie, ſont couverts de neiges & de glaces qui, s'y renouvellant ſans ceſſe, paroiſſent éternelles, & dont l'épaiſſeur eſt dans certains lieux de 5 à 600 pieds. Mais de plus grands détails ſur ces objets ne ſont pas du reſſort de cet Ouvrage. J'obſerverai ſeulement que l'on trouve dans un grand nombre d'endroits des matières volcaniques, qui ne laiſſent pas lieu de douter qu'il n'y ait eu dans ces endroits des Volcans. Il y a même ceci de remarquable ; ſavoir, que l'on trouve des couches de matières calcaires qui recouvrent des matières volcaniques, ce qui indique trois états ſucceſſifs par leſquels ces lieux ont paſſé, l'état actuel, celui où ils ont été recouverts par la Mer, & un troisième état antérieur aux deux autres, & dans lequel ils étoient découverts comme aujourd'hui, mais avec des Volcans. On trouve même entre ces couches, d'autres couches de matières végétales. On peut juger par-là de l'antiquité du Monde.

Du pied des montagnes, sortent les fleuves & les rivières, qui vont ensuite se décharger dans la Mer. Pour expliquer leur origine, j'observerai que la chaleur du Soleil & l'action dissolvante de l'air élèvent en vapeurs l'eau de la Mer & des Continens. Ces vapeurs forment les nuages. Elles retombent en pluies & pénètrent dans l'intérieur des montagnes où elles se rassemblent, & dont elles sortent sous la forme de ruisseaux qui, se réunissant en grand nombre, forment les rivières & les fleuves. Quoique la quantité d'eau qui se rend ainsi à la Mer soit très-considérable, on s'est assuré cependant qu'elle est beaucoup moindre que le produit de l'évaporation. On doit remarquer encore que si l'eau des rivières est douce, quoique celle des mers soit salée, cela tient à ce que le sel dont celle-ci est imprégnée ne se réduit pas en vapeurs : car en général l'eau douce, dans les états de glace & de vapeurs, ne renferme pas de sel.

Pour ce qui regarde la salure des eaux de la Mer, j'observerai que le sel marin étant très-répandu sur la Terre, l'eau de la Mer a dû naturellement le dissoudre, puisqu'elle tient en dissolution un grand nombre d'autres substances.

Telles sont les notions principales de Géographie - Physique dont j'ai cru devoir faire précéder le peu que je puis dire de la Géographie Politique. Il faudra, pour avoir de plus grands détails, consulter les Ouvrages des Naturalistes.

CHAPITRE

CHAPITRE TROISIÈME.

Divisions générales de la surface du Globe.

LA surface du Globe terrestre se divise en *Terre* & en *Eaux*.

Les Terres se divisent en CONTINENS & en ISLES.

Les Eaux se divisent en différentes Mers.

I.

1°. Les Continens se divisent en *Ancien* Continent, en *Nouveau* Continent, & en Continent *peu connu*.

L'Ancien Continent est la partie de la Mappemonde qui est vers l'Orient ; il renferme *l'Europe*, l'*Asie* & l'*Afrique*.

Le nouveau Continent est vers l'Ouest ; il ne comprend que l'*Amérique*.

Le Continent peu connu est vers le Sud-Est de l'Asie, & porte le nom de *Terres Australes*, c'est-à-dire, *Terres Méridionales*.

2°. Les Iles, espèces de petits Continens, sont répandues en différens endroits de la Mer, & ne sont que les sommités des montagnes plus ou moins grandes qui s'y rencontrent.

I I.

Les Mers se divisent en *grandes* Mers qui environnent les Continens, & en Mers *intérieures*, qui en divisent quelques parties.

1°. Les grandes Mers sont :

L'*Océan*, qui, depuis le Cercle polaire arctique jusqu'au Cercle polaire antarctique, sépare l'ancien Continent du nouveau. Vers le milieu, il porte le nom d'*Océan Atlantique*.

La *Mer des Indes* est au Sud de l'Asie.

La *Grande Mer*, que l'on appelle aussi, mais très-improprement, *Mer du Sud*, est entre l'Asie & l'Amérique.

La *Mer Glaciale* eſt vers le Pôle arctique, au Nord de l'Europe, de l'Aſie & de l'Amérique.

2°. Les Mers intérieures ne ſont proprement que de grands Golfes. Je ne nommerai ici que la *Mer Méditerranée*, qui ſépare l'Europe de l'Afrique, & qui communique avec l'Océan par le détroit de Gibraltar.

SECTION PREMIÈRE.

De l'Europe.

L'EUROPE eſt la moins étendue des trois parties de l'ancien Continent; mais c'eſt celle qu'il nous importe le plus de connoître avec quelque détail.

Etymologie.

Son nom paroît venir de l'Oriental *Wrab*, prononcé *Ourab*, d'où s'eſt formé Europe. Ce nom ſignifioit l'*Occidentale*, ou *qui eſt du côté de la nuit*, ce qui étoit vrai par rapport à l'Aſie.

GÉOGRAPHIE MATHÉMATIQUE.

Etendue.

L'Europe, à compter du Cap Finiſtère à l'Oueſt de l'Eſpagne juſqu'au détroit de Waigats au Nord-Eſt, s'étend du 8e dégré 20′ environ, juſqu'au 75 de Longitude. En redeſcendant vers le Sud de ce détroit, elle s'avance juſqu'au 78e.

Si l'on comptoit la Longitude de la côte occidentale de l'Iſlande, qui appartient auſſi à l'Europe, il faudroit commencer au troiſième dégré à l'Oueſt du premier Méridien, c'eſt-à-dire, au 357me, ſelon la manière ordinaire de les compter.

La Latitude, à partir de la pointe la plus méridionale au Cap Matapan, juſqu'au Nord-Cap, s'étend du 36me dég. 30′ juſqu'au de-là du 71me.

Longitude du Méridien de l'Isle de Fer
L'EUROPE
divisée
en ſes
Principales
PARTIES
et leurs Capitales
OCEAN ATLANTIQUE
ISLES BRITANNIQUES
Cercle Polaire Arctique
RUSSIE D'EUROPE
POLOGNE
HONGRIE
MER NOIRE
MER
AFRIQUE
Dét. de Gibraltar
Longitude du Méridien de Paris

Cette étendue eſt eſtimée d'environ 1400 lieues du Sud-Oueſt au Nord-Eſt, & de 900 lieues du Sud au Nord.

Climats.

L'Europe s'étend depuis la fin du quatrième Climat d'heure juſques dans le ſecond Climat de mois ; ce qui donne, pour ſon plus long jour au Sud, 14 heures ; au Nord, environ deux mois.

GÉOGRAPHIE PHYSIQUE.

1°. *Bornes.*

L'Europe eſt bornée de trois côtés par la Nature. Elle a, au Nord, *la Mer Glaciale ;* à l'Oueſt, *l'Océan ;* au Sud, *la Méditerranée ;* à l'Eſt, à partir du Nord, elle a l'*Aſie*, *la Mer Noire* & *l'Archipel.*

2°. *Montagnes.*

Les principales Montagnes de l'Europe ſont :

Les Monts *Karpacs*, (vulgairement dits *Crapacs*) entre la Pologne & la Hongrie.

Les *Alpes*, entre la France, la Suiſſe & l'Italie.

L'*Apennin*, traverſant l'Italie dans toute ſa longueur.

Les *Pyrenées*, entre la France & l'Eſpagne.

3°. *Preſqu'îles.*

Au Nord, *la Suède* & *la Norwège ;* la partie du Danemarck appelée *Jutland.*

Au Sud, l'*Eſpagne* & le *Portugal ;* l'*Italie ;* la *Morée* au Sud de la Grèce.

Au Sud-Eſt, la *Crimée*, faiſant partie de la petite Tartarie.

4°. *Caps.*

Les principaux Caps ſont :

Le *Nord-Cap*, au Nord de la Laponie.

Le Cap *Finiſtère*, au Nord-Oueſt de l'Eſpagne.

Le Cap *Saint-Vincent*, au Sud-Oueſt du Portugal.

Le Cap *Matapan*, au Sud de la Morée.

5°. *Iles.*

Les principales Iles ſont :

1°. Dans l'Océan, les Iles Britanniques diviſées en deux grandes & en pluſieurs petites.

Les grandes ſont la *Grande-Bretagne* à l'Eſt, & l'*Irlande* à l'Oueſt.

Les petites ſont les *Weſternes* à l'Oueſt, & les *Orcades* au Nord de la Grande-Bretagne ; l'*Iſlande* ſous le premier Méridien, & preſque ſous le Cercle polaire.

2°. A l'entrée de la Mer Baltique, ſous le 30^d de Longitude, & le 55me de Latitude, les Iles de Danemarck ; ſavoir, l'Ile de *Séland* & l'Ile de *Funen*, ou de *Fionie.*

3°. Dans la Méditerranée, de l'Oueſt à l'Eſt ; *Iviça*, *Maillorque* ou *Majorque*, & *Minorque*, appelées *Iles Baléares*, à l'Oueſt.

Les Iles de *Corſe*, de *Sardaigne*, de *Sicile* & de *Malte*, vers le milieu.

Candie & les Iles de l'Archipel, vers l'Eſt.

6°. *Golfes & Mers intérieures.*

Dans la partie Septentrionale de l'Europe, on trouve :

La *Mer Blanche*, formant un Golfe au Nord de la Ruſſie.

La *Mer Baltique*, entre l'Allemagne, au Sud, la Ruſſie à l'Eſt, & la Suède à l'Oueſt. Cette Mer forme, au Nord, le Golfe de *Bothnie* ; &, à l'Eſt, le Golfe de *Finlande.*

Le Golfe de *Murray*, au Nord-Eſt de la Grande-Bretagne.

Le Golfe de *Biſcaye* ou de Gaſcogne, entre la France à l'Eſt, & l'Eſpagne au Sud.

La *Méditerranée*, au Sud de l'Europe. Elle forme elle-même pluſieurs Golfes ; ſavoir, le Golfe du *Lion*, ou *di Leone*, au Sud de la France ; le Golfe de *Gènes*, à l'Eſt du précédent ; le Golfe de *Veniſe*, entre l'Italie & la Grèce ; le Golfe de *Lépante*, entre la terre-ferme de la Grèce & la Morée; & la *Mer de l'Archipel*, entre la Grèce & l'Asie.

La Mer de *Marmara*, entre l'Archipel au Sud-Ouest, & la *Mer Noire* au Nord-Est.

La *Mer Noire*, entre une portion considérable de l'Europe, & une portion de l'Asie.

Enfin, la Mer d'*Asof* ou de Zabache, au Nord-Est de la Mer Noire.

7°. *Détroits.*

Les principaux Détroits sont :

Le Détroit de *Waigats*, au Nord-Est de l'Europe, entre le Continent & l'Ile de la Nouvelle Zemble.

Le *Sund*, entre le Danemarck & la Suède, à l'entrée de la Mer Baltique.

Le Canal de *Saint-Georges*, entre l'Angleterre & l'Irlande.

Le *Pas de Calais*, entre la France & l'Angleterre.

Le Détroit de *Gibraltar*, entre l'Espagne & l'Afrique, à l'entrée de la Méditerranée.

Le Détroit de *Sicile*, ou Fare de Messine, entre la Sicile & l'extrêmité de l'Italie.

Le Détroit des *Dardanelles*, entre la Mer de l'Archipel & la Mer de Marmara.

Le Détroit ou Canal de *Constantinople*, entre la Mer de Marmara & la Mer Noire.

Le Détroit de *Zabache*, appelé aussi Détroit de Cafa, entre la Mer Noire & la Mer d'Asof.

8°. *Lacs.*

Les principaux Lacs sont :

Les Lacs d'*Onéga*, de *Ladoga* & de *Peypus* en Russie, à l'Ouest.

Les Lacs de *Genève* & de *Constance*, au Sud-Ouest & au Nord-Est de la Suisse.

Le Lac *Majeur* & quelques autres au Nord de l'Italie : ils sont désignés sur la Carte ci-jointe de la Partie septentrionale de l'Italie.

9°. *Fleuves.*

Les plus grands Fleuves de l'Europe sont :

Le *Volga*, en Russie, qui a environ 650 lieues depuis le Lac où il commence entre les 51 & 52 dégrés de Longitude, & les 56 & 57 dégrés de Latitude, jusqu'à son embouchure dans la Mer Caspienne, au dessous d'Astracan.

Le *Don*, également en Russie, ayant sa source entre les 56 & les 57mes dégrés de Longitude, & les 55 & 56mes dégrés de Latitude. Il a environ 400 lieues jusqu'à son embouchure dans la Mer d'Asof.

Le *Dnieper*, dont la source est à-peu-près sous le 52me dég. de Longitude en Russie, & entre les 55 & 56e de Latitude ; il a environ 350 lieues, & se jette dans la Mer Noire au Nord-Ouest de la Crimée.

La *Dwina*, en Russie, comme les précédens. Elle se forme de plusieurs rivières vers le 61me dégré de Latitude, entre les 62 & 63 dégrés de Longitude, & monte au Nord se jetter dans la Mer Blanche.

Le *Danube*, dont le cours est d'environ 450 lieues depuis la Forêt Noire à l'Ouest de l'Allemagne, jusqu'à la Mer Noire, dans laquelle il se rend par plusieurs embouchures.

Le *Rhin*, qui commence en Suisse, coule vers le Nord, & se jette dans la Mer d'Allemagne, au Nord des Pays-Bas ; il n'a que 300 lieues de cours.

GÉOGRAPHIE POLITIQUE.

Division des Pays.

La Géographie Politique, comme je l'ai dit, traite des *Pays* & des *Peuples*, en tant qu'ils appartiennent à des Etats civilisés, à des Corps Politiques.

On reconnoît en Europe dix-sept Etats principaux ; savoir :

Quatre au Nord : 1°. la Grande-Bretagne ; 2°. les Etats du Roi de Danemarck ; 3°. la Suède ; 4°. la Russie, appelée autrefois Moscovie.

Neuf au milieu ; 1°. la France ; 2°. les Pays-Bas ; 3°. les Provinces-Unies ; 4°. la Suiſſe ; 5°. l'Allemagne ; 6°. la Bohème ; 7°. la Hongrie ; 8°. la Pologne ; 9°. la Pruſſe.

Quatre au Midi : 1°. le Portugal ; 2°. l'Eſpagne ; 3°. l'Italie ; 4°. la Turquie d'Europe.

ARTICLE PREMIER.

Etats du Nord.

§. Ier

De la Grande-Bretagne.

CET Etat comprend, en Europe, deux grandes Iles & pluſieurs petites.

Des deux grandes, celle qui eſt à l'Eſt renferme l'*Angleterre* au Sud, & l'*Ecoſſe* au Nord ; l'autre île, à l'Oueſt, eſt l'*Irlande*.

1°. L'ANGLETERRE comprend environ les deux tiers de l'île dans laquelle elle eſt ſituée : elle eſt fertile en bled, en paturages, & renferme des mines d'étain & de houille fort eſtimées.

Ses principales rivières ſont :

La *Tamiſe*, le *Médway*, la *Saverne*, l'*Humber*, la *Trent*, l'*Ouſe*, la *Tine*, la *Twède*.

Ses eaux minérales les plus célèbres ſont celles de *Bath* & de *Thumbrige*.

On diviſe l'Angleterre en *Angleterre*, proprement dite, & en *Principauté de Walles*, que nous prononçons Galles.

L'Angleterre renferme *quarante* Comtés, ou Shires ; & la Principauté de Galles, *douze*.

Les quarante Comtés de l'Angleterre peuvent être étudiés ainſi ſur les Cartes :

1°. Le Comté deMildſex ; *capit.* LONDRES, port ſur la Tamiſe : c'eſt auſſi la capitale de tout le royaume.

2°. Le Comté de Kent ; *cap.* Cantorbery.

3°. Le Comté de Suſſex ; *capit.* Chicheſter.
4°. Le Comté de Surrey ; *cap.* Guildford.
5°. Le Comté de Hamp, ou le Hampshire ; *capit.*, Wincheſter.
6°. Le Comté de Dorſet ; *capit.* Dorcheſter.
7°. Le Comté de Devon, *capit.* Exeſter.
8°. Le Comté de Cornwall ; *capit.* Lanceſton.
9°. Le Comté de Somerſet ; *capit.* Bath.
10°. Le Comté de Wilt ; *capit.* Salisbury.
11°. Le Comté de Bark ; *capit.* Reading.
12°. Le Comté d'Oxford ; *capit.* Oxford.
13°. Le Comté de Gloceſter ; *capit.* Gloceſter.
14°. Le Comté de Monmouth ; *capitale*, Monmouth.
15°. Le Comté d'Héréford ; *capit.* Héréford.
16°. Le Comté de Worceſter ; *capit.* Worceſter.
17°. Le Comté de Warwick ; *capit.* Warwick.
18°. Le Comté de Northampton ; *capit.* Northampton.
19°. Le Comté de Buckingham ; *capitale*, Buckingham.
20°. Le Comté de Bedford ; *capit.* Bedford.
21°. Le Comté de Hertford ; *capit.* Hertford.
22°. Le Comté d'Eſſex ; *cap.* Colcheſter.
23°. Le Comté de Suffolk ; *cap.* Ipſwick.
24°. Le Comté de Norfolk ; *capit.* Norwick.
25°. Le Comté de Cambridge, *capit.* Cambridge.
26°. Le Comté de Huntington ; *capitale*, Huntington.
27°. Le Comté de Rutland ; *capit.* Orcam.
28°. Le Comté de Leiceſter ; *cap.* Leiceſter.
29°. Le Comté de Stafford ; *capit.* Stafford.
30°. Le Comté de Shrops ; *capit.* Shrewsbury.
31°. Le Comté de Cheſter ; *capit.* Cheſter.
32°. Le Comté de Darby ; *capit.* Darby.
33°. Le Comté de Nottingham ; *capitale*, Nottingham.
34°. Le Comté de Lincoln ; *capit.* Lincoln.
35°. Le Comté d'Yorck ; *capit.* Yorck.
36°. Le Comté de Lancaſter ou Lancaſtre ; *capit.* Lancaſtre.
37°. Le Comté de Weſtmorland ; *capit.* Appleby.

38°. Le Comté de Cumberland; *capitale*, Carlisle.
39°. Le Comté de Durham; *capit.* Durham.
40°. Le Comté de Northumberland; *cap.* Newcastle.

Les douze Comtés de la Principauté de Galles sont :

1°. Le Comté de Glamorgan; *capit.* Cardiff.
2°. Le Comté de Caërmarthen; *capitale*, Caërmarthen.
3°. Le Comté de Pembrok; *cap.* Pembrok.
4°. Le Comté de Cardigan; *capit.* Cardigan.
5°. Le Comté de Brecknock; *cap.* Brechnock.
6°. Le Comté de Radnor; *capitale*, New Radnor.
7°. Le Comté de Montgommery; *capit.* Montgommery.
8°. Le Comté de Mérioneth; *capitale*, Harlech, *bourg.*
9°. Le Comté de Denbigh; *capitale*, Denbigh.
10°. Le Comté de Flint; *capit.* Flint.
11°. Le Comté de Carnarvan; *capit.* Carnarvan.
12°. Le Comté d'Anglesey; *capit.* Beaumaris.

2°. L'ECOSSE est au Nord de l'Angleterre : c'est un pays froid, montagneux & coupé, en partie, par des bois & des lacs. On la divise en Partie méridionale, & en Partie septentrionale : elles renferment ensemble trente-un Comtés, & deux Stewartries. La capitale de l'Ecosse est EDIMBOURG, ou Edinburgh. Glascow, avec une Université célèbre, est la seconde ville de l'Ecosse.

Entre les îles qui avoisinent l'Ecosse, on distingue les Westernes, à l'Ouest; les Orcades, au Nord; & les îles de Schetland, au Nord des Orcades.

3°. L'IRLANDE est une île fort grande à l'Ouest de l'Angleterre. Le pays est froid & humide : on y cultive beaucoup de lin & de chanvre. Elle se divise en quatre parties; savoir : 1°. le Leicester, à l'Est; 2°. le Connaught, à l'Ouest; 3°. l'Ulster, au Nord; 4°. le Munster, au Sud. Sa capitale est DUBLIN, à l'Est, sur la Liff.

Remarques.

Ces trois pays formoient autrefois autant d'Etats ſéparés.

Les îles Britanniques furent habitées originairement par un peuple Breton d'origine celtique, ainſi que les anciens Gaulois. Les premiers qui conquirent cette partie de l'île furent les Romains, qui commencèrent à s'y établir l'an 43 de J. C., ſous l'Empereur Claude, & qui en achevèrent la conquête en 78, ſous Domitien. Jules-Céſar avoit envahi cette île dès les années 54 & 53 avant J. C. Mais il n'en fit pas la conquête, puiſqu'il fut repouſſé par les naturels du pays. En 410, les Romains, n'étant plus en état de défendre une Province ſi éloignée, l'abandonnèrent à ſes anciens habitans, qui, déſolés par les Pictes, habitant les montagnes de l'Ecoſſe, implorèrent le ſecours des Saxons, peuple de la Germanie. Ceux-ci, après avoir délivré le pays de ſes ennemis, s'y établirent eux-mêmes, & en chaſſèrent les Bretons, naturels du pays, qui furent réduits à la Principauté de Wales, ou, comme on le dit en françois, de Galles.

Les Saxons, arrivés en différens tems, formèrent ſept autres Royaumes, qui, à cauſe d'une eſpèce d'union qu'ils avoient entre eux, furent tous enſemble appelés *Heptarchie* (1).

Celui de *Kent* fut le premier; il commença en 455, ſous Hengiſt. De celui-ci, ſe forma celui d'*Eſſex*, par Erchenwin. Ces deux Royaumes furent conquis par Egbert, Roi de Weſtſex, en 825.

En 491, Ella forma le Royaume de Suſſex; mais dès l'année 760, il fut réduit à ſi peu de choſe, qu'il fut conſidéré comme une Province du Royaume de Weſtſex.

Le Royaume de Weſtſex commença en 519, ſous Cerdic. Egbert, l'un de ſes Princes, acheva la conquête de toute l'heptarchie vers l'an 827.

Le Royaume de Northumberland commença en 547, ſous Ida. Il fut pendant quelque tems diviſé en deux, & ſe ſoumit le dernier à Egbert.

Le Royaume d'Eſtanglie commença en 571, & fut fondé par Uffa : il fut ſoumis à celui de Mercie en 792.

Enfin, le Royaume de Mercie, fondé en 585 par Erida, fut conquis par Egbert vers l'an 825.

Vers l'an 866, Ivan, Roi de Danemarck, invité par le Comte Bruem Bocard, fit une deſcente en Angleterre, & conquit le Northumberland. Il ſe rendit bientôt maître de l'Eſtanglie & de Mercie en 873. Quatre ans après, les Danois furent en poſſeſſion de tout le Royaume; mais ils ne le gardèrent pas long-tems. Le Roi Alfred, qui avoit eu le bonheur d'échapper à leurs pourſuites, les défit entièrement, & les força, ou d'abandonner l'île, ou de ſe ſoumettre à ſon Gouvernement. Ceux qui demeurèrent dans le pays s'établirent en Eſtanglie, & ſe révoltèrent

(1) De deux mots grecs, qui ſignifient *les ſept Souverainetés*.

Longitude du Meridien de l'Isle de Fer
Shetland
Iles Orcades
Aberdeen
MER D'ECOSSE
MER D'IRLANDE
MER D'ALLEMAGNE
CANAL ST. GEORGE
Devon
Cornwall
Tor-bay
LA MANCHE
FRANCE
Longitude du Meridien de Paris
6

assez ordinairement au commencement de chaque règne. Vers l'an 1003, aidés par Swein, Roi de Danemarck, ils conquirent toute la partie septentrionale de l'Angleterre, & bientôt après ils s'emparèrent de tout le Royaume.

Après la mort de Swein, les Danois proclamèrent Roi son fils Canut. Mais les Anglois, ayant rappelé leur Roi Ethelred, qui s'étoit réfugié en Normandie, l'île fut de nouveau partagée entre eux, comme elle l'étoit auparavant. Ce partage dura jusqu'en 1017, que Canut devint le seul Souverain de tout le pays.

La Race saxone fut rétablie en 1041, sous Edouard le Confesseur. En mourant, il appela à sa succession Guillaume, Duc de Normandie, qui fit la conquête de l'Angleterre en 1066. Ses descendans lui succédèrent. Edouard I subjugua, en 1282, la Principauté de Galles, qui s'étoit maintenue sous ses Princes depuis la première irruption des Saxons.

Le Roi Georges III, monté sur le trône en 1760, est de la Maison de Brunswick-Lunebourg, & possède en Allemagne l'Electorat de Hanovre.

La partie septentrionale, appelée actuellement Ecosse, étoit anciennement nommée Calédonie, & ses habitans Caledones, ou Caledoniens; ils étoient Celtes d'origine; on croit qu'ils descendoient de ces Bretons qui ayant d'abord habité la partie méridionale de l'île, s'étoient ensuite retirés vers le Nord. Dans le quatrième siècle, ils furent distingués en Ecossois & en Pictes. En 85 de J. C., Agricola, Général romain, subjugua toute cette partie de l'île; mais il n'en conserva que ce qui est au Midi du Forth & de la Clyde. En 121, Adrien en abandonna encore une portion, en faisant élever un mur depuis la Solway Firth jusqu'à la rivière Tyne. En 144, les Romains s'étendirent de nouveau jusqu'au mur d'Agricola. Mais Sévère se contenta des bornes fixées par Adrien, quoiqu'il eût conquis toute la contrée en 208.

Les Romains avoient abandonné cette île dès l'an 310: les Ecossois rentrèrent en possession de tout ce que nous nommons aujourd'hui Ecosse, & firent des incursions bien avant dans le Midi; mais ils ne gardèrent pas leurs conquêtes. On croit que les Pictes furent entièrement subjugués vers l'an 839, par Kenith II, premier Roi de l'Ecosse. En 1296, Edouard I, Roi d'Angleterre, conquit tout ce pays. Cependant les Anglois en furent totalement chassés en 1314. La Couronne passa à la Maison des Stuard en 1370.

Jacques VI, devenu Roi d'Angleterre en 1603, la réunit à l'Angleterre, où il régna sous le nom de Jacques I, & prit le titre de *Roi de la Grande-Bretagne;* mais l'union entière de l'Angleterre & de l'Ecosse n'est que de l'année 1707.

Les premiers habitans de l'Irlande furent probablement des Bretons. Quoi qu'il en soit, les Irlandois prétendent à une origine très-ancienne. En 795, les Danois conquirent une partie de cette île; mais elle ne fut entièrement subjuguée que par les Anglois lorsqu'ils s'emparèrent de tout le pays. Avant cette époque, l'Irlande étoit généralement divisée en plusieurs petites souverainetés, ce qui en rendit la conquête facile aux Anglois, dont les premiers établissemens furent formés en 1169, par des avanturiers, qui étoient soutenus secrètement par Henri II. Il s'y porta en personne, en 1172, & en acheva la conquête.

En 1314, les Ecossois fomentèrent une révolte en Irlande; &, l'année suivante, Edouard Bruce, leur Roi, chassa les Anglois de presque toutes les Places qu'ils y occupoient, & fut proclamé Roi d'Irlande : mais il ne jouit pas long-tems de cette conquête; il en fut chassé en 1318. Depuis la première réduction de l'île, il y eut des révolutions fréquentes de la part des naturels, de manière que les Anglois furent rarement les maîtres de tout le pays : ils n'en eurent la possession entière & paisible qu'en 1614. Les Irlandois Catholiques se révoltèrent encore en 1641. Ils furent soumis par Cromwel, en 1653.

Le pouvoir du Roi d'Angleterre est contre-balancé par l'autorité du Parlement, composé des Représentans de la Nation.

La Religion Anglicane n'est pas la Catholique Romaine; mais elle est appelée des *Episcopaux*, parce qu'elle reconnoît pour chefs les Evêques, qui exercent leur ministère sous l'autorité du Roi.

§. II.

Des Etats du Roi de Danemarck.

Les Etats du Roi de Danemarck comprennent le *Danemarck*, la *Norwège* & l'*Islande*.

1°. Le DANEMARCK se divise en *terre-ferme* & en *îles*.

La terre-ferme porte le nom de *Jutland*.

Les îles sont :

Séeland, où est COPENHAGUE, capitale de tout le royaume, avec un des meilleurs ports de l'Europe; & *Fionie*, dont la capitale est ODENSÉE.

On y fait un grand commerce de bœufs & de chevaux.

2°. La NORWÈGE est à l'Ouest de la Suède, dont elle est séparée par une chaîne de montagnes. Ce pays fournit sur-tout du goudron & des bois propres à la construction des vaisseaux.

CHRISTIANIA, capitale sur la baie d'*Anslo*, avec un port assez commode.

3°. L'ISLANDE, au Nord-Ouest, touche presque au Cercle polaire.

L'air y est très-froid, le pays stérile. Il y a un volcan que l'on nomme *Mont Hecla*.

SKALHOLT, ville peu considérable, en est la capitale; elle est située dans des marécages.

Remarques.

I. La presqu'île qui forme la partie la plus considérable du Danemarck, nommée aujourd'hui Jutland, étoit anciennement le pays des Cimbres, & fut ensuite habitée par des Goths : on la nommoit *Chersonèse Cimbrique*.

Nous n'avons aucune connoissance exacte concernant ce pays avant l'année 714, que nous trouvons Gormo gouvernant ce Royaume avec le titre de Roi.

II. La presqu'île qui renferme la Norwège & la Suède étoit la Scandinavie des Anciens. La partie dont je parle ici eut ses Rois dès l'an 1375, que Marguerite, fille de Waldemar III, Roi de Danemarck, devint Reine de Norwège par son mariage avec Aquin, qui en étoit Roi. Ayant ensuite succédé à la couronne de Danemarck par la mort de son frère, les deux couronnes furent réunies. Le Duc de Pomeranie, son neveu, associé par elle au Gouvernement, lui succéda, sous le nom d'Eric XIII. Ces deux Royaumes ont continué depuis d'appartenir à un même Souverain.

Ce pays est gouverné par quatre Tribunaux, dont le principal est celui de Christiania.

L'ISLANDE, dont les Rois de Norwège s'étoient emparés au 13e siècle, passa avec ce Royaume sous la puissance des Rois de Danemarck.

Le Gouvernement de Danemarck est monarchique, & ses Rois sont anciens. Depuis 1660, ce Royaume est héréditaire. Christian VII, qui y règne actuellement, est monté sur le trône en 1766. Il descend de la Maison de *Holstein*, ancienne Maison d'Allemagne.

La Religion Luthérienne est professée dans les trois pays que je viens de nommer.

§. III.

De la Suède.

La SUÈDE s'etend depuis le détroit du Sund jusqu'à la Laponie Norwégienne. Dans sa partie septentrionale, elle est presque toute divisée en deux par le golfe de Bothnie.

C'est un pays très-montagneux, abondant en mines, en bois, mais ne produisant point de vin, & que peu de bled. L'air y est en général froid, mais sain.

La Suède se divise en six principales parties qui se subdivisent en plusieurs Provinces ; savoir : en remontant du Sud au Nord, 1°. la Gothie ; 2°. la Suède propre ; 3°. la Westrogothie ; 4°. la Laponie ; 5°. l'Ostrogothie ; 6°. la Finlande.

Sa capitale est STOCKHOLM, port à l'embouchure du lac *Méler*, que l'on écrit *Mâler*. C'est une ville riche, grande & bien peuplée.

Remarques.

On ne trouve rien de certain sur l'histoire de la Suède avant l'an 714, qu'elle embrassa la Religion Chrétienne par la prédication du Moine Ascharius, sous le règne de Brorno III. En 1387, le Roi Albert s'étant rendu odieux à ses sujets, ils se donnèrent volontairement à Marguerite, Reine de Danemarck & de Norwège. En 1411, le Duc Eric succéda à ces trois couronnes, & la Suède demeura sous la domination du Danemarck jusqu'en 1523, que Gustave Erickson, plus connu sous le nom de Gustave Vasa, délivra son pays de l'oppression dans laquelle il gémissoit sous Christian II, Roi de Danemarck. Alors le Royaume devint héréditaire.

L'Aristocratie y avoit abusé de ses forces ; mais le Roi Fréderic-Adolphe étant mort au mois de Février 1771, le Prince royal, qui étoit alors à Paris, se hâta de retourner à Stockolm, y arriva à la fin de Mai, & fut reconnu Roi. En 1772, il y établit les droits de l'autorité royale, & prit, avec les Etats, le 21 Août de cette même année, les engagemens les plus formels de s'occuper du bonheur de sa nation. Tout a depuis répondu à cette promesse, & à la sagesse qui avoit préparé cette étonnante révolution. Ce Prince est actuellement sur le trône.

On professe en Suède la Religion Luthérienne.

§. IV.

De la Russie.

La RUSSIE, à ne considérer même que son étendue en Europe, est le plus vaste des Etats de cette belle partie du Monde. En général il y fait froid ; mais ses parties méridionales sont plus tempérées, & ses productions sont relatives à la variété de son climat.

Ses principaux fleuves sont :

Le *Volga*, le *Don* & la *Dwina*, dont il a déjà été parlé.

Ce vaste Empire, quant à la partie située en Europe, étoit divisé, en 1776, en 20 Gouvernemens, qui ont éprouvé depuis quelques changemens que je ne puis placer ici. Les voici tels qu'ils se trouvent sur la Carte de l'Académie de Pétersbourg, & sur les Cartes de mon Atlas. En descendant du Nord, 1°. Le Gouvernement d'Archangel ; 2°. le Gouvernement de Nowogorod ; 3°. le Gouvernement de Wiborg ; 4°. l'Ingrie, où est Pétersbourg ; 5°. l'Estonie ; 6°. le Gouvernement de Riga, qui renferme la Livonie ; 7°. le Gouvernement de Pleskow ; 8°. le Gouvernement de Polock ; 9°. le Gouvernement de Smolensko ; 10°. le Gouvernement de Twer ; 11°. le Gouvernement de Moskou ; 12°. le Gouvernement de Nischgorod ; 13°. le Gouvernement Woronez ; 14°. le Gouvernement de Kaluga ; 15°. le Gouvernement de Mohilew ; 16°. le Gouvernement de la Petite Russie ; 17°. le Gouvernement de Bielgorod ; 18°. le Gouvernement de la Sobolde de l'Ukraine ; 19°. le Gouvernement de la nouvelle Russie ; 20°. le Gouvernement d'Asoff. A quoi il faut ajouter le Gouvernement de la Petite Tartarie. J'y ai joint, sur les Cartes de mon Atlas, ceux de Casan & d'Astracan, quoique en général réputés appartenir à l'Asie.

Ses principales villes sont :

S. PÉTERSBOURG, capitale, sur le golfe de *Finlande*, à l'embouchure de *la Neva*. Cette ville est grande, belle, & bien peuplée.

MOSKOU, ancienne capitale sur la *Moska*, grande, mais peu peuplée & mal bâtie.

Remarques.

La date la plus reculée à laquelle on puisse faire, avec quelque certitude, remonter l'histoire de Russie, ne va pas au delà de 862. On trouve, à cette époque, Rurick, Grand-Duc de Novogorod. En 981, Wolodimer, quatrième Souverain, embrassa la Religion Chrétienne, & prit le titre de Roi. Vers l'an 1058, Boleslas, Roi de Pologne, conquit la Russie. Les Polonois en furent quelque tems les maîtres. André I, qui commença à régner en 1158, transféra la Capitale de l'Empire à Wladimir, puis il jeta les fondemens de la ville de Moscow. Au commencement du XIIIe siècle, la Moravie fut envahie par Batou-Chan, à la tête d'une armée de Mogols, à peu près dans le même-tems que ces conquérans opprimèrent les Tartares du Kipjak. Les Mogols la tinrent sous leur pouvoir, sinon en totalité, du moins pour la plus grande partie, jusqu'en 1540, que Jean Basilowits lui rendit son indépendance. Ce Prince agrandit considérablement ses domaines. Vers la moitié du XVIe siècle, les Russes découvrirent & réduisirent sous leur puissance la Sibérie. Depuis 1490 environ, les Souverains de la Russie avoient pris le titre de *Tzar*, que nous disons *Czar*, ce qui répondoit à celui d'Empereur, titre reconnu pour eux actuellement en Europe.

En 1696, Pierre, surnommé le Grand, devenu seul maître de ce pays, après avoir régné conjointement avec son frère, le tira de l'oubli où il paroissoit être : il y donna l'exemple du goût des Sciences & du Commerce. En 1721, il fut reconnu que le Czar auroit le titre d'*Empereur de toutes les Russies*.

L'Impératrice Catherine Alexiewna, actuellement régnante, a été plus loin encore que Pierre le Grand, pour la gloire de son pays. Elle donne de grands soins à l'éducation de ses sujets, & a fait respecter au loin ses armes. Ses vaisseaux sont venus dans la Méditerranée jusqu'aux Dardanelles, & ses armées avoient forcé la Turquie de rendre la liberté aux petits Tartares : elle a depuis remis ce pays dans sa dépendance, & a rendu la liberté au commerce de la Mer Noire. Elle a, en différentes occasions, reçu avec de grandes marques d'estime plusieurs Etrangers distingués dans les Sciences, les Lettres & les Arts, & a fait un très-beau sort au célèbre Euler, enlevé depuis peu aux Sciences, dont il a reculé les limites par ses nombreux & profonds Ouvrages.

La Religion Grecque est celle de la Russie, qui prétend tenir sa foi de l'Apôtre Saint André. L'office divin s'y fait en Langue sclavone, dont la Langue russe est un idiome.

ARTICLE II.

Des Etats du Milieu.

§. I.

De la France (1).

LA France s'étend depuis le 41me dégré 30′ de Latitude jusqu'au 51me, ce qui lui donne, du Sud au Nord, c'est-à-dire, de Mont-Louis à Dunkerque, 212 lieues & demie. Elle s'étend en longitude, dans sa plus grande largeur, de Brest à Landau, entre le 13me dég. & le 26me, ce qui fait 13 dég., estimés, à cette latitude, d'environ 17 lieues, donnant en tout, de l'Ouest à l'Est, 221 lieues; mais elle ne forme pas un carré de cette étendue.

Ce pays, baigné par l'Océan à l'Ouest, & par la Méditerranée au Sud, fournit abondamment toutes les choses nécessaires aux besoins & aux commodités de la vie.

Ses principales rivières sont:

La *Seine*, la *Loire* & la *Garonne*, qui se jettent dans l'Océan; le *Rhône*, qui se jette dans la Méditerranée.

On divise la France en quarante Gouvernemens généraux, dont trente-deux renferment des Provinces; les huit petits ne renferment presque que des villes.

Les villes principales de ce Royaume sont:

PARIS, capitale, sur *la Seine*, ville très-grande, très-ornée & très-riche.

Rouen, aussi sur *la Seine*, & fort commerçante.

Bordeaux, sur *la Garonne*, belle, grande & riche, & faisant un grand commerce de ses vins.

Lyon, au confluent du *Rhône* & *la Saône*, & célèbre par ses manufactures.

(1) Je donnerai, à la fin de cet abrégé, un article un peu plus étendu sur la France.

Marseille, port sur *la Méditerranée*, fort riche, & faisant un grand commerce dans le Levant.

Remarques.

Les anciens habitans de la France étoient nommés Gaulois, & le pays *Gallia*, ou Gaule. Une colonie de Belges y passa de la Germanie environ 200 ans avant J. C. La plus grande partie des Provinces méridionales, connue alors sous le nom de Gaule Narbonoise, devint Province romaine en 108 avant J. C. En 57 avant la même Ere, César, passé en Gaule, y défit les Helvétiens. Il soumit en 47 les Belges; & enfin conquit tout le pays, excepté celui des Salasses, qui habitoient les Alpes.

L'an 400 de J. C., Honorius permit aux Goths de s'établir dans la partie méridionale de la Gaule. Les Vandales, les Alains & les Suèves y pénétrèrent en 406 : trois ans après, ils passèrent en Espagne.

En 413, les Bourguignons, peuple sorti de la Germanie, s'emparèrent de cette partie de la Gaule qui est dans le voisinage du Rhin, & ils agrandirent leur territoire en 490. Mais en 534, ils furent soumis par les Francs, autre nation Germanique, qui s'étoit établie dès l'an 412 ou 420, entre le Rhin & la Marne. Ces Francs, en 470, étendirent, sous Childeric, leurs conquêtes dans la Gaule, & en 498, ils mirent fin à la domination des Romains en ce pays.

Enfin, en 510, les Francs se rendirent maîtres de la plus grande partie de ce qu'occupoient les Goths, appelés Visigoths, ou Goths occidentaux. Commandés par leur Roi Alaric, ils perdirent une bataille dans laquelle il fut tué, de la main même de Clovis, Roi des Francs. Dès-lors les Francs se virent en possession de presque tout ce que nous connoissons aujourd'hui sous le nom de France.

En 880, des peuples septentrionaux, connus sous le nom de Normans, ravagèrent une partie de la France. En 887, ils mirent le siège devant Paris, & s'établirent dans la Neustrie en 906. Cette partie prit, d'après eux, le nom de Normandie. L'année suivante, ils s'emparèrent de la Bretagne & de quelques autres pays. En 1204, Philippe Auguste, Roi de France, reprit la Normandie sur Jean-Sans-Terre, Roi d'Angleterre & Duc de Normandie. Mais Henri II, Roi d'Angleterre, & déjà Comte d'Anjou, de Touraine & du Maine, par la mort de Geofroy Plantagénet, son père, acquit encore, en 1154, le Poitou, la Guienne & la Saintonge, par son mariage avec Eléonore, héritière de la Maison de Poitiers. Cette Princesse avoit d'abord apporté en mariage ces grandes possessions à Louis le Jeune, Roi de France, qui la répudia ensuite. En 1346, Edouard I prit Calais, qu'il peupla d'Anglois. A la paix, en 1360, la Guienne, le Poitou, la Saintonge, & plusieurs territoires aux environs de Calais furent cédés, en toutes souverainetés, à Edouard III, qui renonça à toutes ses prétentions sur la Normandie.

Vers l'an 1372, les François recouvrèrent tout ce que les Anglois possédoient en France, excepté Calais; mais en 1415, Henri V envahit ce pays après le gain de la bataille d'Azincourt, & se remit en possession de la Normandie, prit Paris & plusieurs autres Provinces. Son fils Henri VI fut couronné Roi de France dans Paris, par les soins du Comte de Bedfort. Les Anglois continuèrent à s'y maintenir, & même ils y augmentèrent leurs possessions : ils prirent le Maine & quelques autres Provinces. Mais ensuite, sous le règne de Charles VII, ils commencèrent à être battus par les François, ayant à leur tête la fameuse Jeanne d'Arc, connue sous le nom de *Pucelle d'Orléans.* Ils n'éprouvèrent plus qu'une suite de revers. En 1450, ils perdirent toute la Normandie, & la Guienne en 1453. Il ne restoit plus en France que Guines & Calais.

En 1477, le Duc de Bourgogne, Province alors séparée de la France, ayant perdu la vie dans une bataille contre les Suisses, Louis XI réunit à la Couronne une partie de ce Duché : le reste fut occupé par les Allemans, en vertu du mariage de l'Empereur Maximilien avec la fille du dernier Duc. En 1498, Louis XII réunit la Bretagne à ses domaines, par son mariage avec Anne, Duchesse Douairière de ce Duché, qui faisoit une Principauté indépendante. En 1558, les François conquirent Calais, Guines, & tout ce que les Anglois possédoient en France. Le Royaume s'est entièrement arrondi depuis que Louis XIV y eut réuni la Franche-Comté, quelques parties des Pays-Bas & l'Alsace, avec la ville de Strasbourg. Enfin, sous le règne de Louis XV on y a réuni la Lorraine.

Quant aux différentes Races des Rois de ce Royaume, on peut ajouter ce qui suit.

Le Royaume de France a commencé en 420 : Pharamond a été le premier de ses Rois, que l'on divise en trois Races : les *Mérovingiens*, commençant à Pharamond, en 420 ; les *Carlovingiens*, commençant à Pepin le Bref, en 751 ; les *Capétiens*, commençant à Hugues-Capet, en 987. La première Race a donné 22 Rois ; la seconde 13 ; la troisième 32, y compris Louis XVI, actuellement régnant, & monté sur le trône le 10 Mai 1774.

Le Gouvernement y est monarchique.

La Religion Catholique y est seule permise.

La France possède au Sud, dans la Méditerranée, l'île de *Corse*, dont la capitale est BASTIA.

§. II.

Des Pays-Bas.

Ces Provinces, situées au Nord-Est de la France, sont appelées Pays-Bas, parce qu'elles sont vers la mer : ce pays est fertile, &

les campagnes en sont belles. Elles renferment *quatre* Duchés ; savoir, ceux de Brabant, de Luxembourg, de Limbourg & de Gueldre : *trois* Comtés ; ceux de Flandre, de Hainault & de Namur : & *deux* Seigneuries ; celles de Malines & d'Anvers, comprises dans le Brabant. Le Comté d'Artois, qui faisoit partie de ces Provinces, a été réuni à la France.

Les principales villes sont :

BRUXELLES, sur *la Senne*, capitale du Brabant.

Gand, dans la Flandre Autrichienne, au confluent de *la Lys* & de *l'Escaut*.

Remarques.

L'étendue des Provinces que l'on nomme depuis long-tems Pays-Bas, faisoit partie des territoires des anciens Belges, qui furent soumis par Jules-César, environ 47 ans avant J. C. Les Francs s'en emparèrent vers 412. En 864, la Flandre fut donnée à Baudouin I, avec le titre de Comte de Flandres ; la France s'en étoit cependant réservé la suzeraineté. Ce Comté parvint, en 1369, à la Maison de Bourgogne, par le mariage de Philippe, Duc de Bourgogne, avec Marguerite, fille de Louis de Maletin, Comte de Flandres. Il passa, en 1477, à la Maison d'Autriche, par le mariage de Marie, fille & héritière de Charles le Hardi, avec Maximilien, Empereur d'Allemagne. La Flandre appartenoit à cette Famille ; mais la France en conservoit la suzeraineté. En 1525, Charles-Quint ayant fait prisonnier François I à la bataille de Pavie, affranchit les Pays-Bas de cette servitude. En 1556, Charles-Quint abandonna ces pays à Philippe II, son fils, Roi d'Espagne. Mais ces Provinces s'étant révoltées, dix seulement furent contraintes de rentrer dans le devoir : on les nomma *Pays-Bas Catholiques*, ou *Pays-Bas Espagnols*, pour les distinguer des *sept* autres Provinces qui restoient indépendantes, & qui embrassèrent la Religion réformée.

En 1662, Dunkerque fut cédé à la France par les Anglois, qui le possédoient depuis l'an 1658. Les autres conquêtes des François en Flandre leur furent confirmées par le Traité d'Aix-la-Chapelle en 1648. En 1725, par le Traité de Vienne, les possessions espagnoles dans les Pays-Bas furent confirmées à la Maison d'Autriche, comme il avoit été stipulé par le Traité de Londres en 1722.

La France s'est depuis emparée de tout l'Artois, & d'une partie de la Flandre & du Hainaut.

La Maison d'Autriche y entretient un Gouverneur qui réside à Bruxelles.

§. III.

Des Provinces - Unies.

Ces Provinces, au nombre de ſept, ſont au Nord - Eſt des Pays - Bas, dont elles faiſoient partie avant la révolte qui les affranchit de la domination de l'Eſpagne. Comme ce pays eſt bas, il eſt garanti en différens endroits des inondations de la mer par de fortes digues. La Meuſe s'y rend à la mer, & le Rhin s'y perd en quelque ſorte dans les ſables.

Les Provinces-Unies peuvent être étudiées ſur les cartes dans cet ordre, en commençant par le Nord : 1°. la *Friſe* ; capitale, Lewarde : 2°. l'*Over-Iſſel* ; capitale, Deventer : 3°. la Province de Groningue ; capitale, Groningue : 4°. la Province d'*Utrecht* ; capit. Utrecht : 5°. la Province de *Gueldre*, diviſée en quartiers de Nimègue, d'Arnhein, de Zutphen : 6°. la *Hollande*, où ſont Amſterdam, la Haye, Leyde, Roterdam, &c. : 7°. la Zélande, formée d'îles ; capitale, Midelbourg.

Les pays ſoumis aux Provinces - Unies, appelés Pays de la Généralité, ont pour villes principales l'Ecluſe, le Sas de Gand, Breda, Berg-op-Zoom, Bos-le-Duc, & Maſtreich, qui ſe trouve dans l'Évêché de Liége.

AMSTERDAM, capitale de la province de Hollande, port ſur *l'Amſtel*, qui s'y rend dans le Zuyderzée, golfe aſſez conſidérable, eſt une ville fort belle, & très-riche.

ROTERDAM, port ſur *la Meuſe*, près de ſon embouchure, eſt auſſi très-riche & fort belle.

Remarques.

Ces Provinces faiſoient, comme les Pays-Bas, anciennement partie des poſſeſſions des Belges, ſoumis par Céſar, 47 ans avant J. C. Les Francs s'en emparèrent vers l'an 412, & les poſſédèrent juſqu'en 868, que Thierry, Général de Charles-le-Chauve, y établit une Souveraineté, & devint premier Comte de Hollande. Sa poſtérité en jouit juſqu'en 1206, qu'elle paſſa au Comte de Hainaut, dont les deſcendans la poſſédèrent juſqu'en 1417, qu'elle paſſa, par la réſignation de Jacqueline de Hainaut & de Hollande, à Philippe le Bon, Duc de Bourgogne. En 1534, les Hollandois, plutôt que de se soumettre à l'Evêque d'Utrecht, vendirent leur liberté à Charles-Quint, qui, en 1556, donna cette Province à Philippe II, son fils. Opprimés par les Espagnols, les habitans de ces Provinces se révoltèrent. L'indépendance de sept d'entre elles fut reconnue par le Traité d'Aix-la-Chapelle, en 1648. Depuis ce tems, elles se sont gouvernées elles-mêmes.

Ce Gouvernement est une espèce d'Aristo-Démocratie : chaque ville a ses Représentans, chaque Province son Conseil, & toutes ensemble ont des Etats-Généraux formés des Députés des Provinces. A la tête du Gouvernement, est un Prince sous le titre de *Stahouder*, ou Gouverneur général. L'indépendance de ces Provinces n'a été reconnue de toute l'Europe qu'en 1648, à la Paix de Westphalie, par la médiation de la France.

§. IV.

De la Suisse.

La Suisse, à l'Est de la France, occupe une partie des montagnes que nous nommons les *Alpes*. Elle est sur-tout abondante en pâturages ; aussi y nourrit-on beaucoup de troupeaux.

Le *Rhin* y prend sa source au Mont Saint Gothard.

Le *Rhône* y commence assez près du Rhin, au Mont *Furca* ou de la Fourche.

La Suisse se divise en treize Cantons, que l'on peut diviser ainsi :

Sept Catholiques ; *Uri*, dont le principal bourg est Altorf; *Undervald*, dont le principal bourg est Stants ; *Schweiz*, *Zug*, *Luzerne* & *Fribourg*.

Deux sont moitié Catholiques & moitié Protestans ; *Glaris* & *Appenzel*, dans la partie orientale.

Quatre entièrement Protestans ; *Schafhouse*, *Zurich*, *Bâle* & *Berne*.

Les principaux alliés de la Suisse sont l'Abbé de Saint Gal, les Grisons & la République de Genève.

Remarques.

Les anciens habitans de la Suiſſe portoient le nom d'Helvétiens : ils furent ſoumis par Jules-Céſar, l'an 57 avant J. C. Après être demeurée ſous la domination des Romains pendant plus de 300 ans, l'Helvétie fut priſe par les Allemans, nation germanique, qui parut, pour la première fois, en 214, & s'établit dans le pays où eſt actuellement le Duché de Wirtemberg. Ce peuple la poſſéda juſqu'en 496, qu'il en fut chaſſé par Clovis, Roi de France. L'Helvétie demeura ſous la domination des Francs juſqu'à la mort de Charles-le-Gros, en 888, qu'elle fut ſaiſie par Raoul, & incorporée au Royaume de Bourgogne, donné en 1032, par Rodolphe, qui en fut le dernier Roi, à Conrad II, Empereur de Germanie. Depuis ce tems, l'Helvétie, qui, d'un de ſes Cantons, prit le nom de Suiſſe, fit partie de l'Empire. Mais, accablés des traitemens qu'exerçoient ſur eux les Gouverneurs, repréſentans d'Albert, Duc d'Autriche, les Suiſſes ſe révoltèrent en 1308. En 1315, les différens Cantons firent une ligue perpétuelle, & leur liberté fut entièrement reconnue à la Paix de Weſtphalie en 1648. Chaque Canton ſe gouverne en ſon particulier. Dans quelques-uns, le Gouvernement eſt démocratique ; dans d'autres, ariſtocratique. Leur réunion a pris le nom de *Corps Helvétique.*

La Religion Catholique & la Calviniſte ſont profeſſées en Suiſſe, avec cette différence, que les Cantons *Catholiques*, excepté celui de Fribourg, ſont moins puiſſans, & que les quatre Proteſtans ſont les plus conſidérables & les plus riches.

§. V.

De l'Allemagne.

L'Allemagne, commençant un peu au deſſous du 45me dégré de latitude, & allant preſque au 55me, a dix dégrés du Sud au Nord, ce qui fait 250 lieues ; &, s'étendant du 24me au 37me degré de Longitude, a, de l'Oueſt à l'Eſt, 204 lieues environ.

Elle a, au Nord, l'Eyder, qui la ſépare du Danemarck, & la Mer Baltique ; à l'Eſt, la Pruſſe polonnoiſe, la Pologne, & quelques parties de la Hongrie ; au Sud, quelques Etats de l'Italie, la Suiſſe ; à l'Oueſt, le Rhin, qui la ſépare de la France ; & les Provinces-Unies.

Ses principaux fleuves sont :

Le *Danube*, qui coule de l'Oueſt à l'Eſt ; & le *Rhin*, le *Weſer*, l'*Elbe* & l'*Oder*, qui coulent du Sud au Nord.

En général, le climat y eſt plus froid qu'en France, & les terres moins fertiles. On y trouve, en beaucoup d'endroits, des mines riches en différens ſortes de métaux.

L'Allemagne eſt diviſée en neuf grandes parties que l'on nomme *Cercles : trois* ſont au Nord, *trois* au Milieu, & *trois* au Midi. Ce ſont, en commençant à l'Oueſt,

Les Cercles de *Weſtphalie*, de *Baſſe-Saxe* & de *Haute-Saxe* ;

Ceux du *Bas-Rhin*, du *Haut-Rhin* & de *Franconie* ;

Et ceux de *Souabe*, de *Bavière* & d'*Autriche*.

I. Le Cercle de WESTPHALIE renferme, 1°. les Evêchés..... de *Munſter*, au centre.... de *Liège*, où ſe trouve Spa, au S. O.... d'*Oſnabruck*, au N. E...... & de *Paderborn*, au S. E. de Munſter. 2°. Les Duchés... de Clèves, où ſont Clèves & Weſel... de *Juliers*... & de *Berg*, dont la principale ville eſt Duſſeldorp, au bord du Rhin (1). 3°. Les Principautés.... d'*Ooſt-Friſe*, tout-à-fait au Nord; capitale, Embden ; & celle de *Minden* ou *Münden*, à l'Eſt (toutes deux au Roi de Pruſſe).... celle de *Ferden* ou *Verden*, au N. E. (à l'Electeur de Hanovre). 4°. Pluſieurs Comtés, tels que ceux.... d'*Oldenbourg* (au Roi de Danemarck) ; d'*Hoie*, ou *Hoïa* ; (à l'Electeur de Hanovre)...... de *la Marck*, au Sud ; c'eſt le plus grand de la Weſtphalie (au Roi de Pruſſe).... Attena en eſt la ville la plus grande & la plus peuplée..... de *Ravensberg*, au Nord-Eſt de Munſter..... de *la Lippe*, dont le chef-lieu eſt Debmold..... de *Beinthen* ; de *Schauenbourg*, &c. 5°. Les villes impériales ſont celles de Cologne, d'Aix-la-Chapelle & de Dortmund.

II. Le Cercle de BASSE-SAXE renferme..... 1°. les Duchés.... de *Magdebourg*, au Sud-Eſt (au Roi de Pruſſe)..... de *Brême*, ou *Bremen*, au N. O., ſur le Weſer (au Roi d'Angleterre) ; Stade eſt le ſiège de la Régence..... de *Mecklenbourg*-Schewerin, &

(1) Le Duché de Weſtphalie, qui y eſt enclavé, & dont la principale ville eſt Aremberg, appartient au Cercle de Cologne.

Mecklenbourg

Mecklenboug-Gustro : au Nord, est Rostock, ville indépendante... de *Holstein*-Gluckstad & *Holstein*-Gottorp (au Roi de Dannemarck), où est Altona...... de *Lauenbwrg*, ou *Lawenbourg* (au Roi d'Angleterre). 2°. Les Etats de *Brunswick*-Lunebourg-Celle, *Brunswick*-Lunebourg-Grubenhagen, & *Brunswick*-Lunebourg-Calenberg (au Roi d'Angleterre), & de *Brunswick*-Wolfenbutel, au Duc de Brunswick (1). 3°. Les Principautés..... de *Halberstadt*, au Sud-Est (au Roi de Prusse)..... de *Ratzebourg*, (au Duc de Meklenbourg)...... de *Stelitz*..... de *Blakenbourg*... de *Calenbourg* (à la Maison de Brunswick), où sont les villes de Hanovre & de Gœtingue. 4°. Les Evêchés..... de *Lubeck*, dont Eutin est la ville épiscopale..... de *Hildsheim*, &c. 5°. Les villes impériales de Lubeck, au Nord.... de Goslar, au Sud de Brunswick.... de Brême, au Nord-Ouest, sur le Weser..... de Hambourg, sur l'Elbe .... de Mülhausen & de Nordhausen, enclavées dans la Haute-Saxe.

III. Le Cercle de HAUTE-SAXE renferme les Etats suivans : 1°. L'Electorat de Saxe; 2°. l'Electorat de Brandebourg; 3°. les possessions de Saxe-*Weimar*, de Saxe-*Eisenach*, de Saxe-*Cobourg*, de Saxe-*Gotha*, de Saxe-*Altembourg*, de Saxe-*Querfurt*; 4°. la Pomeranie; 5°. la Principauté d'Anhalt, &c. &c.

L'Electorat de Saxe renferme, 1°. le *Cercle Electoral* ou Duché de Saxe, où est Wittemberg, sur l'Elbe : il comprend une partie de la Thuringe.... 2°. Le Marquisat de *Misnie*, où sont Meissen, sur l'Elbe; Dresde, sur l'Elbe, au S. E. (résidence de la Maison électorale); Torgau, aussi sur l'Elbe.... 3°. Le Cercle de *Leipsick*, où est Leipsick, sur la Pleiss...... 4°. Le Cercle d'*Erzgeburg*, où sont Freyberg, capitale, & Zwickan, au Sud-Ouest..... 5°. Le Cercle de *Woitgland*, dont la capitale est Plauen.... 6°. Le Cercle de *Neustadt*..... 7°. L'Evêché de *Mersbourg*.... 8°. L'Evêché de *Naumbourg*, comprenant aussi Zeitz.

L'Electorat de Brandebourg renferme, 1°. la Marche Electorale, divisée..... en *vieille* Marche, où sont Stendal & Arnebourg, à

(1) Zelle, sur l'Aller, est le siège du Tribunal des Appellations de tous les Etats de la Maison Electorale de Brunswick-Lunebourg.

l'Ouest de l'Elbe..... en *Prignitz*, où sont Perleberg, capitale, & Hawelberg.... en *moyenne* Marche, où sont Brandebourg, qui a donné son nom à toute la Marche (ou Marquisat); BERLIN, qui en est la capitale; Postdam, séjour ordinaire du Roi...... Francfort, sur l'Oder; Liebenwald, au Nord, &c.... en Marche *Uckerane*, ou l'Ucker-Marche, où est Prenzlow, capitale, à l'Ouest de Stettin..... 2°. la *Nouvelle* Marche, à l'Est, où sont Custrin, capitale, au confluent de la Warta & de l'Oder; Königsberg (1), au Nord; Landsberg, à l'Est, sur la Warta; Arnswal; de Dramborg, &c..... 3°. le Duché de *Grossen*, & quelques autres Seigneuries.

Les États du Duc de Saxe-Weimar renferment la Principauté de Weimar & celle d'Eisenach, où se trouve Iena.

La Principauté de Gotha est entre Eisenach & Erfurt.

La Principauté d'Altenbourg, au Sud de Leipsick, appartient au Duc de Saxe-Gotha.

La Principauté de Querfurt est à l'Ouest de Leipsick.

Le Duché de Poméranie est au Nord, sur le bord de la mer: il est partagé entre le Roi de Suède & le Roi de Prusse.

1°. Le Roi de Suède possède les villes de Stralsund, capitale; de Wolgast, au Sud-Est; de Berghen, dans l'île de Rugen, &c.

2°. Le Roi de Prusse possède les villes de Stettin, capitale, sur l'Oder; d'Anclam, au Nord-Ouest; de Stargard, de Golnow, de Camin, de Treptow, de Coslin, de Colberg, de Rugenwald, avec les îles de Wollin & d'Usedom.

La Principauté d'Anhalt est partagée entre quatre branches, dont l'aînée a droit de suffrage: on y trouve Deslaw & Bernbourg.

Le Comté de Schwartzbourg est au Sud.

Le Comté de Mansfeld, près d'Anhalt.

Les Comtés de Stolberg & de Vernigerode, au N. O. (2).

---

(1) Il ne faut pas confondre cette ville avec une autre de même nom, capitale de la Prusse, & appartenant au même Souverain. Ce nom signifie Mont-Royal, ou Mont-Real.

(2) Ce dernier n'a pu être indiqué sur la Carte.

Entre les Seigneuries, on trouve celle de Gera, au Nord-Ouest de Zwicka.

IV. Le Cercle du BAS-RHIN est aussi appelé Cercle électoral, parce qu'il renfermoit quatre Electorats. Il n'en contient plus que trois (1).

1°. L'Électorat de Mayence, Archevêché, sur le Rhin, en face de l'embouchure du Mein : de lui, dépendent Erfurt, enclavée dans la Turinge, & le pays d'Eizchfeld.

2°. L'Electorat de Trèves est divisé en haut & bas Archevêché : dans le haut, est Trèves, sur la Mozelle ; dans le bas, est Coblentz, au confluent de la Mozelle & du Rhin.

3°. L'Électorat de Cologne ne renferme pas la ville qui lui donne son nom : elle est libre. Bonn est la résidence de l'Archevêque. Cet Electorat comprend de plus le Comté de Reklighausen & le Duché de Westphalie, où est Arensberg : ces deux États sont en Westphalie.

4°. Le Palatinat du Rhin, qui étoit ci-devant Électorat, est séparé par le Rhin en partie orientale & en partie occidentale. Ses principales villes sont Manheim, où résidoit l'Électeur ; & Heidelberg, renommée par la grandeur des tonnes qui s'y voient.

V. Le Cercle de HAUT-RHIN renferme un très-grand nombre d'États. Les plus considérables sont :

1°. La Hesse, divisée en haute, où est le Bailliage de Marbourg, capitale, Giessen ; & en basse, où est Cassel, au Nord, résidence du Landgrave de Hesse.

2°. Plusieurs États à la Maison de Nassau.

3°. Le Comté de Hanau.

4°. Le Duché des Deux-Ponts, au Sud-Ouest, tout près de la France.

5°. L'Abbaye de Fulde, &c. &c.

6°. Les villes Impériales de Worms, Spire, Francfort sur le Mein, Friedelberg, Wetzlar & Gelnhausen.

(1) On en verra ci-après la raison.

VI. Le Cercle de Franconie est un des moins étendus : il comprend des États Ecclésiastiques & des États Laïques : ces derniers sont divisés en Principautés, Comtés, Villes libres.

1°. Les États Ecclésiastiques sont : 1°. l'Évêché de Bamberg, sur le Rednitz, près de son embouchure dans le Mein ; 2°. l'Evêché de Würtzbourg, à l'Ouest, sur le Mein ; 3°. l'Évêché d'Eichstœdt, écrit aussi Aichtet.

2°. Les Principautés sont celles....... de Culmbach, où sont Bayreut, résidence des Margraves, & Culmbach, au Nord-Ouest, sur le Mein-blanc.... d'Anspach, ou d'Onolzbach, dans la partie méridionale, sur la basse Retzat..... de Henneberg, partagée en Henneberg-*Schleusingen* (à l'Électeur de Saxe), Henneberg-*Schmalkenden* (au Landgrave de Hesse), Henneberg-*Roëmhild*, partagée entre deux Princes de Saxe : Henneberg n'est plus qu'un village.... celle de Schwarzenberg, au Sud-Est de Bamberg.... de Lœwenstein-Wertheim, à l'Ouest ; & celle de Hohenlohen, au Sud-Ouest (ces deux dernieres n'ont pu être indiquées sur la Carte).

Les Comtés sont en trop grand nombre pour être indiqués ici.

Les villes Impériales sont : Nuremberg, au S. E. ; Rotenbourg, vers l'Ouest ; Windsheim, vers le Nord-Est ; Schweinfurt, vers le Nord-Ouest, sur Mein, où se tiennent ordinairement les assemblées de la Noblesse ; & Weissembourg, au Sud-Est, sur l'Altmuht, près d'Aichtet.

VII. Le Cercle de SOUABE, qui avoisine l'Alsace, a ses États distribués en cinq classes ; savoir : les Princes Ecclésiastiques, les Princes Séculiers, les Prélats, les Comtes & Seigneurs, & les villes Impériales : c'est celui de tous qui comprend un plus grand nombre d'États de l'Empire : on en compte jusqu'à 97.

1°. Les Principautés Ecclésiastiques sont : les Evêchés..... de *Constance*, au Sud-Ouest, sur le Bodensée ; (1)..... d'Ausbourg à l'Est ;.... la Prévôté d'Ellwangen.

2°. Les principales Principautés Séculières sont : le Duché de

(1) La ville appartient à la Maison d'Autriche.

Wirtemberg ou Würtemberg, où se trouvent Stutgard, capitale, peu éloignée du Neker; & Tubingen, au Sud.... le Margraviat de Bade-Bade, où sont Bade & Rastatt; le Margraviat de Bade-Dourlach, où est Dourlach; & quelques autres Principautés moins considérables, entre lesquelles il faut distinguer cependant Furstemberg, au Sud.

3°. Les principales villes Impériales sont: Ausbourg, à l'Est.... Ulm, sur le Danube..... Hall & Hailbron, au Nord.... Nordlingen, au N. E..... Donavert, enclavée dans la Bavière, Memmingen, Kempten & Lindaw, au Sud-Est.... Rotweil, vers le Sud-Ouest.

N. B. La Maison d'Autriche possède en Souabe une fort grande étendue de pays: au Nord de la Suisse, les quatre villes forestières, telles que Rhinfeld, &c.; & le long de l'Alsace, celles de Brissac, Fribourg, Offenbourg, &c.

VIII. Le Cercle de BAVIÈRE renferme des États divisés en deux classes, le Banc Ecclésiastique & le Banc Séculier.

1°. Les États Ecclésiastiques sont.... l'Archevêché de Salzbourg, au Sud-Est, sur la Salzach, où est aussi Radstadt..... l'Évêché de Freysingen, vers l'Ouest, sur l'Iser.... l'Évêché de Ratisbonne, sur le Danube.... l'Évêché de Passaw ou Passau, au confluent de l'Inn & du Danube, à l'Est.... une Prévôté & quelques Abbayes.

2°. Les États Séculiers sont: I. le Duché de Bavière, renfermant, 1°. la *Haute*-Bavière, où sont Munich, capitale, sur l'Iser; Donavert, Ingolstadt & Abensberg, au Nord-Ouest & au N.... Wasserbourg & Hern-Chiemsée, au Sud: cette dernière est dans une petite île du lac; & Burghausen, au Nord-Est du lac; 2°. la *Basse*-Bavière, où sont Landshut, sur l'Iser; Straubing, sur le Danube; & Cham, sur le Regen..... II. Le Haut-Palatinat de Bavière, occupant la partie septentrionale du Cercle: on y trouve Amberg, capitale du Duché, sur la Vils...... III. Les Principautés de Neubourg, à l'Ouest, sur une hauteur, près du Danube; & de Sulzbach, au Nord-Ouest d'Amberg..... IV. La ville Impériale de Ratisbonne, appelée Régensbourg sur quelques Cartes allemandes, parce que la rivière de Regen se jette près de-là dans le Danube.

IX. Le Cercle D'AUTRICHE renferme, 1°. l'Autriche, ... le pays au dessous de l'Ens, où est VIENNE, sur le bras droit du Danube; Neustadt, sur la Leitha..... le pays au dessus de l'Ens, où est Linz..... 2°. le Duché de Stirie, où sont Gratz, capitale, sur le Muehr; Judenbourg, sur la même rivière; Seccau, au Sud de Gratz; & Cilley, autrefois Comté.... 3°. le Duché de Carinthie, où sont Clagenfurt, près d'un petit lac; Gurk, Évêché; Villach, à l'Ouest du lac... 4°. le Duché de Carniole, où sont Laubach ou Laybach, sur une rivière du même nom; & Metling, au S. E... 5°. l'Istrie, sans lieu considérable..... 6°. le Frioul autrichien, où se trouvent Goritz, Archevêché; Idria; &, dans la partie appelée le *Littorale*, Aquilée, qui se rétablit; Trieste, à l'Est; & Fiume, au Sud, près de la Morlaquie.

Dans la partie occidentale du Cercle d'Autriche, est le Comté de Tyrol. On y trouve Insprück, capitale, sur l'Inn; Hall, Kufstein, au Nord; & Sterzingen au Sud..... l'Évêché de Brixen, & celui de Trent, sur l'Adige. Bolzano, ville du Tyrol, est peu éloignée au Nord.

J'ai parlé des possessions de l'Autriche, en Souabe.

Remarques.

Ce vaste pays, connu autrefois sous le nom de Germanie, étoit anciennement divisé en un grand nombre d'Etats indépendans, dont quelques-uns même s'étoient rendus depuis long-tems assez considérables. Vers l'an 390 avant J. C., quelques colonies de Gaulois y pénétrèrent sous la conduite de Ségovèse, & s'y établirent. L'an 25 avant la même Ere, au tems d'Auguste, les Romains remportèrent plusieurs avantages sur les Germains. L'an 12 de l'Ere vulgaire, Drusus défit les Rhétiens, les Vindélicises & les Noriques; &, l'an 16, Germanicus soumit les Angrivariens, les Chérusques & les Cattes. L'an 177, Marc-Aurèle eut quelques avantages sur les Marcomans. Ces conquêtes furent augmentées en 276, par Probus. Mais, sur la fin du troisième siècle, les Romains perdirent toutes leurs possessions en Germanie.

En 432, les Huns, nation tartare, que Tewhyen, Général chinois, avoit chassée des frontières de la Chine, passés enfin en Europe, s'emparèrent d'une partie de la Germanie & des pays qui la précèdent à l'Orient. Leur conquête s'étendoit depuis le Tanaïs, ou Don, jusqu'au Danube & au Rhin. Ils ne restèrent pas en possession de ces vastes pays.

En 771, Charlemagne soumit plusieurs nations germaniques : il défit les Saxons en 772, qui furent entièrement réduits en 785, & contraints d'embrasser la Religion Chrétienne. Il soumit, en 788, le Duc de Bavière, & se vit alors maître de la Germanie.

A la mort de Louis-le-Débonnaire, son fils, la Germanie fut séparée de la France, dont Charles-le-Chauve fut Roi, tandis que Lothaire fut reconnu Empereur de la Germanie. La Race Carlovingienne s'y maintint jusqu'en 911, qu'elle finit en la personne de Louis IV. Alors l'Empire devint électif. Conrad, Duc de Franconie & de Hesse, fut élevé à la dignité impériale, & peut être regardé comme le premier Empereur d'Allemagne. En 1273, Rodolphe, Comte de Hapsbourg, premier Prince de la Maison d'Autriche, fut reconnu Empereur. En 1519, l'Empire fut uni à l'Espagne dans la personne de Charles-Quint ; mais cette union cessa après son abdication, en 1556. La Maison d'Autriche étoit en possession de l'Empire, sans interruption, depuis l'an 1438, lorsque Charles VI mourut en 1740.

En 1742, l'Electeur de Bavière fut élu Empereur, sous le nom de Charles VII. Sa mort, arrivée en 1745, ouvrit le chemin à l'Empire à François I, Grand-Duc de Toscane, & époux de Marie-Therèse d'Autriche, fille de Charles VI. Le Prince Joseph II, leur fils, lui a succédé en 1765.

Le Gouvernement du Corps Germanique, ou de l'Allemagne, ne ressemble à aucun autre de l'Europe.

La première personne de l'Empire est l'Empereur, qui est le Chef suprême du Corps Germanique.

La seconde est le Roi des Romains, élu du vivant de l'Empereur, & héritier présomptif de la Couronne.

Après ces deux Princes, sont les *Electeurs*, c'est-à-dire, ceux qui ont le droit d'élire l'Empereur & le Roi des Romains. Il y en a *trois* Ecclésiastiques & *cinq* Laïques : ci-devant, il y en avoit *six*.

Les trois Electeurs Ecclésiastiques sont les Archevêques de Mayence, de Trèves & de Cologne.

Les cinq Electeurs Laïques sont le Roi de Bohème (1), le

(1) C'est aujourd'hui l'Empereur qui est Roi de Bohème, ce Royaume faisant partie des biens de sa Maison. Il est représenté dans les Elections par son Ambassadeur ; mais au couronnement, c'est le Comte d'Althan qui le représente & fait l'office d'Archi-Echanson.

Duc régnant de Bavière, le Duc de Saxe, aîné de la branche Albertine; le Marquis de Brandebourg, chef de la branche aînée; & le Duc de Brunswick-Lunebourg, aîné de la ligne d'Hanovre (1).

Chacun de ces Électeurs se fait honneur de posséder, comme étant les plus grandes dignités de l'Empire, chacune des charges suivantes.

L'Electeur de Mayence est Archichancelier de l'Empire en Germanie, &, en cette qualité, il dirige le Collège Electoral.

L'Electeur de Trèves est Archichancelier du S. Empire Romain dans les Gaules & dans le Royaume d'Arles, titre qui n'emporte avec soi, comme on le sent bien, aucune fonction.

L'Électeur de Cologne est Archichancelier du Saint Empire en Italie, titre qui ne donne pas plus de fonctions que le précédent.

Le Roi & Électeur de Bohème est Archi-échanson de l'Empire: il a le pas sur les autres Électeurs Laïques.

L'Électeur de Bavière est Archisénéchal, ou Archimaître-d'Hôtel du Saint Empire Romain.

L'Électeur de Saxe est Archimaréchal du Saint Empire.

L'Electeur de Brandebourg est Archichambellan.

L'Electeur de Hanovre, qui n'avoit que le titre d'Architrésorier tant que l'Électeur Palatin en avoit la charge, depuis la suppression de ce dernier, a réuni les fonctions au titre.

N. B. Depuis 1714, la branche aînée de cette Maison est en possession de la Couronne d'Angleterre.

(1) Il y avoit ci-devant un sixième Electorat Laïque; c'étoit l'Électorat Palatin du Rhin, dont l'Électeur étoit de la même Maison que l'Électeur de Bavière. A la mort de Maximilien Joseph, en 1777, Electeur de Bavière, il appela à sa succession l'Electeur Palatin du Rhin, qui devint Electeur Palatin de Bavière, & son Electorat du Rhin fut supprimé. Ainsi, le nombre des Electeurs fut réduit de neuf à huit. Et comme la Maison des Deux Ponts est une branche de la Maison Palatine, & que l'Electeur Palatin de Bavière n'a pas d'enfans, le Duc des Deux-Ponts, qui se trouve être son plus proche parent, quoique d'un dégré très-éloigné, est appelé de droit à lui succéder dans sa dignité électorale, aussi bien que dans ses domaines.

Les

Les affaires générales du Corps Germanique se décident à des Diètes, où chaque *Etat de l'Empire* a ses Représentans. On appelle *Etat* le Prince ou la Ville qui possède un Domaine, & qui a voix aux Diètes.

Ces Etats forment trois divisions, que l'on nomme *Collèges*, & que l'on divise par *bancs*, parce qu'en effet les Députés y sont sur une sorte de siège qui porte ce nom.

Le premier Collège est celui des Electeurs; il n'a qu'*un banc*.

Le second est celui des Princes, des Ducs, &c.; il a *neuf* bancs.

Et le troisième est celui des Villes, que l'on appelle *Impériales*, parce qu'elles ne dépendent que de l'Empire : ce Collège a *deux* bancs.

Les Etats qui ont voix montent à 271, & forment 149 suffrages, selon quelques Auteurs, car il y en a qui prétendent que c'est un peu moins.

Les deux grands Tribunaux de l'Empire sont la *Chambre Impériale* & le *Conseil Aulique*.

La Religion Catholique est suivie dans le Cercle d'Autriche, les Électorats de Bavière, de Mayence, de Cologne & de Trèves, & dans les Etats Ecclésiastiques, formant sept Archevêchés & 32 Evêchés (1).

La Luthérienne domine dans les Cercles de Haute & Basse-Saxe, & dans une bonne partie de ceux de Westphalie, de Franconie, de Souabe, & dans la plupart des Villes Impériales.

Le Calvinisme est professé dans les Etats de l'Electeur de Brandebourg, du Landgrave de Hesse-Cassel, & dans ceux de plusieurs autres Princes.

---

(1) Il y avoit autrefois 8 Archevêchés & 48 Evêchés. Ceux qui ont quitté l'Eglise Romaine ont été sécularisés, excepté l'Evêque de Lubeck, qui est Luthérien.

§. VI.

De la Bohème, de la Moravie, de la Lusace & de la Silésie.

Bohème.

On croit que le nom de Bohème s'est formé de celui de *Boïens*, peuple gaulois qui s'établit en ce pays environ 600 ans avant Jésus-Christ.

Ce pays est froid : cependant en général les campagnes y sont très-belles. Il produit peu de vin ; mais on y recueille des grains assez abondamment. Il s'y trouve des mines de plomb, d'argent, de cuivre, &c.

On donne à la Bohème environ 900 milles carrées d'étendue (1). On y compte 151 villes, 367 bourgs tenant marchés, 6000 villages, & environ deux millions d'habitans.

Ce pays se divise en douze cercles, outre les deux villes territoriales de PRAGUE, capitale, sur la Muldaw, & d'Egra, à l'Ouest, sur l'Éger. Ce sont ceux :

1°. De Leitmeriz, ou Litomierzice, sur l'Elbe.

2°. De Kœnigingrœtz, au confluent de l'Adler & de l'Elbe.

3°. De Boleslow, sur l'Iser.

4°. De Chrudira, sur la Krudimka.

5°. De Czaslaw, à l'Ouest du précédent.

6°. De Kaurzim, vers le Nord-Ouest du précédent.

7°. De Beraun, uni avec l'ancien cercle de Muldaw.

8°. De Bechin, où sont Bechin, Tabor, Budweis & Roseaberg.

9°. De Prachin, où sont les villes de Piseck, capitale, & de Pracatiz.

10°. De Pilsen, capitale; Pilsen ou Pisna.

11°. De Rakownitz, uni avec Slan, ou Schlan, à l'Ouest de Prague.

12°. De Saaz, réuni avec Elnbogen.

(1) Les milles de Bohème sont d'environ 3545 toises, ce qui fait à Paris une lieue & demie.

Remarques.

On n'a rien de certain ſur l'hiſtoire de la Bohème avant l'année 596, que Mnatho en fut Duc. Les Princes de ce pays eurent des guerres ſanglantes contre les Rois de France de la ſeconde Race; mais ils maintinrent toujours leur indépendance. En 1199, Przemiſlas reçut le titre de Roi, qu'il tranſmit à ſes ſucceſſeurs. En 1383, Sigiſmond, Roi de Bohème, devint Empereur d'Allemagne: mais en 1440, ce Royaume étoit déja indépendant de l'Empire, puiſqu'on le trouve ſoumis à Uladiſlas, Roi de Hongrie. Il fut, en quelque ſorte, réuni à l'Allemagne en 1536, dans la perſonne de l'Empereur Ferdinand. Ce Prince avoit épouſé Anne, ſœur de Louis II, Roi de Bohème & de Hongrie: il rendit ce Royaume héréditaire, & le fit paſſer dans la Maiſon d'Autriche. En 1617, Fréderic, Electeur Palatin, accepta le titre de Roi de Bohème, que le peuple révolté lui offrit; ce qui occaſionna une guerre conſidérable, juſqu'en 1620, que Fréderic fut chaſſé & le peuple ſoumis. La poſſeſſion de la Bohème par la Maiſon d'Autriche, commencée, comme je viens de le dire, en la perſonne de Ferdinand I, fut confirmée par le Traité de Weſtphalie, en 1648: & comme la Maiſon de Lorraine a ſuccédé aux droits de cette Famille éteinte, en la perſonne de l'Impératrice Thérèſe d'Autriche, l'Empereur Joſeph II eſt aujourd'hui Roi de Bohème.

Depuis 1208, le Roi de Bohème a la dignité d'Electeur; elle lui fut accordée par l'Empereur Othon.

Les grands Seigneurs ſont preſque autant de deſpotes dans ce pays, & preſque tous les peuples y ſont ſerfs. Cette eſpèce de ſervitude, ſelon le caractère des Seigneurs, va dans quelques endroits juſqu'à l'eſclavage.

Moravie.

Cette Province eſt à l'Eſt de la Bohème, & appartient, comme elle, à la Maiſon d'Autriche. On la diviſe en ſix cercles.

1°. Celui d'OLMUTZ, capitale, ſur la Morava.
2°. Celui de Peraw, à l'Eſt.
3°. Celui de Hradiſte, au Sud-Eſt, ſur la Morava.
4°. Celui de Brünn, au Sud.
5°. Celui de Znaïm, vers le Sud-Eſt.
6°. Celui d'Iglau, au Nord-Oueſt.

Remarques.

Les anciens habitans de ce pays furent des Quades & des Marcomans, chassés ensuite par les Slaves. Ces derniers formèrent un Etat puissant, dont la Moravie faisoit partie. Elle fut depuis jointe à la Bohème, & soumise aux Rois de ce pays. L'Empereur Henri IV donna, en 1085, à la Moravie, le titre de Marquisat, & elle eut des Marquis ou Margraves particuliers; usage qui n'a plus eu lieu depuis le Roi Mathias.

Lusace.

La Lusace forme un petit pays au Nord de la Bohème; on la divise en *Haut* Margraviat, où sont les cercles de Budissin, sur la Sprée, & de Gœrlitz ou Gorlitz, sur la Neiss; & en *Bas* Margraviat, où sont les cercles de Luckau, de Guben, de Lübben, de Kalau & de Sprenberg, sur la Sprée.

Remarques.

La Haute-Lusace appartenoit autrefois à la Bohème. En 1623, la Haute & la Basse furent engagées à l'Electeur de Saxe, pour 72 tonnes d'or; &, par la Paix de Prague, en 1635, on lui en fit la cession. Mais elles sont séparées des pays héréditaires de l'Electorat.

Silésie.

La Silésie, partagée, à-peu-près, en deux parties par l'Oder: est inclinée du Sud-Est au Nord-Ouest, entre la Bohème & la Moravie, au Sud-Ouest, & la Pologne au Nord-Est. On la divise en Silésie Autrichienne & Silésie Prussienne.

Dans la Silésie Autrichienne, on trouve les Principautés de Teschen (1); de Jægerndorf ou Jagerndof, en partie; de Troppau, en partie; & de Grottkau, aussi en partie.

La Silésie Prussienne se divise en haute, moyenne & basse,

(1) Cette Principauté a été donnée en fief au Prince de Saxe, qui a épousé une Archiduchesse, & qui porte le titre de Prince de Teschen. On annonce dans le *Mercure de France* du 2 Juillet 1785, que cette Province vient d'être réunie à la Gallicie.

on y trouve les Souverainetés de BRESLAU, capitale, sur l'Oder; de Lignitz; de Jauer; de Schweidnitz; de Brieg; d'Oels; de Wohlaw; de Glogau; de Sagan; de Munsterberg, au Sud-Ouest de Breslau; l'autre partie de Jagerndorf & de Troppau, & de Grottkau, ou Neiss; Oppeln, sur l'Oder; Ratibor, aussi sur l'Oder, & de Carolath, au Nord-Est de Glogau. Le même Prince y possède aussi plusieurs Seigneuries.

Remarques.

La Silésie étoit au pouvoir des Slaves lorsqu'elle fut réunie à la Pologne. La Langue & les usages de ce Royaume s'y introduisirent insensiblement, & la Religion Chrétienne y fut affermie, lorsque Mircislas I y fonda un Evêché. Ce pays fut depuis divisé entre plusieurs Princes de la Famille royale de Pologne. Mais Jean, Duc de Bohème, les soumit presque tous en 1327; &, en 1357, toute la Silésie fut réunie par le mariage de Charles IV, Empereur, successeur & fils de Jean. Les Rois de Pologne renoncèrent à leurs droits sur la Silésie. Elle eut beaucoup à souffrir des troubles excités à l'occasion des nouvelles Sectes qui s'élevèrent en Allemagne. Enfin, en 1740, le Roi de Prusse forma, sur une grande partie de la Silésie, des prétentions qu'il appuya d'une grande armée. La Reine de Hongrie & de Bohème, Marie Thérèse, fille & héritière de l'Empereur Charles VI, lui accorda ce qu'il desiroit par la Paix de Breslau, en 1742. Deux autres guerres, terminées par les traités de 1745 & de 1763, ont depuis porté la désolation dans ce même pays, sans pourtant rien changer à son état politique. Il est resté ce qu'il étoit, à très-peu de chose près, en 1742.

§. VII.

De la Hongrie.

La Hongrie est au Sud-Est de l'Allemagne. En général, ce pays est froid & mal-sain Le terroir y est fertile en grains, en vins & en fruits. Il y a beaucoup de mines d'or, d'argent, de cuivre, de fer & de mercure : c'est de ce pays que vient l'excellent vin de Tokai.

Les principales rivières sont :

Le *Danube*, qui entre dans le pays par l'Ouest; & la *Teisse*, ou *Theysse*, qui y coule du Nord-Est, & se rend dans le Danube.

Ce Royaume renferme, 1°. la Hongrie haute & basse; 2°. la

Tranfilvanie; 3°. l'Illyrie Hongroife, comprenant l'Efclavonie la Croatie, & une partie de la Dalmatie.

PRESBOURG, fur *le Danube*, eft la capitale de la Haute-Hongrie & de tout le Royaume : elle a un Château très-fort, & une belle Place publique.

Bude, auffi fur *le Danube*, eft la capitale de la Baffe-Hongrie : les édifices publics y font fort beaux.

Remarques.

La Hongrie occupe une partie confidérable de l'ancienne Pannonie, qui avoit été foumife par Tibère, 11 ans avant J. C. Les Huns s'en emparèrent en 376, & en furent chaffés, vers l'an 460, par les Gépides, qui fe foumirent aux Lombards, en 526. Juftinien avoit permis à ces derniers de s'établir dans cette contrée. Mais, en 568, ayant pénétré en Italie, ils abandonnèrent ce pays aux Huns, qui en reftèrent les maitres jufqu'en 794, qu'ils en furent chaffés par Charlemagne.

Vers l'an 891, on trouve que des peuples appelés Hongrois s'établirent dans ce pays. Ils étoient indépendans. Selon quelques Auteurs, leur premier Roi fut Saint Etienne, qui régna en 1000. Selon d'autres, en 920 ils étoient gouvernés par Taxis, père de Geifa, qui eft le premier Roi de ce pays qui ait embraffé la Religion Chrétienne. Sa poftérité y régna jufqu'en 1302, que Charles Martel, fils de Charles, Roi de Naples, & de Marie, fille d'Etienne IV, Roi de Hongrie, fuccéda à la Couronne, en partie par élection, en partie à titre d'héritage. En 1383, l'Empereur Sigifmond, Roi de Bohême, devint Roi de Hongrie, par les droits de fa femme. Mais en 1438, ce Royaume redevint de nouveau indépendant fous le règne d'Uladiflas. En 1540, Soliman, Sultan des Turcs, s'empara de la meilleure partie de cette contrée, & l'Empereur Ferdinand fe faifit du refte. Ce Prince, époux d'Anne, fœur de Louis II, fit valoir ce titre. Depuis ce tems, jufqu'en 1587, que le Royaume fut déclaré héréditaire à la Maifon d'Autriche, il s'eft donné bien des combats, il a coulé bien du fang.

Il y eut plufieurs guerres entre les Allemands & les Turcs. En 1739, ces derniers cédèrent leurs prétentions & leurs conquêtes fur la Hongrie à l'Empereur ; mais ils retinrent & pofsèdent encore Belgrade, qui eft leur dernière place de ce côté. C'eft l'Empereur Jofeph II qui eft aujourd'hui Roi de Hongrie.

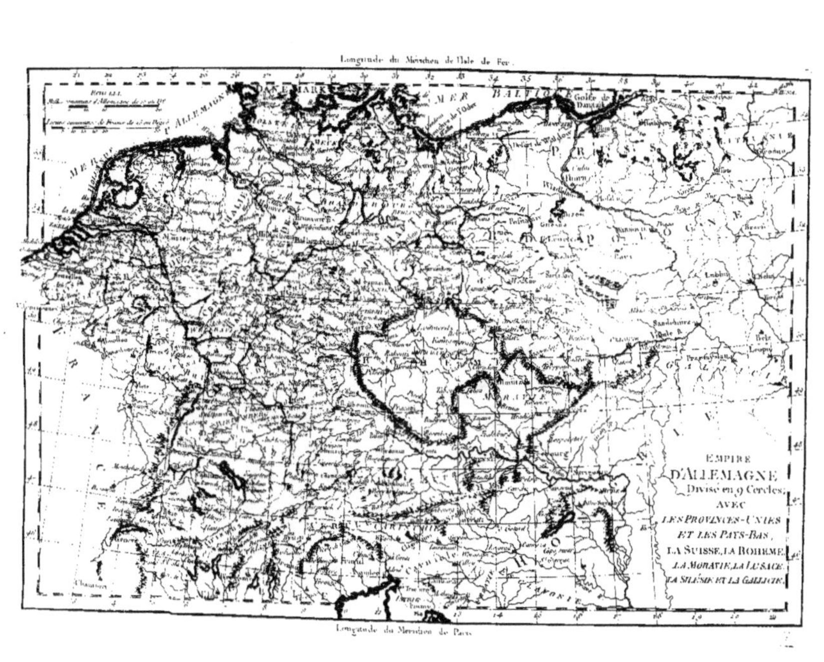
Longitude du Méridien de l'Isle de Fer.
EMPIRE
D'ALLEMAGNE
Divisé en 9 Cercles;
AVEC
LES PROVINCES-UNIES
ET LES PAYS-BAS,
LA SUISSE, LA BOHEME,
LA MORAVIE, LA LUSACE,
LA SILÉSIE ET LA GALLICIE.
MER BALTIQUE
DANEMARK
POLOGNE
Longitude du Méridien de Paris.

§. VIII.

De la Pologne.

Ce Royaume, ſitué à l'Eſt de l'Allemagne, eſt très-vaſte; l'air y eſt plus froid que chaud, mais il eſt ſain, & le terroir y eſt fertile, ſur-tout en bled. Il y a des mines de ſel très-abondantes.

Les principales rivières ſont la *Wiſtule*, à l'Oueſt, qui coule du Sud au Nord, & ſe rend dans la Mer Baltique; & le *Dniéper*, à l'Eſt, qui coule au Sud, & ſe rend dans la Mer Noire.

On peut conſidérer dans la Pologne, 1°. ce qui conſtitue eſſentiellement le Royaume, ou, ſi l'on veut, la République de Pologne; 2°. Ce qui appartient à la Ruſſie; 3°. ce qui appartient au Roi de Pruſſe; 4°. ce qui appartient à l'Empereur.

Le Royaume de Pologne renferme la Pologne proprement dite, & la Lithuanie; la Pologne ſe diviſe en *Grande* & en *Petite* Pologne. C'eſt dans la Grande Pologne qu'eſt VARSOVIE, capitale de tout le Royaume; dans la Petite eſt Cracovie.

La Pologne Ruſſe renferme cinq Palatinats. La principale ville eſt Mohilaw.

La Pologne Pruſſienne renferme trois Palatinats & un Évêché: on y trouve *Dantzick*, ville libre.

La partie qui appartient à l'Empereur renferme la Gallicie, où ſe trouve Lamberg, appelée en polonois Lwow. Dans le Mercure du 2 Juillet 1785, on rapporte que la Gallicie renferme 2442 biens domaniaux, 747 villes, bourgs ou villages, & 343101 habitans, dont 44400 ſont Juifs.

La Lithuanie eſt une grande Province, ſituée à l'Orient, ou plutôt vers le Nord-Eſt. Ce pays eſt fort couvert de forêts & de lacs; de-là vient qu'il n'eſt ni fertile ni peuplé.

La capitale eſt Wilhna, en polonois, Vilna; grande, mais mal bâtie.

Remarques.

La Pologne fut anciennement occupée par les Vandales. Le premier Duc que l'on y trouve eſt Luchus, ou Leck, que l'on croit avoir régné vers 550. Sa poſtérité s'étant éteinte en 800, Piaste fut reconnu Duc de Pologne. En 1000, l'Empereur Othon érigea ce Duché en Royaume, en faveur de Boleslas; & en 1059, Boleslas II ajouta à son Royaume la Russie-rouge, par son mariage avec la Princesse Viceslava, héritière de ce Duché.

Ce Royaume a souffert, il y a quelques années, un démembrement en faveur de l'Empereur, de la Russie & de la Prusse. Ce changement est arrivé à la suite de forts grands troubles qui avoient désolé l'Etat.

La royauté y est élective; mais l'autorité du Roi y est modérée par celle du Sénat, & par les Diètes dans lesquelles un seul Gentilhomme, ayant dit *veto* (je m'oppose) peut tout arrêter. On voit que ce Gouvernement est de ceux que l'on nomme *mixtes*.

On compte quatre classes de Princes ou de Rois en Pologne depuis Leck I, Duc, vers l'an 550.

Stanislas-Auguste Poniatowski, Roi actuel, est depuis 1764 sur le trône.

La Lithuanie eut ses Souverains indépendans jusqu'en 1396, que le Duc Jagellon, étant devenu Roi de Pologne, par son mariage avec Hedwige, fille aînée du Roi Louis, unit ce Duché à la Pologne. Cette union fut confirmée en 1501, par le Duc Alexandre, qui succéda aussi à la Couronne de Pologne.

§. IX.

De la Prusse.

La Prusse forme un très-petit État au Nord d'une partie de la Pologne, sur les bords de la Mer Baltique.

Comme il y croît beaucoup de bois, qu'il y a beaucoup de lacs, ce n'est qu'en quelques endroits que le pays produit des grains, du lin, du chanvre, &c.

KÖNISBERG, capitale & port, est un peu au dessous de l'embouchure du *Prégel*. Cette ville est grande, bien bâtie, & partagée en trois parties.

Remarques.

Les Prussiens ou Bonissiens ne formèrent un corps de nation qu'en 1007, qu'ils se soumirent à leurs propres Ducs. Après de sanglantes guerres, ils furent conquis par les Chevaliers de l'Ordre Teutonique, en 1228. Les Polonois s'emparèrent, en 1454, de la partie occidentale de ce pays, & de la partie orientale, en 1525. Cette

Cette dernière partie fut cédée la même année à Albert, Marquis de Brandebourg, & Grand-Maître de l'Ordre Teutonique. Il reçut en même-tems le titre de Duc de Prusse, sous la condition d'en faire hommage à la Pologne. En 1683, la Pologne reconnut l'indépendance de ce Duché : &, en 1701, l'Electeur Fréderic, Prince de la même Maison, se couronna lui-même Roi de Prusse ; en 1713, à la paix d'Utrecht, ce titre fut reconnu des autres Etats de l'Europe, excepté de la Pologne, qui ne reconnoît un Roi de Prusse que depuis 1764.

Charles-Fréderic, aujourd'hui régnant depuis 1740, est le troisième Roi de ce pays.

ARTICLE III.

Des États du Midi.

§. Ier.

Du Portugal.

LE Portugal est à l'Ouest d'une partie de l'Espagne, & s'étend du Nord au Sud d'environ 125 lieues : sa plus grande largeur n'est guères que de 50.

Le climat y est chaud, la terre plus fertile en fruits qu'en grains, & l'on y exploite des mines de plomb, de fer, d'alun, &c.

Son principal fleuve est :

Le *Tage*, qui le traverse de l'Est à l'Ouest.

Ce Royaume se divise en six Provinces principales plus ou moins étendues. Ce sont, en allant du Nord au Sud :

1°. La Province entre Douro & Minho ; *capitale*, Braga.
2°. Tra-los-Montes ; *capit.* Miranda.
3°. Le Beyra ; *capit.* Coïmbra.
4°. L'Estramadure, *capitale*, LISBONNE.
5°. L'Alentejo, *capit.* Évora.
6°. Le Royaume d'Algarve, *cap.* Tavira.

LISBONNE, capitale & port, à l'embouchure du *Tage* : elle est bâtie sur un terrein inégal, est grande, & d'un aspect agréable ;

mais elle n'a pas encore recouvré la beauté extérieure qu'elle avoit avant le tremblement de terre de 1755, qui l'a renversée presque toute entière.

Remarques.

Les anciens habitans de ce pays étoient, en grande partie, compris sous le nom de Lusitaniens. Ils se soumirent aux Romains vers l'an 250 avant Jésus-Christ. Les Alains s'y établirent vers l'an 409 de notre Ere. En 457, ils en furent chassés par les Suèves, qui le furent à leur tour par les Goths en 585. Vers l'an 714, les Sarrasins, peuple arabe, venu d'Afrique, s'emparèrent du Portugal: mais vers l'an 1080, il commença à être repris sur eux par le Comte Henri de Bourgogne, descendant de Hugues Capet par son fils Robert. Alphose, Roi de Léon, avoit donné sa fille en mariage à Henri, avec quelques territoires voisins du Portugal, lui assurant, de plus, la propriété de tout ce qu'il pourroit conquérir sur les Sarrasins.

Alfonse, fils de Henri, prit le titre de Roi, & conquit Lisbonne en 1146: il reprit presque tout le Portugal sur les Maures. Après la mort du Roi Henri, en 1580, Philippe II, Roi d'Espagne, s'empara du Portugal. Mais en 1640, le Duc de Bragance le recouvra sur les Espagnols, & fut couronné Roi, sous le nom de Jean IV. Cet Etat a depuis conservé son indépendance. La Reine Marie-Françoise Elisabeth, aujourd'hui sur le trône, y est montée le 24 Février 1777.

Le Gouvernement de Portugal est Monarchique, & les filles y succèdent à la couronne.

La Religion Catholique y est seule permise.

§. II.

De l'Espagne.

L'Espagne est bien plus considérable que le Portugal. Quoiquelle touche au 36e dégré de latitude, comme ce n'est presque qu'en un point, on ne peut guères compter son étendue que depuis le 37e jusqu'au 43 $\frac{1}{2}$, ce qui fait 6 dégrés ou 150 lieues du Sud au Nord. A la rigueur, elle touche presque à l'Ouest, au 9e dégré de longitude, & s'avance à l'Est jusqu'au 21; mais on ne peut guères compter pour son étendue que jusqu'au 18, ce qui doit faire 200 lieues.

L'air y est chaud, la terre fertile à sa surface, & féconde dans ſon intérieur ; car elle renferme des mines de toute eſpèce, & ſur-tout la plus riche mine de vif-argent connue. Elle eſt à Almaden.

Les fleuves les plus conſidérables ſont :

Le *Douro* & le *Tage*, qui coulent à l'Oueſt ; la *Guadiana* & le *Guadalquivir*, qui coulent au Sud ; & l'*Ebre*, qui ſe jette à l'Eſt dans la Méditerranée.

On diviſe ce pays en pluſieurs Provinces, dont quelques-unes ont conſervé le titre de Royaume, qu'elles portoient lorſque les Maures en étoient les maîtres.

Les diviſions actuelles (1) de l'Eſpagne ſont :

Au Nord,

La GALICE, dont la capitale eſt Santiago.

Le ROYAUME DE LÉON ; capitale, *Léon* : il s'étend depuis l'Eſtramadure au Sud, juſqu'à la mer au Nord. On y trouve, 1°. les Aſturies, capitale, *Oviédo* ; 2°. les territoires de *Valladolid*, de *Pallentia*, de *Zamora*, de *Toro* & de *Salamanque*, avec des capitales de même nom.

La VIEILLE CASTILLE, dont la capitale eſt *Burgos* : elle renferme, 1°. la montagne de *Saint Ander* & une partie du *Liévana* ; 2°. les territoires de *Burgos*, de *Soria*, de *Ségovie* & d'*Avila*, portant les noms de leurs capitales.

La BISCAÏE, qui ſe diviſe, en Seigneurie de Biſcaïe, capitale, *Bilbao*, en Guipuſcoa, & en Alava.

La NAVARRE, dont la capitale eſt *Pampelune.*

L'ARRAGON, dont la capitale eſt *Saragoce.*

---

(1) Je dis *actuelle*, pour que l'on ſe perſuade bien que l'on n'admet plus dans ce Royaume l'ancienne diviſion que l'on retrouve encore dans les Auteurs françois les plus modernes. Il n'y aura jamais juſteſſe & vérité dans les Livres ou ſur les Cartes de Géographie tant que l'on ne ſe conformera pas, pour chaque pays, aux diviſions & même à l'orthographe des noms qui y ſont adoptés.

A l'Eſt,

La CATALOGNE; capitale, *Barcelone*, port de mer.

Le Royaume de VALENCE, dont la capitale eſt *Valence*, ſur le Guadalquivir.

Le Royaume de MURCIE; capitale, *Murcie*, ſur la Segura.

Au Sud,

Le Royaume de GRENADE; capitale, *Grenade*.

L'ANDALOUSIE, renfermant trois diviſions qui répondent aux anciens Royaumes de *Séville*, de *Cordoue* & de *Jaën*. Séville, ſur le Guadalquivir, en eſt la capitale. C'eſt au Sud qu'eſt le port de Cadix.

Au Milieu,

La NOUVELLE CASTILLE, outre la ville & le territoire de Madrid, renferme les territoires de *Tolède*, & de *Cuenca* (prononcé *Couenca*), & au Sud, *la Manche*.

L'ESTRAMADURE, prononcé, Eſtramadoure; capitale, *Badajoz*.

Les principales villes de l'Eſpagne ſont:

MADRID, capitale, ſur *le Manzanarez*. C'eſt une grande ville fort peuplée, très-riche, & que les ſoins du Roi actuel ont rendue bien plus propre qu'elle n'étoit autrefois. Sa grande Place eſt d'un bel aſpect.

Tolède, ſur *le Tage*, eſt fort grande & bien peuplée. On n'y admire guères que le Palais de l'Archevêque & la Cathédrale.

Séville, ſur *le Guadalquivir*, eſt eſtimée la première ville d'Eſpagne pour ſon étendue & ſes beautés, & la ſeconde pour ſon commerce: elle eſt partagée en vieille & en nouvelle ville.

Cadix, port, au Sud, dans une île qui tient au Continent, eſt riche & célèbre par ſon commerce.

Remarques.

Il eſt probable que les premiers habitans de l'Eſpagne y vinrent de la Gaule par les Pyrenées: ils portoient le nom de Celtibériens. Des Phéniciens & des Grecs, puis des Carthaginois s'y rendirent par mer, à différentes époques. Ce pays étoit

Longitude du Méridien de l'Isle de Fer.

ESPAGNE MODERNE

où sont

1° les Divisions actuellement en usage dans ce Royaume.

2° les Canaux exécutés, ... projettés ...

1 Plan du Canal de Castille.
2 Canal Impérial ou Canal d'Aragon.
3 Canal de Tauste.
4 Canal de Manzanarès.
5 Canal de Lorca ou de Murcie.

FRANCE

OCÉAN

ESPAGNE

PORTUGAL

MER MÉDITERRANÉE

AFRIQUE

Minorque

Maillorque

Palma

Détroit de Gibraltar

Longitude du Méridien de Paris

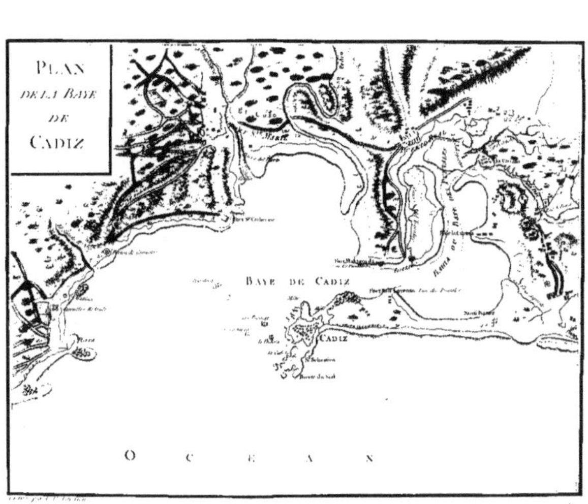
PLAN
DE LA BAYE
DE
CADIZ
BAYE DE CADIZ
CADIZ
O C E A N

appelé par les Romains Hispanie. Après la première guerre punique depuis l'an 225 avant J. C. jusqu'en 209, les Carthaginois continuèrent leurs conquêtes en Espagne; mais ils en furent chassés par les Romains vers l'an 206. Numance fut prise en 145; &, 16 ans avant la même Ere, les Cantabres furent entièrement soumis par Agrippa. Les Romains furent alors maîtres de toute l'Espagne.

Athaulfe, fils d'Alaric, Roi des Goths, établis en France, fut le premier Prince de cette nation qui s'établit en Espagne. Les Vandales, les Alains & les Suèves s'y établirent en 409 : on ne laissa aux Romains que Tarragone & ses environs. En 428, les Vandales abandonnèrent l'Espagne & passèrent en Afrique : leurs possessions furent partagées par les Suèves & les Romains. En 585, les Suèves en furent chassés par les Wisigoths, qui en chassèrent entièrement les Romains, en 568.

Les Wisigoths possédèrent seuls toute l'Espagne jusqu'au règne de Roderic, en 711, que les Sarrasins d'Afrique y entrèrent, sous les ordres de Mouza, appelés par le Comte Julien, dont Roderic avoit outragé la fille. En 1025, les Sarrasins partagèrent l'Espagne en plusieurs Royaumes.

A leur approche, Don Pélage, en 718, s'étoit retiré dans les montagnes des Asturies, & s'y étoit maintenu contre leurs efforts. En 984, Don Bermude, l'un de ses descendans, fut reconnu Roi d'Oviédo & de Léon. En 1037, Vérémond III s'empara de la Castille. En 1080, Sanche II conquit sur les Maures le Royaume de Tolède. La ville de ce nom devint la capitale de la Castille. On prit sur les Maures, Cordoue, en 1234; Séville, en 1249; & Murcie, en 1266. Après des guerres sanglantes, des conquêtes & des pertes successives, le Royaume de Castille fut réuni à celui d'Aragon, en 1479, par le mariage d'Isabelle, Reine de Castille, avec Don Ferdinand, Roi d'Aragon. En 1511, Ferdinand II conquit la Haute-Navarre; &, en 1491, il prit la ville de Grenade, mettant ainsi fin au dernier des Royaumes que les Maures possédassent encore en Espagne.

Je viens de dire que Ferdinand avoit conquis la Navarre; c'est que, dès l'an 716, elle s'étoit révoltée, & avoit fait un Etat à part. Ce Royaume comprit ensuite l'Aragon.

En 1035, l'Aragon fut érigé en Royaume par Sanche le Grand, Roi de Navarre, en faveur de son fils Ramire, qui, en 1076, succéda au Royaume de Navarre. Mais en 1133, après une grande défaite, dans laquelle le Roi périt, les Royaumes de Navarre & d'Aragon se séparèrent & choisirent chacun son propre Roi. En 1240, Jacques le Victorieux, Roi d'Aragon, conquit Valence sur les Maures.

En 1516, Charles-Quint, petit-fils du Roi Ferdinand & d'Isabelle de Castille, hérita de toute cette Monarchie. En 1700, un Prince de la Maison de Bourbon, petit-fils de Louis XIV, monta sur le trône d'Espagne, sous le nom de Philippe V. Charles III, qui règne actuellement, est monté sur le trône le 10 Août 1759.

La Religion Catholique est la seule professée en Espagne.

§. III.

De l'Italie.

La plus grande partie de l'Italie forme une longue presqu'île qui s'avance dans la Méditerranée, en forme de botte. Elle est bornée du côté de la France & au Nord par une suite de montagnes que l'on nomme *Alpes*, & traversée dans sa longueur par une autre chaîne appelée l'*Apennin*.

Le climat de l'Italie est chaud, la terre fertile, les fruits excellens, & les productions minérales très-variées; mais, excepté les marbres, les plus abondantes ont été produites par le feu, telles que le soufre, la pozzolane, &c.

Les principaux fleuves sont le *Pô* & l'*Adige* dans la partie septentrionale; ils se rendent dans le golfe de Venise à l'Est: l'*Arno* & le *Tibre*, qui se rendent dans la Méditerranée à l'Ouest.

L'Italie est partagée entre plusieurs Souverains; savoir:

1°. Les Etats du Roi de Sardaigne, dont les principaux sont:

La Savoie, au Nord-Est, pays montagneux &, en général, peu fertile. La capitale est CHAMBERRY, sur la *Leysse*, dans une vallée, & sans défense. La Savoie n'est pas même comprise en Italie.

Le Piémont, qui est séparé de la Savoie, de la France & de l'Etat de Gènes par des montagnes, est d'une fort grande étendue; on lui donne environ 50 lieues du Nord au Sud, & 34 ou 35 de l'Ouest à l'Est.

TURIN, sur le *Pô*, en est la capitale: elle est de forme à peu près ovale, est fort belle & fort ornée: le Roi y fait sa résidence.

Le Montferrat, dont la capitale est Casal.

Les territoires détachés du Duché de Milan.

Remarques.

La SAVOIE étoit, sous les Romains, comprise dans la Gaule Trans-Alpine. Après avoir passé de ces peuples aux Bourguignons, elle devint, au IXe siècle, une possession de l'Empire, & ses différentes parties furent gouvernées par des Comtes. Les plus considérables furent ceux de Maurienne ; & Bérold, l'un d'eux, en 1014, est regardé comme l'auteur de l'illustre Maison qui règne encore aujourd'hui.

En 1040, Conrad, Empereur de Germanie, donna, en toute propriété, à Humbert *aux blanches mains*, S. Maurice, le Valais & le Chablais. Ses descendans étendirent bientôt leurs domaines par des conquêtes. Cependant ces Souverains n'avoient que le titre de Comte de Savoie. Amedée VII, prit le titre de Duc ; & Victor-Amedée II, en 1713, étant maître de la Sicile, s'en fit déclarer Roi. La Sardaigne lui fut depuis donnée en échange de cette île ; de-là, le titre de Roi de Sardaigne, accordé par le traité de la quadruple alliance, signé à Londres en 1718.

Le PIÉMONT formoit une partie considérable du Royaume des Lombards. Charlemagne, qui conquit ce Royaume, établit un Marquis à Suze, Ville du Piémont. Ses successeurs possédèrent Turin, comme vassaux de l'Empire. Ulric Mainfroi, mort vers 1032, ne laissa qu'une fille qui porta le Marquisat de Suze, ou la Principauté de Piémont, dans la maison d'Odon, Marquis d'Yvrée, son mari, d'où cette Principauté a passé dans celle de Savoie, par la donation que l'Empereur Fréderic II en fit, en 1248, à Thomas de Savoie, Comte de Maurienne. Depuis ce tems, ces deux États ont été agrandis par quelques autres que la briéveté de cet Ouvrage ne permet pas de nommer ici (Voyez l'*Italie moder. de la Géogr. comparée*).

Le Roi de Sardaigne actuel est Victor-Amédée III, reconnu Roi le 20 Février 1773.

Ce Prince posséde encore dans la Méditerranée l'île de Sardaigne, dont la capitale est CAGLIARI.

2°. Les États de la Maison d'Autriche. Cette Maison posséde les Duchés de Milan & de Mantoue : le premier est le plus considérable.

MILAN, sur des canaux, est une ville grande & magnifique, dans laquelle il y a une Bibliothèque publique, un Cabinet d'Histoire Naturelle, & un beau Théâtre.

Remarques.

La ville de Milan, sous le nom de *Mediolanum*, fut fondée par des Gaulois environ 400 ans avant J. C. Elle fut soumise aux Romains vers l'an 222 avant cette même Ere. Elle suivit les révolutions de Rome & de la Lombardie. Cette première ville fut détruite en 1162, par l'Empereur Frederic Barberousse, irrité contr'elle Voici à quelle occasion. Milan étoit dans la dépendance de cet Empereur, ainsi qu'une grande partie de l'Italie. Le peuple supportoit impatiemment ce joug. L'Impératrice y étant venue par curiosité pour voir la ville, la populace s'ameuta avec confusion. Ses gardes voulurent repousser les importuns ; alors on se jeta sur eux, on les dispersa, & l'on porta l'indignité jusqu'à outrager l'Impératrice. On la plaça sur un âne, le visage tourné du côté de la queue, &, en cet état, on lui fit faire le tour de la ville. Le peuple égorgea ensuite la garnison. L'Empereur ne tarda pas à tirer une vengeance éclatante de cette conduite abominable. Il assiégea Milan, la prit à discrétion, la détruisit : il fit même passer la charrue & semer du sel sur l'emplacement de ses murailles. En 1395, le Duché eut ses propres Ducs, relevans de l'Empereur. Jean Galeas fut le premier. Cette succession de Ducs eut lieu jusqu'en 1501, que le Milanez fut conquis par Louis XII, Roi de France. Il fut recouvré par l'Empereur Maximilien. François I le reconquit & le perdit en même tems, en 1521. Après la mort de François Sforce, en 1535, ce Duché fut uni par Charles-Quint à la Couronne d'Espagne : il demeura à cette Couronne jusqu'en 1706, que les François & les Espagnols en furent chassés par les Impériaux.

L'Empereur entretient dans cette ville un Gouverneur qui a un état considérable ; c'est l'Archiduc Ferdinand qui est actuellement Gouverneur du Milanez & de tous les États de la Maison d'Autriche en Italie. L'Empereur y a de plus un Ministre Plénipotentiaire qui a un grand état.

3°. Le Duché de Modène. Il est au Sud du Pô, & est bien moins considérable que le Duché de Milan : il renferme cependant quatre divisions principales.

MODÈNE, sur un canal, est d'un aspect agréable, bien bâtie, & décorée de fontaines & de portiques : elle est divisée en ville neuve & en ville ancienne.

Le Duc de Modène actuel est Hercule-Renaud d'Est, qui vient de succéder au Prince François, son père.

4°. Le Duché de Parme renferme aussi celui de Plaisance, & quelques autres petits États : il est au Sud du Pô.

PARME,

PARME, sur *la Parma*, est dans une plaine agréable. Son Université est considérable, & il s'y trouve un théâtre qui n'a pas son pareil pour la grandeur ; mais on n'en fait pas usage.

Le Duc de Parme est le Prince Ferdinand, reconnu le 18 Juillet 1765.

5°. La République de Venise est un État considérable, qui renferme 13 divisions en Italie, & trois hors de l'Italie, sans y comprendre les îles.

Ces divisions sont :

Le Bergamasc ; cap. *Bergame.*
Le Cremasc ; capit., *Crema.*
Le Brescian ; capit., *Brescia.*
Le Veronez ; capit., *Veronne.*
Le Vicentin, capit., *Vicence.*
Le Padouan ; capit., *Padoue.*
La Polesine ; capitale, *Rovigo.*
Le Dogado ; capit. *VENISE.*
Le Trevisan ; capit., *Trévise.*
Le Feltrin ; capitale, *Feltre.*
Le Bellunez ; capit., *Belluno.*
Le Cadorin ; capitale, *Pieve di Cadore.*
Le Frioul, capitale, *Udine.*

Les trois divisions hors de l'Italie sont :

L'Istrie ; capitale, *Capo d'Istria.*

La Dalmatie ; capitale, *Zara.*

Partie de l'Albanie ; capitale, *Arta.*

Céfalonie, *Zante* & *Cérigo* sont les principales îles des Vénitiens.

VÉNISE, port, est bâtie sur plusieurs îles, & ses principales rues sont des canaux sur lesquels on va dans des gondoles : ce sont les voitures du pays, puisqu'il ne peut y avoir pour l'usage ni chevaux ni carrosses. Cette ville ne ressemble à aucune autre : son séjour est agréable : elle est fort riche.

Remarques.

On connoissoit dans l'Antiquité un port situé au milieu de plusieurs îles du Golfe Adriatique, vers le Nord de l'embouchure du Pô : c'étoit le port des Henètes, ou Venètes. Les Gaulois, qui s'étoient emparés des pays que les Vénitiens possèdent actuellement en terre ferme, vers l'an 356 avant J. C., furent, en 221, soumis par Marcellus, qui tua de sa propre main le Roi Viridomare. Le pays éprouva ensuite plusieurs révolutions. Quant à la ville de Venise, on rapporte ses commencemens au tems où Attila, chef des Huns, se jeta sur la Carnie, vers l'an 450.

Alors quelques peuples du Continent se retirèrent dans les îles. Ils y étoient censés être dans la dépendance des Empereurs grecs, lorsqu'en 803, à l'occasion de la Paix conclue entre Charlemagne, déclaré Empereur d'Occident, & Nicéphore, Empereur d'Orient, les Vénitiens furent affranchis de toute domination, & regardés comme amis communs de ces deux Princes. Ils avoient un Chef, sous le nom de Doge, depuis l'an 697.

En 1084, les Vénitiens acquirent la Dalmatie, &, en 1405, ils prirent Verone, Padoue, & quelques autres Places dans le continent de l'Italie. Mais ils s'étoient déjà distingués dans les guerres contre les Turcs, sur lesquels ils avoient pris Candie & plusieurs îles qu'ils ont presque toutes perdues depuis.

Ce Gouvernement est aristocratique. On y empêche, sur-tout à Venise, avec une fermeté rigoureuse, qu'il ne soit jamais parlé en public de la Religion ni du Gouvernement.

6°. La République de Gènes s'étend le long de la mer, au Sud d'une partie des États du Roi de Sardaigne. Elle touche en quelque sorte à la France à l'Ouest, & à la Toscane à l'Est.

GENES, port, est une ville superbe, bâtie en amphithéâtre sur le bord de la mer : elle renferme des Palais magnifiques, & ses habitans sont en général fort riches.

Remarques.

L'Etat de Gènes comprend une très-grande partie du pays appelé, au tems des Romains, Ligurie. Ses habitans se soumirent aux Romains, l'an 115 avant J. C. Ils suivirent ensuite le sort des autres sujets de l'Empire Romain en Italie. Vers l'an 950, ils s'érigèrent en République. Ce ne fut guères cependant qu'en 1096 qu'ils formèrent leur Sénat, tel, à-peu-près, qu'il est aujourd'hui. On y créa un Doge, comme à Venise, avec cette différence, qu'à Venise cette lace est à vie, au lieu qu'à Gènes l'élection s'en fait tous les deux ans.

7°. La Toscane renferme :

1°. Le Grand Duché de Toscane ; capitale, *Florence* ; & le Pisan, dont la capitale est *Pise*.

2°. La République de *Lucques*.

3°. La Principauté de *Piombino*.

4°. L'État des Garnisons, dont la capitale est *Orbitello*.

FLORENCE, sur l'*Arno*, est la capitale du Grand Duché : c'est une très-belle ville. On y admire sur-tout la galerie du Palais ducal, remplie de tableaux & d'antiques de la plus grande perfection.

ITALIE
MODERNE,
PARTIE SEPTENTRIONALE
POUR LA GÉOGRAPHIE
COMPARÉE.
ECHELLE
GOLFE DE GÊNES
ETAT ET RIVIERE DE GÊNES
CORSE
PROVENCE
DAUPHINÉ
ETAT DE L'EGLISE
TOSCANE
VENISE
Amibes
Nice
Monaco
Villefranche
Briançon
Embrun
Lucques
Bologne
Ravenne
Faenza
Forli
Chiozza
Udine
Isles de la Madeleine
Cagliari
Orosei

Remarques.

Le pays compris actuellement sous le nom de Toscane, & même une partie de l'Etat de l'Eglise, portoit autrefois le nom d'Etrurie. Les Etrusques étendirent leurs conquêtes au delà de l'Apennin, & sur une grande partie de l'Italie : ils se rendirent célèbres par les Sciences & les Arts. Ils furent ensuite subjugués par les Romains, puis par les Hérules, les Goths, les Empereurs grecs & les Lombards. Cependant il y avoit, dans les villes principales, des Ducs ou des Comtes particuliers. Mais sous l'empire de Louis-le-Débonnaire, la Toscane eut, pour la première fois, un Marquis. Boniface, l'un des Comtes de Lucques, fut décoré de ce titre. Bientôt après, ces Marquis furent appelés Ducs.

On trouve dans la suite de ces Princes, la fameuse Princesse Mathilde. On sait qu'elle laissa aux Papes une riche succession. Les villes de Lucques & de Pise s'étant mises en liberté, la Toscane n'eut plus que des Gouverneurs amovibles. Peu après, ce pays fut déchiré par des factions violentes, dont les membres furent distingués par les noms de *Blancs* & de *Noirs*. Insensiblement un des plus riches Négocians de Florence, Côme de Médicis, se trouva à la tête de la République. Sa Maison donna un Pape à l'Eglise, & deux Reines à la France. Le dernier des Médicis étant mort sans postérité, Don Carlos, fils du Roi d'Espagne, Philippe V, lui succéda. Mais la Toscane fut ensuite cédée au Duc de Lorraine, gendre de l'Empereur Charles V. Ce Prince fut depuis élu Empereur. L'un de ses fils, Pierre-Léopold, est actuellement Grand-Duc de Toscane, depuis le 22 Novembre 1765.

8°. L'état de l'Eglise occupe une partie considérable de l'Italie très-étendue du côté du golfe de Venise. Il se divise en 12 petits pays; savoir, en commençant par le Nord,

Le Ferarois; capitale, *Ferrare.*
Le Bolonois; capit., *Bologne.*
La Romagne; cap., *Ravenne.*
Le Duché d'Urbin; cap. *Urbin.*
La Marche d'Ancône; capit., *Ancône.*
L'Ombrie; capitale, *Spolette.*
Le Péroušin; capit., *Pérouse.*
L'Orviétan; capit., *Orviette.*
Le Duché de Castro; cap. *Castro.*
Le Patrimoine de Saint Pierre; capitale, *Viterbe.*
La Sabine; cap. *Magliano* (prononcé *Mailliano*).
La Campagne de Rome; capit. ROME.

ROME, sur le *Tibre*, est la capitale de tout le Monde chrétien. C'est une ville magnifique par son étendue & par la beauté de ses places, de ses fontaines & de plusieurs de ses bâtimens. L'Eglise de St. Pierre sur-tout est d'une majesté imposante, & l'Antiquité n'a jamais rien produit d'auſſi grand & d'auſſi beau. Cette ville, quoiqu'elle ait beaucoup perdu de ſon ancien éclat, eſt encore la plus belle à voir & la plus curieuſe à viſiter (1).

Remarques.

On croit que le territoire de Rome & de ſes environs fut poſſédé par les Etruſques juſques vers l'arrivée d'Evandre en Italie, 900 ans, à-peu-près, avant J. C. Peu après, régnoit Latinus. Sous ſon règne, Enée aborda en Italie. Il épouſa la fille de Latinus, & bâti la ville de Lavinium. Aſcagne, ſon fils, fonda la ville d'Albe, ſurnommée *la Longue*. L'an 750 ou 752 avant J. C., Romulus fonda la ville de Rome, ſur le Tibre.

Après bien des variations dans ſon gouvernement intérieur, & bien des guerres au dehors, Rome ſe trouvoit, au tems de Jules-Céſar, la maîtreſſe de la plus grande partie du monde connu. Cet Etat fut encore très-puiſſant ſous les Empe-

---

(1) Quoique je ne puiſſe, dans ce court abrégé, donner de détails ſur aucun lieu je ne puis me diſpenſer de dire deux mots des travaux immenſes & infiniment utiles que le Pape actuel vient de faire exécuter pour le deſſèchement des marais pontins qui ſe trouvent ſur le bord de la mer, entre Albano & Terracine. Toute cette partie de la campagne de Rome eſt couverte d'eaux qui forment des marais au travers deſquels, l'an 444 de Rome, Appius Claudius avoit fait paſſer une voie qui alloit droit à Terracine. L'écoulement donné aux eaux ayant été négligé pendant des ſiècles, la voie fut, en grande partie, recouverte, &, dès-lors, impraticable. D'un autre côté, l'air, chargé d'exhalaiſons peſtilentielles, devint très-dangereux pour les habitans de cette contrée & pour les voyageurs. On ſentit la néceſſité de deſſécher ces marais, & toujours on abandonna l'ouvrage. Il étoit reſervé aux lumières & à l'activité du Pape actuel pour tout ce qui peut être bon & utile, de faire reprendre ces travaux. Voici le précis d'une note que je dois à l'amitié de MM. Molino & le Grand, ſi juſtement célèbres à Paris par la coupole de la nouvelle halle, & qui arrivent en ce moment de viſiter l'Italie. « On a fait aux marais » pontins de fréquentes ſaignées dans les terres, en différens ſens. Les plus con- » ſidérables aboutiſſent à un grand canal qui borde la route ſur la droite en allant » à Terracine : ce canal porte bateau. Sa pente eſt peu rapide. Il ſe rend en » ligne droite juſqu'auprès de Teracine, où il fait actuellement un angle pour aller » à la mer, tandis que la route continue en droite ligne. Le projet eſt de continuer » le canal ſelon la direction de la route. La voie actuelle eſt faite des débris de la » voie appienne, dont on a arraché les pierres pour les caſſer & en faire un chemin » ferré ». C'eſt que les chevaux ne ſe tiennent que très-difficilement ſur les grandes pierres plates qui formoient la voie ancienne.

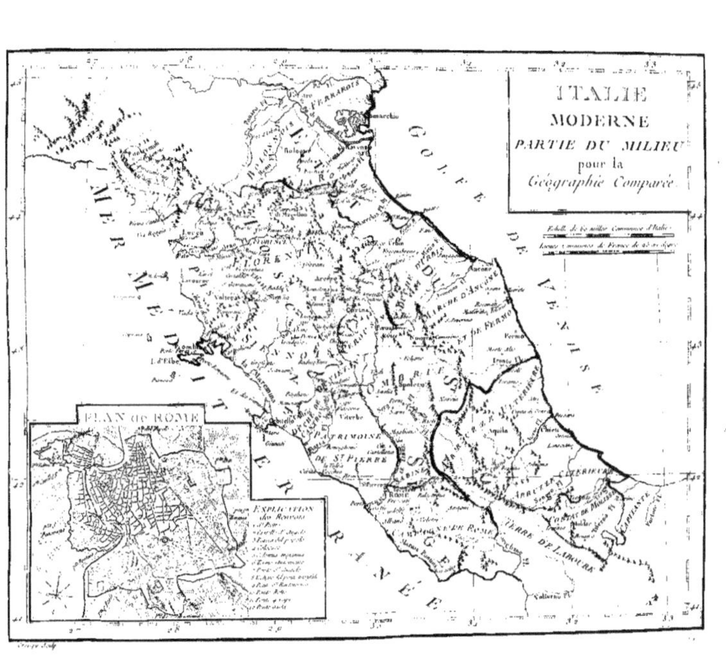
ITALIE
MODERNE
PARTIE DU MILIEU
pour la
Géographie Comparée
GOLFE DE VENISE
MER MÉDITERRANÉE
PLAN de ROME
EXPLICATION des Renvois
FERRAROIS
BOLONOIS
FLORENCE
TOSCANE
PATRIMOINE DE St PIERRE
MARCHE D'ANCONE
DE FERMO
TERRE DE LABOUR
CAMPAGNE DE ROME
Rome
Viterbe
Aquila
Bologne
Lucca
Fermo
Ravenne
Chieti
Lanciano

reurs, jusqu'à ce que Constantin ayant transporté le siège de l'Empire à Bysance, qui prit de lui le nom de Constantinople, ce fut pour l'Empire un principe d'affoiblissement qui alla toujours en augmentant.

Alaric, Roi des Goths, prit & saccagea Rome en 410. Genseric, Roi des Vandales, en fit autant en 455. Cette ville éprouva le même traitement en 472, de la part de Ricimer, qui descendoit de la Famille royale des Suèves, quoiqu'il se trouvât alors au service de l'Empire Romain. Enfin, Odoacre, Roi des Hérules, choisi pour Général par les soldats barbares, qui se révoltèrent parce qu'on ne leur donnoit pas leur paie, mit fin à l'Empire Romain en Occident, sous le règne de l'Empereur Augustule. Il se fit proclamer Roi d'Italie en 476 : mais il fut défait & tué en 493 par Théodoric, Roi des Ostrogoths.

En 537, Bélisaire, Général de Justinien, recouvra Rome & la plus grande partie de l'Italie, dont les Goths étoient en possession. Mais ceux-ci la reprirent en 547, sous Totila : &, quoiqu'ils eussent été chassés peu après par le même Bélisaire, ils s'en rendirent de nouveau les maîtres après son départ pour Constantinople. Enfin, Narsès, Général Romain, défit & tua Teïa, dernier Roi des Goths en Italie, & remit Rome sous la dépendance des Empereurs grecs.

En 726, Rome, sous le pontificat de Grégoire II, se révolta contre ses Souverains, & depuis ce tems, le Duché de Rome, y compris la Toscane & la Campanie, devint un Etat indépendant. En 800, le Sénat & le peuple reconnurent Charlemagne Empereur d'Occident. Ce Prince remit au Pape la ville & le Duché de Rome, s'en réservant la suzeraineté, comme Empereur des Romains.

Les Lombards, sous Alboin, prirent possession d'une grande partie de l'Italie, en 568; &, en 752, sous Aistulfe, ils chassèrent l'Exarque de Ravenne, qui gouvernoit sous la protection des Empereurs grecs. Ils furent eux-mêmes chassés de l'Italie par Charlemagne, en 774. Didier, leur dernier Roi, fut obligé de se retirer dans un Monastère. Les Francs furent reconnus Souverains de l'Italie jusques vers l'an 961, que les Empereurs de Germanie y établirent leur domination. Les choses ont encore changé avec le tems.

Le Pape, chef commun de toute la chrétienté, est en particulier Souverain de l'Etat de l'Eglise, qui se gouverne en son nom. Quelques Auteurs font remonter cette puissance absolue des Papes à l'an 1076, que Grégoire VII, prononça un anathême contre tout Ecclésiastique qui auroit reçu l'investiture d'un Laïque; (jusqu'alors les Papes s'étoient reconnus dans la dépendance des Empereurs) mais d'autres rapprochent cette époque jusqu'à la confirmation de l'indépendance du Pape par l'Empereur Charles IV, en 1355.

Le Pape actuel est Pie VI, élu le 15 Février 1775.

9°. Le Royaume de Naples renferme toute la partie méridionale de l'Italie : c'est, en général, un pays fort chaud, & qui n'est fertile qu'en quelques endroits. Il renferme les divisions suivantes.

1°. L'ABRUZZE, renfermant l'Abruzze ultérieure ; capitale, *Aquila* : l'Abruzze citérieure ; capitale *Chieti* : le Comtat de Molise ; capitale, *Molise*.

2°. LA TERRE DE LABOUR, renfermant la Terre de Labour propre ; capitale, NAPLES : la Principauté citérieure ; capitale, *Salerne*, port.

3°. LA POUILLE, renfermant la Capitanate ; capitale *Manfrédonia* : la Terre de Bari ; capitale, Bari : la Terre d'Otrante ; capit. *Leccé*.

4°. LA CALABRE, renfermant la Basilicate ; capitale, *Acerenza* : la Calabre citérieure ; capitale, *Cozenza* : la Calabre ultérieure ; capitale, *Regio*.

NAPLES, capitale & port, est une des villes de l'Europe dont l'aspect est le plus magnifique. Elle est fort riche & fort peuplée. Ses environs sont très-curieux, par différens objets d'Histoire Naturelle ; mais le mont Vésuve, qui tient un rang considérable entre ces objets, est un volcan terrible dont les éruptions ont déjà causé de grands ravages.

Remarques.

La partie la plus considérable du Royaume de Naples fut très-anciennement possédée par les Thyrrheniens, qui y fondèrent Nole & Capoue. Mais les Grecs y ayant établi des colonies, les Thyrrheniens se retirèrent dans l'Etrurie, ou Toscane. En 333 avant J. C., les Campaniens, qui habitoient une partie de ce territoire, se soumirent aux Romains. En 291, les Samnites, qui en occupoient une autre partie, furent subjugués par les armes romaines. Enfin, Tarente, fondée par Phallante 625 ans avant Jesus-Christ, fut prise aussi par les Romains en 272. Toute cette partie de l'Italie devint province de l'Empire, & en éprouva les révolutions jusqu'à l'arrivée des Lombards, qui s'en emparèrent. En même-tems plusieurs Principautés s'y formèrent, & l'on n'y reconnut plus le pouvoir des Empereurs grecs. Les Ducs de Bénévent furent pendant quelque tems les plus puissans Princes de ce pays. Ce Duché se soumit cependant à Charlemagne en 774. Les Empereurs grecs ne conservèrent que quelques Places maritimes.

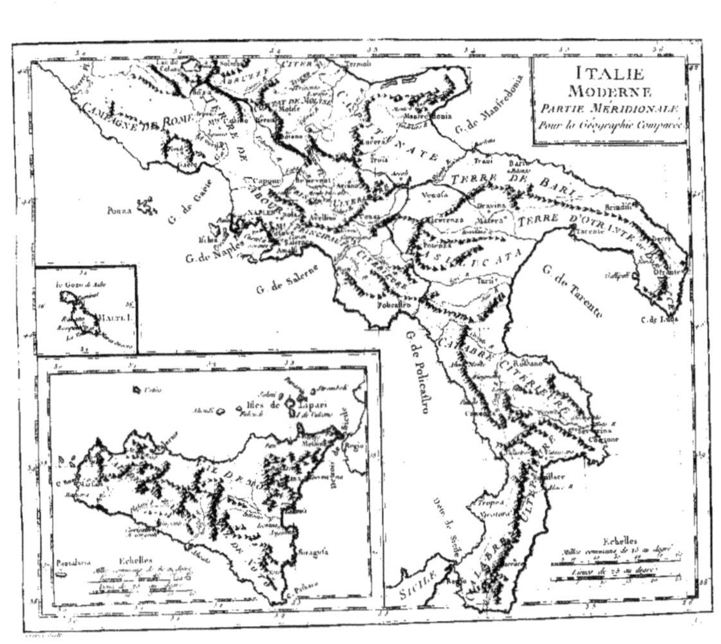
ITALIE
MODERNE
PARTIE MÉRIDIONALE
Pour la Géographie Comparée
G. de Manfredonia
TERRE DE BARI
TERRE D'OTRANTE
G. de Tarente
G. de Policastro
G. de Salerne
G. de Naples
G. de Gaete
CAMPAGNE DE ROME
BASILICATA
CALABRE CITERIEURE
CALABRE ULTERIEURE
Iles de Lipari
SICILE
Echelles
Echelles

En 840, les Sarrazins se jettèrent sur cette partie de l'Italie : ils en furent chassés par les Grecs vers 1001. En 1042, les Normands conquirent une partie de la Pouille, & chassèrent entièrement les Grecs du Royaume de Naples. L'Empereur Henri IV accorda, en 1052, Bénévent au Pape, en échange de Bamberg. En 1127, Robert, Comte de Sicile, s'empara de la Pouille, & bientôt s'en fit reconnoitre Roi. Mais, en 1194, l'Empereur Henri soumit la Pouille & la Sicile. Cependant Alphonse, déjà Roi de Sicile, conquit le Royaume de Naples ; & depuis ce tems, ces deux Royaumes continuèrent d'être gouvernés par un même Souverain. En 1713, ils se soumirent aux Impériaux, qui les cédèrent à l'Espagne, à condition qu'ils formeroient toujours un Royaume indépendant de cette couronne. Cette cession ne s'est faite qu'en 1736. Alors Don Carlos, Duc de Parme & de Plaisance, & fils de Philippe V, Roi d'Espagne, fut mis en possession de ce Royaume. Ferdinand IV lui a succédé le 5 Octobre 1759.

Ce Gouvernement est monarchique, & la Religion Catholique y est seule professée.

Des Iles de l'Italie.

Les principales îles appartenantes à l'Italie, depuis l'île de Sardaigne dont j'ai parlé, sont :

1°. La *Sicile*, qui est de forme triangulaire, & très-fertile ; elle a, dans sa partie occidentale, le *Gibel*, appelé autrefois *mont Ethna :* c'est un volcan très-considérable.

PALERME, port, sur la côte septentrionale, en est la capitale.

Remarques.

La Sicile fut anciennement habitée par les Sicaniens, qui l'avoient partagée en plusieurs Principautés. L'an 719 avant J. C., Archias, fils d'Evergètes, de la famille des Héraclides, y conduisit une colonie de Grecs, venus de Corinthe, & fonda Syracuse. Les Carthaginois abordèrent en Sicile vers l'an 503 avant Jésus-Christ, sous la conduite de Macheus, & en conquirent une partie. Mais, après avoir subjugué presque toute cette île, ils furent forcés par les Romains d'abandonner cette conquête, à la fin de la première guerre punique, en 241. Syracuse ayant été prise en 200, toute la Sicile tomba sous la domination des Romains.

Les Vandales la conquirent en 439 & 440, mais ils en furent chassés par Bélisaire, en 535. Elle fut prise par les Sarazins en 669. Les Grecs en recouvrèrent bientôt une partie, qu'ils gardèrent jusqu'en 1041. Alors eux & les Sarazins en furent chassés par les Normands, sous la conduite de Guillaume *Fier-à-bras.* Roger I, qui succéda à Guillaume, reçut du Pape le titre de Roi de Sicile. Il acquit ensuite la Pouille :

mais, en 1199, l'Empereur Henri ſoumit la Pouille & la Sicile. En 1269, le Comte d'Anjou fut nommé Roi de Sicile par le Pape, après la défaite entière de Mainfroi, fils naturel de l'Empereur; mais, en 1282, les Siciliens maſſacrèrent les François, par ordre de Pierre IV, Roi d'Arragon, qui avoit épouſé la fille de Mainfroi. En 1442, Alphonſe d'Aragon, qui étoit déjà Roi de Sicile, fit la conquête du Royaume de Naples.

Le Roi de Naples entretient un Viceroi dans cette île : il réſide ordinairement à Palerme.

2°. L'île de *Malte*, qui n'eſt preſque qu'un rocher, mais qui eſt très-bien défendu par d'excellentes fortifications.

La CITÉ VALETTE en eſt la capitale. Elle eſt le chef-lieu de l'Ordre de Malte.

L'Ordre de Malte, qui avoit pris naiſſance à Jéruſalem, paſſa enſuite dans l'île de Chypre, puis à Rhodes, d'où il fut chaſſé par les Turcs en 1523; &, en 1530, Charles-Quint accorda aux Chevaliers l'île dont ils portent aujourd'hui le nom.

§. IV.

De la Turquie d'Europe.

La Turquie, ſituée au Sud-Eſt de l'Europe, eſt un très-vaſte Etat, qui comprend toute l'ancienne Grèce au Sud, & juſqu'au de-là de l'ancienne Mœſie au Nord : elle ſe diviſe en pluſieurs Provinces. On y joignoit même la Petite Tartarie, qui en dépendoit, mais qui eſt actuellement libre.

Ses principaux fleuves ſont :

Le *Danube*, qui en traverſe la partie ſeptentrionale de l'Oueſt à l'Eſt; & la *Mariza*, qui coule du Nord au Sud, dans le pays appelé *Roum-i-li.*

Les principales villes de la Turquie d'Europe ſont :

CONSTANTINOPLE, capitale & port, dans une ſituation ſi avantageuſe & avec un port ſi vaſte, que l'on a dit qu'elle ſemble être la capitale du Monde. Les lieux où les Turcs ſe raſſemblent pour la prière, & qu'ils appellent *Moſquées*, y ſont en grand nombre; le Palais où habite le Grand Seigneur occupe la pointe de

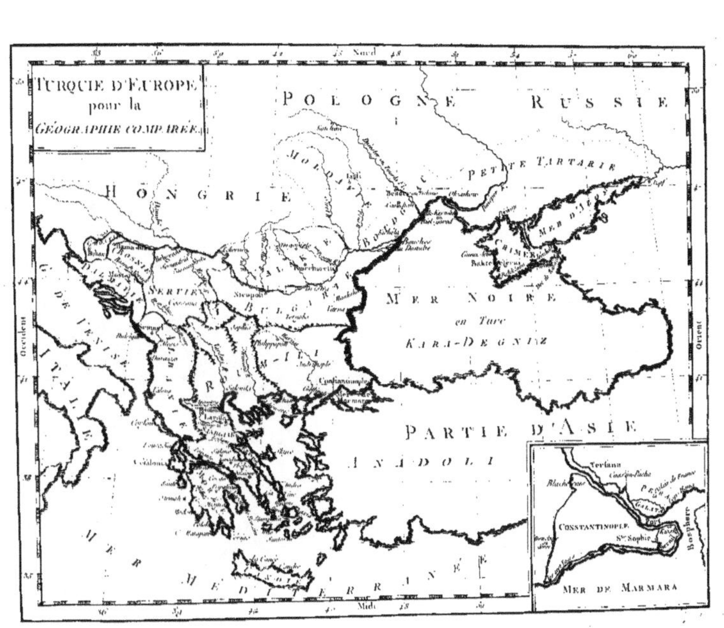
TURQUIE D'EUROPE
pour la
GÉOGRAPHIE COMPARÉE
Nord
Midi
Occident
Orient
POLOGNE
RUSSIE
HONGRIE
PETITE TARTARIE
MER NOIRE
en Turc
KARA-DEGNIZ
SERVIE
CRIMEE
Philippopoli
Constantinople
PARTIE D'ASIE
ANADOLI
Céfalonia
MER MEDITERRANÉE
Tersana
Blacherne
GALATA
CONSTANTINOPLE
Ste Sophie
Bosphore
MER DE MARMARA

de terre qui se trouve entre la mer de Marmara & le canal sur lequel est le port : on le nomme *Sérail.*

Andrinople est au Nord-Ouest de Constantinople ; c'est une des premières Places où les Turcs se soient établis en Europe : elle est assez belle.

Saloniki, que l'on appelle aussi *Thessalonique*, est à l'Ouest, sur un golfe de son nom. C'est un port assez considérable, où il se fait beaucoup de commerce.

La partie méridionale porte encore le nom de Grèce : on y trouve *Livadia*, *Athènes*, *Coron*, &c. L'ancien Péloponèse porte aujourd'hui le nom de *Morée.*

Les principales îles de l'Archipel sont : *Cadie*, *Santorin*, *Milo*, *Stampalia*, *Naxia*, *Paros*, *Anti-Paros*, *Tine*, *Andro*, *Zia*, *Egripo* (autrefois Eubée) ou Negrepont ; *Syra*, *Skiro*, *Thaso*, &c.

Remarques.

Ce fut en 330 que Constantin transféra le siège de l'Empire romain à Bysance, qui fut nommée, d'après lui, Constantinople. Cette ville & son territoire, quoique exposés aux incursions des Barbares du Nord, étoient cependant restés au pouvoir des Grecs, lorsque des Princes Latins, à la tête d'une armée de Croisés, allant conquérir la Terre-Sainte, s'emparèrent de Constantinople en 1204 : ils la gardèrent jusqu'en 1261, que les Grecs la reprirent.

En 1357, les Turcs pénétrèrent, pour la première fois, en Europe. Ils s'emparèrent d'Andrinople en 1360, & de Constantinople, en 1453, sous la conduite de Mahomet II.

Le Gouvernement y est assez doux pour les nationaux, & il y a de bonnes loix, mais elles ne sont pas trop bien observées, & les Ministres s'y conduisent souvent en despotes à l'égard du peuple, comme le Souverain l'est au leur.

La Religion est le Mahométisme, qu'ils appellent, ainsi que les Arabes, *Musulmanisme.*

Le Grand Seigneur actuel se nomme Abdul-Hamid (1).

(1) Je préviens qu'il ne faut pas s'en rapporter à quelques Ouvrages qui le nomment Abdhul-Ahmet.

Notions générales relatives aux Peuples d'Europe.

CE que j'ai dit n'avoit presque rapport qu'aux pays : voici un coup-d'œil général sur ce qui concerne les peuples.

1°. Les Langues qui se parlent en Europe peuvent se diviser en deux classes ; celles qui généralement portent l'empreinte d'une même origine, je les nomme *occidentales ;* & celles qui tiennent tout-à-fait des Langues d'Asie, je les nomme *orientales.*

Les Langues occidentales se divisent ordinairement pour l'étude de la Géographie, relativement aux Langues anciennes dont elles tirent leur origine. Ainsi,

Du Latin, se sont formées les Langues *Italienne*, *Espagnole*, *Portugaise* & même *Françoise*, quoique celle-ci en soit plus éloignée.

De l'ancien Teuton ou Langue d'Allemagne, se sont formés l'*Allemand*, le *Hollandois*, le *Flamand*, l'*Anglois* (qui doit aussi beaucoup au Latin & au François), le *Danois* & le *Suédois.*

Du Sclavon, ou Esclavon, se sont formés le *Moscovite* ou *Russe*, le *Hongrois*, le *Polonois*, le *Bohémien.*

Du Grec ancien, appelé aujourd'hui, en Grèce, Grec litéral, s'est formé le *Grec vulgaire.*

Les Langues orientales, parlées en Europe, sont le *Tartare* & le *Turc*, qui s'écrivent avec les caractères arabes de droite à gauche.

Le Turc ne diffère du Tartare qu'en ce qu'il a pris beaucoup de mots de l'Arabe & du Persan.

2°. La Religion Chrétienne, professée dans presque toute l'Europe, est divisée en Eglise Grecque & en Eglise Latine.

L'Eglise Latine renferme :

Le *Catholicisme*, ou la foi Catholique, professée en Italie, en Espagne, en Portugal, en France, en Pologne, en Hongrie, dans plusieurs Etats de l'Allemagne, & dans les Pays-Bas.

Le *Protestantisme*, qui renferme le Luthéranisme, professé en Suède, en Danemarck, & dans les Parties septentrionales de l'Allemagne ; le Calvinisme, répandu en Hollande & en Suisse. On peut y ajouter la Religion Anglicane, dans laquelle on trouve plusieurs sectes.

La *Religion Grecque* s'étend en Grèce & en Russie.

Le *Musulmanisme*, que l'on appelle aussi *Islamisme*, est professé par les Turcs. Ils sont de la secte d'Omar, le premier des Califes ou successeurs de Mahomet, tandis qu'en Perse on est de la secte d'Ali, qui prétendit au Califat sans l'obtenir.

3°. Il y a plusieurs sortes de Gouvernemens en Europe ; il est : *Monarchique* en France, en Espagne, en Portugal, en Hongrie, en Bohème, en Prusse, en Danemarck, en Suède & en Piémont.

Il est, en général, regardé comme despotique en Russie & dans la Turquie.

Il est aristocratique à Venise, à Gènes, & à-peu-près en Pologne.

Il est démocratique à Genève, dans une partie de la Suisse, & dans les Provinces-Unies.

Le Gouvernement d'Angleterre, où le Roi & le Parlement règlent les affaires de la Nation, est appellé *mixte*.

4°. Les principaux Souverains de l'Europe sont :

Un Prince Ecclésiastique ; c'est le Pape.

Trois Empereurs ; celui d'Allemagne, celui de Russie, & le Grand Seigneur, à Constantinople.

Douze Rois, ou du moins douze Etats, dont le Souverain a le titre de Roi. Ce sont la France, l'Espagne, le Portugal, l'Angleterre, la Pologne, la Prusse, le Danemarck, la Suède, la Bohème, la Hongrie, la Sardaigne & Naples.

Un Archiduc ; c'est celui d'Autriche.

Un Grand-Duc ; celui de Toscane.

Plusieurs Ducs ou Princes, tels que les Ducs de Parme, de Modène, le Prince de Monaco, dont l'Etat est entre la France & l'Etat de Gènes, &c. &c.

Huit Républiques, dont *quatre* grandes ; les Provinces-Unies, Venise, Gènes, les Suisses ; & *quatre* petites ; Genève, Luques, San-Marino, ou Saint-Marin, en Italie ; & Raguse, en Dalmatie.

SECTION II.

De l'Asie.

L'Asie est, après l'Amérique, la plus grande des Parties du monde.

Etymologie.

Il paroît que son nom vient de l'ancien mot oriental *As* ou *Aïs*, qui signifie *Feu, Pays de Lumière* & *Orient*, & dont on a fait *Asie*.

Géographie Mathématique.

Etendue.

A compter de ses parties les plus occidentales, l'Asie s'étend depuis le 43 dégré 40', jusqu'au 200e dégré de longitude, ce qui peut faire environ 3000 lieues de l'Ouest à l'Est.

Et en latitude, elle s'étend depuis l'Equateur jusques sous le 76e dégré de latitude; ce qui fait environ 1900 lieues du Sud au Nord.

Climats.

On voit ainsi que l'Asie, qui touche à l'Equateur & qui a continuellement 12 heures de jour à son extrêmité méridionale, remonte au Nord jusques sous le troisième Climat de mois; ce qui lui donne trois mois pour son plus long jour dans cette partie.

Géographie Physique.

1°. Bornes.

L'Asie a pour bornes, au Nord, la grande-Mer; au Sud, la Mer Glaciale; à l'Est, la Mer des Indes; à l'Ouest, l'Europe, la Mer Noire, l'Archipel, la Méditerranée, l'Isthme de Suez, & la Mer Rouge.

2°. *Montagnes.*

Les principales chaînes de montagnes de l'Aſie, ou du moins les plus connues, ſont :

Le mont appelé *Caucaſe* par les Anciens, entre la Mer Noire & la Mer Caſpienne ; les montagnes d'*Arménie*, à l'Oueſt, entre leſquelles on diſtingue le mont *Ararat*, & le *Taurus* des Anciens.

Les montagnes du *Tibet*, au Nord de l'Inde.

Les montagnes appelées vulgairement *Gattes*, & qui s'étendent du Nord au Sud, dans la preſqu'île en deçà du Gange.

3°. *Preſqu'îles.*

Des parties de l'Aſie, conſidérées comme des preſqu'îles, il y en a quelques-unes de fort conſidérables.

L'Anadoli & les Provinces adjacentes, appelées autrefois *Aſie Mineure*, à l'Oueſt.

L'Arabie, au Sud-Oueſt.

Les preſqu'îles de l'Inde, appelées, l'une, *preſqu'île en deçà ;* l'autre, *preſqu'île au delà* du Gange.

La preſqu'île de Malaca ou de *Malaya*, au Sud de la preſqu'île au delà du Gange.

La preſqu'île de Camboje, au Nord-Eſt de cette dernière.

La preſqu'île de Corée, au Nord-Eſt de la Chine.

La preſqu'île de Kamtchatka, au Nord-Eſt de l'Aſie.

4°. *Caps.*

Les principaux ſont :

Le Cap *Ras-al-Hhad*, vulgairement *Ras-al-Gat*, au Sud-Eſt de l'Arabie.

Le Cap *Comorin*, au Sud de la preſqu'île occidentale de l'Inde.

Le Cap de *Romania*, au Sud de la preſqu'île de Malaya, ou Malaca.

Le Cap *Saint*, ou *Swiatoï-nos*, au Nord de l'Aſie, à-peu-près ſous le 154e dégré de longitude.

5°. *Les Iles.*

De ces îles, les unes sont dans la Méditerranée, à l'Ouest; les autres dans la Mer des Indes, au Sud; d'autres dans la Grande Mer, à l'Est.

Dans la Méditerranée, sont, entr'autres, *Chipre* & *Rhodes.*

Dans la mer des Indes, les îles de la Sonde; savoir, *Bornéo*, *Sumatra* & *Java;* l'île de Ceïlan ou de Sélendive, & les Maldives, dont la principale est *Malé.*

Dans la Grande-Mer, sont la Terre d'*Yesso*, les îles du Japon, dont les principales sont: *Nipon*, *Sikoko* & *Kiusiu;* l'île de *Formose* ou de *Tayan*, au Sud-Est de la Chine; l'île de *Haïnan*, au Sud de ce Royaume; les *îles Marianes*, assez loin vers l'Est; les *Philippines*, au Sud de l'île Formose: les principales sont: *Luçon*, ayant pour capitale Manille; &, au Sud-Est, *Mindanao*; les îles Moluques, dont les principales sont: *Célebès*, à l'Est, *Gilolo*, *Ternate*, *Céram;* & au Sud, *Timor.*

6°. *Golfes.*

Les principaux, dont quelques-uns portent le nom de Mers, sont:

La *Mer Rouge*, entre l'Arabie & l'Afrique.

Le Golfe *Persique*, entre l'Arabie & la Perse.

Le Golfe de *Sindi*, ou de *Sinde.*

Le Golfe de *Cambaye*, tous deux au Nord-Ouest de la presqu'île occidentale de l'Inde.

Le Golfe de *Bengale*, entre les deux presqu'îles de l'Inde.

Le Golfe de *Siam*, à l'Est de la presqu'île de Malaya ou Malaca.

Le Golfe de *Tonkin*, entre ce pays & l'île de Haïnan.

Le Golfe de *Pékéli*, appelé aussi *Hoan-Hay* ou *Mer Jaune*, entre la Chine & la presqu'île de Corée.

Le Golfe ou mer de *Corée*, entre cette presqu'île & le Japon.

Le Golfe ou mer de *Kamtchatka*, entre les côtes de l'Asie & la presqu'île de ce nom.

7°. *Détroits.*

Les principaux ſont :

Le Détroit de *Bal-al-Mandeb*, appelé vulgairement, mais mal, *Bab-el-Mandel*, à l'entrée de la Mer Rouge.

Le Détroit d'*Ormus*, à l'entrée du Golfe Perſique.

Le Détroit de *Malaca*, entre la preſqu'île de ce nom & l'île de Sumatra.

Le Détroit de la *Sonde*, entre l'île de Sumatra & celle de Java.

8°. *Lacs.*

Les principaux Lacs, dont quelques-uns portent le nom de Mers, ſont :

La Mer *Caſpienne*, dans la partie occidentale, vers la Mer Noire.

La mer d'*Aral*, ou lac de *Khorasm*, à l'Eſt de la mer *Caſpienne.*

Le Lac *Baïkal*, ou le *Baïkal-More*, vers le Sud-Eſt de la Sibérie.

9°. *Fleuves.*

Les plus grands Fleuves de l'Aſie, en commençant à l'Oueſt, ſont :

L'*Euphrate*, & le *Tigre* qui le reçoit avant de ſe rendre dans le golfe Perſique. L'Euphrate eſt le plus grand ; il peut avoir 500 lieues.

Le *Sind*, ou *Indus*, appelé auſſi par les Orientaux *Mehram.* Il commence au Nord-Oueſt du petit Tibet, & ſe jette dans le golfe de ſon nom, après un cours d'environ 300 lieues.

Le *Gange*, qui commence dans le *Tibet*, & ſe rend dans le golfe de Bengale : il peut avoir environ 500 lieues.

Le *Ménam-Kom*, ou rivière de Camboje, dans la preſqu'île au delà du Gange : il a environ 500 lieues.

Le *Kian*, ou Fleuve *Bleu*, qui traverſe la Chine de l'Oueſt à l'Eſt, & ſe jette dans la mer, à peu de diſtance de Nankin : il a auſſi 500 lieues environ.

Le *Hoan-Ho*, ou Fleuve *Jaune*, qui coule dans la partie septentrionale de la Chine, & se jette dans la mer à l'Est, comme le précédent, mais plus au Nord : on lui donne 550 lieues.

L'*Amur*, appelé aussi *Sahalien-Ula*, ou Fleuve *Noir*, dans la Tartarie Chinoise : en y comprenant le *Kerlon*, il a 575 lieues.

Le *Léna*, qui commence au Nord-Ouest du lac Baïkal, & remonte au Nord : son embouchure est vers le 135e dégré de longitude : il a 700 lieues.

Le *Jénisséa*, formé vers sa source de plusieurs autres rivières, a environ 700 lieues jusqu'à son embouchure, sous le 100e dég. de longitude.

L'*Oby*, qui coule aussi vers le Nord, reçoit l'*Irtisz*, au dessous de Tobolsk, & se jette dans le golfe d'*Oby*, appelé par les Russes *Obskaïa-Gula* : il a environ 600 lieues.

GÉOGRAPHIE POLITIQUE.

Divisions des Pays.

On ne peut faire connoître ici que les divisions principales de cette vaste partie de l'ancien Continent ; ce sont :

A l'*Ouest*, la Turquie Asiatique & la Perse.
Au *Sud-Ouest*, l'Arabie.
Au *Sud*, l'Inde.
A l'*Est*, la Chine.
Au *Centre* & au *Nord*, la Tartarie.

§. I.

Turquie d'Asie.

On comprend sous ce nom les possessions du Grand-Seigneur en Asie.

Ces pays sont vastes, mais incultes en beaucoup de lieux, &, en général,

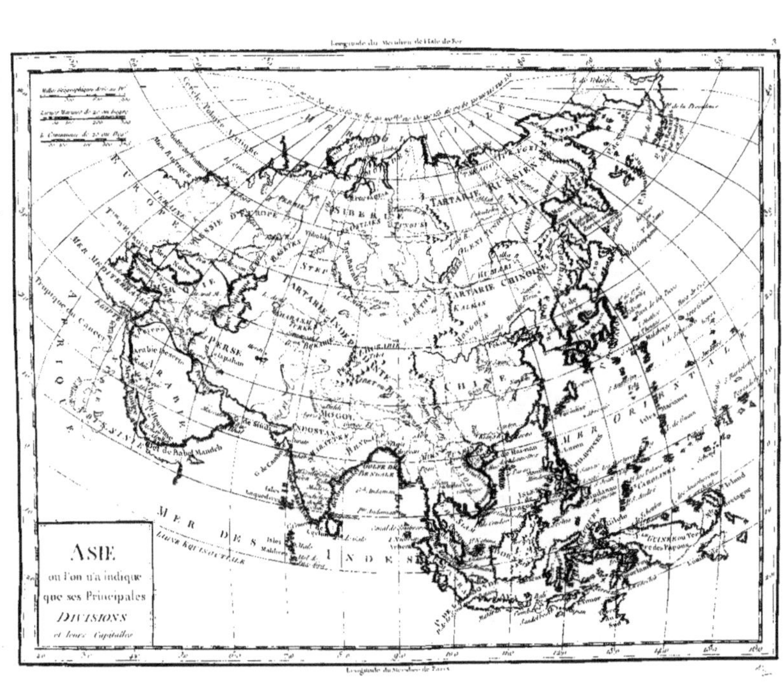
ASIE
ou l'on n'a indiqué
que ses Principales
DIVISIONS
et leurs Capitales
TARTARIE RUSSIENNE
TARTARIE CHINOISE
SIBERIE
RUSSIE D'EUROPE
PERSE
Arabie Deserte
ARABIE
INDOSTAN
MOGOL
CHINE
MER ORIENTALE
MER DES INDES
MER MEDITERRANÉE
Tropique du Cancer
AFRIQUE
EUROPE
GOLFE DE BENGALE
ABYSSINIE
Det de Babel Mandeb
Isles Maldives
LIGNE EQUINOCTIALE
CAROLINES

général, peu peuplés. Le défaut de culture y rend l'air mal-ſain, & la chaleur y eſt conſidérable (1).

Ses principales diviſions ſont :

L'Anadoli, où ſont *Smirne*, port, à l'Oueſt; *Bruſa*, appelé auſſi *Bourſa*, au Nord-Eſt de Smirne; & *Kioutayé*, capitale.

La Karamanie, où eſt *Konieh*, ou *Coni*, ſur un lac de ſon nom.

L'Arménie, où eſt *Arz-Roum*, ou *Erzeroum*, ſur l'Euphrate, appelé *Frat*, & *Sivas*.

L'Al-Dgézira, (ou l'île, en arabe), dans une plaine, au Nord duquel eſt *Diarbékir* & *Moſul*, capitale, ſur le Tigre.

L'Yrak-Arabi, où ſont *Bagdad* au Nord, & *Baſra* au Sud, toutes deux ſur le Tigre.

La Syrie, appelée *Scham* par les Arabes, où ſont *Antakié*, *Alep*, *Tripoli* de Syrie, *Seïd*, *Damas*, ou *Scham*, ſelon les Orientaux, & *Jéruſalem*.

Remarques.

Les Provinces que je viens de nommer, & que le peu d'étendue de cet Ouvrage ne me permet pas de décrire, ſont une partie conſidérable des Etats du Grand-Seigneur. Elles ſont gouvernées, en ſon nom, par des Beglier-Begs, dont le nom ſignifie *Prince des Princes* (2). Leurs revenus ſont aſſignés ſur les Provinces & ſur les villes. Leurs Gouvernemens ſont diviſés en diſtricts, que l'on nomme Sandgiacats. Voici l'idée que l'on peut prendre en général des Provinces que j'ai nommées.

1°. L'Anadoli a des lieux très-fertiles, & les environs de Smirne ſont très-agréables. Il y a beaucoup de maiſons de campagne

(1) Comme les villes de ces diviſions ſont moins intéreſſantes que celles de l'Europe, qu'un mot ſur chacune d'elles ne feroit pas d'un grand avantage, je m'en tiendrai ici aux ſeuls noms & à quelques remarques ſur chaque pays, afin d'arriver plus promptement à la France, qui nous intéreſſe infiniment davantage.

(2) Autrefois ce titre étoit affecté aux ſeuls Pachas de Romélie, de Natolie & de Damas : aujourd'hui tous les Pachas à trois queues ſe l'attribuent.

habitées par des Francs, c'est-à-dire, en terme du pays, par des Européens. De côtés & d'autres on trouve des ruines magnifiques dont les Turcs ne font aucun cas.

2°. La Karamanie est à-peu-près dans le même état; on y trouve beaucoup de ruines & beaucoup de terres incultes. Le territoire de Konieh produit, il est vrai, du coton assez abondamment; mais dans tout le reste on ne trouve guères que des forêts.

3°. L'Arménie, que l'on appelle aussi Turcomanie, est presque toute couverte de montagnes qui renferment différentes espèces de mines. Mais il y a peu de bois, & dans beaucoup d'endroits on n'y brûle que de la fiente de vache & du fumier. D'ailleurs, le pays est assez fertile en grains, & il s'y fait du commerçe, parce que la plupart des Caravannes qui vont en Perse & aux Indes passent le plus ordinairement par Arz-Roum.

4°. Le Grand-Seigneur possède encore vers le Nord-Est, & le long de la Mer Noire, le *Guriel*, l'*Imirette* & la *Mingrélie*, formant ce que l'on nomme *la Géorgie Ottomanne*.

Le Guriel est un très-petit pays sur la Mer Noire. Son Souverain, qui relève du Grand-Seigneur, a le titre de Prince, & paie tous les ans un tribut de quarante-six esclaves de l'un & de l'autre sexe. Ce pays est plein de bois & de montagnes.

L'Imirette est gouvernée par un Souverain qui est nommé Mèpe d'Imirette. Il paie un droit pareil à celui du Prince du Guriel. Son pays renferme un assez grand nombre de bourgs, de villages & de forteresses. Il est plus fertile que le précédent

La Mingrélie est plus étendue que le Guriel & l'Imirette; mais elle n'est pas si peuplée, L'épaisseur & la quantité des forêts, les brouillards qui s'élèvent de la Mer Noire & des eaux qui y tombent du Caucase, situé au Nord, y rendent l'air mal sain. La peste & d'autres maladies épidémiques y font de fréquens ravages. La Nature y a préservé, dit-on, le pays de toute espèce de bêtes vénimeuses; mais la paresse des habitans y a tellement multiplié la vermine, que presque tous les hommes, les femmes & les enfans

Longitude du Meridien de l'Isle de Fer
8
KRIM
CIRCASSIE
Abaski
GEORGIE
MER NOIRE
CONSTANTINOPLE
ARMENIE
KURDISTAN
CYPRE
MER MEDITERRANÉE
ARABIE DESERTE
CARTE
de la
TURQUIE
ASIATIQUE
Longitude du Meridien de Paris

en font couverts depuis la naiffance jufqu'à la mort. Cependant le fang y eft beau, & une grande partie des efclaves qui fe vendent à Conftantinople font des Mingréliennes. Le Prince qui gouverne ce pays a feulement le titre de *Danian*, ou Chef de la Juftice. C'eft, malgré ce titre modefte, un defpote très-abfolu, qui, au moyen d'un tribut de fix mille braffes de toile qu'il paie tous les ans au Grand-Seigneur, exerce le droit de vie & de mort fur fes fujets. Au refte, les voyageurs nous donnent une très-mauvaife idée de cette nation.

5°. L'Al-Dgézira eft fitué entre le Tigre à l'Eft, & l'Euphrate à l'Oueft, & répond à l'ancienne Méfopotamie : il eft peu fertile & peu habité. C'eft dans un petit pays au Nord, appelé *Diarbeck*, que fe trouve Diarbekir, renommée par fon commerce de maroquin rouge.

6°. L'Yrak-Arabi, que l'on diftingue de l'Yrak-Agémi, qui appartient à la Perfe, abonde en grains, en légumes, en fruits, en beftiaux, en chevaux & en chameaux : auffi ce pays eft-il vivant & peuplé. Bagdad eft coupé en deux par le Tigre : fa partie orientale eft la plus confidérable. Quant à Baffora, appelée auffi Balfora & Bafra, elle eft fituée au Sud, fur la rivière formée de la jonction du Tigre & de l'Euphrate. Son port eft commode & fûr : la marée monte à 15 lieues au delà de la ville. Il s'y fait un grand commerce.

7°. La Syrie, à l'Oueft, le long de la Méditerranée, eft divifée en trois Gouvernemens; favoir, ceux d'*Alep*, de *Tripoli* & de *Damas*.

Le Gouvernement d'Alep eft un très-beau pays. Il produit des fruits en très-grande abondance, & de très-bons fourrages. La ville d'Alep, bâtie fur quatre collines qui s'élèvent au milieu d'une belle plaine, eft très-vafte, fort peuplée & très-commerçante. C'eft, après Conftantinople & le Caire, la ville la plus confidérable des Etats du Grand-Seigneur.

Le Gouvernement de Tripoli s'étend le long de la mer. Le pays eft fertile, & l'on y fait un commerce confidérable en foie. Les moutons en font renommés par la groffeur de leurs queues, qui pèsent ordinairement de 30 à 35 livres. On compte à Tripoli, que l'on surnomme *de Syrie*, environ 60 mille habitans.

Le Gouvernement de Damas s'étend au Sud, & comprend tout le pays enfermé par la chaîne de montagnes appelée *Liban*. Cette chaîne, qui peut avoir 50 ou 60 lieues du Nord au Sud, est fameuse par la beauté & la prodigieuse quantité de ses cèdres, & par deux peuples qui y habitent, & que l'on nomme *Maronites* & *Druses*. Les premiers, plus considérables, sont Chrétiens, attachés à l'Eglise Latine, quoique leur liturgie diffère de la nôtre. Les Druses se sont quelquefois rendus très-redoutables aux Turcs, qui n'ont jamais pu les soumettre entièrement. C'est dans ce Gouvernement que se trouve Jérusalem, appelée par les Arabes *Elkouds*, ou la ville Sainte. Les Religieux de Saint François y sont en possession de l'Eglise du S. Sépulcre, dans laquelle on n'entre qu'en payant un droit aux Turcs : on en paie un aussi pour entrer dans la ville.

§. II.

La Perse.

La Perse, divisée en quinze Provinces, est un pays en général assez plat ; elle est fertile, excepté vers la mer : l'air y est fort chaud.

Les Provinces de la Perse, en commençant par le Nord, sont :

Noms des Provinces.	Capitales.
1°. La Georgie Persanne.	*Téflis.*
2°. L'Armenie Persanne	*Erivan.*
3°. Le Schirvān.	*Schamaki.*
4°. Le Ghilān.	*Lahdjān.*
5°. L'Aderbidgiān	*Tauris.*
6°. L'Yrac-Agémi	ISPAHAN.
7°. Le Khousistān	*Tofter.*
8°. Le Farsistān.	*Schiras.*

Longitude du Méridien de l'Isle de Fer
CARTE
de la
PERSE
MER CASPIENNE
KHARASM
ISPAHAN
FARSISTAN
GOLFE PERSIQUE
PARTIE DE L'ARABIE
SINDI
Longitude du Méridien de Paris

Noms des Provinces.	Capitales.
9°. Le Lariſtān	*Lar.*
10°. Le Kermān	*Kievachir.*
11°. Le Mekrān	*Kie.*
12°. Le Kandahar	*Kandahar.*
13°. Le Sedgiſtān.	*Serendgé.*
14°. Le Khorasān	*Hérat.*
15°. Le Mazanderān	*Fehrabad.*

Sa capitale, comme on vient de le voir, eſt ISPAHAN, ſur le petit fleuve de *Zendéroud.*

Le Souverain actuel ſe nomme Aly-Murat-Khan. Il eſt bon de remarquer que, n'étant pas de l'ancienne Famille des Rois de Perſe, il n'a pas voulu prendre le titre de *Scha*, qui déſigne le Roi; mais qu'il ſe contente de celui de *Khan*, qui ſignifie *Chef.*

Remarques.

Le Royaume de Perſe eſt très-vaſte ; il a environ, du Sud au Nord, 400 lieues, & de l'Oueſt à l'Eſt plus de 500. On ſent bien que, dans un pays de cette étendue, le climat doit être très-varié. Auſſi les Rois de Perſe, ceux que nous fait connoître l'Antiquité, comme ceux qui ont régné paiſiblement dans les tems modernes ont-ils été dans l'uſage de paſſer du Sud au Nord de leur Empire, ſelon la différence des ſaiſons. En général, le ciel y eſt beau, les pluies peu fréquentes, & les terres fertiles, du moins dans la partie ſeptentrionale. On y a fort multiplié l'uſage des canaux ; mais on y eſt quelquefois accablé en Eté par un vent brûlant qui tue les plantes & les animaux. Les voyageurs qui en ſont ſurpris, en pleine campagne, n'ont de reſſource, pour ſe conſerver la vie, que de s'étendre promptement à terre, les pieds tournés au vent, & le viſage enfoncé, s'il ſe peut, en terre. Selon la manière de diviſer ce pays, on y compte treize ou quinze Provinces, dont je traite dans mon *Choix de Lectures géographiques & hiſtoriques.*

Iſpahan, capitale de ce vaſte Etat, eſt à préſent dans une ſituation déplorable. Depuis 1730, que la foibleſſe de Schah-Huſſein, dernier Prince de la Famille des Rois légitimes, mit les armes à la main de l'uſurpateur Nadir, connu ſous le nom de Thamas-Kouli-Kan, cette ville n'a ceſſé d'être ravagée par lui ou par ceux qui lui ont ſuccédé. Le fauxbourg de Zulfa ou Julfa en eſt la partie la plus habitée.

§. III.

De l'Arabie.

L'Arabie est une grande contrée, en général assez peu fertile, & presque point arrosée : cependant on la divise en,

Arabie Pétrée, au Nord, où sont *Suez* & *Tor*, Ports sur la Mer Rouge.

Arabie Déserte, où sont *Médine*, appelée, avant Mahomet, Yatrib ; & la *Mecque*, avec un Port à quelque distance, sur la Mer Rouge : il se nomme *Dgeddah*.

Arabie Heureuse, qui produit le meilleur café & des parfums : on y trouve *Mocka*, Port ; & *Aden*, qui est aussi un Port, mais à l'Est du détroit de Bab-al-Mandeb.

Mais cette division n'est pas celle que connoissent les Arabes. Voici les noms des principales Provinces qu'ils distinguent dans l'Arabie : L'*Hyémen*, l'*Hadramount*, l'*Oman*, le *Lascha*, le *Nedgied*, l'*Hedgiaz*.

Remarques.

L'Arabie, comme on vient de le voir, se divise en Arabie *Pétrée*, Arabie *Déserte*, & Arabie *Heureuse*, épithètes qui ont rapport aux qualités physiques de ces trois divisions. 1°. L'Arabie Pétrée ou pierreuse s'étend jusqu'à la Syrie. Ce pays, si l'on en excepte quelques endroits assez fertiles, n'offre par-tout que des sables & des rochers. C'est dans cette partie de l'Arabie que se trouvent les deux montagnes appelées autrefois Sinaï & Oreb. Là, se trouve le célèbre Monastère de Sainte Catherine, occupé par des Moines grecs. Suez, petit port au fond d'un golfe de la Mer Rouge, & près de l'Egypte, a donné son nom à l'Isthme qui joint l'Asie à l'Afrique : elle appartient aux Turcs aussi bien que Tor, qui est à l'entrée d'un golfe situé à l'Est du précédent : elle n'est pas fort considérable.

2°. L'Arabie Déserte est fort étendue, & présente presque par-tout des déserts immenses, des plaines arides & des montagnes environnées de précipices. Il faut en excepter cependant l'Hedgiaz, qui est un canton fertile. C'est par cette raison, sans doute, que quelques Auteurs l'attribuent à l'Arabie Heureuse. On y voit deux villes que les circonstances ont rendu considérables.

La Mecque, très-anciennement révérée des Arabes, renferme une maison carrée, que la tradition dit avoir été bâtie par Abraham, ou du moins par Ismaël. Elle a toujours été un objet de vénération pour les Arabes ; & Mahomet, dans son

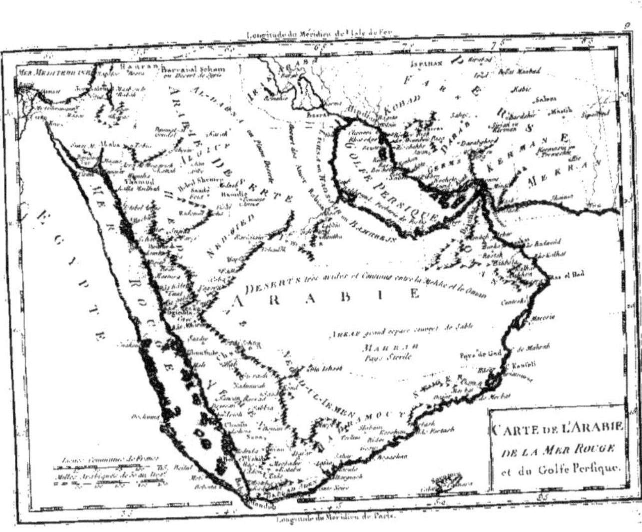
Longitude du Méridien de l'Isle de Fer
CARTE DE L'ARABIE
DE LA MER ROUGE
et du Golfe Persique.
ARABIE
EGYPTE
GOLFE PERSIQUE
KERMAN
MEKRAN
Barrawal Scham
ou Desert de Syrie
Pays de Und
Longitude du Méridien de Paris.

Alcoran, en a aussi recommandé le pélerinage. Cette maison carrée porte le nom de *Kaaba* (prononcé Kiaba). Mahomet est né dans cette ville.

Medine, avant que Mahomet fût chassé de la Mecque, portoit le nom d'Yatrib. Mais, ayant accueilli le Prophète, elle en reçut le nom de ville du Prophète, ou *Médinah al Nabi*, d'où nous avons fait Médine. Les caravanes qui vont chaque année à la Mecque ne manquent pas, à leur retour, de passer par Médine, pour y visiter le tombeau de leur Prophète, qui y est dans une Mosquée fort riche.

Dgeddah, sur la Mer Rouge, est un Port fameux par son commerce.

3°. L'Arabie Heureuse est la partie la plus méridionale de l'Arabie ; mais la portion que l'on appelle Yémen en est la plus intéressante. En général, ce pays produit des aromates, & sur-tout du café. Comme c'est à Moka que les Européens l'achètent, cette ville a donné son nom à tout celui que l'on tire de l'Arabie. Cependant il n'en vient point dans son territoire, & on l'y apporte de Beit-el-Fakih, qui en est éloignée de trente lieues. Il fait en Eté à Moka des chaleurs excessives.

Aden est un lieu de commerce assez considérable, & d'où l'on tire pour les Indes & pour l'Europe des parfums & du café. On dit cependant que Moka l'emporte actuellement de beaucoup sur cette ville. Maskat, sur la côte à l'Est, est l'entrepôt de toutes les marchandises qui viennent de l'Arabie, de la Perse & des Indes. Elle est dans la Province appelée *Omān*.

Au reste, il ne faut pas croire que le Grand-Seigneur soit le maître de l'Arabie, comme il l'est de la Grèce. Quelque idée qu'il se forme de ses droits sur cette partie de l'Asie, ses habitans ne le regardent que comme un puissant protecteur (1).

§. IV.

De l'Inde.

L'Inde est un vaste & riche pays, partagé, par la Nature, en terre-ferme & en deux grandes presqu'îles ; &, par la Politique, entre un assez grand nombre de Souverains. Le plus puissant étoit autrefois le Grand-Mogol, qui régnoit dans la partie de terre-ferme, appelée *Indostan ;* mais les Anglois ont tellement affoibli sa puissance, qu'il n'est plus qu'un fantôme de Souverain.

Comme l'Inde intéresse de plus en plus, & que la Géographie en est mal connue du commun des Lecteurs, je vais donner ici quelques détails sur ses divisions.

(1) On peut voir sur l'Arabie & sur les Arabes des détails très-intéressans, dans mon *Choix de Lectures géographiques & historiques ;* 6 vol. *in-8°*.

De la Terre-ferme de l'Inde, désignée par le nom d'Indostan.

Je commencerai l'indication de ces Provinces par les parties les plus reculées vers le Nord-Ouest, en allant de proche en proche jusqu'au Bengale, qui s'y trouvera compris.

1°. *Le Caboul.*

On a donné le nom de *Caboul* à un grand pays situé au Nord-Ouest, près de la Perse. Dans cette vaste contrée, se trouvent, 1°. le *Caboul* propre, au Nord; 2°. les *Afghwans* ou Patanes, au Milieu; 3°. & une partie du *Candehar*, au Sud. Des montagnes le séparent de la Perse, à l'Ouest. Ses autres limites ne sont pas bien déterminées.

Après la mort de Nadir Scha, plus connu chez nous par celui de Thamas-Kouli-Khan, ce pays, qu'il avoit conquis, fut érigé en un petit Etat indépendant, par Abdallah, l'un de ses Généraux.

2°. *Les Seiks ou Skiks.*

Ces peuples, encore très-peu connus des Européens, parviendront peut-être à jouer un rôle considérable en Asie. Ils se sont formés de la réunion de différens autres peuples, & composent un assez grand nombre de petits Etats indépendans les uns des autres. Mais quand leur intérêt l'exige, ils se réunissent sous la conduite d'un chef qui les conduit à la guerre : ce chef est électif, & ne reste pas en place plus long-tems que ne l'exige la cause qui l'a fait élire. Autant ils sont décidés pour la liberté générale, autant ils sont indifférens pour les cultes religieux. La Religion adoptée par les premiers de la nation est le Déisme ; mais ils laissent suivre à chacun celle qui lui convient. Ils sont, de plus, très-braves, & bons guerriers.

Ils habitent dans le Pentgiab, le Moultan, & sur les bords de l'Indus, jusqu'à une certaine distance de la mer.

3°.

3°. *Province de Delhi.*

La Province de *Delhi* a pour capitale DELHI, ſur la *Dgemna*. Elle eſt au Sud-Eſt de Lahor ; s'étend au Nord, juſqu'à Serinde ; a le Gange à l'Eſt, & n'a pas à l'Oueſt des bornes bien déterminées. Dans ſa totalité, elle n'eſt pas fort conſidérable. C'eſt cependant tout ce qui reſte au Grand-Mogol, à cet Empereur des ſept parties du monde, de ſes vaſtes poſſeſſions dans l'Indoſtan & dans la preſqu'île.

Au Sud de la Province de Delhi, eſt celle d'Agimère, qui a été démembrée. La partie où eſt AGIMERE, la capitale, appartient au Grand-Mogol.

La contrée de Melwat eſt au Sud d'une partie de Delhi. Elle eſt occupée par les Jats, qui ont, pendant quelque tems, poſſédé le territoire d'Agra. Tamerland eut ces peuples à combattre. Je crois que c'eſt ſur le ſeul rapport des noms que quelques Auteurs les ont fait deſcendre des anciens Gètes d'Europe.

4°. *Aoud.*

La Province d'Aoud a pour capitale AOUDIPOUR (1). Elle confine au pays d'Agimère & au Guzerat, & s'étend plus de l'Oueſt à l'Eſt, que du Sud au Nord. Son Raja, ou Souverain, eſt fort expoſé aux incurſions des Marates, & leur paie eſt aſſez régulièrement le *Chotaye* (2). Cheitor en étoit autrefois la capitale.

5°. *Province de Joud.*

Ce petit diſtrict a pour capitale actuellement MEERTHAH. Il occupe une partie de l'ancienne Province d'Agimère, & s'étend du Nord-Eſt au Sud-Oueſt. La rivière de Paddar, qui paſſe à l'Eſt d'Agimère, le borne à l'Oueſt. Le Raja de cette Province eſt auſſi tributaire des Marates.

6°. *Joïnagar.*

Le petit Etat de Joïnagar, ayant une capitale de même nom, eſt au Nord-Eſt du pays de Joud. Il eſt montagneux, & de fort

(1) C'eſt-à-dire, *ville d'Aoud.*

(2) On verra à l'article des Marates ce que c'eſt que ce tribut.

peu d'étendue. Les Marates y ont souvent porté les guerres ; mais ils ne l'ont jamais entièrement asservi. Un Raja, qui s'en est rendu maître, le gouverne actuellement, & paie tribut aux Marates.

7°. *Agra.*

Le petit Etat, dont AGRA, sur la Dgemna, est la capitale, confine à Joïnagar par le Nord-Est de ce dernier. Il s'étend du Sud au Nord, le long de la Dgemna, qui commence au mont Couket, dans le Nord de Delhi, arrose cette ville, passe à Agra, à Calpy, & se rend dans le Gange, près d'Ellahabad.

Agra fut pendant assez long-tems la résidence des Empereurs Mogols. Les Jats occupèrent ce pays, puis ils s'en sont éloignés.

8°. *Ghod.*

Au Sud d'Agra, est le petit territoire de Ghod, avec une capitale de même nom. Ce pays est de forme circulaire, & peu étendu. Mais il est important, parce qu'il renferme la forteresse de Galéor, dominant la petite rivière de Lauke, qui se jette dans la Narvah. Les Anglois, qui nomment cette forteresse Gwalior, la prirent sur les Marates en 1782.

9°. *Hatter.*

Un petit pays, ayant pour capit. HATTER sur la Chumbull, est au Nord-Est de Ghod. Ce pays relève des Marates.

10°. *Rohilconde.*

A l'Est de Delhi & d'Agra, est un Etat plus étendu que les deux précédens. Le Gange le traverse en venant du Nord, pour en sortir par le S. E. Une tribu d'Afghwans qui porte le nom de *Rohillas*, s'est établi, dans ce pays.

11°. *Rampour.*

Le territoire qui a pris son nom de la ville de RAMPOUR, sa capitale, est au Nord, touchant aux montagnes, & formant un petit Etat enclavé dans le Rohilconde.

12°. *Farrakdabad.*

La ville de Farrakdabad, avec son petit territoire, est aussi enclavée dans Rohilconde. Elle est plus au Sud, sur le Gange. Ce petit pays appartient aux Patans Rohillas, tribu d'Afghwans.

13°. *Aoude.*

Le pays d'Aoude a pour capit. FÉZABAD. Il commence à l'Est de Rohilconde, & s'étend du côté opposé jusqu'à Béhar. Il a, au Nord, les montagnes qui séparent l'Inde de la Tartarie; &, au Sud, l'Ellahabad, divisé actuellement en plusieurs petits Etats. Le Gange traverse sa partie occidentale du Nord-Ouest au Sud-Est. La Gogra ou Dewah l'arrose du Nord au Sud, passe à Fézabad, puis se rend au Sud-Est dans le Gange.

14°. *Bundelconde.*

Le pays de Bundelconde, faisant partie de l'ancien Ellahabad (1), est actuellement partagé entre deux petits Souverains. Au tems d'Aurengzeb, ce pays étoit presque aussi étendu que celui d'Aoud & n'obéissoit qu'à un seul Raja.

La partie orientale a la Dgemna au Nord-Est, & n'a guères que 35 lieues en quarré. Cette partie est défendue par plusieurs forteresses : la principale est celle de Callinger, appelée aussi *Calloudge.*

Au Sud, est la mine de diamant de Panna, située entre des montagnes.

La Partie méridionale du Bundelconde s'étend beaucoup plus du Nord au Sud, que de l'Est à l'Ouest. Le lieu principal est REWAN ou Rivan. Tout ce district appartient à un petit Prince Indien, qui a conservé son indépendance entre les Marates à l'Ouest, & les Anglois à l'Est.

15°. *Calpi.*

Au Nord-Ouest de Bundelconde, est le territoire de Calpi, auquel je crois pouvoir donner le nom de sa capitale, placé au Nord-Est, sur le Gange.

(1) La ville de ce nom est actuellement comprise dans la Province d'Aoud.

16°. *Sagor.*

Au Sud de la partie occidentale de Calpi, eſt un petit pays que l'on peut appeler le *territoire de Sagor.* Il comprend une partie du Chunderi.

17°. *Bopaul.*

Le petit pays de Bopaul a pour capitale BOPAUTOL. Il eſt au Sud-Oueſt de Sagor : la Nerbudda le traverſe de l'Eſt à l'Oueſt. Il eſt tributaire des Marates.

18°. *Bénarès.*

Le Zemindary, ou diſtrict, de Benarès, a pour capitale BENARÈS, ſur le Gange. Il faiſoit autrefois partie de l'Elléhabad, & ſe trouve au S. E. d'Aoud. Ce pays eſt de forme irrégulière. Benarès fut pendant long-tems l'une des plus conſidérables villes de l'Inde : mais les Anglois ont tout renverſé dans cette ville. Plus d'Académie, plus d'École ; les ſages Indiens y vivent retirés : l'audace ſoldateſque s'y montre ſeule avec aſſurance.

19°. *Béhar.*

La Province de Béhar a pour capitale PATNA, ſur le Gange. Elle eſt entre Aoud & Benarès à l'Oueſt, & le Bengale à l'Eſt : ſon étendue eſt conſidérable du Nord au Sud. Le Gange la traverſe à-peu-près de l'Oueſt à l'Eſt. On y trouve pluſieurs villes conſidérables. Celle de Patna y tient aujourd'hui le premier rang, par les richeſſes que lui a procurées ſon grand commerce avec les Européens.

20°. *Le Bengale.*

Le Bengale, dont la capitale eſt MOXOUDABAD, ſur le petit Gange (1), ou Gange occidental, eſt à l'Eſt du Behar ; c'eſt la partie la plus orientale de l'Indoſtan. Le Major Rennell eſtime

(1) C'eſt cette même branche du Gange qui paſſe à Ougli, à Chandernagor, à Calcuta, & ſe rend dans le golfe de Bengale, ſous le nom de *rivière d'Ougli.*

que la Province de Behar & celle de Bengale peuvent former une étendue de 50 mille lieues quarrées : on y compte, selon lui, dix millions d'habitans (1).

Le Bengale, dit-il, est, par sa situation, heureusement défendu contre les entreprises de tout ennemi étranger. Au Nord & à l'Est, il n'a pas de voisins belliqueux ; & la chaîne de montagnes, les rivières & les contrées désertes qui forment de ce côté une barrière formidable, empêcheroient bien de tels ennemis de paroître. La partie méridionale est baignée par une mer remplie de bas-fonds : du même côté, sont des bois impénétrables. Ajoutons que dans une étendue de 300 lieues de côtes, il ne se trouve qu'un bon port, encore est-il d'un accès difficile. Ce n'est donc que par l'Ouest que le Bengale peut être attaqué. Or, l'impuissance où sont les Princes de l'Inde de rien entreprendre, doit rassurer les Anglois contre toute attaque de ce côté.

De la Presqu'île occidentale de l'Inde.

Pour mettre le plus d'ordre possible dans l'indication des divisions ou des villes considérables de cette partie de l'Inde, je parlerai d'abord des pays qui se trouvent dans son intérieur, puis des Provinces ou des villes qui sont sur les côtes, en commençant au Nord-Ouest par celle de Guzerat, & faisant le tour par le Sud, jusqu'à la côte d'Orixa, au Nord-Est.

On sait que du Nord au Sud cette presque île est séparée en deux, non pas, comme on le croit communément, par une seule chaîne de montagnes, mais en beaucoup d'endroits par deux chaînes qui se réunissent en plusieurs points. Ces montagnes sont sur-tout très-sensibles le long de la côte occidentale, où elles laissent un espace assez borné entre elles & la mer. Ces montagnes

---

(2) Les Anglois n'ont pu nous laisser ignorer que dans le Bengale même, en y comprenant l'ancienne Soubabie de Rougpour, qu'ils ont jointe au Bengale, on comptoit neuf millions d'habitans, & que la barbarie de quelques-uns de leurs Administrateurs y a fait périr de misère, & faute de nourriture, environ trois millions d'hommes.

ont différens noms dans les différentes Provinces auxquelles elles appartiennent. C'eſt par une ignorance du véritable ſens de ce mot que l'uſage de les appeler *Gattes* a prévalu (1).

PROVINCES DE L'INTÉRIEUR DES TERRES.

1°. *Pays des Marates.*

Le pays des Marates, ayant pour capitale POUNAH, eſt d'une étendue très-conſidérable. Sans même y comprendre les pays qu'ils prétendent relever d'eux, les Marates occupent une partie de Guzurat, la partie méridionale du Candès ou Candeiſch, une grande partie de l'Amédagour, du Viſapour, & toute la côte occidentale, depuis le territoire de Goa, juſqu'à celui de Surate. Ils ont à l'Eſt le Bérar & le Décan. Cette nation belliqueuſe prétend avoir un droit de ſuzeraineté ſur les autres terres de l'Inde, en conſéquence duquel il lui ſeroit dû le quart du produit que chaque Prince retire des terres de ſes ſujets (2). Le chef des Marates eſt cenſé reconnu par le Grand-Mogol, & prend le titre de *Païſchah* (3).

Les guerres d'Aïder-Aly, contre les Marates, ont eu pour première cauſe le refus du chotaye qu'il ne vouloit pas leur payer, & que, dans les momens les plus difficiles, il n'a jamais payé qu'en partie. Son fils Tipou-Khan ne ſe montre pas moins actif ni plus diſpoſé à payer ce tribut.

Dans la partie ſeptentrionale du pays des Marates, deux Princes Indiens ſe ſont emparés d'une grande étendue de terres; ce ſont:

---

(1) Le mot de *Gattes* ne ſignifie proprement qu'un *paſſage*, un *défilé* entre des montagnes, & même un *gué* de rivière.

(2) C'eſt cette eſpèce de redevance qui s'appelle *Chotaye*. Les Marates prétendent qu'il leur a été accordé par Aureng-Zeb. Malgré cette prétention, les autres Souverains qui peuvent ſe défendre avec avantage refuſent le chotaye, prennent les armes, & n'en donnent ainſi que le moins qu'ils peuvent.

(3) Ce nom eſt Perſan, & répond à celui de Premier Miniſtre; mais ce Païſcha ſeroit lui-même une eſpèce de Roi, ſi la Nation à laquelle il commande avoit un génie moins actif & moins indépendant.

1°. La partie septentrionale du Candès, où est Bouzanpour, avec un territoire de quelque étendue.

2°. Une portion du Guzerat.

3°. Dans le Melwat, une étendue de plus de 60 lieues, qui s'étend jusqu'au territoire de Narwah. La capitale du pays de Melwa est OUGÉIN, appelée aussi *Ougine*, située à quelque distance du Nord de Mundu, l'ancienne capitale des Chilligées, qui régnoient autrefois dans le Melwa.

Ces trois pays sont partagés actuellement entre deux Princes, appelés *Sindia* & *Holkar* qui se disent issus des anciens Rois de Melwa.

2°. *Le Bérar.*

La Province de Bérar a pour capitale NAGPOUR. En y joignant celle de Golconde, & quelques autres moins considérables, elle portoit le nom de *Provinces du Décan* (1). Le Bérar s'étend depuis le Candès, à l'Ouest, jusqu'à la côte d'Orixa, à l'Est, encore y faut-il joindre une petite portion de cette côte. Au Nord, est l'Ellahabad, &, au Sud, Amednagor & Golconde. Ce pays peut avoir 100 lieues de l'Ouest à l'Est, & plus de 80 du Nord au Sud.

J'ai déjà dit que la côte d'Orixa appartenoit, ou, du moins, relevoit du Bérar : KATEK en est la capitale. Cette ville est sur la rivière de Mahadrada, qui vient du Berar. Elle est regardée par les Anglois comme une Place fort importante, parce qu'elle est sur la seule route qui établisse une communication facile entre le Bengale & la Province, appelée des *Circars*.

Au nord du Bérar, est une petite Province qui en relève, sous le nom de *Baundhou*. Sa capitale, située au Nord, porte le nom de GURRA BAUNDHOU. Ce pays est possédé par Nizam Schah.

3°. *Le Décan.*

Le Soubedar du Decan possède, au Sud du Bérar, une grande Province, formée en partie de celle d'Amednagour, & en partie de celle de Golconde. C'est à peu-près l'ancienne Province de

(1) De l'Indostan *Daken*, ou le Sud.

Tallinga, ou Tilling, située entre le Gondavery au Nord, & la Kischna au Sud.

La Kischna est une des plus considérables rivières de l'Inde : elle se jette, après un long cours, de l'Ouest à l'Est, dans le golfe de Bengale, près de Masulipatnam.

Cette Province, qui forme actuellement tout le pays auquel il convient de borner aujourd'hui le nom de Décan, a pour capitale AIDER-ABAD, appelée long-tems *Bisnagar*, nom qu'emploient encore ordinairement les Indiens.

La Province appelée, par les François, *Condavir*, & par les Anglois *Gontour*, située au Sud-Est, fait partie du Decan, depuis que Nizam Aly s'en est emparé, en 1781. Elle a quelque étendue de ce côté, où elle sépare la Province des Circars du Carnatic, que l'usage a fait nommer *Carnate*.

4°. *Petites Provinces tributaires.*

Les districts de Palnaud, Canoul, Cuddapa, Condanore, Goutti, Roydroug, Adoni, Raschore, Sanore, Harponelly & Chiteldroug sont censés tributaires du Décan, & faire partie de cet État.

5°. *Le Carnatic ou Carnate.*

Le Carnatic, que nous appellons *Carnate*, a pour capitale ARCATE, ville peu éloignée, à l'Ouest, du territoire de Madras. Ce pays s'étend beaucoup plus du Nord au Sud que de l'Ouest à l'Est. On pourroit dire que depuis le Condavir, il s'avance jusqu'au cap Comorin, quoiqu'il y ait dans cette partie du Sud quelques Etats qui n'en dépendent pas. La mer, ou, si l'on veut, le golfe de Bengale, baigne ses côtes à l'Est; &, à l'Ouest, une longue chaîne de montagnes le sépare des États de Tipou-Khan. On donne au Carnate environ 190 lieues en longueur, & depuis 25 jusqu'à 40 en largeur. On sait que le Nabab actuel n'est, pour ainsi dire, qu'une espèce de fantôme de Prince, & que ce sont les Anglois qui font tout dans le Carnate.

6°. *Etat de Tipou-Saëb, ou plutôt de Tipou-Khan.*

Les possessions d'Aïder Aly excédoient de beaucoup, par leur étendue, celles du Nabab d'Arcate. Son fils Tipou-Saëb en a hérité. Si, du Sud au Nord, elles n'ont guères que cent lieues, elles ont en largeur, dans leur moindre étendue, 40 lieues, & jusqu'à cent dans d'autres. Ce Prince (1), né sujet du Maïssoure, s'en est depuis rendu maître. C'étoit un Royaume assez étendu, divisé en *bas* Maïssoure, au Sud, & entouré de montagnes; & en *haut*, sur les vastes plaines qui couronnent la haute chaîne, appelée vulgairement des *Gattes*. A cet État, déjà considérable, Aïder-Aly a joint le Canara, divisé aussi en *bas*, le long de la côte occidentale, au Nord de la côte de Malabar; & en *haut*, sur les parties élevées qui bordent cette côte.

La capitale du Maïssoure est MAÏSSOURE; mais elle est moins considérable que Séringapatnam, qui en est peu éloignée au Nord; encore Aïder-Aly préféroit-il Bengoulour.

La capitale du haut Canara se nommoit BEDNOR, ou *Rana-Bednor*, c'est-à-dire, Bednor de la Reine : Aïder en a changé le nom en celui d'*Aïder-Nagar*.

II. DES CÔTES OCCIDENTALES ET ORIENTALES DE LA PRESQU'ILE.

Côtes occidentales.

Je commence la description de ces côtes par le Nord-Ouest, au golfe de Sind, ou de Sindi; car les côtes de la presqu'île de Guzerat appartiennent à cette division, &, par extension, le Guzerat lui-même.

1°. *Le Guzerat.*

Le Guzerat occupe une grande étendue de pays, située en partie dans la presqu'île de l'Inde, & partie dans une presqu'île beaucoup

(1) On trouvera dans le Choix des Lectures quelques détails sur ce Souverain.

plus petite, qui porte le nom de cette Province. Les principales divisions du Guzerat sont : le *Puttan*, au Nord ; le *territoire d'Amédabad*, ou Amoudabad, au Sud du Puttan ; celui de *Nadout*, au milieu ; celui de *Cambay*, au fond du golfe de ce nom ; celui de *Diu*, au Sud de la presqu'île ; & enfin, celui de *Surate*, qui s'avance le long de la côte de la presqu'île de l'Inde. AMOUDABAD est la capitale de tout le Guzerat.

C'est sur les côtes de l'Ouest & du Sud-Ouest de la presqu'île de Guzerat que se trouvent les *Sanganès*, si redoutés dans ces parages ; ce sont les pirates les plus féroces de toute cette partie de l'Inde. Il a quelquefois fallu que les François & les Anglois leur en imposassent avec des frégates bien armées.

Le territoire de Surate appartient en quelque sorte aux Anglois.

2°. *Salcète*, *Bombay*, &c.

Au Sud du territoire de Surate, on trouve, entr'autres lieux, l'île de Salcet, Bacaïm, aux Marates, & celle de Bombay, qui appartiennent aux Anglois. Bombay est le seul bon port de cette côte, & le meilleur de toute l'Inde.

Près de Bombay, est le port de Chaoul, qui appartient aux Marates.

3°. *Côte des Pirates.*

Toute la côte qui s'étend depuis le port de Chaoul jusqu'au petit pays de Bonsolo, appartient aux Marates. On l'a nommée *Côte des Pyrates*, parce qu'en effet elle en étoit infestée.

4°. *Goa.*

Goa, située dans une île, à l'embouchure de plusieurs rivières, forme, avec son territoire, en terre-ferme, un petit Etat appartenant aux Portugais. Cette ville a été autrefois bien plus florissante qu'elle ne l'est aujourd'hui.

5°. *Sounda.*

Le petit pays de Sounda, qui touche à celui de Goa, appartient à Tipou-Khan. Ce territoire, qui tient par le Sud au Canara, n'est pas fort étendu.

6°. *Côte de Canara.*

La côte de Canara forme ce que l'on appelle dans l'Inde le *Bas-Canara.* Il commence, au Nord, au pays de Sounda, dont il est séparé par la rivière d'Alinga, & s'étend, au Sud, jusqu'à Calser-Cutta. MANGALOR est la principale Place du Bas-Canara.

7°. *Kolastri.*

En passant de la côte de Canara à celle de Malabar, on trouve d'abord le petit Etat de Kolastri. C'est dans l'étendue de cet Etat qu'est située la ville de Cananor, avec un petit territoire d'environ une lieue.

8°. *Terres de Cartenatt.*

C'est sur les terres de Cartenatt, appelé par les Anglois *Cartenaddy*, que se trouvent :

TALISCHERI, comptoir anglois.

MAHÉ, autre comptoir, qui vient d'être rendu aux François.

Ce pays s'étend jusqu'à l'Etat de Callicut.

9°. *Le Callicut.*

L'État de Callicut est un État d'une médiocre étendue. Il commence, au Nord, à Coïllandi, & finit, au Sud, à Panian. Son territoire s'avance un peu plus dans les terres que quelques uns des États voisins.

10°. *Cranganor.*

La ville de Cranganor a un petit district dans les terres. Elle se trouve sur les frontières des États de Tipou-Khan & celles du Travancor.

11°. *Cochin.*

La ville de Cochin, au Sud, a aussi un petit district, mais bien peu étendu. Cette Place est aux Hollandois.

12°. *Le Travancor.*

Le Travancor forme, à l'extrêmité de la presqu'île occidentale de l'Inde, un État assez étendu. Il est défendu, d'un côté, par la mer; de l'autre, par les montagnes. Les États de Tipou-Khan sont au Nord.

C'est à l'extrêmité méridionale du Travancor, qu'est le cap *Comorin*, & que se réunissent les côtes occidentale & orientale de la presqu'île en deçà du Gange.

CÔTE ORIENTALE, *sous le nom de* CÔTE DE COROMANDEL (1).

1°. *Le Maduré.*

Le Maduré, qui forme un pays assez étendu, commence, au Sud, au cap Comorin, & remonte, au Nord, jusqu'au Carnatic. La ville de MADURÉ en est la capitale.

La côte de ce pays est fort renommée pour la pêche des perles: c'est par cette raison qu'on l'appelle *Côte de la Pêcherie.*

2°. *Le Marawar.*

Le Marawar a sa partie méridionale appuyée sur le golfe de Manar, & s'étend, au Nord-Est, jusqu'au Tanjaour. Il est dans la dépendance des Anglois. Sa capitale est RAMARRANDAPOURAM.

C'est-là que se trouve une suite de rochers, de vigies, de bancs de sable, que les Portugais ont appelés *le Pont d'Adam.* On n'y peut passer qu'avec de petites barques du pays. Tout près, est une île appelée *Romescherom*; dont je ne sais quel objet de vénération en a fait un fameux pélerinage d'Indiens.

(1) Elle porte ce nom jusqu'à la côte d'Orixa.

3°. *Le Tondaman.*

Le Tondaman, que les Anglois appellent *Tondiman*, eſt un fort petit pays; cependant il a ſon Pallagar, ou Chef particulier.

4°. *Le Tanjaour.*

Le Tanjaour, que l'on trouve en remontant vers le Nord, eſt renfermé preſque tout entier entre les deux branches que forme le Caveri, en ſe diviſant à Trichenapaly. On ne peut trouver un pays dont la figure lui reſſemble davantage que le Delta de l'Égypte, compris de même dans un triangle formé de deux côtés par les bras d'un fleuve, & du troiſième par la mer.

La branche du Caveri qui tourne vers le Sud-Eſt, conſerve le nom de *Caveri;* celle qui monte au Nord-Eſt, prend le nom de *Colram.* Il y a pluſieurs autres branches entre celles que je viens de nommer.

Le Tanjaour eſt une des plus fertiles Provinces de l'Inde. Auſſi n'en eſt-il aucune d'auſſi bien arroſée.

Sur la côte, on trouve, en remontant du Sud au Nord, NÉGAPATNAM, aux Hollandois.

KARIKAL, Fort, qui vient d'être rendu à la France par la paix de 1783.

TRANQUEBAR, qui appartient aux Danois.

DIVI-COTTÉ, qui eſt aux Anglois.

Chacune de ces villes a un territoire plus ou moins étendu.

C'eſt au ſommet de l'angle que forme le Caveri, en ſe diviſant, qu'eſt la ville de TRICHENAPALI. Cette ville appartenoit au Maduré; mais depuis 35 ans environ elle en a été détachée. Les Anglois en ſont les maîtres. Tout près, dans une eſpèce d'île, eſt la célèbre Pagode de Schéringam.

5°. *Porto-Novo, Gondelour*, &c.

Porto-Novo, appartenant aux Hollandois; Gondelour & le Fort Saint-David, appartenant aux Anglois, n'ont que de fort petits territoires, relevans du Carnatic.

6°. *Pondichery.*

Pondichery, qui est un peu plus au Nord, après avoir long-tems appartenu à la France, vient de lui être rendu par la paix de 1783. On y a joint, pour servir d'arrondissement, les deux districts de Valanour & de Bahour.

7°. *Madras.*

Le territoire de Madras porte sur les cartes angloises, & même dans le Mémoire du Major Rennell, le nom de *Jaghire ;* mais il n'est pas particulier à ce coin de l'Inde. Ce nom de Jaghire ne signifie que *terrein concédé* à certaines conditions. On donne au Jaghire de Madras 11 à 12 lieues d'étendue.

On y trouve :

SAINT-THOMÉ & MADRAS, ou Madraspatnam.

8°. *Puliacate*, *ou Paliacat.*

PALIACAT, à l'embouchure de la rivière de Doutor Calli, appartient aux Hollandois.

9°. *Côte au Nord du Paliacat.*

La côte qui se trouve en remontant vers le Nord appartient au Carnatic ; elle s'étend jusqu'au Condavir, que l'on a dit précédemment relever de Nyzam-Aly, maître du Décan.

10°. *Les quatre Circars.*

On a vu ci-devant que, par *Circar*, il faut entendre un domaine d'une certaine étendue. Ce sont donc quatre de ces domaines que les Anglois possèdent ici : ils les appellent ordinairement les *Circars septentrionaux*, parce qu'ils sont au Nord de Madras. On les nommoit aussi les *cinq* Circars, parce que le Condavir en faisoit partie.

Ces quatre Circars sont : *Condapilly*, *Rajamundry*, *Ellore* & *Cicacole.*

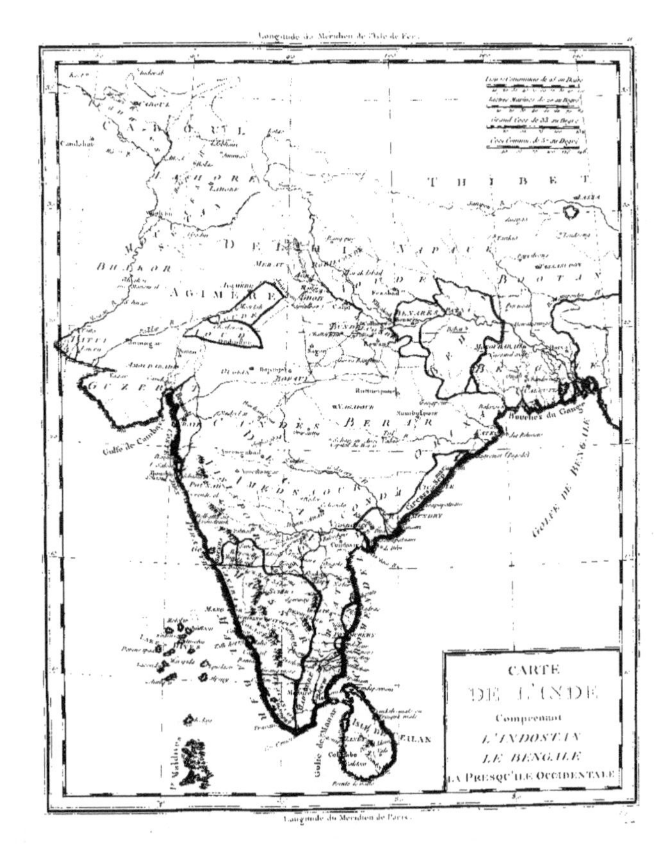
CARTE
DE L'INDE
Comprenant
L'INDOSTAN
LE BENGALE
LA PRESQU'ILE OCCIDENTALE
T H I B E T
Golfe de Cambaye
Bouches du Gange
GOLFE DE BENGALE
Golfe de Manar
Longitude du Meridien de Paris

C'eſt dans la partie méridionale de cette côte, au territoire de Divi, & à l'une des embouchures de la Kiſchna, qu'eſt la ville de Maſulipatnam. Au Nord, en ſuivant la côte, ſont les villes d'Yanam, de Viſigapatnam, de Cicacole & de Ganjam.

Ici commence la côte d'Orixa, ſur laquelle la France vient de recouvrer quelques poſſeſſions. J'ai parlé de cette côte précédemment.

Apperçu général de l'état politique de l'Inde.

I. *Angleterre.* Les Anglois ſont plus puiſſans dans l'Inde que l'on ne croit communément. Ils poſsèdent :

1°. Le Bengale & le Behar, le Zemindary de Benarès dans l'Indoſtan : ils ſe regardent comme maîtres de ces pays, & il n'y a pas actuellement de forces dans l'Inde qui puiſſent les leur enlever.

2°. Le territoire de Surate, la ville de Bacaïm, l'île de Bombay ſont également à eux ; & s'il y a quelque différence, elle eſt légère : ces poſſeſſions ſont ſur la côte occidentale.

3°. Madras, avec ſon territoire, Trichenapaly, les quatre Circars leur appartiennent & les rapprochent du Bengale.

II. *Alliés des Anglois.* L'Angleterre a de plus pour alliés :

Le Nabab d'Aoud, celui de Carnatic, & celui du petit pays de Ghod ; encore ces petits Souverains pourroient-ils être regardés comme de ſimples repréſentans, parce que l'Angleterre les fait agir à ſon gré, & en obtient de très-fortes ſommes, ſous différens prétextes, ſur-tout celui de les défendre contre leurs ennemis, qu'ils n'ont la plupart qu'à cauſe de leur alliance avec l'Angleterre.

III. *Les Marates.* Les Marates, réputés ſujets du Grand-Mogol, méconnoiſſent aujourd'hui ſon pouvoir. Aſſez ſouvent en armes, & toujours prêts à faire valoir la ceſſion vraie ou prétendue du droit de chotaye accordé par Aurengzeb, ils étendent leur domination aux dépens des petits Princes qui prétendent leur réſiſter. Comme ils ſont Gentils, ils ſont naturellement diſpoſés à faire la guerre aux Mogols, & aux autres Princes Mahométans.

On regarde aujourd'hui comme leurs sujets les Rajas de Joinagour, de Joudpour, d'Aoudipour, de Marwa, de Bahdoriah: une partie de Bundelconde, & le petit pays de Bopaul relèvent aussi d'eux.

IV. Tipou-Khan, fils & successeur de Aïder-Aly, forme lui seul une Puissance très-redoutable. Son génie soutient tout le poids du Gouvernement & de la guerre.

V. Enfin, les François, les Portugais, les Hollandois & les Danois qui ne se proposent que de faire le commerce dans l'Inde, n'y ont que de petites possessions, &, pour ainsi dire, que des comptoirs.

Dans la presqu'île au delà du Gange, on trouve:

Au Nord, le Royaume d'*Aracan*.

Au Sud, celui de *Pégu*, comprenant celui d'Ava.

Au Sud-Est, celui de *Siam*, dont la capitale est *Juthia*; & celui de *Camboje*, qui donne son nom à la presqu'île qu'il occupe.

A l'Est, celui de Cochinchine, dont la capitale est *Khéoa*, ou plutôt *Ca-Hué*; & celui du Tonkin, dont la capitale est *Ké-cho*.

Sur la presqu'île de Malaca est une ville de même nom, où les Hollandois ont le principal commerce.

Remarques.

Je ne pourrai qu'être fort court dans ces remarques: des détails un peu étendus sur l'Inde formeroient aisément un volume. Je renvoie donc à ce qui s'en trouve dans les 2e & 3e volumes du *Choix des Lectures géographiques & historiques*. Je vais seulement dire un mot des parties nommées ci-dessus.

1°. Le mot *Indostan* signifie pays de l'Inde, & ce pays comprend plus que le Mogolistan ou pays du Mogol. Mais je ne parlerai ici que de cet Etat.

L'ancienne histoire de l'Inde est presque entièrement inconnue: elle ne l'a été dans des tems plus rapprochés de nous, que par les invasions des Tartares & des Mogols, qui y ont porté le ravage & la désolation. En 1001, Mahmoud Ghazni y fit

fit des conquêtes considérables. En 1222, Genghiskhan conquit le Candahar & le Moultan, provinces du Nord-Ouest fort étendues. Le Candahar tomba au pouvoir de Timur-Bek, ou Tamerlan, en 1383; &, en 1396, il envahit presque tout le reste de l'Inde. En 1399, il entra dans Delhi, alors capitale de l'Empire, & la mit au pillage. Quoique depuis les conquêtes de Timur-Bek jusqu'en 1526, les Indiens aient reconnu une espèce de souveraineté dans les Princes de la branche aînée de cette famille de Tartares qui régnoit en Bukharie, cependant on voit que lorsque le Sultan Babor ou Babour fut chassé de la Bukharie par les Usbeks, il fut obligé d'entrer dans l'Inde les armes à la main. Il s'y établit depuis l'année 1526 jusqu'en 1530, après l'avoir acquise toute entière, excepté le Decan, Guzurate & le Bengale. Cette dernière Province fut conquise en 1538 par les Grands-Mogols. La Guzurate fut prise en 1558, par Akbar : il soumit peu après le Candahar, qui s'étoit rendu indépendant. Cette dernière Province fut reconquise par Schah-Abbas, Souverain de la Perse, en 1621. Les Mogols s'emparèrent, en 1689, de Golkonde & de Visapour. Le dernier de ces Etats avoit été fondé par Adel-Sahah, de la race des Patanes, en 1530. L'Indostan fut ravagé en 1738 par Nadir-Schah, usurpateur de la Perse. Ce sont les Anglois qui, depuis cette époque, ont fait le plus de conquêtes dans l'Inde. Ils y possèdent le Bengale, la plus grande partie des pays situés à l'Occident de cette vaste Province, une grande partie de la côte orientale de la presqu'île en deçà du Gange; & des terres fort étendues, où se trouve Surate, à l'Ouest. Il n'y a guères dans la presqu'île que les Etats des Marates, au Nord; & les Etats de Tipou-Saëb, ou plutôt Tipou-Khan, qui sont dans une indépendance absolue.

Les François possèdent sur le Gange, *Chandernagor*; sur la côte orientale, *Pondichery* & *Karikal*.

N. B. *Sur les détails de la Géographie de l'Inde, on peut voir les vol. II & III de mon* Choix de Lectures géographiques et historiques; *elle y est traitée avec exactitude.*

Agra, capitale du Mogol depuis que Delhi a perdu l'avantage d'être la résidence du Souverain, est une grande & belle ville. On y remarque sur-tout, aussi bien que dans ses environs, une très-grande quantité de magnifiques tombeaux. On admire avec raison celui de l'Impératrice Tadgé-Makal, qui est une des merveilles de l'Orient.

2°. Le Bengale est un pays fort riche, arrosé par le Gange. Daka, sur une des branches du Gange, à une certaine distance de son embouchure, est une des villes les plus considérables du Bengale, & celle où les Européens font le plus de commerce en coton.

3°. La presqu'île en deçà du Gange est traversée, dans sa longueur, du Sud au Nord, par une longue chaîne de montagnes que l'on nomme improprement les Gattes (1). Ces montagnes ne divisent pas seulement les pays, elles séparent aussi les saisons. Les habitans de la côte de Coromandel, qui est à l'Est, ont un Eté étouffant depuis les mois de Mai & de Juin, jusqu'en Octobre, pendant qu'à l'Ouest, sur la côte de Malabar, ils ont un mauvais tems, qui est leur hiver.

Surate est une ville très-commerçante, & l'une des plus belles de l'Inde.

Bombay, située dans une île, est un Port excellent, & très-avantageux pour le commerce de cette côte.

Goa est le principal lieu du commerce des Portugais ; c'est une ville bien bâtie : les maisons y sont peintes à l'extérieur, & ont toutes un jardin.

Calicut est la capitale d'un Etat indien qui porte le même nom. Le Souverain étoit désigné par le nom de Samorin. La ville est presque sans police, & le commerce y est fort embarrassé par la grande quantité de droits auxquels il est assujetti.

Cochin étoit autrefois considérable : elle fut enlevée aux Portugais par les Hollandois. Il y a une autre ville de même nom dans l'intérieur des terres ; elle est la résidence du Prince Malabare, qui est Souverain du Royaume de Cochin.

Sur la côte orientale de cette presqu'île, sont les villes suivantes, que j'ai indiquées ci-dessus, en remontant du Sud au Nord.

Négapatnam, dont on défigure le nom en disant Négapatan ; signifie *la ville des Serpens.* C'est un des principaux établissemens des Hollandois.

Pondichéry, plus au Nord, étoit depuis long-tems le principal établissement des François dans l'Inde, & la résidence du Gouverneur. Cependant, à cause d'un banc de sable qui forme une barre considérable, ce lieu est d'un accès très-difficile par mer ; les vaisseaux n'y peuvent aborder, & il est tout ouvert du côté de la terre. Il est vrai que l'on y avoit fait des fortifications. Les Anglois s'en étoient emparés : il a été rendu par la paix de Versailles en 1783.

(1) Voyez l'explication de ce mot dans mon *Choix de Lectures géographiques*, Tom. II.

Madras, appelée aussi le Fort St-Georges, est divisée en Cité blanche, habitée par les Européens; & en Cité noire, habitée par les Indiens. Elle appartient aux Anglois.

Paliacate est nommée par les Hollandois, à qui elle appartient, le fort de Gueldre; on y fait un commerce considérable de belle toile. C'est vis-à-vis de cette ville, au delà d'un grand lac, qu'est la Pagode de Tripeti, si célèbre par la vénération des Indiens.

Masulipatnam, qui termine la côte de Coromandel, est la capitale d'une belle province : elle fut donnée aux François, en 1750, par le Souba (1) de Golkonde. Ses toiles sont très-estimées.

Je n'ai nommé que quelques-unes des grandes villes de la presqu'île au delà du Gange.

Ava est la capitale d'un Royaume de son nom, soumis actuellement au Roi de Pégu, qui y fait sa résidence. Les rues y sont alignées & bordées d'arbres.

Pégu, qui a été autrefois florissante, est bien déchue depuis que les Rois n'y font plus leur résidence.

Juthia, capitale du Royaume de Siam, est bâtie dans une île assez vaste, au milieu des eaux du Ménan. Ce Royaume est fort étendu; on remarque que l'on n'y connoît guères que trois saisons, l'Hiver, le Printems & l'Eté. Les terres y sont fertiles; mais la forme du Gouvernement y est si contraire à la culture, que la plus grande partie du pays est en friche.

Le Royaume de Camboje est hérissé de montagnes, de forêts, & noyé d'eau dans les terres basses : il n'est pas fort peuplé. Ce Prince relève du Roi de la Cochinchine.

La Cochinchine, que je ne nomme ainsi que par indulgence pour l'usage & pour être entendu, est appelée, par ses habitans, *Annam* (2). Il est divisé en onze Provinces ou Gouvernemens,

---

(1) *Souba* est un mot corrompu de *Soubadar*, qui signifie, comme *Nabab* en indien, *Gouverneur* ou *Vice-Roi* d'une grande Province.

(2) Il faut faire entendre le son de la dernière lettre *m*, comme si elle étoit suivie d'un *e* muet. Ce furent les Portugais qui, trouvant quelque ressemblance avec la côte de Cochin, lui donnèrent le nom de Cochinchine.

dont quatre ſont nommées Provinces Septentrionales, & ſept Provinces Méridionales.

La capitale, que j'ai nommée ſur la carte Kéhoa ſe nomme dans le pays Hué : on y joint quelquefois la ſyllabe *Ca ;* alors on dit Ca-hué, ce qui ſignifie Hué-la-Grande. Elle eſt très-étendue, & a au moins 5 lieues de circonférence. On y admire le palais du Roi, & environ 500 Pagodes, ou temples d'Idoles, qui ſont la plupart fort belles (1).

Le Tonkin eſt un pays aſſez mal gouverné, quoiqu'on y ait reçu pluſieurs connoiſſances des Chinois. Les Européens ont cherché, mais toujours inutilement, à y former quelque établiſſement ſolide. La nation y eſt livrée à la pareſſe, à la volupté, & craint autant d'être aſſervie par ſes maîtres, que par les étrangers.

§. V.

De la Chine.

La Chine eſt un pays immenſe, & renfermant une population nombreuſe, qui ſe nourrit preſque uniquement de riz, que l'on y recueille en grande abondance. Nous ne connoiſſons guères ici des arts de la Chine que ceux qui ont pour objet la porcelaine, les étoffes de ſoie, l'encre appelée *de la Chine*, & propre à deſſiner. Les Chinois en ont pluſieurs autres ; mais ils ſemblent exceller plutôt dans ceux où il faut de l'adreſſe, que dans ceux qui demandent du génie. Ils n'ont que de mauvais Peintres, de mauvais Architectes, & n'ont rien produit dans les Sciences. Ce ſont les Miſſionnaires François qui ont porté chez eux la vraie connoiſſance des Mathématiques, & qui les ont cultivées.

Les principales villes de la Chine ſont : PÉKIN, capitale, au Nord ; *Nankin*, à l'Eſt, ſur le *Kian ;* & *Koan-tcheu*, appelée

(1) On trouve dans mon *Choix de Lectures géographiques & hiſtoriques* une deſcription très-exacte de ce pays. Je la tiens d'un homme infiniment reſpectable par ſes vertus ainſi que par ſes lumières, & qui a vécu long-tems dans la Cochinchine, & dans d'autres parties de l'Inde.

Longitude du Meridien de l'Isle de Fer.
PRESQU'ISLE ORIENTALE
DE L'INDE.
ISLES DE LA SONDE,
PHILIPPINES, MOLUQUES.
CHINE
BORNEO
ISLES DE LA SONDE
ISLES PHILIPPINES
NOUVELLE GUINÉE
Longitude du Meridien de Paris.

vulgairement Canton, au Sud. A peu de distance, est *Macao*, dans une presqu'île.

Remarques.

L'Empire de la Chine (1), qui a environ 500 lieues du Sud au Nord, & autant de l'Ouest à l'Est, est la partie de l'Asie la plus peuplée & la plus anciennement soumise à une même forme de Gouvernement. Ce n'est pas que j'admette la haute antiquité que quelques Ecrivains lui donnent; car ce pays a été, ce me semble, long-tems partagé entre plusieurs Dynasties avant de former un seul Empire. M. de Guines, si justement célèbre par ses profondes connoissances dans la Langue de ce pays, & dans les autres parties de l'Histoire Orientale, a formé, à l'égard de l'antiquité de l'Empire Chinois, une conjecture heureuse, & que de nouvelles recherches ne feront peut-être qu'affermir. Selon lui, la Chine étoit peuplée depuis des tems très-anciens; mais elle n'a commencé à former un Corps politique, ayant une Langue écrite, un Gouvernement, des Loix, que dans le troisième siècle avant J. C.; & ces avantages, les Chinois les tinrent des Egyptiens qui s'établirent sur les côtes, & dominèrent ensuite dans tout le pays. Ceux qui s'en rapportent à la chronologie Chinoise, telle qu'elle est reconnue par leurs meilleurs critiques, font commencer cet Empire vers l'an 2000, ou même 2411 avant l'Ere vulgaire, au règne d'Yao, quoique ce Prince n'ait été, selon l'opinion vulgaire, qu'un des successeurs de Fohi, regardé pendant long-tems comme le fondateur de l'Empire de la Chine.

On compte ordinairement vingt-deux Dynasties de Souverains en Chine; & deux seulement ne sont point Chinoises. Celle des Mangous en fit la conquête au treizième siècle; celle des Mancheoux s'en est emparée depuis, vers 1645, & y règne encore actuellement.

Ces Tartares ont adopté les loix & la forme du Gouvernement des Chinois; ils ne les ont gênés que sur certains usages. On remarque que ceux des Chinois qui sont établis dans les îles de la mer des Indes s'affranchissent de cette espèce de joug, & suivent les coutumes de leurs ancêtres.

Quoiqu'il y ait beaucoup de loix en Chine, cependant l'Empereur est moins gêné par elles que par l'opinion générale. C'est un despote qui reçoit des représentations & qui s'y conforme. En général, il est regardé comme le père de son Etat, & cette idée s'oppose aux excès du despotisme qu'il pourroit exercer. Tout l'Empire est divisé en Provinces gouvernées chacune par un Vice-Roi appelé

---

(1) Quelques Auteurs croient que le nom de Chine est pris du mot *Chin*, que porte la soie dans le Bengale. D'autres le font venir du nom de la Dynastie de *Tsīn*. Quoi qu'il en soit, ce pays est nommé par les Tartares *Kathay*; & par les Chinois, *Tchōné-Koué*. C'est peut-être de *Tchōn* que l'on a fait Chine.

Fou-Yven. Il eſt à la tête du Conſeil de la Province. Chaque ville a ſon Tribunal ſubordonné à celui de la Province. Les affaires ſe jugent en dernier reſſort aux différens Tribunaux de Pékin, qui ſont ceux, 1°. des Mandarins; 2°. des Finances; 3°. des Rites; 4°. de la Guerre; 5°. des Affaires criminelles; 6°. des Travaux publics.

Les Chinois cultivent les Arts méchaniques avec aſſez d'adreſſe, les Sciences d'une manière très-bornée, & le commerce avec aſſez peu de bonne foi, du moins à l'égard des étrangers.

Leur écriture ne tend pas, comme la nôtre, à peindre les ſons qu'ils profèrent en parlant, mais à rappeler l'idée qu'ils ont de la choſe dont ils veulent parler. C'eſt une ſorte d'écriture hiéroglyphique : ainſi, chez nous les chiffres 1, 2, 3, 4, 5, 6, &c. rappellent l'idée des nombres qu'ils déſignent, indépendamment de la manière dont on les prononce. Ils écrivent du haut en bas des pages, &, comme tous les Orientaux, de droite à gauche.

Des quinze cent cités renfermées dans la Chine, je ne me ſuis permis d'en nommer ici que trois : c'eſt aſſez pour des commençans. Je n'ai pas même mis le nom de ces quinze Provinces, parce que ce ſeroit ſe charger inutilement la mémoire. Preſque toutes ces Provinces ſont très-vaſtes, & preſque toutes les maiſons des villes ſe reſſemblent, n'ayant que le rez-de-chauſſée, & formant des rues très-bien alignées. Celles des Mandarins ſont un peu plus conſidérables.

Pékin, dont le nom ſignifie *Cour du Nord*, ſe diviſe en ancienne & en nouvelle ville. C'eſt la réſidence de l'Empereur, dont le Palais eſt d'une étendue prodigieuſe. Ces deux villes forment une enceinte de ſix grandes lieues, ſans y comprendre les fauxbourgs.

Nankin, ou *Cour du Midi*, étoit autrefois la capitale de cet Empire. Elle eſt encore plus grande que Pékin, & renferme un plus grand nombre de Savans & d'Artiſtes.

Canton, au Sud, eſt le ſeul port fréquenté aujourd'hui par les Européens. C'eſt auſſi un lieu de relâche plus commode que Macao.

Macao, dans une preſqu'île, appartient aux Portugais; mais il ſeroit aiſé aux Chinois de s'en rendre maîtres, s'il ſurvenoit quelque rupture entre les deux Nations.

V I.

Du Japon.

L'Empire du Japon eſt renfermé dans pluſieurs îles. Les peuples y ont à-peu-près la même induſtrie qu'en Chine, & la même écriture, quoique la Langue parlée y ſoit différente.

La capitale eſt Yédo.

Remarques.

La plupart des iles du Japon (1) ſont peu fertiles, mais cependant bien cultivées, & riches en minéraux. Il y a en quelque ſorte deux Empereurs au Japon : l'un, ſéculier, a réellement toute l'autorité ; on le nomme le *Cubo-Sava;* il eſt deſpote, & réſide à Yédo. L'autre, qui réuniſſoit autrefois les deux puiſſances, a le nom de *Daïri.* Il eſt le chef de la Religion ; il réſide à Méaco.

Yédo eſt une très-grande ville ; on dit même qu'elle a 20 lieues de tour, ce qui paroît exagéré. Au reſte, il eſt difficile de s'en aſſurer, parce que les Etrangers n'ont la liberté d'aller, pour leur commerce, qu'à Nangazaqui, où les Hollandois habitent une petite île du port.

§. VII.

De la Tartarie.

On a donné ce nom générique à toutes les parties de l'Aſie qui ne ſont pas compriſes dans celles que je viens de nommer. Mais il faut une deſcription détaillée pour les faire connoître.

On diviſe communément la Tartarie en trois parties.

La Tartarie Chinoiſe, au Nord de la Chine, a pour principale ville KIRIN, ſur le *Songari-Ula.*

La Tartarie indépendante, dont la principale ville eſt SAMARCAND, ſur la rivière de *Sogd*, dans la grande Bukharie.

La Tartarie Ruſſienne porte, dans ſa plus grande partie, le nom de *Sibérie.* Sa capitale eſt TOBOLSK, ſur l'*Irtitz*, qui y reçoit, à l'Oueſt, la rivière de *Tobol.*

Remarques.

En prenant le nom de Tartarie dans ſon acception la plus générale, on comprend, comme on le voit ſur la Carte, environ un tiers de l'Aſie. Il s'en faut bien que ſon intérieur ſoit auſſi connu que les autres parties. Ce vaſte pays eſt partagé entre trois grandes Puiſſances, les Chinois, la Ruſſie & les Tartares indépendans.

1°. La Tartarie Chinoiſe eſt occupée par des Tartares occidentaux qui portent le nom de *Mongous*, ou de *Mogols* ; & par des Tartares orientaux, appelés *Mantcheoux.*

---

(1) Les Japonois appellent leur Empire Nipon, du nom de la plus grande des îles qui le compoſent. C'eſt du mot chinois *Guépuangue*, ou Royaume du Soleil levant, en chinois, que les Portugais ont fait Japon.

La Mongalie, ou pays des Mogols, eſt peuplée de différentes nations Tartares; qui vivent preſque toutes ſous des tentes, du produit de leurs nombreux troupeaux.

Le pays des Mantcheoux eſt fort peuplé, & il s'y fait un aſſez grand commerce, ſur-tout en papier de coton. Il eſt diviſé en trois grands Gouvernemens.

La ville de Kirin en eſt regardée par les Européens comme la capitale, parce qu'elle eſt la réſidence du Vice-Roi, ou du moins d'un Général mantcheoux qui en a tous les privilèges. Mais les Tartares de ce pays ſont leur capitale de Chin-Yang, ou Mogden, au Sud, & plus près de la Corée.

2°. La Tartarie Ruſſe eſt immenſe; elle s'étend depuis l'Europe juſqu'à la grande Mer, où à peine, vers le Nord, il ſe trouve un paſſage entre l'Aſie & l'Amérique. La partie qui avoiſine l'Europe eſt plus civiliſée. On y trouve les Nogaïs, les Dageſtans; mais dans la partie ſeptentrionale, appelée Ruſſie, on trouve les Woguliſtes, peuple payen, ſans preſque aucune idée de morale ni de religion; les Samoyèdes, petits, laids & ſtupides; les Tzuktzchi, qui ſont les peuples les plus féroces du Nord de l'Aſie, & qui maſſacrent tous les Ruſſes qui tombent en leur pouvoir. C'eſt en différentes parties de la Sibérie que la Cour de Ruſſie exile les coupables que l'on ne veut pas condamner à mort.

3°. Tout l'intérieur de la Tartarie, que les bornes de cet Ouvrage ne me permettent pas de détailler, eſt ici compris ſous le nom de Tartarie indépendante, parce qu'en effet il n'y a que des Princes Tartares qui y commandent. Elle eſt diviſée en Khariſme & en grande & petite Bukharie (1). C'eſt dans le Khariſme que l'on trouve les Turcomans & les Usbeks. Dans la grande Bukharie, ſont les Tandgiks, les Mogols & les Usbeks maîtres du Gouvernement. La petite Bukharie, qui eſt moins peuplée, mais plus étendue que la grande, eſt auſſi déſignée par le nom de Royaume de Kaſchgar, parce qu'il en eſt la partie la plus conſidérable.

Samarcande eſt dans la Province de la grande Bukharie, que l'on nomme Maouarennahar. Elle eſt fortifiée de bons remparts : il y a une Académie célèbre chez les Orientaux. On y fait un papier de ſoie qui paſſe pour le plus beau de l'Aſie.

Des Iles de l'Aſie.

Quant aux principales îles de l'Aſie, j'obſerverai ici que

Les îles de *Rhodes* & de *Chipre*, dans la Méditerranée, ſont très-fertiles, & la dernière ſur-tout. Elles appartiennent au Grand Seigneur.

(1) Ceux qui ſeroient curieux d'avoir de plus grands détails ſur cette partie de l'Aſie, peuvent conſulter, outre les voyageurs, l'*Hiſtoire Généalogique des Tatars* (c'eſt le nom de la nation, & non pas *Tartare*), par le Prince Aboulghazi-Baadour Khan. On y a joint des notes très-inſtructives.

Dans

Dans la mer des Indes.

1°. Les *Maldives* forment une ſuite d'îles qui s'étendent du Nord au Sud. Elles ſont diviſées en treize Provinces, appelées *Atollons*, dont deux ſeulement ſont au Sud de l'Equateur. L'air y eſt mal ſain, la chaleur exceſſive, & les plus fertiles ne produiſent que des herbages & du coco. MALÉ eſt le ſéjour du Souverain, qui prend le titre de Sultan des treize Provinces & des douze mille îles. Il eſt vrai qu'en comptant les rochers, le nombre en eſt bien conſidérable. Les habitans de ces îles ſont Mahométans.

2°. L'île de *Ceilan* eſt au pouvoir de deux Puiſſances : le Roi de Candi, Souverain naturel de ce pays, qui eſt le ſien, n'en poſſède plus que l'intérieur ; les Hollandois ſont maîtres de preſque toute la côte. Le Roi a le plus grand ſoin d'empêcher que l'on ne pénètre dans ſon domaine, & prend les mêmes précautions pour empêcher que l'on n'en ſorte quand une fois on y eſt entré. La ville de Candi a ceſſé d'être le ſéjour du Souverain. Celle de Colombo, qui appartient aux Hollandois, eſt fort belle : c'eſt le ſéjour du Gouverneur. La meilleure cannelle ſe recueille dans ſon territoire.

3°. Les îles de la *Sonde*.

L'île de *Sumatra* a dans ſon intérieur deux chaînes de montagnes qui portent des arbriſſeaux & qui renferment de l'or. Il y un volcan. Le pays eſt aſſez fertile. Le Royaume d'Achen occupe une grande partie de cette île. Les Hollandois & les Anglois ont des établiſſemens ſur les côtes.

L'île de *Java* n'eſt ſéparée de Sumatra que par le détroit de *la Sonde*. Cette île eſt partagée, comme la précédente, entre les Indiens & les Hollandois, avec cette différence qu'il y a entre eux une communication plus facile; mais les Indiens n'en ſont que plus à plaindre ; car le Royaume de Bantam, qui étoit autrefois très-floriſſant, eſt aujourd'hui peu conſidérable. Il y a encore d'autres petits Royaumes. Batavia eſt la capitale des poſſeſſions hollandoiſes. C'eſt une grande & belle ville, dont le port eſt ſpacieux & commode, mais dont le ſéjour eſt en général très-mal ſain. Le Gouverneur général des Indes pour les Hollandois y fait ſa réſidence. On trouve beaucoup de Chinois à Batavia & dans ſes environs.

L'île de *Bornéo* eſt d'une grande étendue, & renferme ſept principaux Royaumes. Mais la férocité de ſes habitans n'a pas permis aux Européens d'y former des établiſſemens. Ils ſont idolâtres.

4°. Dans la Grande-Mer, qui renferme beaucoup d'îles (j'ai déjà parlé de celles du Japon), j'ajouterai que la terre d'Yeſſo eſt habitée par un peuple ſauvage, qui n'a ni police, ni ſubordination, ni écriture, ni aucune pratique extérieure de Religion.

Les îles *Formoſe* & de *Haïnan* ſont peuplées de Chinois.

Les *Mariannes* forment une ſuite d'îles qui s'étend du Sud au Nord. Elles ſont quelquefois déſignées par le nom d'*îles des Larrons*, que leur donna Magellan, parce que les habitans le volèrent à ſon arrivée dans ces îles. Leur nom actuel vient de Marie d'Autriche, veuve de Philippe IV, & Régente d'Eſpagne. L'air y eſt pur & le terroir fertile. L'île de *Guam* eſt la ſeule des Mariannes qui ſoit fréquentée par les Eſpagnols.

Les îles *Philippines*, anciennement connues ſous le nom de *Manilles*, appartiennent auſſi aux Eſpagnols, du moins en partie; elles ſont bien plus conſidérables par la beauté du ciel & la fertilité des terres. L'île de *Luçon* eſt la plus conſidérable; & la ville de Manille, ſa capitale, eſt le centre des forces eſpagnoles aux Indes. C'eſt de ce port que partent tous les ans les marchandiſes des Indes, pour être tranſportées à Acapulco, port du Mexique. *Cavite* eſt le port pour les vaiſſeaux de Roi. Mindanao, plus au Sud, renferme un terrein en général plus marécageux, & rempli d'inſectes. Il y vient beaucoup de cannelle & de tabac. Les Eſpagnols y ſont établis à Sambouangan.

Les *Moluques* appartiennent, au moins en grande partie, aux Hollandois.

On comprend auſſi ſous le nom de Moluques *Banda*, *Amboine*, *Céram*, *Boero*, &c.

L'île de *Célebs*, où sont les villes de Macaçar & de Bonthaïm, est grande, & ses habitans sont très-féroces.

L'île de *Gilolo* est grande : elle avoit des Souverains puissans; actuellement ce sont les Rois de Ternate & de Tidor qui en sont les maîtres.

Ternate, à l'Ouest, infiniment plus petite que Gilolo, renferme un volcan considérable.

Les Hollandois divisent ces îles, appelées *Pays d'Orient*, en quatre Gouvernemens principaux, qui relèvent cependant de la Régence de Batavia. Ce sont AMBOINE, BANDA, TERNATE & MACAÇAR.

Cette île & toutes celles de ces parages fournissent aux Hollandois la plus grande partie des épices qu'ils apportent en Europe, & ils empêchent que les petits Souverains n'y communiquent avec aucune autre Puissance Européenne.

Récapitulation concernant les Peuples d'Asie.

1°. LES principales Langues de l'Asie sont : *le Turc*, dans l'Anadoli; *l'Arabe*, dans la Sourie, ou Syrie, & dans l'Arabie; *le Persan*, en Perse. Ces trois Langues se servent des mêmes caractères. L'*Indien*, divisé en un grand nombre de dialectes; *le Chinois & le Japonois*, qui s'écrivent de même, mais qui diffèrent par les idées qu'ils attachent aux lettres. On compte dans ces Langues jusqu'à 80 mille caractères, ce qui n'est pas étonnant, puisqu'au lieu de n'employer, comme nous, les caractères qu'à peindre les sons, ils mettent autant de caractères que d'idées. Il est vrai cependant qu'il y en a 214 que l'on nomme *clefs*, & qui servent à former les autres.

La Langue *Tartare* est parlée dans l'intérieur de l'Asie, & la Langue Russe est en usage dans la Sibérie.

2°. La Religion chrétienne, du rit *Grec* & du rit *Arménien*, est professée par-tout où il y a des Russes, des Grecs & des

Arméniens, c'eſt-à-dire, en Sibérie, dans la Géorgie & dans l'Arménie.

Le Mahométiſme, de la ſecte d'Omar, eſt ſuivi en Arabie, dans la Turquie Aſiatique, dans une partie conſidérable de la Tartarie, & juſques dans le Mogol.

La ſecte d'Ali ne comprend guères que la Perſe.

Les Guèbres ou Parſis, regardés comme les deſcendans des anciens Perſes, ſuivent la Religion de Zoroaſtre, ou *le culte du Feu.* On en trouve en Perſe & dans les Indes.

Une Idolâtrie plus ou moins groſſière & plus ou moins abſurde règne dans le reſte de l'Aſie, en Chine, au Japon, & en Tartarie.

3°. Le deſpotiſme, qui ſemble avoir pris naiſſance en Aſie, s'y eſt conſervé d'une manière plus ou moins abſolue. On ne pourroit pas faire ſentir ici la différence de tous ces Gouvernemens. Il paroît que celui de la Chine approche le plus de celui que nous appelons *Monarchique.* Il y a un Empereur & des Tribunaux qui jugent ſous lui des affaires de l'Etat.

4°. Les principaux Souverains en Aſie ſont:

Un Prince chef du peuple & de ſa Religion, dans le Tibet: on le nomme *Dalaï Lama.*

Trois Empereurs; celui du Mogol, celui de la Chine & celui du Japon.

Un grand Khan, appelé *Contaiſch*: il gouverne preſque tous les Tartares idolâtres.

Il y a pluſieurs autres Kans qui régiſſent certaines parties conſidérables de la Tartarie; mais ils relèvent du Contaiſch.

Il ne ſeroit guères poſſible de compter ici tous les Rois, n'ayant fait connoître que les principaux pays. Je remarquerai ſeulement que le Grand-Seigneur eſt Souverain dans toute la Turquie Aſiatique, & qu'il ſe regarde comme le protecteur-né de l'Arabie: en cette qualité, il envoie tous les ans un préſent magnifique à la Mecque.

L'Impératrice ou l'Empereur de Ruſſie étend ſon Empire ſur

toute la partie ſeptentrionale de l'Aſie, depuis les confins de l'Europe, juſqu'aux parties les plus avancées vers l'Eſt, ce qui donne à cet Empire une étendue plus grande que n'a jamais été celle de l'Empire romain. Mais il eſt difficile de faire exercer l'agriculture, de civiliſer les nations, & de faire reſpecter les loix dans un ſi grand nombre de contrées.

SECTION III.

De l'Afrique.

Le nom d'Afrique paroît venir de l'oriental *P-hré*, le Soleil dans ſa force ; ce qui ſignifieroit auſſi le *Midi*, parce qu'en effet cette partie eſt au Midi de la plus grande partie du pays que connoiſſoient les Anciens qui lui donnèrent ſon nom.

Géographie Mathématique.

Etendue.

L'Afrique, placée à-peu-près à une égale diſtance des Pôles, s'étend au Nord de l'Equateur, juſqu'au 37 dégré 30′ de latitude ſeptentrionale (1) ; &, au Sud de ce cercle, juſqu'au 35 de latitude méridionale, au Cap de Bonne Eſpérance.

Etroite & terminée en pointe à ſon extrêmité vers le Sud, elle eſt bien plus vaſte dans ſa partie ſeptentrionale, & s'étend, à compter du Cap Verd, à l'Oueſt, ſous le premier Méridien, juſqu'au Cap Guadarfui, preſque ſous le 68 $\frac{1}{2}$ de longitude.

Elle peut avoir 1800 lieues du Sud au Nord, & 1750 de l'Oueſt à l'Eſt.

Au Nord, elle touche au cinquième climat, ce qui y donne 14 $\frac{1}{2}$ pour le plus grand jour ; & au Sud, elle ne va qu'au quatrième ce qui ne fait que 14 heures.

(1) Ceci n'a lieu qu'entre les 25e & 30e dégrés de longitude.

GÉOGRAPHIE PHYSIQUE.

Bornes.

L'Afrique est bornée, au Nord, par la Méditerranée; à l'Est, par l'isthme de Suez, qui la joint à l'Asie, par la Mer Rouge qui l'en sépare, & par la mer des Indes; au Sud, par la partie de l'Océan que l'on nomme mer des Cafres; & à l'Ouest, par l'Océan.

Montagnes.

Il y a de fort hautes montagnes en Afrique, & même de très-longues chaînes; les plus connues sont: le mont Atlas, qui s'étend de l'Ouest à l'Est au Sud d'une partie de la côte de Barbarie, dans la partie septentrionale; au Milieu, les monts, appelés par les Anciens, les monts de la Lune, sous le 5e dégré de latitude septentrionale; & le mont Lupata, ou l'*Epine du Monde*, s'étendant du Nord au Sud dans la Cafrerie.

Caps.

Les principaux caps sont:

Le cap *Bon*, appelé par les Arabes *Ras-Addar*, au Nord, en face de la Sicile.

Le cap *Spartel*, à l'Ouest de l'embouchure du détroit de Gibraltar.

Le cap *Bojador*, au Sud des Canaries.

Le cap *Blanc*, au Sud du précédent.

Le cap *Verd*, en face des îles de ce nom.

Sur la côte de Guinée, à l'Ouest & au Sud, le cap *des Palmes*, ou das Palmas; & celui des *trois Pointes*, ou de tras Puntas.

Le cap de *Bonne-Espérance*, & le cap des *Aiguilles*, tout-à-fait au Sud.

Sur la côte orientale:

Le cap *des Courans*, ou Gabo das Correntes, presque sous le Tropique du Capricorne.

Le cap de *Gado*, ſur la côte de Zanguébar.

Le cap *Guardafui*, à la pointe la plus avancée vers l'Eſt.

Iles.

Les principales ſont :

A l'Oueſt, *Madère*, ou l'île des Bois ; les Canaries, dont les plus connues ſont l'île de Fer, l'île de Canarie & l'île de Ténérif, où eſt une montagne très-haute & très-pointue, que l'on appelle *Pic de Ténérif ;* les îles du Cap Verd, dont la capitale eſt Saint Iago ; les îles de *S. Thomas*, de l'*Aſcenſion*, inhabitée, & celle de *Sainte-Hélène*, aux Anglois.

A l'Eſt, l'île de *Madagaſcar*, l'île de *Bourbon* & l'île de *France :* ces deux dernières appartiennent aux François ; les îles de *Comoro*, au Nord-Oueſt de Madagaſcar, & celles de l'*Amirante ;* puis l'île de *Socotora*, près de l'Arabie.

Golfes.

Les principaux ſont :

Le golfe de la *Sidre*, au Nord, dans la Méditerranée, ſous les 34 & 35mes dégrés de latitude.

Le golfe de *Guinée*, au Sud de la côte d'Or & du Royaume de Benin.

Le golfe de *Sofala*, en face de l'île de Madagaſcar.

Lacs.

L'Afrique, qui a de grands fleuves, n'a de lacs connus que ceux de *Maravi*, dans la Cafrerie ; & celui de *Dambéa*, appelé par les Arabes *Bahr-Dambéa*, dans l'Abyſſinie.

Fleuves.

On trouve de grands fleuves en Afrique ; ils y ſont entretenus par les pluies qui tombent régulièrement chaque année dans la Zone Torride. Les principaux ſont :

Le *Nil*, formé de la réunion de pluſieurs autres grands fleuves ;

il peut avoir 900 lieues de cours, & se jette dans la Méditerranée, au Nord de l'Egypte.

Le *Medgerda*, qui coule du Sud-Ouest au Nord-Est dans le Royaume de Tunis, & tombe aussi dans la Méditerranée, près du Cap Bon.

La *Guin*, ou Iça, que les Anciens appeloient *Niger*, qui coule de l'Ouest à l'Est dans la Nigritie, & tombe dans un petit lac : il a environ 500 lieues.

Les trois suivans se jettent à l'Ouest dans l'Océan.

Le *Sénégal*, qui commence en Nigritie : il a environ 500 lieues.

Le *Zaire* ou *Bardela*, dans le Congo septentrional.

Le *Cuanza*, dans le Congo méridional.

Les deux suivans tombent, à l'Est, dans la mer des Indes; mais leurs cours sont peu connus.

Le *Zambèze*, ou rivière de Couama, qui se rend dans le golfe de Sofala.

Et le *Quilimanci*, qui finit près de Mélinde.

GÉOGRAPHIE POLITIQUE.

Divisions des Pays.

L'Afrique renferme :

Au Nord-Est, l'*Egypte*, la *Nubie* & l'*Abyssinie*.

Au Nord, le désert de Barca & la côte de *Barbarie*, qui a, au Sud, le *Biledulgérid* & le *Sahara*.

Au Milieu, en commençant à l'Ouest, la *Guinée* & la *Nigritie*.

Vers le Sud, en commençant à l'Ouest, le *Congo* & la *Cafrérie*, qui s'étend jusqu'au Cap de Bonne-Espérance.

A l'Est, sur la mer des Indes, & hors de la Cafrérie, les côtes de *Zanguébar* & d'*Ajan*, & le Royaume d'*Adel*.

§. II.

§. I.

De l'Egypte.

Ce pays touche à l'Isthme de Suez & à la Mer Rouge : il n'est fertilisé que par les eaux du Nil qui le couvre en débordant pendant trois mois de l'Eté.

L'Egypte se divise en trois parties :

La haute Egypte ou *Saïd*, où sont *Girgé*, capitale, & *Assuan*, tout-à-fait au Sud, sur le Nil.

L'Egypte du Milieu, appelée *Vostani*, où est le *Caire*, capitale de toute l'Egypte.

La basse Egypte, appelée Bahri, où est *Alexandrie*, port de mer.

Ce pays appartient au Grand-Seigneur, qui y envoie un Gouverneur, sous le titre de Bacha. Le premier des Princes de cette famille qui en fit la conquête fut le Sultan Sélim. Il s'en empara sur les Mamelucs, ou *Esclaves*, en 1517.

Remarques.

L'Afrique, comme on l'a vu par le peu que j'en ai indiqué, n'est point connue dans son intérieur. Aussi mes remarques ne pourront-elles avoir rapport qu'aux principaux pays que j'ai nommés.

C'est aux débordemens du Nil que l'Egypte doit la fertilité de ses campagnes, & les maladies qui s'y renouvellent chaque année, après le long séjour des eaux sur les terres. Il faut que le fleuve ait monté au dessus de 15 draas, & se tienne au dessous de 25 pour que l'Egypte paie le tribut au Grand-Seigneur. Le bâtiment, espèce de puits considérable dans lequel on s'assure de la hauteur à laquelle le fleuve est monté, se nomme *Mékias* ; & chaque draa est de la longueur d'environ 20 pouces de notre pied-de-roi.

Le Caire est sur la droite du Nil, à une petite distance, & traversé par un canal qui n'a de l'eau que lors du débordement. Le jour que l'on en fait l'ouverture est un jour de grande réjouissance. Cette ville a un Château où réside le Bacha (1). C'est de l'autre côté du Nil, c'est-à-dire, à l'Ouest, que se trouvent les Pyramides.

---

(1) Les Turcs disent Pacha ; mais les Arabes n'ayant pas de P dans leur Langue, on dit Bacha dans tous les lieux où leur Langue est parlée.

La plus grande, haute d'environ 600 pieds, a dans son intérieur une galerie, des chambres, un puits, &c. que l'on parvient à visiter quand on ne craint pas la fatigue à laquelle cette visite expose.

Quant à la ville d'Alexandrie, elle est dans le plus triste état. Comme la mer s'est retirée de ce côté d'une manière très-sensible, les habitans ont suivi le bord de la mer, & ses masures actuelles ne sont pas sur les ruines des anciennes maisons de la première Alexandrie. On voit à une petite distance, au Sud, une belle colonne, haute de 90 pieds; on l'appelle la colonne d'Antoine. Un obélisque y porte le nom d'Aiguille de Cléopatre.

Le Gouvernement du Caire, comme le remarque très-bien l'Auteur de l'Histoire Angloise, de la Révolution d'Ali Bey (*A history of the revolt of Ali-Bey*), est tout à la-fois monarchique & aristocratique. Il est monarchique, en ce qu'un Bacha y représente le Grand-Seigneur. Il est démocratique, en ce que le pays est divisé en 24 Beys, dont le premier réside au Caire, & le second à Saïde, dans la haute Egypte. Ils sont tous Mameluks ou de ces Esclaves venus de Georgie, de Circassie, &c.

§. II.

De la Nubie.

La Nubie est au Sud de l'Egypte, & renferme quelques Etats particuliers.

On la divise en,

Nubie Turque, où est *Ibrim*, capitale;

Nubie propre, où sont les Royaumes de Fungi, capitale *Sennar;* & de Dun-gala, capitale *Dun-gala*, sur le *Nil.*

Remarques.

J'avoue que je n'ai pu encore me procurer de détails instructifs & sûrs concernant la Nubie, que, dans le pays, on regarde comme formant une partie de l'Ethiopie. La plupart des peuples y sont errans. On dit que Fungi forme un Etat assez considérable. Ses habitans commercent avec l'Egypte.

§. III.

De l'Abyssinie.

L'Abyssinie, au Sud de la Nubie, s'étend le long de la Mer Rouge jusques vers le détroit de Bab-al-Mandeb. C'est en grande partie sur les montagnes de ce pays que tombent les pluies qui servent chaque année à l'accroissement du Nil. L'intérieur de ce pays est bien peu connu.

On y trouve *Guender*, appelé vulgairement *Gondar* ; & des peuples appelés *Galla*, ou Galles.

Remarques.

L'Abyssinie est un pays presque tout couvert de montagnes fort hautes. Il en sort de très-grands fleuves. L'air est d'une chaleur insupportable dans les plaines ; les terres y sont fertiles ; mais les principales richesses du pays sont en bestiaux & en troupeaux.

Le Souverain a le titre de Grand-Négus. Il se regarde comme propriétaire de tout le pays, & ses Sujets comme n'étant que ses fermiers. Cependant il ne peut pas disposer de leur mobilier. En général, on s'accorde à louer les qualités de l'esprit & du corps des Abyssins. Ils croient avoir eu la Religion de Moïse, de la Reine de Saba, qui, partie de chez eux, alla visiter Salomon ; & comme, sans doute, ils aiment les origines distinguées, ils prétendent tenir la Religion Chrétienne de l'Eunuque de la Reine de Candace. Cependant on ne peut les regarder que comme des Schismatiques grecs, chez lesquels on trouve quelques traces du Judaïsme.

§. IV.

Du Désert de Barca.

Ce pays, fort peu étendu & peu peuplé, est à l'Ouest de l'Egypte : on y trouve *Dern.*

Remarques.

Ce désert, qui se trouve à l'Ouest de la basse Egypte, n'est réellement que du sable. On y a trouvé, à différentes fois, des squelettes enterrés, & dont toutes les humeurs avoient été absorbées par le sable & par la chaleur. Ce pays est gouverné par un Bey, au nom de l'Etat de Tripoli.

§. V.

De la côte de Barbarie.

On comprend sous ce nom toute la côte qui s'étend depuis le désert de Barca jusqu'au détroit de Gibraltar : elle est très-fertile en plusieurs endroits, & a pour bornes, au Sud, la chaîne du mont Atlas.

On y trouve de l'Eſt à l'Oueſt, avec titre de Royaume, *Tripoli*, *Tunis*, *Alger*.

Au Nord-Oueſt, ſont les États du Roi de Maroc, où ſont les villes de *Maroc* & de *Fez*, capitale de deux Etats qui portent le titre de Royaume, & la ville de Mequinez, où réſide le Roi.

Au Sud de la Barbarie, eſt le Bilédulgerid, dont le nom ſignifie *Pays des dattes ;* il renferme les Royaumes de *Tafilet* & de *Sisdgilmeſſa*, qui appartiennent au Roi de Maroc.

Remarques.

La côte de Barbarie, depuis le déſert de Barca juſqu'à l'Océan, étoit, ſous l'Empire des Romains, dans un état très-floriſſant. A préſent les récoltes y ſont peu abondantes, les animaux malfaiſans fort communs, & les habitans, ſinon très-cruels, au moins très-farouches, & s'occupant volontiers de vols & de brigandages. On ne trouve que trois principaux Etats le long de cette côte. Ce pays fut ſi cruellement dévaſté par les Arabes, dans le tems de leurs conquêtes au ſeptième ſiècle, qu'il s'en reſſent encore actuellement, d'autant mieux que ſes maîtres ne font rien pour le rapprocher de ſon ancien état.

1°. Le Royaume, ou plutôt la Régence de Tripoli eſt d'une étendue conſidérable ; mais, excepté ſa capitale, elle ne renferme preſque que des lieux déſerts où l'on trouve quelques ruines de villes anciennes, actuellement détruites.

Tripoli eſt la plus ancienne des Régences de Barbarie. Elle eſt, comme Tunis & Alger, une Colonie turque ; mais elle regarde comme un avantage d'avoir été fondée par des Janiſſaires. Pendant aſſez long-tems elle n'a été peuplée & gouvernée que par des Janiſſaires qui s'y rendoient & entretenoient l'activité. L'un d'eux étoit élu Dey, & la Porte Ottomane confirmoit ſa nomination. Cette élection ſe faiſoit d'une manière bien étrange. Celui qui ſe croyoit le plus digne de la place, ſe plaçoit fièrement ſur le ſiège du Dey. Mais celui qui s'en croyoit plus digne encore lui caſſoit la tête d'un coup de piſtolet, & ſe mettoit à ſa place. Il arrivoit quelquefois que lui-même éprouvoit le même ſort. Enfin, celui que ſon audace faiſoit regarder comme le plus capable, reſtoit maître du ſiège, & commandoit à ce peuple corſaire. Le grand-père du Dey actuel a trouvé cependant le moyen de rendre cette dignité héréditaire dans ſa famille. Cette révolution a amené un grand changement dans cet Etat.

La France a un Conſul général à Tripoli, avec le titre de chargé des affaires du Roi. Preſque toutes les Nations en paix avec la Porte y ont auſſi des Conſuls. Cependant il y a peu de commerce. La ville n'eſt ni belle ni agréable.

2°. L'Etat de Tunis eſt, en général, plus fertile & plus peuplé que celui de

Tripoli. La ville eſt avantageuſement ſituée ſur le bord d'un lac auquel on n'arrive que par un canal appelé Goulette. Elle eſt bâtie de pierres blanches qui la font remarquer d'aſſez loin ; mais l'air y eſt mal-ſain , à cauſe des marais qui l'environnent. Cependant elle ne laiſſe pas d'être fort peuplée, & la police s'y obſerve aſſez bien. On rapporte qu'un Bey détrôné , par ſes ſujets , ayant amaſſé de grandes richeſſes par la culture des terres , avoit la réputation de poſſéder le ſecret de la Pierre Philoſophale. Un Dey d'Alger lui offrit de le remettre en place, à condition qu'il lui feroit part de ſon ſecret. Après ſon rétabliſſement , le Bey lui envoya des bêches & des charrues , en lui diſant que *l'agriculture étoit la Pierre Philoſophale des Rois.*

Cette ville , même avant d'avoir dérogé de ſa première conſtitution , n'avoit pas aux yeux des Ottomans le mérite de Tripoli : elle n'a eu pour fondateurs que des gens tirés du Corps de la Marine. Le Dey étoit élu. Mais en 1757 , la milice d'Alger prit Tunis d'aſſaut. On changea le Dey , & l'on mit en ſa place un Bey, qui ſe reconnoît vaſſal d'Alger ; mais ſa charge eſt héréditaire. Cette Régence eſt la plus riche & la plus peuplée. La France y entretient un Conſul chargé des affaires du Roi.

3°. L'Etat d'Alger eſt plus puiſſant que les précédens. Quoiqu'il renferme beaucoup de pays déſerts , il comprend auſſi beaucoup de montagnes faiſant partie du Mont Atlas , & qui ſont fort peuplées. La ville d'Alger eſt aſſez belle : elle forme , du côté de la mer , un amphitéâtre dont l'aſpect devient intéreſſant par la vue de toutes les terraſſes qui couvrent les maiſons. Les rues y ſont exceſſivement étroites , & procurent ainſi de la fraîcheur aux appartemens des maiſons. Le Souverain a le titre de Dey. Il a les dehors de la puiſſance , & même , de droit , il prononce ſur la paix ou la guerre , ſur les graces , &c. Mais , dans le fait , c'eſt le Corps des gens de guerre qui fait tout , & les affaires ſont ſouvent diſcutées entre eux à coups de ſabre. En général, le commerce de ce pays n'eſt pas très-floriſſant , & les nations d'Europe l'eſtiment peu ; il eſt preſque tout entier entre les mains des Juifs.

Alger , conſidéré comme puiſſance Ottomane , eſt la première & la plus puiſſante des trois Régences , parce qu'elle a conſervé ſon premier régime. On s'y gouverne , on y fait les élections comme cela ſe pratiquoit à Tripoli. Le chef s'appelle Dey , & l'on en a vu juſqu'à trois ſe ſuccéder en un jour. Ce chef ne ſe qualifie de Pacha qu'en traitant avec les Puiſſances Chrétiennes. Celui qui l'eſt actuellement (Mai 1783) ſe nomme Méhémet , & remplit cette place depuis 20 ans. Jamais un Janiſſaire , né dans le pays , ne peut être Dey ; il faut toujours qu'il ſoit arrivé du dehors.

On diſtingue à Alger trois ſortes d'habitans :

1°. Les *Couls* , c'eſt-à-dire , en turc , les *Eſclaves*.

2°. Les *Couloglis* , ou fils d'Eſclaves.

3°. Les *Arabes* , ou Maures.

Les seconds, comme nés dans le pays, ne peuvent prétendre à aucun grade dans la milice. Quant aux troisièmes, ils ne sont qu'auxiliaires. Ainsi, ce sont les *Couls* qui ont toute l'autorité. Cependant il n'est pas nécessaire qu'ils aient été réellement esclaves.

La Compagnie d'Afrique établie pour faire le commerce de ces Echelles, a des correspondances à Tunis & à Alger. Son siège est à Marseille. Elle a un Agent à Paris.

4°. Le Royaume de Maroc occupe la partie du Nord-Ouest de l'Afrique, & s'étend sur la Méditerranée & sur l'Océan. Il est très-considérable, composé de plusieurs parties qui portent le nom de Royaume, & son Souverain est très-puissant.

5°. Le Royaume de Maroc, proprement dit, s'étend sur les côtes de l'Océan. Sa capitale, de même nom, n'est pas une ville fort ancienne; elle est située avantageusement, & fermée de bonnes murailles.

Le Royaume s'étend de l'Océan à la Méditerranée. Fez, sa capitale, est formée de la réunion de deux villes; il y a de belles manufactures de soie. Dans tout ce Royaume, les peuples sont moins soumis que dans celui de Maroc.

Le Royaume de Tafilet est fort petit, & renferme celui de Sisdgilmessa. Ce pays est dans un état assez triste. On y commerce un peu d'indigo & de marroquin. Il y croît des dattes assez abondamment.

Tout l'Etat de Maroc gémit sous la plus affreuse tyrannie; & l'avilissement de cette nation, aussi bien que ses vices, semblent justifier l'esclavage honteux dans lequel elle est retenue. On divise les habitans de ce Royaume en trois peuples; les Bérébères, qui étant plus anciens maîtres du pays, sont aussi les plus traitables; ils habitent les montagnes. Les Arabes y sont superstitieux & avides; & ceux qu'on appelle Maures sont fourbes, cruels & sans aucune espèce de vertu. Ils sont les maîtres du pays depuis que les Princes, appelés Chérifs, le gouvernent. Quant aux esclaves chrétiens, j'ai eu occasion d'en interroger plusieurs, il m'a paru que ce que l'on dit quelquefois des mauvais traitemens qu'on leur fait éprouver est fort exagéré, & j'ai appris que plusieurs d'eux les avoient mérités par des vols domestiques, ou d'autres fautes que l'on ne pardonneroit pas en Europe.

§. VI.

Du Désert de Sahara.

Au Sud du Bilédulgérid, est le désert appelé en arabe Sahara : on y indique deux nations Nègres puissantes, les Zehaga à l'Ouest, & les Lemta au Milieu.

Remarques.

Quelques Auteurs ont dit que le Sahara étoit un pays ſain : cela, ce me ſemble, ne ſe peut guères entendre que de quelques endroits ; car dans un déſert de ſable ſujet à des ouragans qui mettent des collines où étoient des plaines, & creuſent des vallées profondes où il y avoit des collines ; où des tourbillons d'une pouſſière brûlante fatiguent habituellement la poitrine & enflamment les yeux, il eſt bien plus probable que l'on y eſt affecté du ſcorbut & d'autres maladies inflammatoires, ainſi que le diſent pluſieurs voyageurs. La chaleur y eſt ſi incommode, que l'on n'y voyage que la nuit, encore fait-on peu de chemin, portant avec ſoi ſes proviſions d'eau, qui y eſt très-rare. D'ailleurs, les habitans, Arabes ou autres, ſont très-féroces.

§. VII.

De la Guinée.

La Guinée eſt un très-grand pays dont la partie méridionale ſe diviſe en différentes côtes.

Dans la partie ſeptentrionale, on trouve le Royaume des Foules ou de Siraut, où eſt *Gommel*, & le pays des Ialofes, que l'on nomme auſſi Royaume de Bur-Ialof, où eſt *Tubacatum*. Cette partie, qui avoit été cédée aux Anglois dans la dernière guerre, vient d'être repriſe par les François.

La Guinée méridionale renferme la côte des Graines ou de la Maniguette, où eſt le Royaume de *Sanguin;* la côte des Dents, où eſt *Druin*, à l'embouchure de la rivière de *Saint André ;* la côte d'Or, où ſe trouve *Saint Georges de la Mine*, au Nord-Eſt du cap des *trois Pointes ;* &, plus à l'Eſt, les Royaumes de Juida, d'Ardre, de Benin & d'Ouaire.

Remarques.

Ces remarques ſeront diviſées en pluſieurs articles fort courts.

1°. Le Sénégal, ou Sanaga, eſt un pays très-vaſte, qui a pris ſon nom de la rivière qui l'arroſe, & que les Portugais nommèrent ainſi, d'après un Prince qu'ils y trouvèrent lors de leur découverte. Nous avons une poſſeſſion ſur ce fleuve qui avoit été cédée aux Anglois, mais qui vient d'être reprise dans la dernière guerre (1). Les Ialofs, ou bien Oualofs, ont pour chef un Prince qui porte le titre de Bur-Ialof : les Foules sont une nation assez nombreuse. On fait dans ce pays commerce de la gomme du Sénégal, qui est la sève de l'acacia : on l'en tire par des incisions.

Le Cap Verd est apperçu en mer par la quantité d'arbres qui le couronnent, & qui lui donnent au loin la couleur dont il a pris son nom.

L'île de Gorée, nommée ainsi par les Hollandois, n'étoit qu'une terre aride ; on y a cultivé avec succès des arbres fruitiers & des herbes potagères. Un Naturaliste respectable semble parler avec éloge de ses avantages & de son climat. J'ai eu occasion d'interroger des personnes qui y avoient été, & qui n'en faisoient pas un rapport aussi avantageux.

On n'a, des pays situés sur la Gambie, que des relations bien incomplettes, & qui ne s'accordent pas. Les Anglois y ont un comptoir ; le commerce s'y fait en esclaves, en ivoire, en cire & en or.

La Guinée méridionale est partagée en plusieurs côtes qui ont reçu leurs noms des marchandises que l'on y achete en plus grande quantité.

La côte de Maniguette ou de Malaguette, appelée ainsi d'après le *poivre long* que l'on y commerce, renferme un très-grand nombre de nations nègres ; & même on y trouve beaucoup de Portugais qui, retirés dans l'intérieur du pays, y ont acquis de la considération & du pouvoir. Les nègres y sont fort industrieux.

La côte des Dents, appelée *côte d'Ivoire*, a été divisée par quelques Auteurs en côte du *mauvais peuple*, non pas qu'il ne soit un peuple fort doux, mais parce qu'il est pauvre ; & en côte du *bon peuple*, c'est-à-dire, en langage des premiers commerçans qui y allèrent, en peuple riche. Ce peuple posséde quelques villes & plusieurs villages : véritablement il passe aussi pour le plus franc & le plus civil de toute cette côte. Ce pays d'ailleurs est fertile en fruits, en riz & en légumes.

La côte d'Or renferme dix-huit Etats dont le nom seroit ici assez déplacé. Outre la fertilité du pays, il produit aussi beaucoup d'or, ce qui a donné lieu à un assez grand nombre d'établissemens européens : cet or se trouve communément avec le sable des rivières. Les Hollandois ont sur cette côte quelques établissemens considérables.

Le Royaume de Juida est un très-beau pays, & son aspect du côté de la mer est très-agréable. Il n'a point de ville considérable ; mais les villages y sont nombreux, & tout le monde y est cultivateur. Il paroit que les peuples y sont bien gouvernés, & qu'ils sont heureux (2).

---

(1) On a publié une *Nouvelle Histoire de l'Afrique Françoise*, à laquelle il étoit naturel d'ajouter foi, son Auteur ayant été sur les lieux. Mais je puis assurer que son défaut de capacité & de principes honnêtes en ont fait un ouvrage très-méprisable par son infidélité totale.

(2) J'ai eu occasion de voir un homme qui y avoit porté un talent utile, & qui m'a confirmé de bouche le récit des voyageurs.

Le

Le Royaume d'Ardra s'étend assez avant dans l'intérieur de l'Afrique ; mais ce pays est funeste aux Européens. Ardra, qui en est la capitale, est grande & assez belle. On remarque que le gros de la nation a suppléé à l'usage de l'écriture, par celui de faire des nœuds comme les anciens Péruviens. Les Hollandois y font un grand commerce, & y sont traités avec beaucoup d'égards par le Roi.

Le Royaume de Bénin est la partie la plus orientale de la Guinée. Sa capitale, de même nom, est fort grande, avec des rues fort droites & garnies de boutiques ; elle étoit fort peuplée avant une révolte qui y a causé un grand dommage : mais ce pays est aussi très-mauvais pour les étrangers.

En général, tous ces peuples nègres sont fort superstitieux, & leurs Prêtres abusent de leur timidité & de leur ignorance pour leur persuader qu'ils peuvent faire venir le diable, & communiquer avec lui.

Sur le Royaume de Ouaire.

Le Souverain du Royaume d'Ouaire est allié du Roi de Bénin, & point du tout son sujet (1). Il exerce son autorité non-seulement sur ses propres Etats, mais encore sur le fleuve Formose & la mer qui borde le Bénin. Les Rois de Ouaire & ceux de Bénin sont issus de la même Race : on en compte 56 dans le premier de ces royaumes, & 61 dans le second. Le peuple y donne au Souverain les marques

(1) Comme le fils de ce Roi est actuellement à Paris, qu'un grand nombre de personnes, au rang desquelles je puis me compter, l'ont vu écrire, & lui ont entendu prononcer des mots de notre langue, peut-être on verra avec intérêt le petit détail suivant, emprunté d'un mémoire très-bien fait sur cet objet, & lu au Musée de Paris, par M. MOREAU de Saint-Méry, qui en est l'Auteur. Voici quel évènement a donné lieu à l'arrivée de ce Prince en France.

Le Capitaine Landolphe, de Nantes, dans ses différens voyages au Bénin, s'étoit particulièrement attaché à un Capitaine des Guerres de Ouaire, nommé Okro, favori du Roi. En y retournant, en 1782, il lui porta, entre autres présens, un jonc garni en or, sur lequel on avoit gravé : *Okro, Capitaine des Guerres de Ouaire.* Okro ayant présenté cette canne à plusieurs Européens, & tous y ayant lu cette légende, dans laquelle il étoit nommé, conçut autant d'estime pour l'Auteur du présent, qu'il avoit de surprise & de joie de s'entendre ainsi nommer par tous ceux auxquels il présentoit cette canne. Il en parla avec tant d'admiration à son Maître, qu'au départ du Capitaine Landolphe, ce Prince lui proposa de conduire son fils dans le pays où se faisoient des choses si étonnantes. Ce fils, alors âgé de 20 ans, venoit d'être proclamé pour succéder à la couronne. Il se nomme *Marc-Bourdacan.* Il passa d'abord à S. Domingue, puis vint à Paris, où le Roi l'a fait traiter avec la distinction que méritoient son rang & les apparences d'un commerce qui pourra s'établir entre la France & le Royaume de Ouaire.

de la plus grande vénération. La capitale, qui porte aussi le nom de Ouaire, est à 90 lieues de la mer. Cette ville contient plus de 30 mille habitans. Les maisons qui n'ont qu'un rez-de-chaussée, y sont de bois, ou plus communément d'une terre que l'on vernit, dans l'intérieur des appartemens. Elles sont couvertes de feuilles de latanier, qui sont disposées en éventail. Le milieu des rues est tapissé d'un gason toujours verd, parce qu'il est arrosé continuellement, tandis que les côtés sont sablés & bordés d'arbres destinés à tempérer l'effet d'un soleil brûlant. Le palais du Roi est un peu séparé de la ville.

Les habitans de Ouaire sont Mahométans ; ils joignent, aux erreurs de cette Religion, un peu de Judaïsme & de Paganisme. Leurs temples sont dans les forêts, & loin de leurs habitations. Leurs Prêtres abusent de leur ignorance, en leur faisant croire aux oracles.

La noblesse n'est pas un titre de famille : on l'accorde à ceux qui se consacrent d'une manière particulière à l'utilité publique.

On suit communément la loi du talion dans les jugemens ; & l'homicide a les veines ouvertes en présence de la famille dont il a tué l'un des membres.

Le commerce de Ouaire consiste en poteries, en pagnes, en cotonnades, en sel, en huile de palme, en savon, en ivoire & en bois de teinture, & sur-tout en esclaves.

Les habitans de Ouaire sont doux, affables, spirituels, bienfaits (1), agiles & propres à tous les exercices du corps. Adonnés à la culture, au commerce, à la pêche & à la chasse, ils mènent une vie active & frugale. En général, ils vivent de végétaux & de poissons secs.

§. VIII.

De la Nigritie.

Ce vaste Pays, dont le nom, en usage dans la Géographie, vient du latin, & signifie Pays des Noirs, est très-peu connu. On y trouve *Tombut*, capitale d'un Royaume de même nom, & celui de Bournou, à l'Est, dont la Capitale est *Karné* sur le *Bahr al Gazal*, ou riviere de la *Gazelle*.

(1) Le Prince que l'on voit à Paris n'a guères que cinq pieds, & les deux Ouairiens qui l'accompagnent ne m'ont pas paru avoir cette taille.

Remarques.

On connoît fort mal l'intérieur de la Nigritie, & plusieurs voyageurs en ont fait des contes qui ne sont pas croyables. On sait, ou du moins il paroit certain, que le commerce fait à Tombut ou Tombuto, par les caravanes de Tripoli & de Maroc, se fait sur-tout en or.

§. IX.

Du Congo.

Le Congo est baigné, à l'Ouest, par l'*Océan.* Il est presque sous l'Equateur. On comprend sous ce nom plusieurs Etats.

Le Loango, capitale *Banza*, près de la mer.

Le Cacongo, capitale *Cacongo.*

Le Congo, proprement dit, capitale *Saint-Salvador*, appelée aussi *Banza.*

Le Dongo, ou Royaume d'Angola, capitale *Saint-Paul de Loanda*, ou seulement *Loanda.*

Le Matamba, capitale *Jaga-Calanda.*

Le Benguéla, capitale *Benguéla*, sur le bord de la mer.

Remarques.

On vient de voir que, sous le nom de Congo, on comprend plusieurs Royaumes qui ont chacun un nom particulier.

Le Royaume de Loango est divisé en plusieurs Provinces, dont quelques-unes sont indépendantes, & même ennemies du Souverain.

Loango est une ville fort grande, & le palais du Roi y est très-vaste; les rues en sont belles : on y voit de belles allées de palmiers, de bananiers, &c. Le Roi, qui paroît être à ses peuples une divinité vivante, a la réputation de commander aux vents & à la pluie, & ce seroit un crime digne de mort que de le voir manger. On raconte qu'un chien de quelque Européen, s'étant trouvé dans la salle où ce Roi étoit à table, fut massacré sur le champ.

Le Cacongo fait partie du Royaume de Loango; c'est une des plus agréables contrées de l'Afrique.

Le Congo propre est divisé en six Provinces principales, qualifiées par les Portugais des titres de Duché, Marquisat, Comté. Plusieurs de ces Provinces sont très-fertiles; mais leurs Gouverneurs sont quelquefois assez puissans pour refuser au Souverain le tribut qu'ils lui doivent annuellement. Cependant le Gouvernement y laiffe le Prince difpofer de la vie & des biens de fes fujets. Depuis que les Portugais commercent dans ce Royaume, ils font parvenus à éclairer les Princes fur leurs véritables intérêts, & à rapprocher ainfi les fujets de leur Souverain.

Le Royaume d'Angola a pour capitale Loanda, qui eft bien fituée, grande & ornée de beaux édifices; c'eft le fiège du Gouverneur Portugais, de l'Evêque & des principales Cours de Juftice. Sa campagne eft belle & très-fertile, & fon port eft fpacieux, fûr & commode.

Le Royaume de Matamba ou de Métamba eft moins connu; il paroît qu'il eft fur-tout habité par des Tribus vagabondes qui fe déplacent habituellement.

Le pays de Benguéla eft peu connu, & fon air, pernicieux aux étrangers, ne permet guères aux Européens d'y faire une longue réfidence.

§. X.

De la Cafrérie.

On donne ce nom affez généralement à tout l'intérieur de l'Afrique. C'eft un mot qui s'eft formé par corruption de l'Arabe, *Kiafer*, fignifiant *infidèle*.

On trouve dans la Cafrérie,

L'Empire du Niméamay, ou Mano-Emugi; celui des Baroros, dont le principal lieu eft *Maravi*, & le Mano-Motapa, ou Monomotapa.

A l'Eft font les Royaumes de Sofala, de Sabia, d'Inhambané, de Manica; & au Nord, fous le quinzième degré de latitude méridionale, celui de Mozambique, ou Moçambique.

Au Sud de la Cafrérie eft le pays des Hottentots où eft le cap de *Bonne-Efpérance*, établiffement confidérable, appartenant aux Hollandois (1).

(1) M. Vaillant, fils, né à Surinam, déjà connu avantageufement par fon goût pour l'Hiftoire Naturelle, arrive en ce moment du Cap de Bonne-Efpérance. Pendant fon féjour dans cette Colonie, il a fait, dans les années 1780, 1781, 1782, 1783, & une partie de 1784, trois voyages dans l'intérieur des terres, l'un defquels l'a conduit vers le Nord-Eft, chez les Cafres, pendant fept mois; un autre dans le Nord, de treize mois, chez des nations Hottentotes, connues à peine de nom, telles que celles des petits Namaquis, des grands Namaquis; & chez d'autres non connues, telles que les Caminonquoïs, les Gheyfiquoïs, &c. Il a pénétré

§. X I.

Pays situés à l'Est.

Les pays dont il reste à parler, sont situés à l'Est de la mer des Indes. Ce sont;

La côte de Zanguébar, renfermant les Royaumes de Quiloa, de Mélinde, la ville de *Monbaza*, &c.

La côte d'Ajan, où sont les Royaumes de Jubo, de Magadecho, appelé sur quelques Cartes Magadoxo; & la République de *Brava.*

Dans le Royaume d'Adel, est la ville d'*Auçagurel.*

Remarques.

1°. L'Empire du Mano-Emugi est entièrement inconnu, fort étendu & très-montueux. On dit qu'il y a des mines fort riches. C'est à-peu-près tout ce que l'on en sait.

2°. Celui des Bororos n'est pas mieux connu; on le trouve seulement indiqué sur la Carte.

3°. Le Monomotapa a peu de possessions sur la côte orientale, en comparaison de son étendue dans les terres. On y trouve quelques cantons fertiles; mais le sol y est, en très-grande partie, sablonneux & aride. Les habitans, naturellement féroces, sont plus portés à la guerre qu'au commerce. Ils sont robustes, intelligens & habiles nageurs. Il paroît qu'ils sont moins sauvages que plusieurs autres peuples de l'intérieur de l'Afrique.

4°. Le Royaume de Sofala s'étend le long de la côte orientale. C'est un pays fertile qui abonde en riz, en millet, & qui nourrit beaucoup de troupeaux. Les éléphans y sont si communs, que les habitans se nourrissent de leur chair. Il s'y trouve beaucoup d'Arabes & de Nègres. Sofala, sur la *Cuama*, célèbre par son sable, où il se trouve beaucoup d'or, est une ville assez grande, & dominée par un Fort que les Portugais y ont construit.

---

jusques sous le Tropique, & a rapporté de ces pays beaucoup de plantes & d'oiseaux inconnus; &, ce qui doit beaucoup intéresser la curiosité des Naturalistes, une Girafe, dont on n'a que des descriptions imparfaites, parce que cet animal n'avoit point été vu des Ecrivains qui en ont parlé dans les Traités ou dans les Dictionnaires d'Histoire Naturelle: il n'étoit connu que par les récits peu exacts de quelques voyageurs. M. Vaillant fait espérer une relation de son voyage, accompagnée d'un grand nombre de planches.

5°. Les pays de Sabia, d'Inhambané, de Manica sont très-peu connus.

6°. Moçambique, ou Mozambique, est une île tout près de la côte. Elle offre un lieu de rafraichissement très-commode pour les vaisseaux. Les Portugais, qui en sont les maitres, y exilent les criminels au premier chef. Elle est fertile en riz, en millet, en fruits & en légumes. Il y a un Gouverneur Portugais. C'est lui, dit-on, qui fait le commerce, consistant en or & en dents d'éléphans.

7°. Le Royaume de Quiloa a pour chef-lieu une île qui n'est séparée de la terre-ferme que par un détroit. Le pays est fertile, & la capitale est riche, peuplée & bien bâtie. Ce Royaume relève du Portugal.

8°. Le Royaume de Melinde est un pays abondant en fruits, en légumes, en bétail, en volaille & en gibier. On dit que la capitale est une des plus belles villes de l'Afrique orientale, & le commerce y attire un grand concours de peuples de différentes nations. Les Arabes sont maîtres de ce pays, & la Cour du Roi est plus brillante que celle des autres Princes d'Afrique. Les Portugais y font le commerce.

9°. Le Royaume de Monbaza, ou de Monbaça, a pour chef-lieu une île détachée du continent par un bras de rivière. La terre y est fertile, la ville très-peuplée, le port fort commode. On dit qu'à l'aide des terrasses qui sont sur les maisons, on pourroit aller d'un bout de la ville à l'autre. Le peuple y est plus affable que dans tout le reste de la côte. Les Portugais y ont un comptoir.

10°. Les Royaumes de Jubo & de Magadecho, ou Magadoxo, sont très-peu connus. Les habitans n'en sont pas noirs, mais seulement basanés. Le commerce y est considérable. On y professe un Mahométisme très-corrompu.

On ne connoit pas non plus la République de Brava : on dit qu'elle est sous la protection des Portugais.

Les Arabes font un grand commerce à Auçagurel, en poudre d'or, en ivoire, en encens & en esclaves.

Des Iles de l'Afrique.

On a vu précédemment la position de ces îles : je vais les reprendre dans le même ordre.

1°. Les îles de l'Océan, à l'Ouest de l'Afrique, sont, comme on l'a dit,

Madère, dont le nom, en portugais, signifie *île des Bois.* Elle fut ainsi nommée, parce que quand Jean Gonzalez & Tristan Vaz la découvrirent, après avoir longtems ignoré quel étoit l'objet qu'ils appercevoient en mer, ils connurent en s'en approchant que c'étoit une île couverte d'arbres. Cette découverte est de l'an

1419. On mit le feu à ces arbres pour y pouvoir pénétrer ; ensuite on y planta des cannes à sucre & de la vigne, qui y réussirent à merveille. Mais elle n'est plus si fertile que dans les commencemens. Quoique son sucre soit très-estimé, la plus grande culture est sur-tout en vignes. On y fait quatre sortes de vins ; mais la Malvoisie est l'espèce supérieure. Sa capitale est *Funchal.* Cette île appartient aux Portugais.

Les îles *Canaries* furent découvertes en 1417. Les peuples y étoient alors de véritables sauvages. Ils étoient si grands mangeurs, qu'un seul Canarien pouvoit, dit-on, consommer dans un repas vingt lapins & un chevreau. Ils ignoroient l'usage du fer, cultivoient la terre avec des cornes de bœufs, admettoient la polygamie. Ces anciens habitans sont appelés, par les Espagnols, *Gouanches.* On a trouvé des cavernes qui leur avoient servi de sépulture, dans lesquelles un grand nombre de corps morts étoient arrangés à-peu-près comme les momies d'Egypte (1). Je ne dirai qu'un mot de chacune des Canaries, qui appartiennent aux Espagnols.

L'île de *Palma* peut avoir 25 lieues de circuit. Elle produit d'excellent vin & de très-bon sucre. Il y a un volcan qui s'est ouvert avec un bruit affreux vers le commencement du dernier siècle.

L'île de *Fer*, qui n'a guères que six lieues de tour, est sur-tout connue par la position du premier méridien que l'on est convenu d'y faire passer pour l'usage de la Géographie.

Gomera, ou *Gomère*, a environ 8 lieues de longueur. Elle a le titre de Comté, & produit aussi d'excellens vins & du sucre.

Ténérif, qui a environ 60 lieues de circuit, est sur-tout connue par la hauteur de sa montagne, que l'on appelle *Pic*, & qui paroît avoir été produite par un volcan. On l'apperçoit en mer de 40 à 50 lieues. Sa hauteur perpendiculaire est de 1904 toises..

Canarie, qui a donné son nom à la totalité des îles qui l'accompagnent, produit d'excellent vin. C'est de cette île que nous

(1) On voit quelques momies de ces Gouanches au Cabinet du Roi.

ſont venus les ſerins. Elle eſt la réſidence du Gouverneur & des trois Auditeurs qui compoſent la Cour ſouveraine de ces îles.

Fortaventura eſt à 24 lieues à l'Eſt de Canarie. Elle a 24 lieues de long ſur une largeur fort inégale : car elle eſt compoſée de deux preſqu'îles, jointes par un iſthme. Elle eſt peu fertile.

Lancerota, qui a le titre de Comté, a l'île précédente dans ſon diſtrict. On lui donne environ 40 lieues de circonférence. Elle n'eſt guères fertile.

Les îles du *Cap Vert* ſont au nombre de dix, accompagnées d'un très-grand nombre d'îlots, formés par des rochers. Elles ſont peu fertiles, & leur principale richeſſe eſt en ſel, qui s'y forme naturellement des eaux que la mer y dépoſe chaque année.

Saint-Iago, la plus conſidérable, a plus de 80 lieues de circuit. La ville de *Praïa* a un bon port. *Ribéria-Grande*, capitale, eſt la réſidence du Gouverneur. On y fait du ſucre & quelques toiles.

Ces îles appartiennent au Portugal.

L'île de *Saint-Thomé*, ou *Saint-Thomas*, eſt dans le golfe de Guinée, & près de la Ligne. Malgré l'inſalubrité de ſon climat, elle a été pendant quelque tems eſtimée par ſa culture & par ſon commerce de ſucre. On y cultive de la vigne. Sa baie eſt excellente. Cette île appartient au Portugal, qui y entretient un Vice-Roi.

L'île de *l'Aſcenſion*, quoique déſerte, nue, rocailleuſe, ſans bois & ſans eau, & portant toute l'empreinte d'une production volcanique, eſt cependant, par ſa poſition, d'un grand ſecours aux navigateurs qui vont ou qui reviennent des Indes. Sa côte abonde en tortues, & l'on s'y arrête pour en raſſembler (1). Le mouillage y eſt fort bon.

---

(1) Voici comment cela ſe fait. Lorſqu'à l'entrée de la nuit les tortues ſont ſorties de la mer pour ſe promener ſur le ſable, deux matelots vont rapidement avec des bâtons le long de la côte, & retournent ſur le dos toutes les tortues qu'ils rencontrent. Placées ainſi, elles ne peuvent échapper, & on les tranſporte à l'aiſe.

Les bâtimens qui paſſent par l'île de l'Aſcenſion ſont dans l'uſage, en tems de paix, d'écrire ſur un papier leurs noms, la date de leur départ, &c. : on met ce papier dans une bouteille qui ſe place dans une petite caverne où d'autres la retrouvent.

L'île

L'île de *Sainte-Hélène* eſt à plus de 200 lieues de celle de l'Aſcenſion, & peut avoir ſeulement 12 lieues de circuit. On y reſpire un air très-ſain : l'eau y eſt très-bonne. Les matelots malades s'y rétabliſſent en peu de tems. Ce fut un particulier qui la peupla de différentes ſortes d'animaux, & y porta des grains & des fruits de l'Europe. Elle appartient aux Anglois.

2°. Les îles de l'Orient dans la mer des Indes ſont :

L'île de *Madagaſcar*, ou *Madecaſe*, qui eſt fort grande ; on lui donne plus de 336 lieues de long, & 125 de large : à une ou deux lieues de la côte, la terre eſt très-fertile, & produit coton, indigo, chanvre, &c. Outre le fer & l'acier, cette île a des topazes, des grenats, des cornalines, & différentes autres ſortes de pierres. On y trouve une eſpèce de cryſtal qui n'a point de forme régulière ; on le nomme cryſtal de *Madagaſcar*. Il y a auſſi beaucoup de bois, de bétail, de gibier, de poiſſon, &c. Les habitans ſont féroces : il y en a de blancs & de noirs. Les vaiſſeaux françois qui mouillent à Madagaſcar vont ordinairement au Fort Dauphin.

L'île de Bourbon, dont le premier nom eſt *Maſcaragne*, a 25 lieues de long ſur 15 de large ; elle abonde en fruits, en herbages, en beſtiaux : elle produit du tabac, du café, du poivre blanc, de l'ébène, de l'aloës, & pluſieurs ſortes d'arbres réſineux. Il y a beaucoup d'oiſeaux : la chair des porcs y eſt excellente. Elle a pluſieurs bonnes rades, mais point de port. Il y a un volcan conſidérable, encore en activité, & trois pics inacceſſibles qui ont 1600 toiſes d'élévation.

L'île de France, qui peut avoir 40 lieues de circonférence, offre, comme la précédente, un terrein volcaniſé ; & la ſurface de la terre, en beaucoup d'endroits, y eſt couverte de mines de fer. Il y vient du bois & différentes eſpèces de plantes ; & le terrein, quoique moins profond & moins fertile que celui de l'île Bourbon, eſt cependant plus généralement ſuſceptible de culture. On ne laiſſe pas d'y être incommodé par les ſauterelles, les maringoins, les chenilles, &c.

Il y a dans cette île, qui appartient aux François, aussi bien que la précédente, un Conseil Supérieur.

Depuis quelques années, par les soins & sur les projets de M. Poivre, qui en étoit Intendant, on a réussi à apporter des Moluques dans ces îles plusieurs plants de muscades, de girofle & de canelle, qui réussissent très-bien. On a le même avantage à Cayenne.

Les îles Comores, habitées par des Arabes, sont fertiles, mais mal cultivées; ce sont des retraites de pirates.

Les îles de l'Amirante, ou de l'Amiral, sont peu considérables & peu connues.

L'île de Socotora, ou de Socotra, habitée par des Arabes, est sur-tout connue par son excellent aloës. Les naturels du pays sont, dit-on, de beaux hommes : l'île est très-fertile.

RÉCAPITULATION *concernant les Peuples d'Afrique.*

1°. ON parle l'*arabe* en Egypte & dans toute la partie septentrionale de l'Afrique. Il est moins pur qu'en Syrie & en Arabie. Les autres Langues de l'Afrique, qui sont en grand nombre, nous sont inconnues.

2°. Le Musulmanisme est professé par-tout où se parle la Langue arabe; l'un est une suite de l'autre. La Secte *Jacobite* de l'Eglise Grecque domine en Nubie & en Abyssinie. Le reste des Africains est abandonné à l'Idolâtrie.

3°. L'Egypte est comprise dans les Etats du Grand-Seigneur, qui y entretient un Bacha; ce Gouverneur commande aux Beys, qui sont les maîtres des différentes parties du pays, & dont quelques-uns se rendent plus puissans que le Bacha. Les villes de Tripoli, de Tunis sont des espèces de Républiques ou Régences sous la protection du Grand-Seigneur, avec un chef appelé Bey. La Régence d'Alger est plus considérable; son chef se nomme Dey.

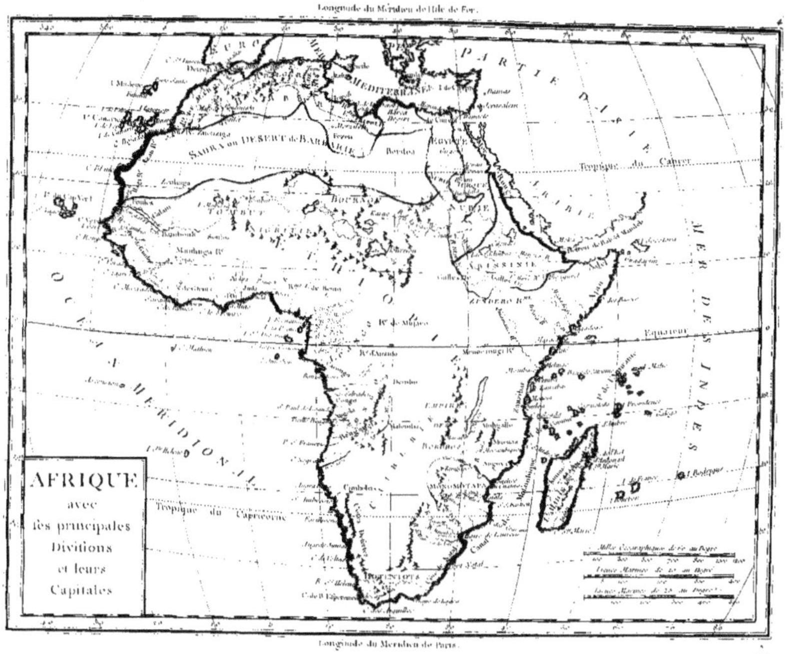

Longitude du Méridien de l'Isle de Fer.

AFRIQUE

avec
les principales
Divisions
et leurs
Capitales

PARTIE D'ASIE

MEDITERRANEE

SAHRA ou DESERT de BARBARIE

Tropique du Cancer

Equateur

MER DES INDES

OCEAN MERIDIONAL

Tropique du Capricorne

HOTENTOTS

Longitude du Méridien de Paris.

4°. Le Royaume de Maroc a un Souverain puiſſant que l'on peut regarder comme une eſpèce de deſpote. Les autres Princes Africains, moins inſtruits de leurs véritables intérêts, le ſont encore davantage. La ville de Brava me paroît être la ſeule République d'Afrique.

On connoît les Souverains des principales parties de l'Afrique par ce qui vient d'être dit. Je remarquerai ſeulement que le Souverain de l'Abyſſinie, ou du moins d'une partie de cet Etat, eſt appelé *Grand-Négus*, & que pendant long-tems on le déſigna ſous le nom de *Preſte-Jean*.

SECTION IV.

De l'Amérique.

QUOIQUE découverte dans les années 1492 & 1494, par Chriſtophe Colomb, cette partie du Monde a cependant reçu ſon nom d'Amérique Veſpuce, Florentin, employé par la Cour d'Eſpagne, lequel découvrit une grande partie de ce continent.

GÉOGRAPHIE MATHÉMATIQUE.

Etendue.

L'Amérique eſt la plus grande des quatre Parties du Monde. Elle monte, dans ſa partie ſeptentrionale, juſqu'au delà du 80e dégré de latitude, & deſcend au Sud juſqu'au 56e.; ce qui fait environ 3400 lieues.

Sa partie ſeptentrionale touche vers l'Oueſt au 210 ou 220e dég. de longitude; à l'Eſt, au 325e. On donne à cette partie 850 lieues de largeur environ; car le peu de connoiſſance que l'on a des parties occidentales ne permet pas de donner des meſures bien préciſes.

Sa partie méridionale commence vers le 298e dégré de longitude, & s'avance à l'Est jusqu'au 344e; ce qui lui donne environ 900 lieues dans sa plus grande largeur; mais elle va fort en se rétrecissant vers le Sud.

Climats.

Son plus long jour doit être de 17 h. $\frac{1}{2}$ au Sud, où elle est sous le onzième climat; au Nord, elle remonte jusqu'au quatrième climat de mois, & peut-être au delà.

GÉOGRAPHIE PHYSIQUE.

Bornes.

L'Amérique, entourée de mer de tous côtés, est séparée en deux parties, réunies cependant par l'isthme de Panama; l'une de ces parties, comme on l'a vu, se nomme Partie *septentrionale*; l'autre, Partie *méridionale.*

Montagnes.

Les principales montagnes de l'Amérique sont dans sa partie méridionale. Ce sont la grande *chaîne des Cordilières*, le long de la grande Mer; les monts *Popayans*, vers le golfe du Mexique, au Nord; & le *Mato-Grosso* dans l'intérieur des terres.

Isthmes.

Le plus connu & le plus considérable, à toutes sortes d'égards, est l'isthme *de Panama*, qui joint les deux Amériques. Il a 46 lieues dans sa plus grande largeur, & 14 dans sa moindre.

Presqu'îles.

La *Floride*, au Sud-Est de l'Amérique septentrionale; la presqu'île de *Yucatan*, dans le golfe du Mexique, près l'isthme de Panama; & la *Californie*, à l'Ouest de l'Amérique septentrionale.

Caps.

Les principaux ſont, dans l'Amérique ſeptentrionale,

Le cap *Breton*, à l'Eſt du Canada, à la pointe d'une île appelée l'Iſle-Royale.

Le cap de *Floride*, au Sud de cette preſqu'île.

Le cap *Saint-Auguſtin*, à la pointe la plus orientale de l'Amérique.

Le cap *Korrientes*, ou des Courans, ſur la côte occidentale du Mexique.

Dans l'Amérique méridionale :

Le cap *Frowart*, le plus méridional du nouveau continent.

Le cap de *Horn*, plus au Sud, à la pointe de l'île que l'on nomme *Terre de feu.*

Iles.

On trouve à l'Eſt de l'Amérique ſeptentrionale, les îles de *Terre-Neuve*, du *Cap-Breton*, de *Saint-Jean* & d'*Anticoſti.*

Vers le Sud de cette même partie, les Lucayes, dont les principales ſont *Bahama* & *la Providence.*

A l'entrée du golfe du Mexique, les Antilles, diviſées en grandes & en petites. Les grandes ſont *Cuba*, la *Jamaïque* & *Saint-Domingue.* Les petites ſe diviſent en *Iles du Vent*, ou Barlovento; ſavoir, la Martinique, la Guadeloupe, la Marie-Galante, &c.; & en *Iles ſous le Vent*, ou Sottovento, qui ſont la *Marguerite*, la *Trinité*, &c.

Entre l'Amérique & l'Europe, ſont les Açores, dont la principale eſt *Tercère.*

Golfes.

Les principaux ſont :

Le golfe de St. Laurent, à l'Eſt de l'Amérique ſeptentrionale.

Le golfe du Mexique, entre les deux Amériques.

La Mer Vermeille, entre le Nouveau-Mexique & la Californie.

Le golfe de Panama, à l'Oueſt de l'iſthme de ce nom.

Baies.

La baie d'*Hudſon* & celle de *Baſin*, au Nord-Eſt de l'Amérique ſeptentrionale.

Les ſuivantes ſe trouvent dans le golfe du Mexique.

La baie de *Honduras*, au Sud-Eſt de la preſqu'île de Yucatan.

La baie de *Campêche*, au Nord-Eſt de cette même preſqu'île.

Détroits.

Le détroit de *Davis*, à l'entrée de la baie de Baſin.

Le détroit d'*Hudſon*, à l'entrée de la baie de ce nom.

Le détroit de *Magellan*, au Sud de l'Amérique.

Le détroit de *le Maire*, au Sud-Eſt entre la Terre de Feu & la Terre des Etats.

Lacs.

Les principaux lacs de cette partie du Monde ſont dans l'Amérique ſeptentrionale, & communiquent entr'eux : ce ſont le lac *Supérieur*, le lac *Michigan*, le lac *Huron*, le lac *Erié* & le lac *Ontario*. Toutes ces eaux s'écoulent par le fleuve Saint-Laurent.

Fleuves.

Les plus grands fleuves de l'Amérique ſont :

Dans la partie ſeptentrionale, le fleuve *Saint-Laurent* qui, avec les lacs, forme une ſuite d'eau de plus de 900 lieues, & tombe à l'Eſt ; & le *Miſſiſſipi*, dans la Louiſiane, qui ſe rend du Nord au Sud dans le golfe du Mexique ; il y a environ 700 lieues.

Dans l'Amérique méridionale, l'*Orénoque* ou l'Orinoque, qui commence aux monts Popayans, & ſe jette dans le golfe du Mexique ; & le Maranon, prononcé *Maragnon*, & appelé fleuve des Amazones ; il commence, à l'Oueſt, aux Cordilières du Pérou, coule pendant 1200 lieues, & ſe rend, à l'Eſt, dans l'Océan. La *Madéra*, qui ſe rend dans le fleuve des Amazones, a plus de 660 lieues ; & le *Rio de la Plata*, ou Fleuve d'Argent, qui coule au Sud, & a environ 800 lieues, en y comprenant le Parana qu'il reçoit.

Peuples.

La nature de cet Ouvrage ne me permet pas de discussion sur aucune des questions qui peuvent s'élever sur l'origine, la couleur, &c. des Américains : je ne pourrai donner que très-briévement mes idées sur ces différens objets (1).

On a beaucoup raisonné sur l'origine des Américains. Il est probable que les premiers y vinrent d'Asie par mer : on n'en sait ni l'époque ni l'occasion.

On a prétendu qu'ils étoient imberbes; cela n'est pas, au moins pour un très-grand nombre.

On les a quelquefois peints comme étant inférieurs en intelligence aux peuples d'Europe & d'Asie. J'ai entendu soutenir le contraire des Sauvages du Nord de l'Amérique. Mais je sais d'une très-bonne part que, dans l'Amérique méridionale, il y a des nations sauvages qui, pour leurs facultés physiques & morales, ne valent pas le moindre des Européens.

Quant à leur couleur cuivreuse, & non pas noire, on peut en attribuer la cause à la disposition physique de l'Amérique, & à la différence qui se trouve entr'elle & l'Afrique. Toute la partie de l'Afrique qui est sous la Zone torride est un terrein sablonneux, presque sec & bas. Ceux de la côte occidentale sont les plus noirs, parce que les vents n'arrivent chez eux qu'à travers des sables brûlans. Ces vents, au contraire, se rafraîchissent sur la mer avant d'arriver aux côtes orientales de l'Amérique; & quant à la partie occidentale, elle est fort élévée, remplie de hautes montagnes, & si rafraîchie quelquefois, que l'on y cherche à se

---

(1) Outre plusieurs Ouvrages qui ont été faits sur l'Histoire de l'Amérique, & sur différentes questions importantes qui tiennent à son histoire naturelle & à son histoire politique, on peut voir ce que j'en ai dit dans le *Choix des Lectures géographiques & historiques*. Quant à l'histoire des Peuples, elle est très-bien traitée dans l'Ouvrage de M. Robertson.

vêtir chaudement. Je ne donne ceci d'ailleurs que pour des opinions; ce sont les miennes : c'est tout ce que je puis dire. Je passe aux principales divisions de l'Amérique septentrionale, ne pouvant me livrer à discuter les points qui concernent la baie d'Hudson, le pays des Esquimaux, &c. &c.

GÉOGRAPHIE POLITIQUE.

Divisions des Pays.

L'Amérique se divise en deux Parties : la première est appelée Partie *septentrionale*; & la seconde, Partie *méridionale*.

§. Ier.

Amérique Septentrionale.

1°. Le Canada, capitale, QUÉBEC, sur le fleuve Saint-Laurent.

2°. Les Treize Etats-Unis de l'Amérique, qui commencent au Sud du Canada, & se suivent dans cet ordre.

Noms des Provinces.	Capitales.
1. Le New-Hampshire (1)........	*Portsmouth.*
2. Massachuset's-Bay...............	*Boston.*
3. Rodisland...........................	*Newport.*
4. Connecticut.........................	*Hart - fort.*
5. New-Yorck........................	*New-Yorck.*
6. New-Jersey	*Burlington & Perthamboy.*
7. Pensylvanie.........................	*Philadelphie.*
8. La Delaware.........................	*Newcastle.*
9. Le Maryland........................	*Annapolis.*
10. La Virginie.........................	*Williamsbourg.*
11. La Nort-Caroline..............	*Edenton.*
12. La South-Caroline.............	*Charlestown.*
13. La Géorgie.........................	*Savanah.*

(1) Remarquez que *New* se prononce *Nieu*; que *Massachuset's-bay* est au genitif, & signifie *la Baie de Massachuset*; que *North* & *South* se rendent en françois par *Septentrionale* & *Méridionale*.

Ces

Ces Etats, reconnus libres par la France, ont obtenu l'abolition du droit d'Aubaine, par Déclaration du Roi, donnée à Verſailles le 26 Juillet 1778, & enregiſtrée au Parlement le 4 Août de la même année. L'Angleterre a depuis reconnu leur indépendance, par la Paix de 1783.

3°. La Floride, qui forme, comme on l'a vu, une preſqu'île au Sud des pays précédens, a pour ville principale Saint-Auguſtin.

4°. La Louiſiane, pays vaſte & arroſé par le Miſſiſſipi. La France l'a poſſédée long-tems toute entière; actuellement la droite du fleuve eſt aux Eſpagnols, & la gauche aux Anglo-Américains.

5°. Le Mexique, Province riche & conſidérable, a pour capitale *Mexico*, ſur un lac.

6°. Le Nouveau Mexique, dont la capitale eſt *Sancta-Fe*.

7°. La Californie n'a pas de lieu conſidérable.

Quant aux terres ſituées au Nord & à l'Oueſt du Canada, elles ſont peu connues, & ne peuvent entrer dans une Géographie Élémentaire.

Remarques.

1°. Le Canada eſt un pays immenſe qui s'avance fort avant dans les terres, & dans lequel, quoiqu'à même latitude que la France, les hivers ſont beaucoup plus rigoureux, à cauſe de la direction des montagnes, des bois, des eaux, &c., qui le couvrent en grande partie. Il y a cependant des contrées très-fertiles. Quebec eſt diviſée en ville haute & baſſe, & toutes deux ſont aſſez bien bâties. Jean Verrazen prit poſſeſſion du Canada au nom du Roi de France, en 1525. Les François commencèrent à s'y établir en 1534. M. Champlain, dont un lac de ces contrées porte encore le nom, fonda Quebec en 1608. Cette Colonie & celle de Montréal étoient floriſſantes, lorſqu'en 1759 les Anglois s'emparèrent de tout le Canada. La propriété leur en fut confirmée par la paix de 1763.

2°. On a publié pluſieurs Ouvrages ſur l'état des treize Provinces, & la ſageſſe qu'annoncent leurs projets de légiſlation, donne une idée bien favorable de leur future proſpérité. En éloignant le luxe, en maintenant l'activité du travail & l'égalité dans les conditions, on ne peut guères douter qu'ils ne ſoient pendant long-tems un des peuples les plus heureux de la terre.

Dans toutes ces Provinces, l'hiver commence plutôt & finit plus tard qu'en Europe, à même latitude. La différence y étoit autrefois plus ſenſible; mais plus on cultive, plus on abat de bois, & plus la température de ces pays ſe rapproche de celle du nôtre. Le ciel y eſt preſque toujours ſerein; les pluies y ſont abondantes, mais de courte durée.

Boston, capitale de la Massachusets'-bay, est la ville la plus considérable de toute l'Amérique septentrionale : elle est sur une presqu'île, au fond d'un très-beau port, garanti de la violence des vents par un grand nombre d'îles & de rochers.

La Pensilvanie a pris son nom du fameux Wiliam (1) Pen, parce que ce pays lui fut cédé en 1680 pour y établir une colonie de Quakers. Elle est très-fertile.

Philadelphie, dont le nom signifie *amitié fraternelle*, est bâtie sur une langue de terre au confluent de la *Delaware* & du *Schulkil.* C'est un carré long, partagé en d'autres carrés sur le plan soupçonné de l'ancienne Babylone. Les deux principales rues ont cent pieds de large, & chaque maison a son petit jardin. Des vaisseaux assez considérables peuvent y remonter.

3°. La Floride fut découverte vers l'an 1510, par Ponce de Léon, Espagnol. Je ne remarquerai ici que la cause de cette découverte. Une tradition indienne, fort extravagante, avoit fait croire aux Espagnols qu'il existoit vers ces quartiers une fontaine dont les eaux avoient la vertu de rendre la première jeunesse. Cette fontaine imaginaire en a pris le nom de *Fontaine de Jouvence.* Elle avoit été cédée aux Anglois en 1763 ; mais elle est retournée à l'Espagne par la dernière paix de 1783.

4°. La Louisiane est un grand & magnifique pays. Le climat, le sol, les rivières, tout contribue à sa fécondité & à sa salubrité. On en tire, sur-tout, de l'indigo, du coton, du riz & du bois. La Nouvelle-Orléans, sa capitale, est une ville médiocre. Cette Province, après avoir long-tems appartenu aux François, a passé aux Espagnols & aux Anglois : les premiers ont la partie à l'Ouest ; les seconds avoient, à la paix de 1783, celle qui est à l'Est du Mississipi ; mais ils viennent de la céder aux Anglo-Américains.

5°. Le Nouveau Mexique, qui n'a été connu que depuis le Mexique ancien, ou nouvelle Espagne, est une très-vaste contrée, sous un beau climat, & dans laquelle on trouve presque toutes les choses nécessaires à la vie. Il y a même des mines d'or & d'argent. Il est habité par des Indiens, & soumis aux Espagnols.

6°. Le Mexique se trouve en grande partie dans l'Isthme qui joint ensemble les deux Amériques. On sait qu'il fut soumis à la domination espagnole en 1521, par le fameux Cortez, qui mit aux fers Guatimozan, dernier Roi de ce pays. Sa capitale, Mexico, est bâtie au milieu de deux lacs considérables : on n'y parvient que par de larges chaussées.

7°. La Californie est une longue presqu'île. Il y a tout auprès une pêcherie de perles fort belles, & elle est fort abondante. La Californie sera à jamais célèbre par la mort de M. l'Abbé Chappe, Astronome françois, qui, s'y trouvant pour observer le dernier passage de Vénus, sacrifia les précautions nécessaires à la conservation de sa vie, au mérite de faire, avec exactitude, une observation alors très-importante. Il mourut peu de tems après l'avoir faite.

---

(1) Nom qui répond à *Guillaume*, en françois. La manière dont Guillaume établit sa Colonie & la régla, mérite d'être étudiée, & lui fera à jamais le plus grand honneur.

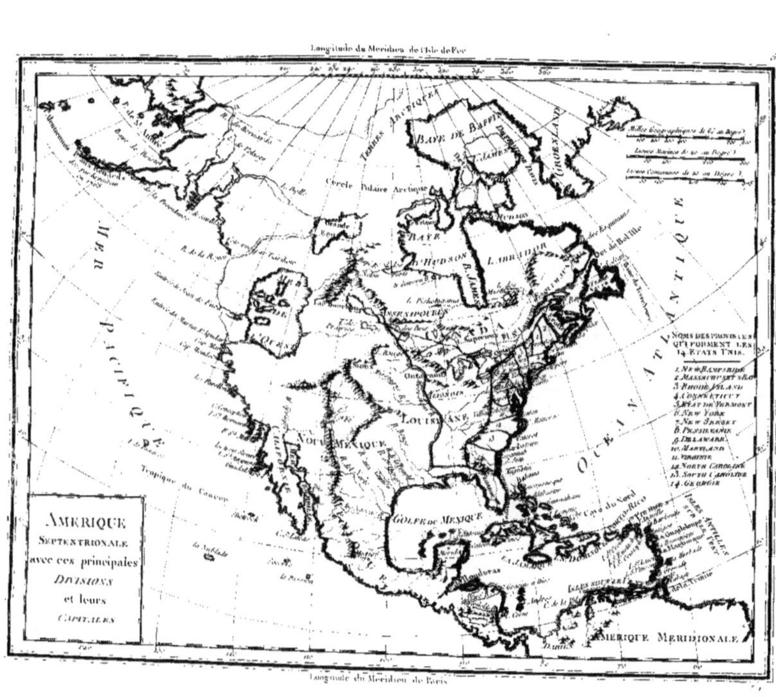

Longitude du Meridien de l'Isle de Fer
Amerique
Septentrionale
avec ses principales
Divisions
et leurs
Capitales
Noms des Provinces qui forment les 14 Etats Unis.
1. New Hampshire
2. Massachusset's Bay
3. Rhode Island
4. Connecticut
5. Etat de Vermont
6. New York
7. New Jersey
8. Pensilvanie
9. Delaware
10. Maryland
11. Virginie
12. North Caroline
13. South Caroline
14. Georgie
Mer Pacifique
Ocean Atlantique
Baye de Baffin
Baye d'Hudson
Labrador
Canada
Louisiane
Nouveau Mexique
Golfe du Mexique
Cercle Polaire Arctique
Tropique du Cancer
Terres Arctiques
Groenland
Amerique Meridionale
Longitude du Meridien de Paris

§. II.

Amérique méridionale.

On trouve dans cette partie de l'Amérique les pays ſuivans.

1°. La Terre-Ferme, où ſont *Porto-Bélo* & *Carthagène.*

2°. La Guyanne Hollandoiſe, où une Colonie établie ſur la rivière de Surinam, & qui en porte le nom, a pour principal lieu *Paramaribo* (1).

Et la Guyanne Françoiſe, où eſt *Cayenne*, dans une île ſéparée du Continent par l'embouchure de quelques fleuves qui s'y rendent dans la mer.

3°. Le Pérou, où ſont *Quito*, ſous l'Equateur; & LIMA, capitale, plus au Sud.

4°. Le Chili, où ſont *Saint-Yago* & *la Conception.*

Ces deux pays ſont, en très-grande partie, ſur la chaîne des Cordilières; ils s'étendent du Nord au Sud, le long de la mer *du Sud*, qu'il convient mieux d'appeler la Grande Mer.

5°. Le pays des Amazones, nommé ainſi parce que les premiers qui le découvrirent rapportèrent qu'ils y avoient trouvé des ſociétés de femmes ſe conduiſant, à-peu-près, comme les anciennes Amazones de l'Aſie, dont l'exiſtence paroît elle-même douteuſe à quelques Ecrivains. Ce pays n'a pas de lieu conſidérable.

6°. Le Paraguay, dans l'intérieur duquel les Jéſuites avoient eu l'adreſſe de ſe rendre Souverains indépendans. On y trouve l'ASSOMPTION, capitale; & *Buenos-Aires*, ſur le Rio de la Plata.

Ces pays, excepté les deux Guyannes, appartiennent aux Eſpagnols.

---

(1) Je fais remarquer à deſſein que la Colonie a pris le nom de la rivière, & qu'il n'y a point de lieu qui ſe nomme *Surinam*, afin de mettre en garde contre cette erreur qui ſe trouve ſur beaucoup de Cartes & dans beaucoup de Livres où l'on donne Surinam comme une ville.

7°. Le Brésil, où se trouvent SAINT-SALVADOR, capitale, & *Saint-Sébastien de Rio Janéiro.*

Ce pays est aux Portugais.

8°. Le pays des Patagons, au Sud, est connu dans les Géographies ordinaires sous le nom de *Terre Magellanique.* Mais cette dénomination ne se trouve point sur les Cartes espagnoles; tout ce pays porte le nom de Chili.

Remarques.

1°. La Terre-ferme a pris son nom de ce qu'au tems de la découverte on s'apperçut qu'elle faisoit partie du continent, à la différence des îles qui n'y tenoient pas. Elle est divisée en douze grandes Provinces, & renferme de très-hautes montagnes. En général, ce pays est fort arrosé. Il y vient des grains, des fruits, du cacao, de la vanille, &c., & les pâturages y sont excellens.

Porto-Bélo est recommandable par la bonté de son port, & très-redoutable aux étrangers par l'insalubrité de son air. C'est ordinairement dans ce port que l'on embarque, sur les galions d'Espagne, toutes les richesses que produit le commerce de l'Amérique.

Cartagène, bâtie dans une presqu'île, est plus grande & mieux bâtie que la précédente : elle est très-bien fortifiée, & ses rues sont tirées au cordeau.

La Terre-ferme depuis le golfe de Darien jusqu'à Nicaragne, fut conquise, au nom de l'Espagne, par Pedrarias, en 1514. Le reste du pays, qui s'étend jusqu'à l'Orénoque, fut soumis quelques années après par des avanturiers.

2°. La Guyanne est un pays très-vaste, & fort peu connu dans son intérieur, qui renferme beaucoup de bois & de montagnes. On y trouve des traces de volcan. Les Indiens y sont stupides, indolens, & ne prennent de soin que ce qu'il en faut pour satisfaire les besoins les plus pressans de la nature. Ils se peignent le corps avec du roucou, ce qui les rend rouges, & dessinent ensuite par dessus différentes figures, avec des couleurs plus foncées.

La Colonie Hollandoise établie sur la rivière de *Surinam* a, pour chef-lieu, Paramaribo; & même il n'y a pas d'autre lieu habité qui ait l'apparence d'une ville ou d'un village.

La Colonie Françoise, qui est plus au Sud, est établie à Cayenne, espèce d'île séparée du continent, par l'embouchure de deux fleuves qui s'y rendent à la mer. Il y a aussi des habitations sur le continent, le long de quelques rivières considérables. Cayenne est fortifiée, a un Etat-Major & une garnison.

3°. Le Pérou est sur la mer du Sud, ou la Grande-Mer : c'est la meilleure des Provinces espagnoles, puisqu'elle n'est ni moins riche, ni moins étendue que le Mexique, & qu'elle l'emporte de beaucoup sur ce pays, par la température de

Longitude du Méridien de l'Isle de Fer
AMÉRIQUE
MÉRIDIONALE
ou l'on
n'a indiqué que
les principales
DIVISIONS
MER DU SUD
OCEAN MERIDIONAL
Equateur
Tropique du Capricorne
Longitude du Méridien de Paris

ſon climat. Je n'entends point ici parler de la côte, qui n'eſt qu'un amas de ſable ſec & ſtérile, excepté près des bords des ruiſſeaux. On en tire de l'or & de l'argent, du vin, de l'huile & de l'eau-de-vie, de la laine très-bonne & du quinquina.

Lima, capitale du Pérou, eſt une fort belle ville, dont les rues, très-régulières, ſe coupent mutuellement à angle droit; chaque maiſon a ſon petit jardin; elles ſont couvertes de nattes, & peu élevées, à cauſe des fréquens tremblemens de terre.

Quitto, qui eſt dans la partie ſeptentrionale, eſt auſſi une ville conſidérable, & il s'y fait un grand commerce avec les Indiens.

Le Pérou fut ſoumis aux Eſpagnols par François Pizaro, en 1532, ſous le règne d'Huaſcar, troiſième Roi, ou Inca de cette contrée, depuis Manco-Capac, qui, le premier, la civiliſa.

4°. Le Chili eſt au Sud du Pérou, & eſt très-fertile dans le plat pays, où l'abondance des roſées ſupplée, pendant une partie de l'année, aux pluies qui y ſont alors fort rares. Ce pays produit de toutes les choſes néceſſaires à la vie, &, de plus, de l'or, de l'argent, du cuivre, du fer, &c. Mais le peu d'habitans n'y permet pas une agriculture bien générale, ni une exploitation de mines bien avantageuſe. Les villes y ſont mal bâties, & d'un aſpect déſagréable. Ces deux pays appartiennent aux Eſpagnols, & ont un Vice-Roi commun. Le Chili, qui eſt en quelque ſorte la continuation du Perou, fut conquis par Baldivia, Général Eſpagnol, en 1540.

5°. Le pays des Amazones a pris ſon nom de la vue de quelques femmes armées, qui furent priſes alors pour des guerrières comparables aux Amazones de l'antiquité, & dont l'exiſtence paroît avoir la même réalité. Ce vaſte pays eſt arroſé par une rivière immenſe, qui commence dans les Cordilières, & finit dans l'Océan. Elle reçoit du Sud & du Nord une infinité d'autres rivières, dont pluſieurs ſont très-conſidérables. Les Eſpagnols ſe regardent comme les maîtres de la plus grande partie de ce pays, à partir du Pérou. Les Portugais ont quelques établiſſemens à l'embouchure du fleuve.

6°. Le Paraguay eſt au Sud; il eſt bien arroſé, & très-fertile. La Province que l'on appelle du nom de la rivière, Rio de la Plata, eſt une très-grande plaine, où l'air eſt aſſez doux, les fruits abondans, & les eaux ſalubres: elle ne manque que de bois.

Buenos-Ayres, Port, a pris ſon nom de ſa ſalubrité: c'eſt le principal lieu de commerce, mais il n'eſt pas habituellement conſidérable.

7°. Le Bréſil, qui s'étend aſſez avant dans les terres, eſt baigné à l'Eſt par l'Océan. Il eſt très-fertile, & produit toutes les choſes néceſſaires à la vie: on y connoît auſſi des mines d'or & de diamans. On en tire de plus du ſucre, du tabac, de l'indigo, de l'ipécacuana, du baume de Copahu & du bois de Bréſil.

S. Salvador, ou S. Sauveur, ſa capitale, eſt bâtie ſur un rocher eſcarpé, ayant d'un côté la mer, & de l'autre un lac : elle eſt d'ailleurs très-bien fortifiée. C'eſt où ſe rendent les flottes qui partent tous les ans du Portugal pour le Bréſil.

Le Bréſil fut découvert en 1500 par les Portugais, qui s'y établirent en 1549. Les Hollandois s'étoient emparés des Provinces ſeptentrionales, tandis que le Portugal étoit ſoumis à la domination de l'Eſpagne ; mais ils en furent chaſſés en 1664.

8°. Le pays nommé des Patagons ſur ma carte, eſt, ſur les cartes ordinaires, appelé Terre Magellanique. Mais M. Danville a très-bien fait obſerver que cette dénomination ne ſe trouvoit dans aucune carte eſpagnole, & qu'elle n'étoit point avouée par cette nation, qui en eſt regardée comme la ſouveraine. Quant à l'exiſtence d'une race d'hommes de grandeur gigantefque, ſans infirmer ce que pluſieurs voyageurs eſtimables & anciens en ont dit, je remarquerai ſeulement que les voyageurs modernes n'ont vu dans les Patagons que des hommes d'une haute ſtature, quelques-uns au deſſous de ſix pieds, & le plus grand nombre au deſſus. « Ce qu'ils » ont de gigantefque, dit M. de Bougainville, c'eſt leur énorme quarrure, la groſſeur » de leur tête, & l'épaiſſeur de leurs membres ».

Des principales Iles de l'Amérique.

Ces îles ſont, en commençant par le Nord,

L'île de *Terre-Neuve*, découverte en 1495. Elle eſt une des grandes de l'Amérique ; il y a un bourg que l'on appelle *Plaiſance :* c'eſt dans ſes environs que ſe fait la pêche de la morue.

L'île Royale, ou cap Breton, peu éloignée du continent, eſt de figure très-irrégulière : ſon climat eſt froid, mais ſain, & elle produit de beaux arbres : la chaſſe & la pêche y ſont conſtamment abondantes. Son meilleur port eſt Louisbourg.

L'île de Saint-Jean, fort près du Canada, dans le golfe de Saint-Laurent. Elle a auſſi beaucoup de gibier & de poiſſons.

Anticoſti eſt bien plus longue que large ; elle a beaucoup de bois ; mais ſon terrein eſt rempli de roches : elle n'a ni port ni havre ; & cette île, non plus que la précédente, ne ſont habitées qu'en certaines ſaiſons de l'année.

Les Lucayes ſont médiocrement fertiles, & ſont peu habitées ; le climat en eſt aſſez bon. Les principales ſont : Bahama, fameuſe ſur-tout par ſon canal, qui eſt un paſſage dangereux : on y trouve une eſpèce d'araignée ſingulière ; la Providence & Saint-Sauveur, qui eſt la première où aborda Chriſtophe Colomb, en 1492. Il n'y trouva que du coton & des perroquets. Mais les habitans portoient ſur le nez des plaques d'or, & il apprit d'eux qu'il y avoit de ce métal dans d'autres îles.

Les Antilles ſont en fort grand nombre; je ne nommerai ici que les plus conſidérables.

Cuba eſt peu fertile; elle eſt fort montagneuſe; on y trouve quelques mines d'or & de cuivre; quelques oiſeaux, comme perdrix, tourterelles & perroquets. Elle a 300 lieues de tour. Sa capitale eſt la Havane. Cette île eſt aux Eſpagnols.

La *Jamaïque* a quarante lieues de long ſur environ vingt de large. Elle eſt très-fertile, & produit ſur-tout des cannes à ſucre, de l'indigo, du cacao & du coton très-fin: il y a beaucoup de bétail dans ſon intérieur, & de tortues ſur ſes côtes. C'eſt la plus belle poſſeſſion des Anglois en Amérique, qui l'ont enlevée aux Eſpagnols. Spanis-Town, ou la ville Eſpagnole, en eſt la capitale. Il y a un Gouverneur & un Conſeil de Régence.

Saint-Domingue a près de 180 lieues de long & environ 60 de large. Elle eſt partagée entre les François à l'Oueſt, & les Eſpagnols à l'Eſt. Cette île eſt fertile en cannes à ſucre, en café, en maïs: on y a découvert pluſieurs ſortes de mines.

Saint-Domingue eſt la capitale de la partie Eſpagnole.

Le Cap, ou le Cap François, à l'Eſt de la partie Françoiſe. Il y a deux Conſeils Souverains dans cette île, l'un au Cap, l'autre au Port-au-Prince (1).

La *Martinique* n'eſt pas grande, mais elle eſt fertile. On y trouve des terres volcaniſées. Les principaux lieux ſont le Fort St. Pierre & le Fort Royal.

La *Guadeloupe* a cela de particulier, qu'elle eſt partagée en deux par une rivière qui communique des deux côtés à la mer. Il y vient du ſucre & du coton. Il y a de beaux arbres. La Soufrière eſt une montagne, avec un volcan. La Pointe à Pitre y devient de jour en jour un lieu conſidérable.

La *Marie-Galande* eſt peu conſidérable.

---

(1) Et non pas à Léogane, comme diſent preſque toutes les Géographies, parce que le P. Charlevoix l'a écrit il y a long-tems, lorſqu'en effet cela avoit lieu.

On en peut dire autant de la *Marguerite* & de la *Trinité :* cette dernière est fertile en sucre & en tabac. Quant à la Marguerite, elle a pris son nom des perles (en latin *Margaritæ*) qui se pêchent sur ses côtes.

Remarques.

Je crois utile de reprendre ici les noms de ces îles, en les rangeant selon l'ordre indiqué par les noms des Puissances de l'Europe auxquelles elles appartiennent.

1°. Les Espagnols possèdent *Cuba*, la partie orientale de *Saint-Domingue*, *Porto-Belo*, *la Trinité.*

2°. Les François, la partie occidentale de *Saint-Domingue*, *la Guadeloupe*, *les Saintes*, & *Marie-Galante*, *la Martinique*, *Sainte-Lucie* & *Tabago.*

3°. Les Anglois possèdent *la Jamaïque*, *la Providence* dans les Lucayes, *les Bermudes*, quelques-unes des *Vierges*, l'île de *l'Anguille*, *St-Christophe*, *Nièves*, &c. *Antigoa*, *Montserrat*, *la Barboude*, *la Dominique*, *la Barbade*, *Saint-Vincent*, *la Grenade* & *les Grenadins.*

4°. Les Hollandois ont une partie de *Saint-Martin*, *Saint-Eustache*, *Curaçao*, *Auruba* & *Bonair.*

5°. Les Danois, les îles de *Saint-Thomas*, *S. Jean* & *Sainte-Croix*, faisant partie des Vierges.

6°. La Suède a *Saint-Barthelemy*, qui vient de lui être cédée par la France.

Les *Açores*, entre l'Europe & l'Amérique, avoient déjà été reconnues, lorsqu'en 1449, Gonsalve Vélez en prit possession pour le Roi de Portugal, qui les possède encore. On y trouva beaucoup d'éperviers, appelés en portugais *Açores :* de-là s'est formé le nom actuel.

Quoique montagneux, le terrein y produit du bled, de la vigne & des fruits. Mais la noblesse accordée à des familles bourgeoises y a fait négliger la culture & le commerce. *Tercere* est la plus considérable de ces îles, & Angra, sa capitale, est bien bâtie. Le Gouverneur y réside.

Des

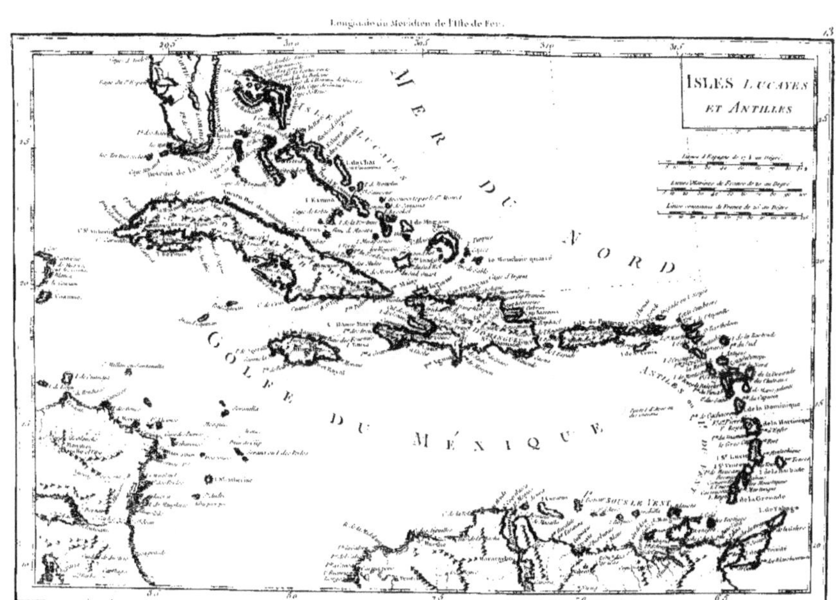
Longitude du Méridien de l'Isle de Fer.
ISLES LUCAYES ET ANTILLES
MER DU NORD
GOLFE DU MÉXIQUE
Longitude du Méridien de Paris.

Des Terres peu connues, & des nouvelles découvertes.

J'ai dit que l'on divisoit la surface de la terre en Continent ancien & nouveau, & en Terres *peu connues*. On peut comprendre, sous ce dernier nom, différentes terres de la mer des Indes & de la Grande-Mer. Le continent austral de la mer des Indes, qui se trouve au Sud des îles de la Sonde & des Moluques, & dont quelques côtes étoient connues, commence à l'être davantage depuis le retour des derniers voyageurs François & Anglois.

Il ne m'est pas possible de parler ici des différentes découvertes faites, presque en même-tems, par MM. Wallis, Byron, de Bougainville, &c. Mais je ne puis me refuser au sentiment d'admiration que l'on doit aux talens & au courage de l'immortel Cook, dont les découvertes ont si prodigieusement ajouté à nos connoissances sur les parties australes du Globe. Nous lui devons les détails les plus intéressans sur l'île de Taïti ou d'Otaïti, & sur plusieurs autres de la même mer; sur la nouvelle Zélande, dont le pilote Tasman nous avoit à peine appris l'existence, & qui est reconnue aujourd'hui pour deux îles séparées par un détroit; sur plusieurs côtes de la nouvelle Guinée, & sur l'impossibilité de s'avancer plus près que le 70ᵉ dégré vers le Pôle antarctique, &c. Son quatrième voyage, qui nous a procuré de nouvelles richesses, alloit mettre le comble à sa gloire, lorsque la mort a terminé sa brillante carrière. L'Angleterre s'honorera long-tems d'avoir vu naître ce grand homme; & la terre, agrandie en quelque sorte par ses découvertes, offrira, d'un Pôle à l'autre, des monumens de son activité, de son courage & de son zèle à perfectionner nos connoissances sur l'état du Globe que nous habitons.

Personne n'ignore que notre auguste Monarque a conçu le plan d'un nouveau voyage dans les mêmes mers, qu'il en a lui-même tracé le plan, & que M. le Comte de la Peyrouse vient de partir pour l'exécuter.

CHAPITRE QUATRIÈME.

Détails particuliers concernant la France.

La France eſt bornée, au Nord, par la *Manche* & les *Pays-Bas ;* à l'Eſt, par le Rhin, qui la ſépare de l'*Allemagne*, par la *Suiſſe* & la *Savoie*, & par les *Alpes*, qui la ſéparent de l'Italie ; au Sud, par *la mer Méditerranée*, & par les *Monts Pyrénées*, qui la ſéparent de l'Eſpagne ; à l'Oueſt, par l'Océan, qui prend, dans la partie Septentrionale, depuis la Normandie, le nom de *Manche ;* &, au Sud de la Bretagne, le nom de *Golfe de Gaſcogne.*

On a vu précédemment l'étendue de ce Royaume, qui a plus de 212 lieues du Nord au Sud, & 221 de l'Oueſt à l'Eſt, mais c'eſt dans ſes plus grandes dimenſions.

Ce Royaume eſt le plus ancien de tous les Etats modernes. On le commence à l'an 420, & l'on y compte 67 Rois, diviſés en trois Races.

Celle des *Mérovingiens*, commençant à Pharamond, en 420, & renfermant 22 Rois.

Celle des *Carlovingiens*, commençant à Pepin, en 751, & comprenant 13 Rois.

Et celle des *Capétiens*, commençant à Hugues Capet, en 987, & renfermant 32 Rois, en y comprenant Louis XVI, actuellement régnant (1).

On compte en France 21 Univerſités, 19 Archevêchés, 118 Evêchés, dont 5 dans l'île de Corſe, & un *in-partibus* (2) ; 13 Parlemens, 11 Chambres des Comptes, 9 Cours des Aides, 2 Conſeils Souverains, 1 Conſeil Provincial d'Artois, une Cour & 30 Hôtels des Monnoies.

---

(1) *Voyez* le Tableau Chronol. à la fin du volume.

(2) C'eſt-à-dire, Evêque d'un pays éloigné, hors des poſſeſſions de la France.

Il n'est pas possible de donner des détails sur chacun de ces objets. Seulement je mettrai à la fin une liste des Archevêchés & des Evêchés, pour la commodité de ceux qui pourront en avoir besoin.

On divise la France en 40 Gouvernemens généraux, dont 32 offrent des divisions très-commodes pour l'étude de la Géographie : on les nomme les 32 *grands* Gouvernemens (1); les autres sont les 8 *petits*.

Grands Gouvernemens.

Il y a *huit* de ces Gouvernemens au Nord ; 1°. la Flandre Françoise ; 2°. l'Artois ; 3°. la Picardie ; 4°. la Normandie ; 5°. l'Ile de France ; 6°. la Champagne ; 7°. la Lorraine ; 8°. l'Alsace.

Il y en a *treize* au milieu, en allant d'Occident en Orient.

I. 1°. La Bretagne ; 2°. le Maine ; 3°. l'Anjou ; 4°. la Touraine ; 5°. l'Orléanois ; 6°. le Berri ; 7°. le Nivernois ; 8°. la Bourgogne ; 9°. la Franche-Comté.

II. 10°. Le Poitou ; 11°. l'Aunis ; 12°. la Marche ; 13°. le Bourbonnois.

On en compte *onze* au Midi.

I. 1°. La Saintonge, comprenant aussi l'Angoumois ; 2°. le Limousin ; 3°. l'Auvergne ; 4°. le Lyonnois ; 5°. le Dauphiné.

II. 6°. La Guyenne ; 7°. le Béarn ; 8°. le Comté de Foix ; 9°. le Roussillon ; 10°. le Languedoc ; 11°. la Provence.

Petits Gouvernemens.

Les huit petits Gouvernemens sont ceux, 1°. de Paris, dans l'Ile de France ; 2°. Boulogne, avec le Boulonnois, en Picardie ;

(1) Par une Ordonnance du 18 Mars 1776, le Roi déclare que la France demeure divisée en 39 Gouvernemens Généraux, divisés en deux classes, dont 18 de la première & 21 de la seconde. De ces 39 Gouvernemens, 32 renferment des Provinces ; les sept autres ne renferment guères que des villes. Il paroitroit donc que ma division de 40 Gouvernemens contrarie l'Ordonnance : mais le Gouvernement de Paris n'y étant point énoncé, je dois cependant l'ajouter, puisqu'il existe ; cela donne 8 petits Gouvernemens & 32 grands.

3°. le Havre-de-Grace, en Normandie; 4°. Saumur & le Saumurois, entre l'Anjou & le Poitou; 5°. les deux Evêchés de Metz & de Verdun; 6°. & celui de Toul, en Lorraine; 7°. Sedan; 8°. l'île de Corse.

On ne suivra pas la division de ces petits Gouvernemens pour la Description Géographique; mais on en parlera aux articles des Provinces où ils sont situés.

GRANDS GOUVERNEMENS.

1. *De la Flandre Françoise.*

Ce Gouvernement, baigné, au Nord, par la mer, & resserré entre l'Artois, à l'Ouest, & les Pays-Bas, à l'Est, s'étend au Sud jusqu'à la Picardie. C'est un pays fertile.

Il comprend la Flandre Françoise, le Hainaut & le Cambraisis.

La Flandre a pour capitale LILLE, sur la *Deule*, grande & belle ville, avec une bonne citadelle.

Le Hainaut a pour capitale *Valenciennes*, sur l'*Escaut*, Place forte, avec une bonne citadelle.

Le Cambraisis a pour capitale *Cambrai*, aussi sur l'*Escaut*, & Place forte.

1°. La Flandre Françoise faisoit partie d'un Comté qui avoit ses Seigneurs particuliers: une partie en revint à la France sous le règne de Philippe-le-Bel, en 1312. Le Roi Jean la donna, en 1363, à son quatrième fils Philippe-le-Hardi, Duc de Bourgogne, d'où ce pays passa à l'Espagne (1). Louis XIV en fit la conquête en 1667.

2°. Le Hainaut François n'est qu'une partie de la Province de ce nom; elle fut cédée à Louis XIV par le traité des Pyrénées, en 1660, & par celui de Nimègue, en 1678.

---

(1) Lorsque le Roi Jean donna les Châtellenies de Lille & de Douai à Philippe, il étoit convenu qu'au défaut d'enfans mâles dans sa postérité, elles reviendroient à la Couronne: ce cas avoit eu lieu, mais on n'avoit pas rendu les Châtellenies Cette infraction justifioit la conquête de Louis XIV.

3°. Le Roi a la ſouveraineté dans le Cambraiſis, qui lui fut cédé par la Maiſon d'Autriche, en 1678. Mais l'Archevêque en eſt Comte, & y jouit de pluſieurs droits domaniaux.

2. *De l'Artois.*

Ce Gouvernement a, au Nord, à l'Oueſt & au Sud, la Picardie & la Flandre à l'Eſt.

Sa capitale eſt *Arras*, près de la *Scarpe*, ville bien peuplée & bâtie.

L'Artois comme Province dite des Pays-Bas, appartint long-tems au Duc de Bourgogne, puis à l'Eſpagne. Louis XIII en fit en partie la conquête ſur cette couronne en 1640. Il fut cédé à la France par le traité de Nimègue, en 1659. Louis XIV y ajouta quelques Places en 1678.

3. *De la Picardie.*

Ce Gouvernement, qui s'étend le long de la mer, & au Nord de l'Ile de France, ſe diviſe en haute & baſſe Picardie.

La haute renferme:

1°. L'Amiénois; capitale, AMIENS, ſur la *Somme*, ville grande & riche.

2°. Le Santerre; capitale, *Péronne*, ſur la *Somme*, Place forte.

3°. Le Vermandois; capitale, *S. Quentin*, ſur la *Somme*, Place forte.

4°. La Thiérache; capitale, *Guiſe*, ſur l'*Oiſe*, ville peu conſidérable.

La baſſe Picardie renferme, en commençant par le Nord,

1°. Le pays reconquis; capitale, *Calais*, port très-fréquenté.

2°. Le Boulonois; capitale, *Boulogne*: ſur la *Liane*: port fort petit, & ville très-agréable.

3°. Le Ponthieu; capitale, *Abbeville*, ſur la *Somme*, & capitale de toute la baſſe Picardie.

4°. Le Vimeux; capitale, *Saint-Valery*, port.

Les Peuples de cette Province furent les derniers ſoumis par les Romains, & les premiers à ſe liguer avec les François pour ſecouer leur joug. Une grande partie de la Picardie étoit autrefois compriſe dans la Flandre; elle en fut détachée ſous Philippe-Auguſte pour les droits de la Reine Iſabelle d'Alſace, fille de Baudoin IV.

4. *De la Normandie.*

La Normandie, bornée toute entière à l'Ouest par la Manche, est à l'Ouest de l'Ile de France. On la divise en haute & basse, qui ensemble se subdivisent en 7 Diocèses.

La haute Normandie, qui est au Nord, renferme les Diocèses de Rouen, de Lizieux & d'Evreux.

1°. Le Diocèse de Rouen est un riche Archevéché; il renferme :

Le Vexin Normand; capitale, ROUEN, sur la *Seine*, ville d'un aspect peu agréable, mais riche & fort commerçante.

Le Roumois; capitale, *Quillebœuf*, sur la *Seine*.

Le Pays de Caux; capitale, *Dieppe*, port.

Le Pays de Bray; capitale, *Gournay*, sur l'*Epte*.

2°. Le Diocèse de Lizieux; cap. *Lizieux*, sur la *Touque*.

3°. Le Diocèse d'Evreux; capit. *Evreux*, sur l'*Iton*.

La basse Normandie, qui s'étend vers l'Ouest, & renferme 4 Diocèses.

1°. Le Diocèse de Séez; capitale, *Séez*, sur l'*Orne*.

2°. Le Diocèse de Bayeux; capit. *Bayeux*, sur l'*Aure*. Mais *Caen*, à l'Est, sur l'*Orne*, en est la ville la plus considérable; elle est la seconde ville de la Normandie, & la capitale de toute la basse.

3°. Le Diocèse de Coutances; capitale, *Coutances*, sur la *Soule*.

4°. Le Diocèse d'Avranches; capitale, *Avranches*, sur la *Sée*.

La Normandie portoit, sous les Romains, le nom de seconde Lyonoise : elle avoit Rouen pour Métropole. Ce pays, dont Clovis fit la conquête, fut partagé entre ses enfans après sa mort, & forma une partie de la France occidentale, appelée Neustrie. Les Normands, qui se répandirent, vers l'an 820, des régions les plus éloignées du Nord, dans les Provinces les plus méridionales de l'Europe, après avoir fait de terribles ravages le long des côtes de la mer, se jetèrent sur la France au tems de Charles *le Chauve*. Les guerres civiles, & les François même qui se servirent d'eux dans leurs querelles particulières, les y rendirent si puissans, qu'il fut impossible de les en chasser. Ils assiégèrent trois fois Paris. Pour faire cesser ces désordres, Charles fut obligé de leur abandonner une partie de la Neustrie, à condition qu'ils la tiendroient en fief de la couronne de France, en 912. Alors cette Province prit le nom de Normandie, d'après ses nouveaux maîtres, les *hommes du Nord*, ou les *Normands*. Ce traité fut affermi par le mariage de la Princesse Giselle, fille du Roi, avec Rollon, ou Raoul, chef des Normands, qui prit le titre de Duc. Guillaume II, le septième de ces Ducs, & connu sous les noms de Guillaume le *Batard* & le *Conquérant*, reconnu Duc en 1035, fit, en 1066, la conquête de l'Angleterre. Ainsi, plusieurs de ses successeurs furent en même-tems Rois d'Angleterre & Ducs de Normandie, relevant de la France pour ce Duché. Mais enfin ce Duché fut réuni à la Couronne en 1204, sous le règne de Philippe-Auguste, qui s'en saisit, les armes à la main, sur Jean Sans-Terre, assassin de son frère aîné Artus, Duc de Bretagne, & accusé, pour ce crime, au Tribunal du Roi. Ce Prince, en refusant de comparoître, se rendit coupable de *félonie*, c'est-à-dire, qu'il se rendit coupable, comme vassal, envers son Souverain. Il en fut puni par la perte de son Duché.

Jean de France, fils de Philippe de Valois, fut Duc de Normandie, réunie encore à la Couronne en 1350, lorsque ce Prince monta sur le trône.

Charles I de France, premier fils de Jean, & le premier des fils de nos Rois qui porta le titre de Dauphin, fut reconnu Duc de Normandie en 1351. En 1364, il monta sur le trône, sous le nom de Charles V, & réunit de nouveau la Normandie à la Couronne.

Enfin, en 1465, Charles II, quatrième fils de Charles VII, & frère puîné de Louis XI, obtint, au lieu du Berry, le Duché de Normandie. Mais ne s'y étant pas conduit en Souverain, il en fut dépouillé par Louis XI. Il continua de porter le titre de Duc de Normandie, jusqu'en 1469 qu'il eut le Duché de Guyenne. Il mourut sans postérité en 1472. C'est de cet échange fait en 1469 que l'on compte la dernière réunion de la Normandie à la Couronne, dont elle ne fut plus séparée. Si, dans la suite, des fils de nos Rois ont porté le nom de Ducs de Normandie, c'est pour ces Princes un titre, & non un apanage.

5. *De l'Ile de France.*

Ce Gouvernement, dans lequel je comprends aussi le Gouvernement particulier de Paris, est entre la Picardie, au Nord; la Champagne, à l'Est; l'Orléanois, au Sud; la Normandie, à l'Ouest. Il renferme dix petits pays.

1°. L'Ile de France propre; capit. PARIS, qui l'est aussi de tout le Royaume, sur la *Seine*, qui y forme plusieurs îles.

2°. La Brie Françoise; capit. *Brie-Comte-Robert*, sur la *Seine*.

3°. Le Gâtinois François ; capitale, *Melun*, sur la *Seine*.

4°. Le Hurepoix ; capitale, *Dourdan*, sur l'*Orge*.

5°. Le Mantois ; capitale, *Mantes*, sur la *Seine*.

6°. Le Vexin François ; capitale, *Pontoise*, sur l'*Oise*.

7°. Le Beauvoisis ; capitale, *Beauvais*, sur le *Thérin*.

8°. Le Valois ; capitale, *Crespy*.

9°. Le Soissonnois ; capitale, *Soissons*, sur l'*Aisne*.

10°. Le Laonois ; capitale, *Laon* (1).

Ce pays est, comme la Picardie, une des plus anciennes possessions des Rois de France ; & même dans les commencemens il y avoit un Roi à Soissons & un autre à Paris. Depuis Childebert, troisième fils de Clovis, lequel avoit eu en partage ce Royaume, le Comté de Paris fut détaché de la Couronne, & fit partie des Etats du Duc de France. Robert-le-Fort l'étoit en 855 ; il descendoit de Childebrand, frère de Charles-Martel. Ce fut Charles-le-Chauve qui le fit Comte de Paris & Duc de France. Son fils Eudes lui succéda. Après Robert I & Hugues I, Hugues II, dit Capet, Duc de France, Comte de Paris & d'Orléans en 956, fut élu Roi de France en 987, & réunit pour toujours ses domaines à la Couronne.

6. *De la Champagne.*

Ce Gouvernement a l'Ile de France à l'Ouest, la Lorraine à l'Est ; au Nord, une partie des Pays-Bas ; & au Sud, la Bourgogne. Il comprend la Champagne & la Brie.

La CHAMPAGNE se divise en haute & basse.

La haute, à partir du Nord, renferme :

1°. Le Rhételois ; capitale, *Rhétel*, près l'*Aisne*.

2°. Le Rémois ; capitale, *Reims*, sur la *Vesle*. Cette ville est aussi la capitale de toute la haute Champagne.

3°. Le Pertois ; capitale, *Vitri-le-François*.

La basse Champagne renferme :

1°. La Champagne propre ; capit. TROYES, sur la *Seine* : c'est la capitale de toute la Province.

2°. Le Vallage ; capitale, *Joinville*, sur la *Marne*.

3°. Le Bassigny, capitale, *Chaumont*, sur une montagne.

(1) Prononcez *Lanais* & *Lan*, comme Pan & Fan, écrits Paon & Faon.

4°.

4°. Le Sénonois, à l'Oueſt; capitale, *Sens*, au confluent de l'*Yonne* & de la *Vanne*.

La BRIE, quoique bien moins conſidérable que la Champagne, ſe diviſe en trois parties : elle eſt à l'Oueſt.

La haute Brie; capitale, *Meaux*, ſur la *Marne*.

La baſſe Brie; capitale, *Provins*.

La Brie Pouilleuſe; capitale, *Château-Thiéry*, ſur la *Marne*.

Dans le partage de la Monarchie Françoiſe que firent les enfans de Clovis I, & enſuite ceux de Clotaire I, la Champagne fit partie du Royaume d'Auſtraſie. Il y avoit même alors des Ducs de Champagne, dont la dignité n'étoit pas perpétuelle, & qui n'étoient proprement que des Gouverneurs. Le premier des Comtes de Champagne fut Robert I, Comte de Troyes.

Les Comtes de Champagne héritèrent du Royaume de Navarre en 1234, à la mort de Don Sanche, Roi de Navarre, & oncle de Thibault IV. Jeanne, ſa petite-fille, héritière des Comtés de Champagne & de Brie, ainſi que du Royaume de Navarre, avoit été mariée à Philippe-le-Bel, en 1284. Louis X, leur fils, hérita de cette riche ſucceſſion, & fut Roi de France comme ſon père. Jeanne, fille unique de Louis X, fut mariée au Comte d'Evreux, petit-fils de Philippe-le-Hardi.

A la mort de Louis X, Jeanne ne pouvoit pas ſuccéder au Royaume de France; mais elle redemanda celui de Navarre, qui lui fut accordé; & les Comtés de Brie & de Champagne, que l'on refuſa. Ces débats furent longs. Enfin, Philippe-de-Valois repréſenta que la Champagne & la Brie étant, depuis 1284, en quelque ſorte incorporées à la France, il ne pouvoit les en diſtraire. Il offrit en échange l'Angoumois, & les Comtés de Longueville & de Mortagne. La jeune Reine de Navarre étoit au pouvoir du Roi : elle & ſon mari conſentirent & en acceptèrent l'échange. Ainſi furent irrévocablement réunis à la France les Comtés de Champagne & de Brie, l'an 1328, ſous le règne de Philippe-de-Valois.

7. *De la Lorraine.*

Je comprends ici, avec la Lorraine, les deux petits Gouvernemens de Toul, Metz & Verdun. Cette Province eſt entre la Champagne à l'Oueſt, & l'Alſace à l'Eſt.

Sa capitale eſt NANCY, près de la *Meurte*. C'eſt une aſſez belle ville.

On y trouve de plus :

Metz, au Nord, ſur la *Mozelle*.

Verdun, au Nord-Ouest, fur la *Meufe*.

Toul, à l'Oueft, & peu loin de *Nancy*, fur la *Mozelle*.

Lors de la décadence de l'Empire romain, les Barbares fe jetèrent fur les pays appelés depuis Lorraine. Les Huns la ravagèrent. Mais Clovis l'ayant incorporée au Royaume d'Auftrafie, Thierry, fon fils, en fut le premier Roi. Lothaire, fecond fils de l'Empereur de ce nom, lequel étoit fils de Charlemagne, prit le premier le titre de *Roi de Lorraine*, nom formé d'après le fien. Comme il mourut fans enfans, Charles & Louis, Roi de France & de Germanie, fes oncles, partagèrent fes Etats.

Vers l'an 895, l'Empereur Arnould donna ce Royaume à Zuentibold, fon fils naturel, qui fut chaffé de fes Etats, puis rétabli par fon père, enfin tué deux ans après. Son fils Louis lui fuccéda. Mais n'ayant pas laiffé de poftérité, Charles *le Simple* réunit à la Couronne le Royaume de Lorraine. L'Empereur Henri *l'Oifeleur* s'en empara pendant les troubles, & combla de biens les Lorrains. Cependant Lothaire, fils de Louis d'Outremer, rentra en poffeffion de cet Etat. Par le traité conclu, en 980, avec l'Empereur Othon II, il lui céda la jouiffance de la Lorraine; car la propriété étoit du Domaine, & ne pouvoit être aliénée.

Mais les Empereurs l'avoient déjà cette jouiffance; &, dès l'an 959, Othon I en avoit donné le gouvernement à Brunon, fon frère, avec le titre de Duc de Lorraine. Ce fut lui qui fépara la Lorraine Mofellanique, ou haute Lorraine. En 1048, Gérard d'Alface fut invefti de la Lorraine par Henri II, Roi de Germanie. L'Empereur Conrad l'inveftit auffi de la Lorraine Mofellanique. Il eft regardé comme la tige de la Maifon de Lorraine.

Le dernier des Ducs de Lorraine fut le Prince François-Etienne. L'Empereur Charles VI l'aimoit beaucoup. Par le traité de Vienne, en 1735, qui termina la guerre entre l'Empereur, la France, l'Efpagne & la Sardaigne, il fut arrêté que le Duc de Lorraine, gendre de l'Empereur, auroit la Tofcane; & le Roi Staniflas, beau-père de Louis XV, la jouiffance des Duchés de Lorraine & de Bar, lefquels devoient revenir à la France après fa mort, qui arriva en 1766.

Metz & fon territoire, après avoir été la capitale de l'Auftrafie à la mort de Clovis, eut des Comtes particuliers. Elle fut enfuite *Ville Impériale*. Le Roi de France Henri II y entra en 1552, fous le titre de Protecteur. Charles-Quint l'affiégea inutilement en 1558; le Duc de Guife la défendit. Comme les Evêques y avoient alors la principale autorité, l'un d'eux la céda à Louis XIII, qui fe rendit auffi maître de Toul & de Verdun; & ces villes furent abfolument cédées à la France par le Traité de Weftphalie, en 1648.

8. *De l'Alsace.*

Cette Province est bornée, à l'Est, par le *Rhin* : elle s'étend sur-tout du Nord au Sud. On la divise en *haute* & *basse* Alsace, & en *Suntgau.*

1°. La basse Alsace est au Nord; capitale, STRASBOURG, sur l'*Ill* : la ville n'est pas belle; mais elle est bien forte, bien peuplée (1).

2°. La haute Alsace est au Sud; capitale, *Colmar*, près de l'*Ill*.

3°. Le Suntgau, plus au Sud, a pour capitale *Béfort*, place forte.

L'Alsace passa sous la domination des Rois d'Allemagne, lors du partage de la Lorraine, en 870. Gouvernée depuis par des Ducs & des Landgraves, elle devint *Province immédiate* de l'Empire, en 1268. Le Traité de Munster l'adjugea, en 1648, à Louis XIV, qui se contenta de l'Alsace Autrichienne : insensiblement le reste reconnut son pouvoir; & Strasbourg, ville *libre* de l'Empire, se soumit volontairement au Roi, en 1681, à condition qu'elle garderoit ses privilèges.

9. *De la Bretagne.*

Cette Province occupe une grande presqu'île qui s'avance dans l'Océan, à l'Ouest de la France, & qui de trois côtés est ainsi environnée d'eau.

On la divise en *haute* & en *basse.*

1°. La haute renferme cinq Evêchés, savoir :

L'Evêché de Rennes; capitale, RENNES, sur la *Vilaine* : c'est aussi la capitale de toute la Province.

L'Evêché de Nantes, au Sud; capitale, *Nantes*, port sur la *Loire.*

L'Evêché de Dol, au Nord; capit. *Dol*, dans des marais.

---

(1) Je ne m'étends sur aucune des villes dont je parle; cependant je ne puis me refuser ici à donner la mesure du clocher de Strasbourg, que tout le monde, sur la foi de la Martinière, de D. Vaissette, de la Croix, &c. &c. croit être de 574 pieds : cela ne doit s'entendre que du pied de Strasbourg : il a 445 pieds-de-roi, ce qui est différent.

L'Evêché de Saint-Malo; capitale, *S. Malo*, port dans une presqu'île.

L'Evêché de S. Brieux; capitale *S. Brieux*, port.

2°. La basse renferme les Evêchés suivans :

Au Nord,

L'Evêché de Tréguier; capitale *Tréguier*, près de la mer.

L'Evêché de Léon; capitale, *Saint-Pol de Léon*.

Au Sud,

L'Evêché de Quimper; capitale, *Quimpercorentin*, au confluent de l'*Oder* & de la *Benauder*.

L'Evêché de Vannes; capitale, *Vannes*.

La Bretagne, soumise par les Rois de la première Race, se rendit indépendante sous les fils de Louis-le-Débonnaire. Le pays fut ensuite partagé en plusieurs Comtés. Puis il y eut des Ducs. Anne de Bretagne, fille & héritière de François II, dernier Duc, après avoir épousé Charles VIII, qui mourut sans enfans, épousa Louis XII; &, par le mariage de leur fille Claude avec François I, en 1532, la Bretagne fut réunie pour toujours à la France.

10. *Du Maine*.

Ce Gouvernement renferme aussi le Perche.

1°. Le Maine se divise en haut & bas; mais on varie sur leur position : les uns nomment le haut ce que les autres nomment le bas.

Dans l'usage ordinaire,

Le haut Maine a pour capitale le MANS, sur la *Sarte*.

Le bas a pour capitale *Mayenne*, sur une rivière de même nom.

2°. Le Perche ne se divise point; mais deux villes se disputent l'honneur d'être sa capitale. Selon le sentiment commun, c'est

Mortagne, à quelque distance à l'Est de la Sarte.

Le premier Comte du Maine fut Hugues I, qui en fut investi par Raoul, Duc de Bourgogne. Ce Comté fut réuni à l'Anjou par le mariage de Sibylle avec Foulques IV, Comte d'Anjou. Elle mourut vers l'an 1127. Il y demeura réuni jusqu'en 1417. Alors Charles I, fils de Louis II, Duc d'Anjou, eut pour partage le Comté du Maine. A la mort de Charles II, son successeur, en 1481, lequel ne laissoit pas d'enfans mâles, le Maine fut réuni à la Couronne.

11. *De l'Anjou.*

L'Anjou se divise aussi en haut & en bas.

Le haut a pour capitale ANGERS, sur la *Sarte.*

Le bas a pour capitale *Saumur*, sur la *Loire :* on a vu qu'elle est la capitale d'un petit Gouvernement particulier.

Childeric, ayant chassé les Romains de la Province d'Anjou, après la mort du Comte Pol, l'incorpora à ses Etats.

Robert, surnommé *le Fort*, Duc de France, en fut investi vers l'an 870, à la charge de défendre ce pays des incursions des Normands. Eudes, Duc de France, donna avec l'Anjou, à Turtule, le titre de Comte. Les Comtes d'Anjou devinrent très-puissans, & possédèrent plusieurs autres Provinces du Royaume. Mais leur puissance devint très-considérable sous Géofroi IV, dit *le Bel*, qui commença à régner en 1142. Il avoit épousé Mathilde, Impératrice, veuve de Henri V, & héritière de la Normandie & de l'Angleterre. Géofroi, en mourant, l'an 1150, institua son fils Henri son héritier, à condition que s'il parvenoit à la couronne d'Angleterre, il donneroit l'Anjou à Géofroi, son frère. Cette clause du testament ne fut pas exécutée. Henri II retint l'Anjou, & acquit encore la Guienne par son mariage avec Eléonore, répudiée par Louis *le Jeune*, Roi de France. Richard, son fils, Roi d'Angleterre, hérita de ses Etats. Artus, neveu de Richard, eut des prétentions à sa succession pour l'Anjou & les Provinces qui y étoient annexées. La Noblesse, le Roi de France étoient pour lui. Jean *Sans-Terre*, qui avoit succédé à Richard, son frère, au trône d'Angleterre, fit la guerre à son neveu, le fit prisonnier, & le poignarda de sa propre main. Pour ce crime atroce, il fut cité comme vassal à la Cour des Pairs; &, n'ayant pas comparu, il fut jugé coupable de félonnie. Philippe-Auguste s'empara de son Duché en 1203.

Charles, frère de Saint Louis, fut fait Comte d'Anjou & du Maine en 1246. Philippe *de Valois* avoit hérité de ce Duché par la mort de Charles de Valois, son père, petit-fils de Charles I. En montant sur le trône, en 1328, il le réunit à la Couronne : ce fut la seconde réunion.

La troisième dynastie des Ducs d'Anjou & du Maine commença en la personne de Louis, second fils du Roi Jean, l'an 1364. Ce fut lui qui fut adopté en 1376 par la Reine de Naples Jeanne Première. Son petit-fils Louis III fut de même adopté par Jeanne Seconde. A la mort de son frère René, qui lui succéda, Louis XI n'eut pas d'égard aux droits de Charles, fils de Charles, Comte du Maine, & neveu de René : ce Roi réunit l'Anjou à la Couronne, en 1480.

12. *De la Touraine.*

On peut divifer la Touraine en *feptentrionale* & *méridionale.*

La Touraine feptentrionale s'étend au Nord de la Loire, excepté fa capitale, qui eft au Sud.

TOURS, capitale, fur la *Loire.*

La baffe s'étend au Sud de la Loire; fa capitale eft *Amboife*, fur la *Loire.*

La Touraine, qui avoit fait partie d'abord du Royaume d'Auftrafie, puis de celui de Neuftrie, paffa enfuite aux Comtes de Blois, puis aux Comtes d'Anjou, & enfin aux Rois d'Angleterre. Elle fut confifquée avec le Maine & l'Anjou, par Philippe Augufte; & Henri III, Roi d'Angleterre, renonça abfolument à fes prétentions fur cette Province, par un traité fait avec Saint Louis, en 1255. Le Roi Jean l'érigea en Duché, l'an 1356, en faveur de Philippe, fon fils, depuis Duc de Bourgogne. Mais à la mort de François, Duc d'Alençon, & frère de Henri III, elle eft revenue au Domaine, & n'en a plus été féparée.

13. *De l'Orléanois.*

Le Gouvernement de l'Orléanois comprend plufieurs pays.

L'Orléanois propre; capitale, ORLÉANS, fur la *Loire.*

2. La Beauce; capitale, *Chartres*, fur l'*Eure.*
3. Le Blaifois; capitale, *Blois*, fur la *Loire.*
4. Le Gatinois Orléanois; capitale, *Montargis*, fur le *Loing.*

L'Orléanois eft une des premières conquêtes de Clovis en France. La ville d'Orléans fut enfuite capitale d'un Royaume fous les fils de ce Prince. Il fut d'abord réuni à la Couronne, en 987, par Hugues Capet, puis, en 1350, érigé en Duché par Philippe de Valois, qui le donna à fon fils. A fa mort, en 1375, au défaut d'hoirs mâles, le Duché revint à la Couronne, fous le règne de Charles V. Le fecond fils de ce Roi fut Duc d'Orléans, Comte de Valois, &c. Enfin, Louis d'Orléans, petit-neveu de Charles VI, & petit-fils de Louis d'Orléans, affaffiné à Paris en 1407, étant monté fur le trône en 1498, fous le nom de Louis XII, le Duché d'Orléans fut, pour la troifième fois, réuni à la Couronne. Il a été depuis donné en apanage à plufieurs frères de nos Rois, & appartient encore à ce titre au Prince qui en porte le nom, arrière-petit-neveu de Louis XIV.

14. *Du Berri.*

Ce Gouvernement, qui eſt au milieu de la France, ne renferme qu'une ſeule Province, diviſée en haut & en bas Berri.

Le haut Berri a pour capitale BOURGES, ſur l'*Yèvre* ou l'*Eure*.

Le bas a pour capitale *Iſſoudun*, ſur un ruiſſeau qui ſe rend dans l'*Aſmon*.

Le Berri paſſa au pouvoir des François dès le règne de Clovis; il fit enſuite partie des Etats des Ducs d'Aquitaine. Charlemagne y établit des Comtes qui ſe rendirent indépendans, ſe regardant ſeulement comme vaſſaux. Eudes Arpin, ou Herpin, le vendit à Philippe I, en 1100, pour avoir de quoi fournir à un voyage de Terre Sainte. Le Roi Jean l'érigea en Duché, l'an 1364, en faveur de Jean, ſon troiſième fils. A la mort de ce Prince, comme il ne laiſſoit pas d'enfans, le Duché fut réuni à la Couronne en 1416. En 1460, Charles de France, ſecond fils de Charles VII, eut pour apanage le Berri, qu'il échangea, en 1465, contre la Normandie. Le Berri fut dès ce moment réuni pour toujours à la Couronne. Il eſt aujourd'hui compris dans l'apanage de M. le Comte d'Artois.

15. *Du Nivernois.*

Le Nivernois, ſitué entre la Loire & la Bourgogne, n'eſt pas fort étendu.

Sa capitale eſt NEVERS, ſur la *Loire*.

Ce pays fit partie du Royaume de France après l'établiſſement de Clovis, puis il paſſa à la Maiſon de Courtenay, à la Bourgogne, aux Ducs de Mantoue. Ce fut d'Anne & de Louiſe, Princeſſes de cette Maiſon, que le Cardinal de Mazarin acheta le Duché de Nevers, en 1659; il en diſpoſa en faveur du Marquis de Mancini, qu'il fit reconnoître, en 1665, Duc de Nevers, mais ſur le pied des autres Duchés-Pairies. Les deſcendans de ce Prince le poſsèdent encore aujourd'hui.

16. *De la Bourgogne.*

Ce Gouvernement eſt fort étendu depuis la Champagne, au Nord, juſqu'au Lyonnois, au Sud. Il renferme la *Bourgogne*, la *Breſſe* & le *Bugey*.

1°. La Bourgogne ſe diviſe en huit petits pays.

Le Dijonois ; capitale, DIJON, ville grande & très-peuplée, fur l'*Ouche*.

Le pays de la Montagne, au Nord ; capitale, *Châtillon*, *fur Seine*.

L'Auxerrois, au Nord-Oueft ; capitale, *Auxerre*, fur l'*Yonne*.

L'Auxois ; capitale, *Semur*, fur l'*Armançon*.

L'Autunois ; capitale *Autun*, fur l'*Arroux*.

Le Châlonois ; capitale *Châlons*, fur la *Saone*.

Le Charolois ; capitale, *Charolles*, fur un ruiffeau.

Le Mâconnois ; capitale, *Mâcon*, fur la *Saone*.

2°. La Breffe, au Sud, a pour capitale, *Bourg*, fur un lieu élevé.

3°. Le Bugey, à l'Eft, a pour capitale, *Belley*, au Sud-Eft, fur un ruiffeau.

La Province de Bourgogne tire fon nom d'un peuple de Germanie qui s'y établit un peu avant l'entrée des Francs dans les Gaules. Ils formèrent, de ce côté, un Royaume plus étendu que ne l'eft la Province actuelle, puifqu'il renfermoit le Duché & le Comté de Bourgogne, une partie de la Suiffe, la Savoie, la Breffe, le Bugey, avec le pays de Gex, le Lyonnois, le Dauphiné & la Provence. Dans le 7e. fiècle, il fut réuni au Royaume de Neuftrie. A la mort de Louis-le-Débonnaire, ce grand Etat fut partagé. La partie fituée à la gauche de la Saone demeura à Charles-le-Chauve ; c'eft, à-peu-près, la Bourgogne actuelle. Le Premier Duc de Bourgogne fut Richard-le-Jufticier, en 884 : il étoit fils de Bernard, premier Comte d'Autun, en 870, & frère de Bozon, qui s'étoit emparé du Royaume d'Arles. Les deux fils de Richard, Raoul & Hugues, lui fuccédèrent l'un après l'autre, puis quelques autres Princes alliés à cette famille. A la mort de Eudes-Henri, en 1001, le Roi Robert s'empara du Duché de Bourgogne, & le réunit ainfi à la Couronne en 1002.

En 1017, il en inveftit Henri, fon fecond fils. En 1027, Hugues, frère aîné de Henri I, étant mort, Robert fuccéda à la Couronne, & donna la Bourgogne à Robert, fon troifième fils, en 1027. C'eft à ce Prince que commença la branche des Ducs de Bourgogne, iffus de la Maifon Royale. A la mort de Philippe I, dit de Rouvre, comme il ne laiffoit pas d'enfans mâles, le Roi Jean s'empara de la Bourgogne : ce fut la feconde réunion, en 1361.

Philippe II, dit *le Hardi*, & quatrième fils du Roi Jean, fut reconnu le 6 Septembre 1363 : cette Maifon, dont plufieurs Princes furent des ennemis formidables de la France, s'éteignit en la perfonne de Charles-le-Hardi, tué devant Nancy, le 5 Janvier

Janvier 1477. Il ne laiſſoit qu'une fille nommée Marie, dont il ſera parlé à l'article ſuivant. Louis XI, dès ce moment, réunit la Bourgogne à la France, & elle n'en a point été ſéparée depuis.

La Breſſe & le Bugey avoient été achetés par les Ducs de Savoie, de quelques Seigneurs du Dauphiné. Emmanuel Philibert les céda, en 1601, à Henri IV, en échange du Marquiſat de Saluces, à l'Eſt d'une partie du Piémont, en Italie.

17. *De la Franche-Comté.*

Cette Province eſt ſéparée, à l'Eſt, de la Suiſſe & de la Principauté de Montbéliard (1).

On la diviſe en quatre Bailliages du Nord au Sud.

Le Bailliage de *Vezoul*, ſur un ruiſſeau qui ſe rend dans la *Saone*, à l'Oueſt.

Le Bailliage de BESANÇON, ſur le *Doux*. C'eſt une belle & grande ville.

Le Bailliage de *Dôle*, auſſi ſur le *Doux*.

Le Bailliage d'Aval; capitale, *Salins*, ſur un ruiſſeau.

La Franche-Comté faiſoit partie du premier Royaume de Bourgogne. Elle paſſa enſuite au pouvoir de Conrad le Salique, Empereur d'Allemagne, & eut des Comtes qui relevoient de l'Empire. Mais Renaut III, ayant refuſé d'en faire hommage à l'Empereur Lothaire, & s'étant maintenu dans cette prétention, on donna au pays le nom de *Franche-Comté*. Après avoir changé de différens maîtres, la Franche-Comté vint au pouvoir des Ducs de Bourgogne. Marie, fille de Charles-le-Hardi, la porta en dot, avec les Pays-Bas, à Maximilien d'Autriche, qui forma de ce pays un cercle de l'Empire, ſous le nom de *Cercle de Bourgogne*. Charles-Quint, petit-fils de Maximilien, hérita de ces pays, & les fit ainſi paſſer à la Couronne d'Eſpagne, ſur laquelle Louis XIV en fit la conquête, la première fois, en 1668, & la ſeconde, en 1674, ce qui fut confirmé par la Paix de Nimègue, en 1678.

18. *Du Poitou.*

Le Poitou eſt une grande Province, à l'Oueſt, ſur le bord de la mer.

On le diviſe en haut & en bas.

(1) Qui appartient au Duc de Wirtemberg.

Le haut a pour capitale POITIERS, ſur le *Clain* : elle eſt grande, mais mal bâtie.

Le bas a pour capitale *Fontenai-le-Comte*, ſur la *Vendrée*.

Le Poitou, compris dans la Province que l'on nommoit Aquitaine, fut conquis par Clovis ; mais il continua depuis d'appartenir aux Ducs d'Aquitaine. Pepin-le-Bref le conquit de nouveau, & le réunit à la Couronne : il y établit des Comtes qui, vers la fin du neuvième ſiècle, prirent le titre de Ducs d'Aquitaine. Leurs poſſeſſions étoient fort étendues ; mais Eléonor, fille & unique héritière de Guillaume X, dernier Duc d'Aquitaine, de la race des Comtes de Poitiers, répudiée par le Roi Louis-le-Jeune en 1152, ayant épouſé Henri, Comte d'Anjou & Duc de Normandie, cette Province, ainſi que la Normandie, toute l'Aquitaine, l'Anjou, la Touraine & le Maine paſsèrent à l'Angleterre lorſque ce Prince y fut reconnu Roi, ſous le nom de Henri II.

Philippe-Auguſte confiſqua le Poitou ſur Jean Sans-Terre, & ce pays paſſa à la France par un Traité, en 1259. Mais les Anglois le reprirent en 1356, après la bataille de Poitiers, gagnée ſur le Roi Jean, & il leur fut abandonné par le Traité de Brétigni, en 1360. Mais Charles V le reprit en 1377, & le donna, en 1378, en apanage à ſon fils Jean. A la mort de ce Prince, en 1416, le Poitou revint, & pour toujours, à la Couronne.

19. *De l'Aunis.*

L'Aunis eſt un fort petit pays, au Sud-Oueſt du Poitou.

Sa capitale eſt la ROCHELLE, port de mer.

La Rochelle n'étoit au commencement qu'un petit Château, où Guillaume X, Comte de Poitiers, fonda une ville. Elle eut le ſort du Poitou & de l'Aquitaine, dont je viens de parler. Dans les guerres de Religion qui déſolèrent la France, elle étoit dans le parti des Religionnaires, & fut aſſiégée deux fois. Elle fut priſe la ſeconde fois, en 1628, par Louis XIII ; le Cardinal de Richelieu commandoit le ſiège.

20. *De la Marche.*

La Marche eſt une petite Province à l'Eſt du Poitou, & au Sud du Berri.

Elle ſe diviſe en haute & baſſe.

La haute a pour capitale GUERET, près de la *Gartempe*.

La baſſe a pour capitale *le Dorat*, ſur la *Sèvre*.

La Marche eut des Comtes particuliers depuis 927, que l'on trouve Boson I, dit *le Vieux*. Elle passa ensuite dans les Maisons de Montgomery & de Lusignan. Hugues VIII, mourant sans enfans, laissa par testament une partie de ses terres à Philippe *le Bel*. Gui, son frère, osa supprimer ce testament : il le fit assigner au Parlement, & s'empara des biens de cette Maison en 1303. Ce fut la première réunion de ce Comté à la Couronne. Philippe le Bel la donna à son troisième fils Charles, qui, étant devenu Roi, en 1322, sous le nom de Charles IV, l'échangea avec Louis-de-Bourbon, pour le Comté de Clermont en Beauvoisis. Elle appartenoit au Connétable de Bourbon, lorsque ses biens furent confisqués, en 1523, par François I, & réunis à la Couronne.

21. *Du Bourbonnois.*

Le Bourbonnois n'est que de très-peu de chose plus grand que la Marche. Il est au Nord de l'Auvergne, & presque au Sud du Nivernois.

On le divise en haut & en bas.

Le haut a pour capitale MOULINS, sur l'*Allier*.

Le bas a pour capitale *Mont-Luçon*, près du *Cher*.

Le Bourbonnois a pris son nom de *Bourb*, mot celtique ou gaulois, désignant des eaux, parce qu'il y en a à Bourbon, qui n'étoit qu'un château dépendant de l'Aquitaine au huitième siècle. En 900, on trouve Aimar I, Seigneur de Bourbon. Après son fils Aimon, il y eut des Seigneurs dont dix portèrent le nom d'Archambaud, ce qui fit donner à la ville, qui succéda au château, le nom de Bourbon-l'Archambaud.

Agnès, qui avoit épousé Jean de Bourgogne, Comte de Charollois, laissa pour héritière Béatrix, qui réunit ainsi le Charollois & le Bourbonnois. Elle porta cette dot à son mari, Robert de France, Comte de Clermont en Beauvoisis, sixième fils de S. Louis (1). La Terre de Bourbon-l'Archambaud fut érigée en Duché-Pairie en faveur de Louis, fils de Robert, l'an 1327. Charles III, Connétable de Bourbon, Comte de Montpensier, épousa Jeanne, fille & héritière de Pierre II,

(1) C'est de ce Prince Robert, fils de Saint Louis, que descendent les Princes de la Famille de Bourbon, actuellement régnante, & qui a pris son nom de ce Comté. Voici la suite de ces Princes. Robert, Comte de Clermont, puis Duc de Bourbon; Louis I; Jacques, Comte de la Marche; Jean, Comte de la Marche; Louis, Comte de Vendôme; Jean, Comte de Vendôme; François, Comte de Vendôme; Charles, Duc de Vendôme; Antoine de Bourbon, Roi de Navarre; & Henri IV.

Duc de Bourbonnois, & eut ainsi ce Comté qui, après sa révolte, fut confisqué par François Ier, en 1523. Il fut ensuite donné à Louis II, Prince de Condé, par Louis XIV, en échange d'autres Terres, & on l'érigea de nouveau en Duché-Pairie.

22. *De la Saintonge.*

Ce Gouvernement, qui, au Sud du Poitou, a la mer à l'Ouest, renferme aussi l'Angoumois.

1°. La Saintonge est divisée en haute & basse.

La haute a pour capitale SAINTES, sur la *Charente*.

La basse a pour capitale *S. Jean-d'Angely*, au Nord, près de la *Boutonne*.

2°. L'Angoumois, à l'Est, a pour capitale *Angoulême*, sur une montagne au pied de laquelle coule la *Charente*.

La Saintonge, comprise dans l'ancienne Aquitaine, a eu à-peu-près le sort du Poitou. Elle avoit été donnée en propriété, par Louis VIII, à Hugues, Comte de la Marche, auquel elle fut ôtée par S. Louis. Ce Prince la céda aux Anglois; mais Philippe-le-Bel en fit la conquête. Les Anglois la reprirent après la bataille de Poitiers, en 1350. Charles V la reprit, & la réunit à la Couronne.

L'Angoumois eut pour premier Comte Itier, en 855. Isabelle, fille d'Aimar, ayant été mariée à Jean Sans-Terre, Roi d'Angleterre, épousa, après la mort de ce Roi, Hugues de Lusignan. Les enfans du premier lit eurent leur partage en Angleterre : Hugues I, né du second, fut Comte d'Angoulême & de la Marche. Son petit-fils Hugues III ayant laissé par testament ses biens à Philippe-le-Bel, Gui, son frère, supprima le testament. Le Roi lui en fit un crime capital, & confisqua ses biens. Ce fut la première réunion à la Couronne. En 1380, l'Angoumois fut donné à Louis de France, second fils de Charles V, & si connu sous le nom de Duc d'Orléans, assassiné en 1407. Il laissa à Jean, son troisième fils, les Comtés d'Angoulême & de Périgord. Charles, fils de Jean, épousa Louise, fille de Philippe II, Duc de Savoie, & de Marguerite de Bourbon. Son fils François, Comte d'Angoumois en 1490, fut créé Duc de Valois en 1514, par Louis XII, & devint Roi en 1515, à la mort de Louis XII, qui ne laissoit pas d'enfans. Ainsi l'Angoumois fut pour la seconde fois réuni à la Couronne. Il est actuellement compris dans l'apanage de M. le Comte d'Artois.

23. *Du Limousin.*

Ce pays est situé au Sud de la Marche, & à l'Ouest de l'Auvergne.

On le divise en haut & bas Limousin.

Le haut a pour capitale LIMOGES, sur la *Vienne*.

Le bas a pour capitale *Tulle*, sur la *Corrèze*.

Le Limousin, qui fit partie des conquêtes de Clovis, fut par lui incorporé à l'Aquitaine. Le premier Comte du Limousin fut Foulques.

En 1459, Françoise de Bretagne, Comtesse de Périgord, & Vicomtesse de Limoges, avoit épousé Alain, Comte d'Albret. Ainsi ces Duchés furent réunis. Ils faisoient partie des biens de Henri IV lorsqu'il monta sur le trône en 1589.

24. *De l'Auvergne.*

L'Auvergne est entre le Limousin & le Lyonnois, au moins en partie.

Cette Province se divise en haute & basse.

La haute a pour capitale *St.-Flour*, au Sud, près d'un ruisseau.

La basse a pour capitale *Clermont*, sur une montagne.

Clovis prit l'Auvergne sur les Visigoths en 507. Elle fut réunie à l'Aquitaine. Ensuite elle fut divisée en Comtés de Clermont, & en deux Comtés d'Auvergne. Quelques uns de ses Souverains eurent le titre de Dauphins d'Auvergne. Sous Philippe-Auguste, en 1209, une partie de cette Province, appelée *la Terre d'Auvergne*, & formant l'un des Comtés, fut réunie à la Couronne. Guillaume VII les recouvra pendant la minorité de Louis IX. Catherine de Médicis, fille de Laurent de Médicis & de Catherine d'Auvergne en hérita. Sa cousine Anne le lui avoit laissé par testament. Catherine en jouit comme de son domaine. Henri III qui en hérita de sa mère, le donna, en 1589, à Charles de Valois, fils naturel de Charles IX. Il en fut dépouillé par Arrêt du Parlement, en 1606, en faveur de la Reine Marguerite, sœur de Henri III, & première femme de Henri IV, comme d'un domaine qui n'avoit pu être donné. Elle en fit don au Dauphin Louis, depuis Louis XIII, en s'en réservant la jouissance. Ce Roi en hérita en 1615.

Quant aux Souverains d'une partie d'Auvergne, connus sous le nom de Dauphins, le premier que l'on trouve est en 1170. Il en avoit hérité de sa mère. Quelques-uns de ces Dauphins prirent les titres de Comtes & de Ducs de Montpensier. Le Connérable de Bourbon possédoit cette partie de l'Auvergne lorsque ses biens furent confisqués & réunis à la Couronne, en 1531.

Le Dauphiné d'Auvergne, sous le titre de Duché de Montpensier, appartient aujourd'hui à la Maison d'Orléans. L'autre partie a été comprise dans l'apanage de M. le Comte d'Artois.

25. *Du Lyonnois.*

Ce Gouvernement est fort petit ; il est entre l'Auvergne à l'Ouest, & la *Saone* & le *Rhône* à l'Est.

Il comprend le *Lyonnois*, le *Beaujolois* & le *Forez*.

Le Lyonnois a pour capitale LYON, au confluent de la *Saone* & du *Rhône*. Cette ville est fort marchande, & commence à être ornée.

Le Beaujolois a pour capit. *Ville-Franche*, sur le *Morgon*, près de la *Saone*.

Le Forez a pour capitale *Montbrisson*, sur la *Vesise*.

La ville de Lyon fut cédée, l'an 955 à Conrad, Roi de Bourgogne & d'Arles, lorsqu'il épousa Mathilde de France, fille d'Outremer. L'Empereur Fréderic I, en qualité de Roi de Bourgogne, déclara, par une Bulle du 18 Novembre 1157, l'Archevêque de Lyon Héraclius de Montboissier, Exargue, ainsi que ses successeurs, du Royaume de Bourgogne, avec les droits de *regale* sur la ville de Lyon, ainsi que dans la partie de son Archevêché, situé à l'Ouest de la Saône. Le Comte de Forez, qui s'intituloit Comte de Lyon, prétendit s'y opposer. Cependant leur différend s'appaisa en 1173. Le Comte céda à l'Archevêque & à son Chapitre le Comté de Lyon avec sa Justice. C'est depuis cet échange que les Chanoines ont le titre de Comtes de Lyon, titre qui leur a été confirmé ensuite par Philippe-le-Bel.

Car ce Prince s'empara du Comté de Lyon à l'occasion des troubles qui s'étoient élevés dans la ville, & des divisions survenues entre l'Archevêque & le Chapitre. Cette réunion est de l'an 1310.

Le Forez avoit des Comtes dès l'an 880 : ils étoient aussi Comtes de Lyon. Lorsque l'Archevêque de Lyon devint Comte de Lyon, Artaud III, en 1157, n'eut que le Forez, qui fut agrandi. Cependant ces Princes continuèrent à prendre le titre de Comtes de Lyon, jusqu'en 1173, & même jusqu'en 1227. Guines III, neveu de l'Archevêque de Lyon, fut mis par son oncle en possession du Forez, qui forma un Comté très-distinct. Il passa à la Couronne avec les biens du Connétable de Bourbon.

Les Comtes de Beaujeu étoient issus des Comtes de Forez. Le premier fut Bérar, second fils de Guillaume I, Comte de Lyon & de Forez : il commença en 891.

Edouard II fut le dernier de ces Comtes. Il avoit cédé ſes biens à Louis II, en 1400. Lors de la confiſcation des biens de ce Connétable, ils furent adjugés à la Princeſſe Louiſe de Savoie, mère de François I. Elle conſentit par une tranſaction du 25 Août 1557, que ces Provinces revinſſent à la Couronne.

26. *Du Dauphiné.*

Cette Province a le Rhône au Nord & à l'Oueſt, la Provence au Sud & les Alpes à l'Eſt. C'eſt un pays très-montagneux.

On le diviſe en haut & bas Dauphiné.

1°. Le haut Dauphiné comprend ſix petits pays.

Le Graiſivaudan, dont la capitale eſt GRENOBLE, ſur l'*Isère*.

Le Royanès; capitale, *Pont-de-Royan*, au Sud-Oueſt, ſur le *Royan*.

Les Baronnies; capitale, *le Buis*, ſur l'*Aurez*, tout-à-fait au Sud.

Le Gapençois; capitale, *Gap*, ſur la *Bene*.

L'Embrunois; capitale, *Embrun*, ſur la *Durance*.

Le Briançonnois; capitale, *Briançon*, ſur une montagne.

2°. Le bas Dauphiné comprend quatre petits pays.

Le Viennois; capitale, *Vienne*, ſur le *Rhône*.

Le Valentinois; capitale, *Valence*, ſur le *Rhône*.

Le Tricaſtin; capitale, *Saint-Paul-trois-Châteaux*, près du *Rhône*.

Le Diois; capitale, *Die*, ſur la *Drome*.

Après la mort de Rodolfe *le Fainéant*, dernier Roi de Bourgogne, dans lequel étoit compriſe la Province appelée Dauphiné, on vit s'élever pluſieurs Principautés. Dans le haut Dauphiné, il y eut le Royanès, le Graiſivaudan, le Briançonnois, l'Embrunois, le Capençois & les Baronnies. Dans le bas Dauphiné, le Viennois, le Valentinois, le Diois & le Tricaſtin. Je ne ſuivrai pas les détails qui les concernent; ce qui va ſuivre doit ſuffire.

On n'eſt pas d'accord ſur l'origine du nom de Dauphin. Avant les Princes qui le portèrent, il y avoit des Comtes.

Le premier Comte de Viennois fut Eudes, Comte de Vermandois, qui reçut ce Comté en 928, de Hugues, devenu Roi d'Arles & d'Italie. En 1266, la Comteſſe Béatrix & ſon mari vendirent leurs droits à l'Archevêque de Vienne.

En 1440, Guines I, dit *le Vieux*, déjà Comte d'Albon & de Graisivaudan, prit le titre de Dauphin de Viennois. Son fils prit le titre de Comte de Grenoble.

Humbert II devint Dauphin en 1330. Il avoit époufé Marie, petite-fille de Charles II, Roi de Sicile, alliance qui l'unissoit à la Maison de France, à laquelle il fut d'ailleurs toujours affectionné.

Se trouvant fans enfans, en 1343, il fit une donation entre-vifs de tous fes Etats (excepté quelques biens en Auvergne) à Philippe de France, fecond fils de Philippe de Valois, ou à l'un des fils du Duc de Normandie, fils aîné du Roi, à condition que celui des deux que le Roi choifiroit feroit appelé *Dauphin de Viennois*. Le Roi reconnut ce Bienfait par de l'argent.

Six ans après, le Roi jugeant qu'il étoit bien plus à propos que cette Province fût incorporée & réunie à la Couronne, nomma, pour en prendre possession, le Prince Charles, fils aîné du Duc de Normandie; &, après la mort de fon père, héritier préfomptif de la Couronne, Humbert confirma cette donation en 1349, en faveur du Prince qui fut depuis Charles V, à condition que les fils aînés des Rois de France porteroient le titre de Dauphins. Il fe retira dans l'ordre des Dominicains, fut fait, par le Pape, Patriarche d'Alexandrie, & mourut à Clermont en Auvergne, en 1355.

27. *De la Guyenne.*

Ce Gouvernement eft le plus étendu de tout le Royaume; il eft vers la mer, & s'étend depuis l'Angoumois & le Limoufin, jufques aux Pyrénées.

Il comprend la Guienne & la Gafcogne.

1°. La Guienne, qui eft au Nord, comprend fix petits pays.

La Guienne propre; capitale, BORDEAUX, port fur la Garonne: cette ville eft belle & riche, & fon port eft magnifique par fon étendue.

Le Périgord, divifé en haut, où eft PÉRIGUEUX, capitale, fur l'*Ile*; & en bas, où eft *Sarlat*, près la *Dordogne*.

Le Bazadois; capitale, *Bazas*, près de la *Lavafane*.

L'Agénois; capit. *Agen*, fur la *Garonne*.

Le Quercy, divifé en haut, capitale, CAHORS, fur le *Lot*; & en bas, capitale, *Montauban*, fur le *Tarn*.

Le Rouergue, qui renferme le Rouergue, capitale, *Rodez*, fur l'*Aveirou*; la baffe Marche, capitale, *Villefranche*, auffi fur

fur l'*Aveirou;* & la haute Marche, capit. *Milhaud*, fur le *Tarne*

2°. La Gafcogne, qui s'étend jufqu'aux Pyrénées, fe divife en huit petits pays, favoir :

Les Landes; capitale, *Acqs*, appelée vulgairement *Dax*, fur l'*Adour*.

La Chaloffe; capitale, *Saint-Sévère*, fur l'*Adour*.

Le Condomois; capitale, *Condom*, fur la *Baife*.

L'Armagnac; capit. *Auch*, fur le *Gers*.

Le pays des Bafques, qui renferme le Labour; capitale, *Bayonne*, port fur l'*Adour;* & le Vicomté de Soule; capitale, *Mauléon*, au Sud-Eft, fur le Gave de *Sufon*.

Le Bigore; capitale, *Tarbes*, fur l'*Adour*.

Le Comminge; capitale, *Saint-Bertrand*, près de la *Garonne*.

Le Couferans; capitale, *Saint-Lizier*, fur la *Sallac*.

La Guienne, fous le titre de feconde Aquitaine, eut pour premier Comte Renaud, en 830. En 1070, Guillaume VI, l'un de fes fucceffeurs, s'empara du Duché de Gafcogne à la mort d'Eudes, qui ne laiffoit pas d'enfans. Dès-lors les Ducs de Guienne devinrent très-puiffans.

En 1137, la Princeffe Eléonore, hérita de Guillaume VIII, fon père, de fes Duchés, & la même année époufa le Roi Louis *le Jeune*, Roi de France. Par la plus grande de toutes les inepties, elle en fut féparée en 1152. Deux mois après, elle époufa Henri, Duc de Normandie, qui devint Roi d'Angleterre, & poffédа ainfi ces belles Provinces. Cette Princeffe ne mourut qu'en 1204; mais dès 1162, elle avoit cédé la Guienne à Richard, fon fecond fils, qui en rendit hommage au Roi de France. Ce Prince mourut fans enfans en 1199. La Reine Eléonore rentra en poffeffion de la Guienne. A fa mort, Jean, le dernier de fes fils, lui fuccéda. Les Rois d'Angleterre continuèrent à pofféder la Guienne & plufieurs autres Provinces de France. Charles VII en avoit déjà repris plufieurs. Enfin, le 17 Juillet 1453, le fameux bâtard d'Orléans, Comte de Dunois, ayant battu le Général Talbot, près de Caftillon, Bordeaux fe foumit aux François, & la Guienne fut réunie à la France, en 1453.

Quant à la Gafcogne, on fait qu'elle prit fon nom des Vafques ou Bafques, qui entrèrent en France en traverfant les Pyrénées. Sanche I fut établi dans cette Province par Charles *le Chauve*, & en fut le premier Duc. A la mort du Duc Eudes, en 1069, Bernard, Comte d'Armagnac, fon proche parent, lui fuccéda. Mais Guillaume Géofroi, Duc de Guienne, lui déclara la guerre, le vainquit, & joignit la Gafcogne à la Guienne en 1070. Cette Province éprouva dans la fuite le même fort de la Guienne.

28. *Du Béarn.*

Ce petit Gouvernement comprend le Béarn & la baſſe Navarre.

Le Béarn a pour capitale PAU, ſur une hauteur, près du Gave de Pau.

La baſſe Navarre ; capitale, *Saint-Jean Pied-de-Port*, ſur la *Nive*.

Le Béarn, l'une des premières conquêtes des Vaſques ou Vaſcons en France, commença à avoir des Ducs en la perſonne de Centulle I, qui fut inveſti de ce Duché par Louis *le Débonnaire*, en 820. Pluſieurs de ſes ſucceſſeurs ſe diſtinguèrent dans la guerre, ſoit en Eſpagne, comme alliés ou comme ennemis des Rois de Navarre, ſoit en France, contre les Comtes leurs voiſins, contre les Anglois, &c. Gaſton VI, le dernier de ces Ducs, voyant Conſtance, ſa fille aînée, infirme, inſtitua ſon héritière Marguerite, ſa ſeconde fille, & la maria à Roger-Bernard, Comte de Foix, à condition que le Comté de Foix & le Béarn ſeroient réunis à perpétuité. Il mourut en 1290.

2°. La baſſe Navarre, ſituée en France, fit pendant long-tems partie du Royaume de Navarre, dont le ſiége principal étoit en Eſpagne. Le premier Roi, ſelon quelques Auteurs, fut Inigo-Ariſta, déjà Comte de Bigorre, ſous l'hommage de la France. Quelques Ecrivains ne commencent la liſte des Rois de Navarre qu'à Garcie, ſon fils, en 858, déjà en poſſeſſion du pays depuis 852. Long-tems après, en 1234, Don Sanche VII étant mort ſans enfans, Thibaud I, Comte de Champagne, fils de Blanche, ſœur de Sanche VI, lui ſuccéda. Il ſe trouva ainſi Comte de Champagne & Roi de Navarre. Ses deux fils, Thibaud II & Henri I, lui ſuccédèrent l'un après l'autre. Ce dernier mourut après trois ans de règne, & ne laiſſa de Blanche d'Artois qu'une fille appelée Jeanne. Sa mère l'amena en France, où cette jeune Princeſſe épouſa Philippe *le Bel*, en 1284. Le Royaume de Navarre fut alors réuni à celui de France. Louis X, en eut le double titre. A ſa mort, ce Roi ne laiſſa non plus qu'une fille, mariée au Comte d'Evreux, Prince du Sang. La Loi Salique l'excluoit de la Couronne de France ; mais les Loix de Navarre l'appeloient à leur trône. Les Etats la redemandèrent ; elle y alla. En dédommagement de la Champagne & de la Brie, qui auroient dû lui revenir, & que l'on ne vouloit pas ſéparer du Domaine, on lui donna l'Angoumois & les Comtés de Longueville & Mortagne. Par des alliances, la Maiſon de Foix ſe trouva enſuite en poſſeſſion de la Couronne de Navarre. En 1443, Catherine de Foix, Reine de Navarre, épouſa Jean II, Comte d'Albret, qui réunit ainſi ce Royaume aux biens de ſa Maiſon. Mais Ferdinand *le Catholique*, Roi d'Arragon, ſous un prétexte qui ne voiloit pas ſa mauvaiſe foi & ſon ambition, le dépouilla, en 1512, de tout ce qu'il poſſédoit au Sud des

Pyrénées, c'eſt-à-dire, en Eſpagne. Il mourut en 1527. Il laiſſa pour ſucceſſeur ſon fils Henri, qui fut Henri II entre les Rois de Navarre, & Henri I entre les Comtes d'Albret. Le premier Comte de cette Maiſon illuſtre & puiſſante remontoit à l'an 1000 : ce fut Amajen I. Henri I épouſa Marguerite de Valois, ſœur de François I, qui lui donna, à l'occaſion de ce mariage, toute la ſucceſſion d'Armagnac, comme petit-fils d'Anne d'Armagnac, ſœur de Jean V. Ces biens venoient d'être réunis à la Couronne à la mort de Charles II, qui avoit ſuccédé à Jean dans le Comté d'Armagnac. Ils formoient une grande partie de la Guienne. Jeanne d'Albret, fille de Henri I, épouſa Antoine de Bourbon, Duc de Vendôme, & fut Reine de la Navarre (la baſſe), en 1555. Elle embraſſa le Calviniſme, & fut mère de Henri de Bourbon, qui lui ſuccéda en 1572. Ce Prince ayant, en 1589, ſuccédé au Roi Henri III, fut Roi de France & de Navarre, ſous le nom de Henri IV. Ainſi, ce qui reſtoit de la Navarre à la Maiſon d'Albret paſſa ainſi à la France.

29. *Du Comté de Foix.*

Ce Gouvernement ne renferme qu'un fort petit pays.

Sa capitale eſt PAMIERS, ſur l'*Arriège.*

On fait remonter la ſuite des Comtes de Foix à Roger I, Comte de Carcaſſonne, qui en fut inveſti, à ce que l'on croit, par le Duc de Guienne, en 989. De deux fils qu'il laiſſa, l'un eut le Comté de Carcaſſonne, l'autre le Comté de Foix. Roger Bernard III, par ſon mariage avec Marguerite, unit le Béarn au pays de Foix, en 1290. Gaſton III, fait Comte en 1437, acquit des droits ſur le Royaume de Navarre. Il fut aïeul du fameux Gaſton de Foix. Catherine, Comteſſe en 1482, ayant épouſé Jean d'Albret, réunit les biens des deux Maiſons. On a vu à l'article précédent ce qui a rapport à la Maiſon d'Albret.

30. *Du Rouſſillon.*

Le Rouſſillon eſt un petit pays au pied des Pyrénées, & baigné à l'Eſt par la Méditerranée.

On le diviſe en trois parties.

La Viguerie de PERPIGNAN, capitale, ſur le *Tet.*

La Viguerie de Conflans; capitale, *Villefranche*, ſur le *Tet*, entre les montagnes.

La Cerdagne Françoiſe; capit. *Mont-Louis*, Place forte, ſur les Pyrénées.

Ce Comté fut long-tems un Fief relevant de la France. Il passa ensuite à Alphonse IX, Roi d'Arragon, puis aux Rois de Majorque, sur lesquels il fut pris par Pierre, Roi d'Arragon, en 1426. Jean II l'engagea à Louis XI pour 300 mille écus d'or, consentant à le perdre si dans neuf ans il ne rendoit cette somme avec les intérêts. Le terme étant expiré sans que ce Roi pût tenir ses engagemens, le Roussillon fut réuni à la France. Charles VIII eut la foiblesse de le rendre en 1493 à Ferdinand, Roi d'Arragon, à condition qu'il ne secourroit pas les Napolitains: ce Prince manqua à sa parole. Louis XIII en fit la conquête, & le Roussillon fut cédé à la France par le Traité des Pyrénées, en 1659.

31. *Du Languedoc.*

Ce Gouvernement est fort considérable : il s'étend depuis celui de Guienne jusqu'au Rhône, & depuis le Lyonnois jusqu'à la Méditerranée.

Il renferme le *Languedoc* & les *Cévennes*.

1°. Le Languedoc se divise en *haut* & en *bas*.

Le haut Languedoc renferme neuf Diocèses (1).

Le Diocèse de TOULOUZE, sur la Garonne : cette ville est fort grande, mais pas belle.

Le Diocèse de *Montauban*. (Cette ville est dans le Quercy.)

Le Diocèse d'*Albi*, sur le *Tarn*.

Le Diocèse de *Castres*, sur l'*Agoût*.

Le Diocèse de *Lavaur*, sur l'*Agoût*.

Le Diocèse de *St-Papoul*, près de l'*Aude*.

Le Diocèse de *Mirepoix*, sur le *Lers*.

Le Diocèse de *Rieux*, sur la *Rise*.

Le Diocèse (en partie) de *Comminge*.

Le Bas Languedoc renferme onze Evêchés ;

Le Diocèse de *S. Pons*, près de l'*Orbe*.

Le Diocèse de *Carcassonne*, sur l'*Aude Inférieur* (2).

Le Diocèse d'*Aleth*, sur l'*Aude Inférieur*.

Le Diocèse de *Narbonne*, sur le canal.

Le Diocèse de *Beziers*, près le Canal royal.

---

(1) En nommant les Villes, on sent bien que c'est nommer les Diocèses.

(2) Je l'appelle ainsi pour le distinguer de celui qui est au Nord du canal.

Le Diocèse d'*Agde*, à l'embouchure de l'*Erault* & du Canal royal.

Le Diocèse de *Montpellier*, près la rivière de *Lez*.

Le Diocèse de *Nisme*, à la source de la *Vistre*, peu considérable.

Le Diocèse de *Lodève*, sur la *Lerque*.

Le Diocèse d'*Alès*, sur le Gardon.

Le Diocèse d'*Usez*, peu éloigné du *Rhône*.

2°. Les Cévennes sont vers le Nord; elles comprennent,

Le Vélai; capitale, le *Puy*, sur la *Loire*.

Le Gévaudan; capitale, *Mende*, sur le *Lot*.

Le Vivarais; capitale, *Viviers*, sur le *Rhône*.

Le Languedoc étoit au pouvoir des Visigoths lorsque Clovis en fit la conquête. Toulouse étoit leur capitale; elle le fut aussi des Etats de Louis *le Débonnaire*, lorsque Charlemagne l'eut fait Roi d'Aquitaine. Toulouse eut depuis des Comtes particuliers: il y en eut aussi à Carcassonne, & d'autres à Montpellier.

1. Le premier Comte de Toulouse fut Guillaume I, auquel Charlemagne en avoit donné le gouvernement; ses successeurs furent très-puissans. Mais Raimond VI, Comte de Toulouse en 1194, ayant embrassé la secte des Albigeois, fut excommunié au Concile de Latran. Cette démarche attira sur lui une foule de maux. En vertu de cette excommunication, le Roi fit marcher des troupes contre lui. Simon de Montfort lui enleva ses Etats, & fut investi de ce Comté. Mais les peuples se soulevèrent. Raimond revint. Montfort fut tué. Son fils Amaury perdit les Etats envahis par son père: mais Raimond mourut peu après de mort subite. Son fils acheva de recouvrer les biens de sa famille. Après la mort de Jeanne, fille de ce dernier, & épouse d'Alfonse, Comte de Poitiers, frère de Saint Louis, le Comté de Toulouse & le Marquisat de Provence, formé de la moitié de la ville d'Avignon, du Comtat Venaissin & de quelques autres Places, revinrent à la Couronne.

2. Le Comté de Carcassonne se forma d'une division de celui de Languedoc. En 888, Roger I fut le premier de ces Comtes: plusieurs possédèrent aussi la ville de Béziers. Simon de Montfort conquit ces deux villes, sur Raimond Roger, qui avoit pris le parti du Comte de Toulouse. Ce Comte mourut en 1212. Monfort fut investi de ce Comté: mais ayant été tué au siège de Toulouse, & Amaury, son fils, ne pouvant résister aux ennemis que s'étoit si justement attiré son père, il céda tous ses droits à Louis, fils de Philippe-Auguste, ratifia cette donation au Roi St. Louis IX, en 1229.

3. Le premier Comte de Montpellier fut Gui, élu par les habitans & par l'Evêque pour les défendre contre leurs voisins. Marie, Comtesse de Montpellier, ayant

épousé en secondes nôces D. Pédre II, Roi d'Arragon, ce Comté passa à ce Prince & à son fils Don Jayme I. Don Jayme II, second fils du Roi précédent, fut Roi de Maillorque & Seigneur de Montpellier. Enfin, Don Jayme IV ayant été dépouillé de son Royaume par Don Pèdre, Roi d'Arragon, son beau-frère, & ayant besoin d'argent, vendit Montpellier au Roi Philippe de Valois pour 120 mille écus d'or. Par cette acquisition, tout le Languedoc se trouva réuni à la Couronne, l'an 1350.

32. *De la Provence.*

Cette Province, située au Sud du Dauphiné, a la Méditerranée au Sud, le Rhône à l'Ouest, & les Alpes à l'Est. Elle se divise en *haute* & *basse*.

1°. La haute Provence renferme six Diocèses.

Le Diocèse d'*Apt*, sur la *Caulon*.

Le Diocèse de *Sisteron*, sur la *Durance*.

Le Diocèse de *Digne*, sur la *Bléonne*.

Le Diocèse de *Riez*, sur le *Vardon*.

Le Diocèse de *Sénez*, sur une hauteur.

Le Diocèse de *Glandève*, ruinée. Le Siège de l'Evêque est à Entrevaux, sur le *Var*.

2°. La basse Provence renferme sept Diocèses.

Le Diocèse d'AIX, sur le *Larc*.

Le Diocèse d'*Arles*, sur le *Rhône*.

Le Diocèse de *Marseille*, port.

Le Diocèse de *Toulon*, Port de la Marine royale.

Le Diocèse de *Fréjus*, autrefois Port de mer.

Le Diocèse de *Grasse*, sur une hauteur.

Le Diocèse de *Vence*, sur le *Loup*.

La Provence a pris son nom du latin *Provincia*, ou Province, nom que lui donnoient les Romains après l'avoir conquise dans les Gaules. Les Visigoths s'en étant emparés en 416, en furent chassés par les Bourguignons. Après avoir été soumise aux Rois de Bourgogne, la Provence appartint aux Rois d'Arles, puis elle eut enfin des Comtes héréditaires. Le premier des Comtes fut Thibaud, Comte d'Arles, en 880. Il fut investi du Comté d'Arles, par Boson, Roi d'Arles. Son fils fut Roi d'Arles & d'Italie en 900. En 1172, Alphonse I, Roi d'Arragon, s'empara de la Provence. En 1175, il céda le Comté de Provence à son frère Bérenger II. Vers l'an 1214, les villes d'Arles, d'Aix, de Marſeille, de Nice & d'Avignon s'érigèrent en Républiques. Peu après, elles furent ſoumiſes par leur Souverain Raimond Bérenger III. Sa fille Béatrix épouſa, le 2 Janvier 1245, Charles de France, Comte d'Anjou, frère de Saint Louis. Son père l'avoit inſtituée ſon héritière. En 1269, Charles fut inveſti du royaume de Sicile. Ce fut ſous lui qu'arrivèrent les vêpres ſiciliennes. Son arrière-petite-fille Jeanne, née en 1326, de Robert, fut Comteſſe de Provence, & Reine de Sicile. Son règne fut malheureux. Elle avoit épouſé en premières nôces André de Hongrie; elle épouſa, en ſecondes, Louis d'Anjou, ſecond fils du Roi Jean. Elle vendit Avignon & le Comtat au Pape en 1347. Cette Princeſſe épouſa en troiſièmes nôces D. Jayme, Roi de Maillorque, auquel cependant elle ne voulut pas donner le nom de Roi: il mourut en Eſpagne en 1375. Jeanne épouſa, en quatrièmes nôces, Othon, Duc de Brunſwick-Grubenhagen: elle le qualifia de Prince de Tarente. Cette Princeſſe, attaquée par Charles de Duras, appela à ſon ſecours Louis, Duc d'Anjou, fils de Charles VI, & l'inſtitua ſon héritier. Mais elle fut battue, faite priſonnière & étranglée. Louis d'Anjou fut reconnu Comte de Provence & Roi de Sicile. René, ſon arrière-petit-fils, éprouva les plus grands malheurs. Après avoir perdu ſes autres Etats, il fut encore très-inquiété par ſon neveu Louis XI. A ſa mort, il laiſſa la Provence à Charles, Comte du Maine, ſon neveu, en 1480. Ce Prince mena une vie languiſſante, qui dura peu. A ſa mort, il inſtitua ſon héritier Louis XI, qui n'avoit rien oublié pour ſe faire donner cette riche ſucceſſion. Ainſi furent réunis à la Couronne les Comtés de Provence & Forcalquier.

Du Comtat Vénaiſſin.

Ce Comtat, qui eſt un aſſez petit pays, eſt au Nord de la Provence, ſur les bords du *Rhône.*

Sa capitale eſt AVIGNON, ſur le *Rhône.*

Ce pays, ainſi que la Provence, faiſoit partie des Etats de Raimond VI, Comte de Toulouſe, quand il fut obligé, à cauſe de la guerre des Albigeois, de remettre en ſéqueſtre pluſieurs de ſes poſſeſſions; & même la Provence fut miſe entre les mains du Pape. Ses ſucceſſeurs gardèrent le Comtat Vénaiſſin. Ils le rendirent cependant en 1234; & Jeanne, fille de Raimond VII, en diſpoſa en faveur de Charles d'Anjou. Mais Philippe le Hardi le céda à Grégoire X, en 1274.

Il faut remarquer que la ville d'Avignon n'a pas toujours ſuivi le ſort du Comtat: elle fut achetée de Jeanne, Reine de Naples, par le Pape Clément VI; & ſi, pour quelques conteſtations, elle a été quelquefois depuis enlevée aux Papes, elle leur a toujours été rendue dès que les affaires ont été arrangées.

De la Principauté d'Orange.

Guillaume *au Cornet* reçut de Charlemagne cette Seigneurie pour récompense de ce qu'il en avoit chassé les Sarrasins, en 806. Mais la tige de la Maison d'Orange ne commence qu'à Boson, en 930. En 1178, Tiburge III reçut de l'Empereur Fréderic I, Roi d'Arles, le droit d'être appelé Prince d'Orange, & d'avoir la Couronne fermée. En 1200, Guillaume V, son fils, fut Roi d'Arles & de Vienne, & s'intitula *Prince d'Orange par la grace de Dieu.* Jean, reconnu Prince d'Orange en 1475, ayant pris le parti de Marie de Bourgogne, Louis XI confisqua sa Principauté. Louis XII la lui rendit. Philibert, son fils, ayant embrassé le parti de Charles-Quint, François I confisqua la Principauté d'Orange, & ensuite la lui rendit. Il la laissa en mourant à son neveu René de Nassau, fils de Henri de Nassau & de sa sœur Claude. René institua pour son héritier, Guillaume IX, Comte de Nassau d'Alembourg, son cousin. Ce fut ce Prince qui fonda la République de Hollande, & devint Roi d'Angleterre; lors de la mort de Guillaume-Henri il y eut plusieurs prétendans. Mais un Arrêt du Parlement adjugea le domaine utile de la Principauté d'Orange au Prince de Conti, & le haut domaine au Roi, en 1700.

De l'Ile de Corse.

La France posséde dans la Méditerranée l'île de Corse, depuis que les Génois, en 1768, lui ont abandonné leurs droits sur cette île. Elle produit à-peu-près tout ce qui est nécessaire à la vie. J'en parlerai en détail dans cette partie de ma *Géographie comparée.* Sa capitale est *Bastia*, au Nord. Elle est assez marchande & son château est assez fort.

LISTE

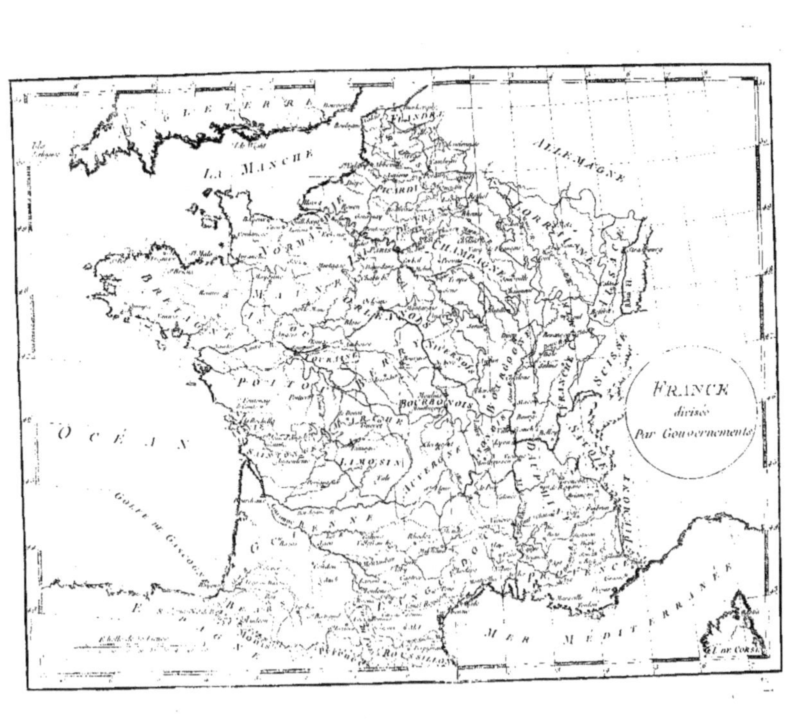
FRANCE
divisée
Par Gouvernements
LA MANCHE
ALLEMAGNE
OCÉAN
FLANDRE
PICARDIE
NORMANDIE
BRETAGNE
MAINE
CHAMPAGNE
LORRAINE
ALSACE
ORLÉANOIS
TOURAINE
POITOU
BERRY
NIVERNOIS
BOURGOGNE
FRANCHE COMTÉ
SUISSE
BOURBONOIS
LIMOSIN
AUVERGNE
DAUPHINÉ
PIÉMONT
GUIENNE
PROVENCE
ROUSSILLON
MER MÉDITERRANÉE
GOLFE DE GASCOGNE

LISTE

Des Archevêchés, avec les Evêchés qui en dépendent.

Noms des Archevêchés & Evêchés.	Provinces.
PARIS, Archevêché	*Ile de France.*
Chartres	*Pays Chartrain.*
Meaux	*Brie.*
Orléans	*Orléanois.*
Blois	*Blaiſois.*
LYON, Archevêché	*Lyonnois.*
Autun	*Bourgogne.*
Langres	*Champagne.*
Mâcon	*Bourgogne.*
Châlons-ſur-Saone.	*Bourgogne.*
Dijon	*Bourgogne.*
ROUEN, Archevêché	*Normandie.*
Bayeux.	*Normandie.*
Avranches.	*Normandie.*
Evreux.	*Normandie.*
Séez.	*Normandie.*
Liſieux.	*Normandie.*
Coutances	*Normandie.*
SENS, Archevêché	*Champagne.*
Troies	*Champagne.*
Auxerre	*Bourgogne.*
Nevers	*Nivernois.*
Bethléem (1)	*Nivernois.*

(1) Cet Evêché eſt un de ceux que l'on nomme *in partibus*. Son titre eſt dans une chapelle du fauxbourg de Clamecy, en Nivernois.

Noms des Archevêchés & Evêchés.	Provinces.
REIMS, Archevêché	*Champagne.*
Soissons	*Ile de France.*
Châlons-sur-Marne	*Champagne.*
Laon	*Ile de France.*
Senlis.	
Beauvais	
Amiens	*Picardie.*
Noyon	*Ile de France.*
Boulogne	*Picardie.*
TOURS, Archevêché	*Touraine.*
Le Mans	*Le Maine.*
Angers	*Anjou.*
Rennes	*Bretagne.*
Nantes.	
Quimpercorentin.	
Vannes.	
S. Pol-de-Léon.	
Treguier.	
Saint-Brieux.	
Saint-Malo.	
Dol	
BOURGES, Archevêché	*Berry.*
Clermont	*Auvergne.*
Limoges	*Limousin.*
Le Puy-en-Velay	*Gouvern. de Languedoc.*
Tulles	*Limousin.*
Saint-Flour	*Auvergne.*
ALBI, Archevêché	*Languedoc.*
Rhodez	*Rouergue.*
Castres	*Languedoc.*
Cahors	*Quercy.*
Vabres	*Le Rouergue.*
Mende	*Le Gévaudan.*

Noms des Archevêchés & Evêchés.	Provinces.
BORDEAUX, Archevêché	*Guienne.*
Agen	*Agénois.*
Angoulême	*Angoumois.*
Saintes	*Saintonge.*
Poitiers	*Poitou.*
Périgueux	*Périgord.*
Condom	*Gascogne.*
Sarlat	*Périgord.*
La Rochelle	*Pays d'Aunis.*
Luçon	*Poitou.*
AUCH, Archevêché	*Gascogne.*
Acqs, ou Dax.	
Leictour.	
Comminges.	
Couserans.	
Aires.	
Bazas.	
Tarbes.	
Oléron.	
Lescar.	
Bayonne	
NARBONNE, Archevêché	*Languedoc.*
Béziers.	
Agde	
Carcassonne	*Languedoc.*
Nîmes.	
Montpellier.	
Lodève.	
Uzès.	
Saint-Pons.	
Aleth.	
Alais	

Noms des Archevêchés & Evêchés	Provinces.
TOULOUSE, Archevêché	Languedoc.
Montauban.	
Mirepoix.	
Lavaur.	
Rieux	
Lombez	Gascogne.
Saint-Papoul	Languedoc.
Pamiers	Comté de Foix.
ARLES, Archevêché	Provence.
Marseille	
S. Paul-trois-Châteaux	Dauphiné.
Toulon	Provence.
AIX, Archevêché	Provence.
Apt.	
Riez.	
Fréjus.	
Gap.	
Sistéron	
VIENNE, Archevêché	Dauphiné.
Grenoble	
Viviers	Bas-Languedoc.
Valence	Dauphiné.
Die	
EMBRUN, Archevêché	Dauphiné.
Digne	Provence.
Grasse.	
Vence.	
Glandève.	
Senez	

Les Prélats suivans ne sont pas compris dans le Clergé de France. Mais la Géographie doit y comprendre leurs Diocèses. Ce sont :

Noms des Evêchés & Archevêchés.	Provinces.
Saint-Claude	*Franche-Comté.*
Metz	*Lorraine.*
Toul.	*Lorraine.*
Verdun.	*Lorraine.*
Nancy	*Lorraine.*
Saint-Diez	*Lorraine.*
Perpignan	*Roussillon.*
Orange	*Dauphiné.*
BESANÇON, Archevêché	*Franche-Comté.*
Belley, *suffragant de Besançon*	*Bugey.*
CAMBRAY, Archevêché	*Cambrésis*
Arras... *suffrag. de Cambray*	*Artois.*
S. Omer *suffrag. de Cambray*	*Artois.*
Strasbourg, Evêché, *suffragant de Mayence...*	*Alsace.*

EVÊCHÉS DANS L'ILE DE CORSE.

Ajacio	*suffr. de Pise en Toscane.*
Sagone	*suffr. de Pise en Toscane.*
Aléria	*suffr. de Pise en Toscane.*
Mariana *réunis*	*suffragans de Gênes.*
Acia..... *réunis*	*suffragans de Gênes.*
Nebio	*suffragans de Gênes.*

Fin de la Partie Géographique.

ERRATA.

PAG. 105, §. I; *lisez*, §. II.
Pag. 57, Article VIII; *lisez* Article IX.
Pag. 88, Art. IV; *lisez* Art. V.
Pag. 220, lig. 9, *Gand*; lisez GAND, capit. de la Flandre, &c.
Pag. 224, lig. 23, Attena; *lisez* Altena.
Ibid. lig. 25, Dehmold; *lisez* Detmold.
Ibid. lig. 31, Schewerin; *lisez* Schwerin.
Pag. 225, lig. 1, Gustro; *lisez* Gustrow.
Ibid. lig. 4, Lunebourg-Celle, *lisez* Zelle.
Pag. 235, lig. penult., vers le Sud-Est; *lisez* Sud-Ouest.
Pag. 11 de la note, lig. 6, *ciel étoit alors*; lisez *ciel où elle étoit alors*.
Pag. 169, lig. dernière, *les parties de matière*; lisez *les parties de la matière*.
Pag. 192, seconde ligne de la note, *Greewich*; lisez *Greenwich*.
Pag. 330, lig. 4, *Wiliam*; lisez *William*.
Pag. 335, lig. 14, *Spanis-Tow*; lisez *Spanish-Town*.

Dans la note de la pag. 316, chez les Caffes pendant sept mois; *lisez* quinze mois.

Les petits & grands *Namaquis*; lisez *Namaquois*; & ajoutez : ce mot *quois*, ou *quoi*, signifie en hottentot *peuple*; on le fait précéder chez eux du nom particulier de chaque nation : ainsi ce sont, à proprement parler, les *Namas*, le *Gheyss*, dont il est parlé dans cette note.

TABLEAU CHRONOLOGIQUE des ROIS DE FRANCE

PREMIERE RACE *dite des* MEROVINGIENS

420. Pharamond
428. Clodion *son Fils*
447. Mérovée *son Fils*.
458. Childéric I. *son Fils*.
481. CLOVIS I. *son Fils* 511.
Il s'empare d'abord du Soissonnois, puis de presque toute la Gaule.

Rois de Paris
511. CHILDEBERT I.
558. CLOTAIRE I. *déja Roi de Soissons*
561. CARIBERT. *son Fils* 567.

Rois de Metz
511. Thierry I. *son Fils ainé*.
534. Théodébert I. *son Fils* 555.
561. Sigebert I. *Fils de* Clotaire I.
575. Childebert *son Fils*.
596. Théodebert II *son Fils ainé*.

Rois de Soissons
511. Clotaire I. *son 4.me Fils*.
561. Chilperic I. *Fils de* Clotaire I. 584.
584. Clotaire II. *son Fils*.

Rois d'Orléans
511. Clodomir. *son 2.me Fils*

Orléans et Bourgogne
561. Gontran. *Fils de* Clotaire I.
593. Childebert. *déja Roi de Metz*
596. Thierry. *son 2.me Fils* 613.

613. CLOTAIRE II. *déja Roi de Soissons, regne seul sur toute la France* ...... † 628.
628. DAGOBERT I. *son Fils* ......

Neustrie Bourgogne et Paris
638. CLOVIS II. *son Fils*.
656. CLOTAIRE II. *son Fils ainé*
670. THIERRY III. *3.e Fils de* Clovis II.
691. CLOVIS III. *son Fils*.
695. CHILDEBERT III. *son Frere*.
711. DAGOBERT III. *son Fils*.
715. CHILPÉRIC II. *Fils de* Childéric II.
726. THIERRY IV. *dit* De Chelles, *Fils de* Dagobert III. † 727.

Austrasie
658. Sigebert II. *Fils de* Dagobert I.
660. Childéric II. *2.me Fils de* Clovis II.
674. Dagobert II. *Fils de* Sigebert II. † 699.
680. *Les Ducs* Martin *et* Pepin d'Heristel, *se rendent Maitres de toute l'Austrasie*.
715. Charles-Martel. (*Fils de* Pepin) *Duc d'Austrasie*.

727. Charles Martel. *Gouverne toute la France*
741. Carloman *et* Pepin. le Bref, *Ducs des François*.
742. CHILDÉRIC III. *Fils de* Chilpéric II.
752. .. Fin de la Premiere Race.

SECONDE RACE *dite des* CARLOVINGIENS

752. PEPIN. le Bref, *Fils de* Charles Martel.
768. CHARLEMAGNE. *Fils ainé*, et CARLOMAN. (*second fils de Pepin*)
772. *Charlemagne seul* : *Empereur en 800*.
814. LOUIS I. *dit* le Débonnaire, *son Fils*.
840. CHARLES II. *dit* le Chauve, *son Fils*.
877. LOUIS II. *dit* le Bégue, *son Fils*
879. LOUIS III. et CARLOMAN, *ses Fils* 882 Carloman *seul*
884. CHARLES. le Gros, *Petit-Fils de* Louis le Débonnaire.

887. *Eudes*. *C.te de Paris*, *Fils de* Robert le Fort, *élu*.
893. CHARLES III. *dit* le Simple, *Fils postume de* Louis le Bégue 929
922. *Robert I. Duc de France, Elu* ; † 923.
923. *Raoul*. *Duc de Bourgogne, Elu* † 936.
936. LOUIS IV. *dit* d'Outremer, *Fils de* Charles le Simple.
954. LOTHAIRE. *son Fils*.
986. LOUIS V. *dit* le Fainéant, *son Fils*.
987. .... Fin de la Seconde Race.

TROISIÈME RACE *dite des* CAPÉTIENS

987. HUGUES. Capet, *Duc de Paris, Fils de* Hugues le Grand.
996. ROBERT. *son Fils*.
1031. HENRI I. *son Fils*.
1060. PHILIPPE I. *son Fils*
1108. LOUIS VI. *dit* le Gros, *son Fils*.
1137. LOUIS VII. *dit* le Jeune, *son Fils*.
1180. PHILIPPE AUGUSTE. *son Fils*.
1223. LOUIS VIII. *dit* le Lion, *son Fils*.
1226. LOUIS IX. *dit* le Saint, *son Fils*.
1270. PHILIPPE III. *dit* le Hardi, *son Fils*.
1285. PHILIPPE IV. *dit* le Bel, *son Fils*.
1314. LOUIS X. *dit* le Hutin, *son Fils*
1316. JEAN I. *son Fils* (1) *Roi le 15. et † le 19. de Novembre*.
1316. PHILIPPE V. *dit* le Long, *2.me Fils de* Philippe le Bel.
1322. CHARLES IV. *dit* le Bel, *3.e Fils de* Philippe le Bel.

Valois-Valois
1328. PHILIPPE VI. *dit* de Valois, *Petit Fils de* Philippe le Hardi.
1350. JEAN II. *dit* le Bon, *son Fils*.
1364. CHARLES V. *dit* le Sage, *son Fils*.
1380. CHARLES VI. *dit* le Bien-Aimé, *son Fils*.
1422. CHARLES VII. *dit* le Victorieux, *son Fils*.
1461. LOUIS XI. *son Fils*.
1483. CHARLES VIII. *son Fils*.

Maison d'Orléans
1498. LOUIS XII. *dit* le Pere du Peuple. (2)

Valois-Angoulême
1515. FRANÇOIS I. *dit* le Pere du Peuple, *Arrière petit-Fils de Louis d'Orléans Fils de* Charles V.
1547. HENRI II. *son Fils*.
1559. FRANÇOIS II. *son Fils ainé*.
1560. CHARLES IX. *2.me Fils de* Henri II.
1574. HENRI III. *3.me Fils de* Henri II.

Maison de Bourbon
1589. HENRI IV. (3)
1610. LOUIS XIII. *dit* le Juste, *son Fils*.
1643. LOUIS XIV. *dit* le Grand, *son Fils*.
1715. LOUIS XV. *dit* le Bien-Aimé,
1774. LOUIS XVI. *son petit-Fils* (*Actuellement Regnant*.)

(1) *C'est à tort que quelques Auteurs ne le placent pas au rang de nos Rois, il l'a été par le fait, aussitôt après la mort de Louis X. son Pere ; (Président Hainaut.)*

(2) *Il étoit Petit-Fils de Louis d'Orléans, Fils de Charles V.*

(3) *Descendant de Robert de Clermont, 6.e Fils de S.t Louis.*

N. B. *On a écrit en Capitales les Noms des Princes comptés ordinairement dans la liste des Rois de France*.

J. B. L. Aubert Sculpsit.

TABLE DES MATIÈRES.

PARTIE ASTRONOMIQUE.

A.

ABERRATION de la Lumière, *Pag.* 15
Abulféda. Son élévation d'un dégré terrestre, 147
Albatenius rectifie les Elémens dont Ptolémée faisoit usage, 147
Alembert (d'), Auteur d'un bel Ouvrage sur la Précession des Equinoxes, 75
— Sur la Théorie de la Lune, 163
Alexandrie, ville d'Egypte, 141
Almageste. Ouvrage de Ptolémée. Etymologie, 137
Alphonse, Roi de Castille en 1260, est un des premiers Souverains qui ait encouragé l'Astronomie en Europe, 148
— Comment on doit entendre un mot de lui cité souvent, *ibid.*
Anaxagore succède à Anaximène dans l'Ecole Ionienne, 139
Anaximandre succède à Thalès dans l'Ecole Ionienne, *ibid.*
Anaximène succède à Anaximandre dans l'Ecole Ionienne, *ibid.*
Angle. Sa définition, 4
Anneau de Saturne découvert par Huyghens.... inclinaison de son plan.... n'est pas lumineux par lui-même, 32
Année. C'est la révolution de la Terre autour du Soleil, 17
— La révolution complette de la Terre se nomme *année sydérale*, *ibid.*
— Difference entre l'annee sydérale & l'*année tropique* ou *civile*, 24
— Remarques sur la longueur de l'année, 64
Antarctique (Pôle), c'est-à-dire, *opposé à Arctique.* Sa situation. Etymol. 88
Anville (M. d'). Son évaluation de la coudée arabe, 147
Aphélie. Définition; étymologie, 13
Apogée. Quel est ce point. Etym. 28
Archimède. Ses découvertes étoient le résultat du calcul & de l'expérience, 42
Arctique (Pôle); sa situation. Etymol. de ce nom, 88
Arcturus, étoile qui a un mouvement très-sensible; ce que l'on doit en conclure, 38, 67
Aristarque de Samos, illustre par des travaux Astronomiques, 142
Aristille, un des premiers observateurs de l'Ecole d'Alexandrie, 141
Arithmétique (notions d') relatives à la Cosmographie, 1
Astres. (Lever & coucher des) 85
Astrologie Judiciaire, très-accréditée chez les Anciens, 188
Astronomie. Son origine est inconnue, 136
— Cultivée chez les Caldéens & chez les Egyptiens, 137
— Chez les Grecs 139
— Ce qu'elle doit à l'Ecole d'Alexandrie, 141
— Chez les Arabes, 142
— Dans l'Europe moderne, 147
Astronomie. Précis histor. de ses progrès, 136
Astronomie Physique, 160
Atmosphère de la terre, est nommée communément air.... est 800 fois moins dense que l'eau.... se condense par le froid, & se dilate par la chaleur, 128

Atmosphère. Sa réfraction, 130
— du Soleil, 131
— des Planètes & de Vénus, 132
— nature des Atmosphères, 133
Axe; ligne que l'on suppose passer par le centre d'une planète, & sur laquelle cette planète fait sa révolution, 19
Axe de la Terre, incliné au plan de l'Ecliptique de 66 dégrès. ½ environ, 23
— Nutation de l'Axe de la Terre. Ses extrêmités sont nommées pôles, 25

B.

BERTHOUD (M^r) a travaillé en France aux montres marines, 109
Bradley découvre la nutation de l'Axe de la Terre, & l'Aberration, 25, 117

C.

CAILLE (l'Ab. de la); son sentiment sur le diamètre de Jupiter à l'Equat. 22
Califes. (les) Ce que signifie ce nom. Accordent leur protection à l'Astron, 146
Caliste. Le Pape Caliste ordonne une prière dans laquelle on conjure les Turcs & une Eclipse, 165
Cannebier, (M.) auteur d'une nouvelle Machine Géocyclique, préférable à celle de MM. Fortin & Grenet, 173
Carré d'un nombre, 2
Cassini, (Dominique) attiré d'Italie par les bienfaits de Louis XIV, 159
— Idée de ses travaux, *ibid.*
Cercle, (construire un) 3
Chaleur du Soleil. Causes générales de la grande chaleur & des grands froids, 93
Chaleur centrale, 94
Clairaut (M.) trouve que le retour de la comète annoncée par Halley, pour 1758 ne doit avoir lieu qu'en Avril 1759; ce qui arriva, 66, 164
— Sur la théorie de la Lune, 163
Climats, divisions de la Terre parallèles à l'Equateur. Etymologie, 101
Comètes. En quoi elles diffèrent des planètes. Etymologie, 32
— On a déjà les élémens de 64 comètes, 33
— Il est bien peu probable qu'une comète frappera la Terre, 34
— Leur pesanteur vers le Soleil, 52
Cône. (un) Ce que c'est, 86
Copernic. Auteur d'un systême préférable à celui de Ptolemée, 83
— Son systême admiré aussi-tôt que connu, 157
— Développement de son systême, 148
— Remarques sur son systême, 166
— Explication de la Sphère; qui porte son nom, 170
Corps célestes. Quels corps on comprend sous ce nom, 7
Cosmographie; définition, 1
Couleur azurée du ciel, 129
Crépuscule.... du soir.... du matin, appelé *Aurore*: a lieu tant que le Soleil n'est au dessous de l'horizon que de 18 dég. 129
Cube d'un nombre, 2
Cycle. Etymologie, 145

D.

DÉCIMALES, 2
Dégré. Division du cercle.... Ses divisions en minutes, &c. 3
Dégré du méridien; sa grandeur en toises, à l'*Equateur* à *Paris*, en *Laponie*, 22
Densité. La densité des corps produit leur plus ou moins grande pesanteur, 45
— La densité des planètes se détermine par la loi de la pesanteur, 54
— moyens de la connoître, 55

Descartes,

Descartes, né en 1596 ; idée de ses travaux, 160
Distance moyenne de chaque planète au Soleil, 16, 26
Diurne, formé du latin *dies*, signifie *ce qui est de tous les jours*, 84
Du Séjour. (M. Dyonis) Son Ouvrage sur les Comètes, 25
— Son Ouv. sur l'Anneau de Sat. 121
— On doit à ses recherches ce que l'on sait de mieux sur l'atmosphère de la Lune, 132

E.

ECLIPSE. Etymologie, la même que celle du nom du cercle appelé Ecliptique, 13
— Des Eclipses, 122
— de Lune, *ibid.*
— de Soleil, 123
— Des Satellites de Jupiter, 126
— Idée des Mexicains sur la cause des Eclipses, 165
Ecliptique. C'est l'orbite de la Terre. Etymologie de ce mot, 13
— Les points où les orbites des autres planètes qui le coupent sont appelés *nœuds*, (voy. ce mot) 14
— Variation de son obliquité, 63
— Cette variation est de 51'' dans ce siècle, 64
— Elle pourra devenir plus considérable, & revenir l'état actuel, *ibid.*
Elémens des orbites des planètes. Définition, 12
Ellipse. Définition, 5
Epicycle. Etymologie ; 145
Equateur. Etymologie, 20
Equinoxial. Etymologie, 23
Erathosthène observe l'obliquité de l'Ecliptique ; doit sa célébrité à la mesure de la Terre, 142
Etoile. Etymologie, 35
Etoiles fixes. Sont autant de soleils, *ibid.*
— Divisées par constellations (voyez *Zodiaque*) *ibid.*
— Distinguées par leurs différens dégrés de clarté en étoiles de la 1re, 2e & 3e grandeur, 37
— On a découvert des mouvemens réguliers dans quelques-unes, 58
— Mouvement des Etoiles fixes, 67
Euler a perfectionné la théorie de la Lune, &c. 163
Excentricité des foyers des orbites des planètes, 13
Excentricité pour chaque planète en particulier, 26, 18

F.

FIGURE des Planètes & de la Terre, 20
— de Jupiter, 22
Flux & reflux de la mer, causés par la pesanteur, 76
Fortin. (Machines du sieur) 170
Frèderic, Roi de Danemarck, accorde à Tyco-Brahé un emplacement dans l'île d'Hwen, 153
Frédéric II (l'Empereur) se distingue par son zèle pour l'Astronomie, 148

G.

GALILÉE perfectionne le Télescope ; ses malheurs, quoiqu'en ait dit M. Mallet du Pan, dans le Mercure de France, 150
Géométrie (notions de) relatives à la Cosmographie, 3
Georgium Sidus. Voyez Herschel.
Globe terrestre artificiel. Sa description, 176
Grandeurs. (rapport géomét. de deux) 1
Grange (M. de la) a déterminé les inégalités des Satellites de Jupiter, 164

Grenet, (M. l'Abbé) auteur d'une machine imitée de celle du sieur Fortin; elle a, comme la machine géocyclique, un défaut très-essentiel, 173
Guillaume II, Landgrave de Hesse, se distingue par son goût & sa protection pour l'Astronomie, 152
Gymnosophistes de l'Inde, Savans, 140

H.

HALLEI annonce le retour de la comète de 1758, 66, 33
Harrison a travaillé en Angleterre aux montres marines, 109
Herschel, célèbre observateur, 9
Herschel, observateur Anglois. Précis historique de ses travaux, *ibid.*
Herschel, planète appelée modestement par celui qui l'a découverte, *Georgium Sidus*, 9
— Appelée par les Astronomes François du nom de celuiqui l'a découverte, 11
— Elémens de son orbite, *ibid.* & 26
— Sa révol. annuelle de 83 ans $\frac{1}{2}$, 26
Excentricité & inclinaison de son orbite, *ibid.*
— Sa distance moyenne au Soleil en lieues, *ibid.*
Hipparque. De son tems la précession étoit moindre qu'à présent, 64
— Position de la ligne des Equinoxes dans son tems, 98
— Le plus grand Astronome de l'Antiquité, 142
Horizon. Sa définition étymologique, 84
Huet, (M.) Evêque d'Avranche, visite l'île d'Hwen, 153
Huyghens croyoit la Terre une ellipsoïde de révolution, 22
— Idée de ses travaux, 157
Hydrostatique. Etymologie, 44

I.

INSTRUMENS en usage pour expliquer le systême du Monde, 170
Jour naturel (1). Ce qui le constitue, 99
Jour astronomique, *ibid.*
Jupiter. Signe qui le désigne, 9
— Diamètre, 26, 12
— Distance moyenne au Soleil, 26, 16
— Révolution autour du Soleil, 26, 17
— Excentricité du foyer de son orbite, 26, 18
— Inclinaison de son orbite, 26, 19
— Révolution sur lui-même, *ibid.*
— Sa figure, 22
— Sa grosseur, comparée à la Terre, 26
— Ses Satellites, 30

K.

KEPLER; Disciple de Tyco, doit être regardé comme le créateur de l'Astronomie moderne; idée de ses travaux, 154
Kepler a découvert les loix selon lesquelles les Planètes se meuvent dans leurs orbites, 15
— Observe une étoile fixe en 1604, 37
— Cultive l'Astronomie en Allemagne, 152

(1) Il y a dans le texte *in-8°*. Jour *civil*; c'est une faute.

L.

LATITUDE TERRESTRE. Définition, 103
— Est égale à l'élévation du pole sur l'horizon, *ibid.*
— Méthode pour la mesurer, 104
— Mesure des dégrés de latitude, *ibid.*
Lavoisier (M. de) fait des expériences sur la vaporisation des fluides avec M. de la Place, 134
Libration de la Lune. Etymologie, 29
— Quel est le mouvement de la Lune auquel on a donné ce nom, *ibid.*
— De la Lune déterminée par M. de la Grange, 164
Loix découvertes par Kepler, 14
Longitude. Différentes méthodes pour la déterminer, 107
Louis-le-Débonnaire fonde des Monastères à l'occasion d'une éclipse qui l'effrayoit beaucoup, 165
Lumière. Nous vient du Soleil, 8
— Emploie 8′ à venir à nous, 9
— Ses rayons se décomposent à la surface de la Terre, *ibid.*
— Son aberration, 114
Lumière. Elle emploie environ 8′ à venir du Soleil jusqu'à nous, 115
Lumière cendrée, 119
Lune, (la) Satellite de la Terre, 27
— Son orbite, presque circulaire, est inclinée d'environ 5ᵈ sur l'écliptique, 28, 27
— Position de la ligne des nœuds de son orbite, 27
— Sa distance moyenne à la Terre, *ibid.*
— Grandeur de son diamètre vu de la Terre, estimé par un angle.... estimé en lieues, 28
Libration de la Lune, 29
— On distingue trois sortes de révolutions de la Lune, *ibid.*
— Irrégularité de ses mouvemens causée par la pesanteur, 60
— Sans l'action de la pesanteur, la Lune s'éloigneroit de la Terre, 49
— Influence de la Lune sur les marées, 76
— Ses phases, 118
— Ses phases expliquées à l'aide de la machine du sieur Fortin, 175

M.

MAMOUN, (le Calife) ou Almamoun, 146
Mars. Signe qui le désigne, 9
— Diamètre, 12, 26
— Distance moyenne au Sol. 16, 26
— Révolution autour du Sol. 26, 17
— Excentricité du foyer de son orbite, 26, 18
— Inclinaison de son orbite, 26, 19
— Révolution sur lui-même, *ibid.*
— Sa grosseur comparée à celle de la Terre, 26
Maurepas, (M. de) Ministre, fait agréer au Roi les voyages pour la mesure de la Terre, 21
Mayer (Tables de) ne laissent presque rien à desirer pour la justesse, 110
Menisque. Ce que c'est que le ménisque de la Terre, 73
— L'action de la Lune sur ce ménisque, 74
— Ce qu'il en résulte, 75
Mercure. Signe qui le désigne, 9
— Diamètre, 12, 26
— Distance moyenne au Sol. 26, 16
— Révolution autour du Sol. 26, 17
— Excentr. du foyer de son orbite, 18, 26
— Inclinaison de son orbite, 26, 19
— Grosseur, 26
Méridien. (Mesure d'un arc du) 22
— Etymologie, 86
Mexicains. Leur erreur sur la cause des éclipses, 165
Mondes. Raisons probables de la pluralité des Mondes, 39
Moreau, (M.) Professeur de Mathématiques & de Géographie, auteur d'une machine très-propre à explquer le systême du Monde, 175
Mouvemens des corps célestes. Leur cause, 41
— Excellent morceau tiré d'un Ouvrage de M. de la Place, 44

Mouvemens. Perturbations des mouvemens des corps en général, 59
— Irrégularité du mouvement de la Lune, 60
— Irrégularité dans le mouvement des Planètes, 62
Mouvement des nœuds des Plan. *ibid.*
— Irrégularité dans les mouvemens des Comètes, 65
— Irrégularité dans les mouvemens des Satellites de Jupiter, 66
Mouvemens apparens des corps célestes, 83
— Vus de la Terre, 84
Mouvement diurne apparent, *ibid.*
Mouvemens des Planètes, vues de la Terre, lesquels les font paroître *rétrogrades*, *stationnaires* & *directes*, 111
Mouvemens apparens des Etoiles, occasionnés par la précession des équinoxes, & par la nutation de l'axe de la Terre, 177

N.

NADIR. Définition; étymologie, 84
Newton trouve que la Terre doit être plus applatie aux poles que ne le croyoit Huyghens, 21
— Son sentim. sur la comète de 1680, 33
Newton. Idée de ses découvertes, 160
Nœuds des orbites des Planètes, mouvemens des nœuds, 62
Nutation de l'axe de la Terre, 25

O.

ORBITE des Planètes. Leur forme, 12
— Leurs élémens, *ibid.*
Orbites. Leur excentricité, 13, 18
— Leur inclinaison, 14, 18, 28

P.

PARABOLE. Définition; étym. 5
Parallaxe des Astres, 105
— Horizontale, 106
— Annuelle, 113
Parallèles. Définition, 4
Pendule. (le) Ce que l'on appelle ainsi, 57
— Pour battre les secondes à la surface de la Terre doit être de 3 pieds 8 lig. de long, *ibid.*
— Différentes longueurs du Pendule à la surface des Planètes, *ibid.*
Périgée. Quel est ce point; étym. 28
Périhélie. Définition; étymologie, 13
Période. Etymologie, 29
Pesanteur. Ce que c'est que la pesanteur... tous les corps obéissent à cette loi.... est proportionnelle à la masse.... est perpendiculaire à la surface de la Terre, 43
— N'est pas bornée à la surface de la Terre, 44
Pesanteur. Morceau extrait d'un Ouvrage de M. de la Place sur l'effet de la pesanteur, 44
Pesanteur de la Lune vers la Terre, 49
— A la distance de la Lune, la pesan. fait parcourir à un corps 15 pieds & un dixième par minute, *ibid.*
— A la surface de la Terre, la pesanteur fait parcourir, par minute, 3600 fois 15 pieds & un dixième, *ibid.*
Pesanteur des Planètes vers le Soleil, 50
— Elle est, par rapport au Soleil comme par rapport à la Terre, proportionnelle à la masse, *ibid.*
Pesanteur des Comètes vers le Soleil.... des Satellites vers leurs Planètes.... du Soleil vers toutes les Planètes, 52, 53
— La pesanteur sert à faire connoître la densité de quelques-unes des Plan. 54
— Différence dans la pesanteur d'un corps supposé à la surface de différentes Planètes, 56

Pesanteur. Ses effets sur toutes les parties des corps célestes, 67
—— Manière dont elle se forme à leur surface, 68
—— De sa diminution aux différentes profondeurs de la Terre, 69
—— Diminue en allant des poles à l'Équateur, 71
Pesanteur. Considérée comme cause de la précession des équinoxes & de la nutation de l'axe de la Terre, 73
—— Comme cause du flux & reflux, 76
—— Comme cause d'un mouvement régulier dans l'atmosphère, 79
Phases. Etymologie de ce mot, 29
—— Définition, 118
Phases de la Lune, *ibid.*
—— Expliquées à l'aide de la machine du sieur Fortin, 175
Phases de Vénus, 120
—— de l'anneau de Saturne, *ibid.*
Phénomène. Etymologie, 41
Picard visite l'île d'Hwen, 153
Place (M. de la) Académicien, Pensionnaire de l'Académie des Sciences, a donné les élémens de la planète de Herschel, 11
—— Morceau tiré d'un de ses Ouvrages concernant la pesanteur, 44
—— M. de la Place fait des expériences avec M. de Lavoisier sur la vaporisation des fluides, 134
Planètes. Noms & fig. qui les désig. 9
—— Divisées en *inférieures* & en *supérieures*, 10
—— Diamètre, 11
—— Orbites, 12
—— Loix qu'elles suivent dans leurs mouvemens, 14
—— Grandeurs des principaux élémens de leurs orbites, 16
—— Distance moyenne de chacune d'elles au Soleil, *ibid.*
Planètes. Tems de leurs révolutions, 17
—— Excentricité de leurs orbites, 18
—— Inclinaison de leurs orbites, *ibid.*
—— Mouvemens sur elles-mêmes, 19
—— Leur figure en vertu de leurs mouvemens, 20
—— Leur *rétrogradation*, &c. expliquée à l'aide de la mach. du sieur Fortin, 171
Plans. (inclinaison de deux) 6
Pneumatique (machine) propre à faire le vuide. Etymologie, 134
Pneumatique, 43
Poles. Définition; étymologie, 20
—— Les poles de l'axe de la terre décrivent autour des poles de l'écliptique deux cercles parallèles à l'écliptique, éloignés des poles de 23^{d} 28′, 117
—— Leur mouvement est de 50″ 1 tiers par année; & la révolution entière, de 25748 ans, 147
—— Le pole du Monde, en vertu de la nutation de l'axe de la Terre, nous semble décrire une petite ellipse autour du pole de l'écliptique. Le grand axe de cette ellipse est de 18″, 117
Précession des Equinoxes. Etymologie, 73
—— Causée par la pesanteur, *ibid.*
Précession des Equinoxes, 22
—— Reconnue par Hipparque, 24
Problême. Définition; étymologie, 60
Ptolémée, auteur d'un Système du Monde fort compliqué, 83
—— Son Almageste, 137, 144
Perfection à la théorie de la Lune, 144
—— Explication de la Sphère; de son nom, 170
Ptolémée Lagus attire les Sciences à Alexandrie, 141
Ptolémée Philadelphe, fils de Ptolémée Lagus, fixe les Sciences à Alexandrie,
Purbach, Astronome, *ibid.*
Pythagore, disciple de Thalès, sorti de l'Ecole Ionienne, 139

R.

Récapitulation, ou Tableau présentant les *diamètres*, *grosseurs*, *moyennes distances* des Planètes, &c. 26
Réfraction de l'atmosphère, 130
Regiomontanus, Astronome, 141
Révolutions des Planètes; tems de ces révolutions, 17, 26

Romains ; leur peu d'inclination pour les Sciences, 145
Rothicus, disciple de Copernic, 150
Roy (M. Julien) a remporté deux fois le prix de l'Académie des Sciences, sur la question de la Longitude, 109

S.

SAISONS. Position de la Terre au commencement du Printems, 87
— De l'Eté, 88
— De l'Automne, 91
— De l'Hiver, *ibid.*
— Inégalité des Saisons, 96
— Connue d'Hipparque, *ibid.*
— Cause de cette inégalité, 97
Satellites des Planètes, 27
— 1°. Satellite de la Terre (la Lune) *ib.*
— 2°. De Jupiter, 30
— Tems de leur révolution, *ibid.*
— Leur moyenne distance à Jupiter, *ibid.*
— Inclinaison de leurs orbites, 31
— Irrégularités dans leurs mouvemens occasionnées par l'attraction de la pesanteur, 66
— 3°. De Saturne, 31
— Tems de leurs révolutions, *ibid.*
Satellites des Planètes. Ce que l'on entend par ce mot, 27
Satellites de la Terre, (la Lune) *ibid.*
Satellites de Jupiter, 30
— Tems de leurs révolutions, *ibid.*
— Moyenne distance à Jupiter, *ibid.*
— Inclinaison de leurs orbites, 31
— De leurs éclipses, 126
— Leurs inégalités déterminées par M. de la Grange, 164
Satellites de Saturne, 31
— Tems de leur révolution, *ibid.*
Saturne. Signe qui le désigne, 9
— Diamètre, 12, 26
— Distance moyenne au Soleil 16, 26
— Révolution périodique, 16, 26
— Excentricité du foyer de son orbite, 18, 26
— Inclinaison de son orbite, *ibid.*
— Sa grosseur, 26
— Ses Satellites, 31
— Son Anneau, 32
Sidérale, vient du latin *sidus*, 17
Signes du Zodiaque. Voyez ce mot,
Soleil, (le) 8
— Est un corps sphérique, *ibid.*
— Son diamètre, *ibid.*
— Ses taches, *ibid.*
— Son axe de rotation, *ibid.*
— La lumière qu'il nous envoie, 12
Solstice. Définition ; étymologie, 90
Sphère, construction géométrique. Etymologie, 6
Sphère ou boule, 20
Sphéroïde de révolution, 6
Synodique. Etymologie, 29
Systême planetaire. Ce qu'il comprend, 7

T.

TANGENTE. Définition, 6
Télescope. Etymologie, 54
Terre. (la) Signe qui la désigne, 9
— Diamètre, 12
— Distance moyenne au Soleil, 16
— Révolution annuelle, 17
— Excentricité du foyer de son orbite, 18
— Inclinaison de son orbite, 19
— Mouvement diurne, *ibid.*
— De la figure qu'elle prend en vertu de sa rotation, 20
— Division de la Terre par zones, 101
— Par climats, *ibid.*
Thalès de Milet. On fixe à son tems l'origine de l'Astronomie chez les Grecs, 139
Ticho-Brahé, l'un des plus grands observateurs qui aient jamais existé, 152
— Ses travaux, 153
Timocharis, un des premiers observateurs de l'Ecole d'Alexandrie, 141

Toricelli, Physicien célèbre d'Italie, disciple de Galilée, 134
Triangles. Définition, 4
Tropiques. Etymologie, 24

V.

VENTS ALISÉS. Leur cause, 79
Vénus. Signe qui la désigne, 9
——— Diamètre, 12
——— Distance moyenne au Soleil, 16
——— Révolution autour du Soleil, 17
——— Excentricité du foyer de son orbite, 19
——— Inclinaison de son orbite, *ibid.*
——— Révolution sur elle-même, *ibid.*
——— Grosseur par rapport à la Terre, 26
——— De ses phases, 120
——— De son passage sous le disque du Soleil, 125
Voie Lactée. De quoi elle paroît formée. Etymologie, 38
Uranisbourg. Observatoire de Ticho-Brahé : où situé, 153
Wisthon. Son sentiment sur la cause du déluge, 35

Z.

ZENITH. Définition; étymologie, 84
Zodiaque. Définition, 36
——— Etymologie, *ibid.*
——— Divisé en douze constellations, 36
Zones, divisions de la Terre. Etymologie, 192

Fin de la Table de la Partie Astronomique.

TABLE
DES MATIÈRES.
PARTIE GÉOGRAPHIQUE.

A.

ABBEVILLE, cap, 441
Abdul-Amid, 257
Abensberg, 229
Abissinie, 304, 306
Abruzze, (l') citérieure, 254
Abruzze (l') ultérieure, 254
Achen, 297
Açores, (les) 325, 336
Acqs, 361
Adel, 304, 317
Aden, 270
Aderbidgian, (l') 268
Adige, (l') riv. 230, 246
Adler, 234
Adour, (l') 361
Afghwans, (les) 272
Afrique, (de l') 301
Agde, 365
Agen, 360
Agénois, (l') *ibid.*
Agimère, prov. & capit., 273
Agout, (l') rivière, 364
Agra, prov. & capit., 274
Ajan, 304
Aider-Abad, 280
Aider-Nagar, 281
Aires, 189
Aisne, (l') riv. 344
Aix, 366
Alava, 243
Albanie, partie de l') 249
Albi, 364
Al-dgézira, (l') 265
Alentéjo, (l') 241
Alep, 265
Alès, 365
Aleth, 364
Alexandrie, 305
Algarve, (l') roy. 241
Alger, 308
Allemagne, 223
Allemand, (l') 258
Allier, (l') riv. 355
Alpes, 203, 246
Alsace (l') haute & basse, 347
Altenbourg, princip. 226
Altona, ville, 225
Altorf, 222
Amazones, (le pays des) 331
Amberg, 229
Amboine, 299
Amboise, 350
Amédabad, 282
Amérique, 323
Amérique mérid. 324, 331
Amérique septentrion. 324
Amiénois, (l') 341
Amiens, cap, *ibid.*
Amoudabad, cap, 282
Amsterdam, cap, 221
Amur, (l') 264
Amstel, (l') rivière, 221
Anadoli, (l') 261, 265
Anclam, ville, 226
Ancône, cap, 251
Ancône (la Marche d') 251
Andalousie, (l') 244
Ander, (Saint) 243
Andrinople, 257
Andro, *ibid.*
Angers, cap, 349
Anglois, (l') 258
Anglesey, comté, 209
Angleterre, 207
Angoulême, 456
Angoumois, (l') *ibid.*
Angra, 336
Anhalt, principauté, 225, 226
Anjou, (l') haut & bas, 349
Annam, 291
Annapolis, cap, 328
Anslo, baie, 213
Anspach, principauté, 228
Antakié, 265
Anticosti, île, 225, 334
Antilles, (les) 325, 335
Anti-paros, 257
Anvers, (seigneurie d') 220
Aoud, (l') 273
Aoud, 275
Aoudipour, 273
Apennin, 203, 246
Appenzel, 222
Apt, 366
Aquila, cap, 254
Aquilée, 230
Arabe, (l') 258
Arabes, ou Maures, 309
Arabie, (l') 261, 270
Arabie déserte, 270
Aracan, 288
Ararat, 261

Arcate,

Arcate, capitale, 280
Archangel, 215
Archipel, 257
Archipel, (mer de l') 205
Ardre, royaume & capit., 311
Arensberg, ville, 227
Aristocratie, 190
Arles, 366
Armagnac, (l') 361
Armançon, (l') riv., 352
Arménie, (l') 265
Arménie Persane, 268
Arnebourg, 225
Arnheim, 221
Arno, rivière, 246
Arnswal, 226
Aragon, (l') 243
Arras, capitale, 241
Arriège, (l') rivière, 363
Arroux, (l') riv. 352
Arta, capit. 249
Artois, (l') 320, 341
Arz-roum, ou Erzeroum, 265
As, ou Aïs, 260
Asie, ibid.
Asie Mineure, 261
Asoff, 215
Assomption, (l') 331
Assuan, 305
Astracan, 215
Asturies, (les) 243
Athènes, 257
Atlas, (le mont) 302
Atollons, 297
Auçagurel, 437
Ava, 288
Auch, 361
Aveirou, (l') riv. 360
Avignon, 367
Avila, 243
Aunis, (l') 354
Avranches, dioc., cap. 342
Aurenza, capit. 254
Aurez, (l') riv. 359
Auro, (l') riv. 342
Ausbourg, év. ville Imp., 228, 229
Autriche, 224, 230
Autun, 352
Autunois, (l') ibid.
Auvergne (l') haute & b. 357
Auxerre, capitale, 352
Auxerrois, (l') ibid.
Auxois, (l') ibid.
Azof, (mer d') ou de Zabache, 205

B.

Baçaïm, 282
Badajoz, cap, 244
Bade, ville, 229
Bade-Bade & Bade-Dourlach, Margraviats, ibid.
Bagdad, 265
Bahama, 334, 325
Bahour, 286
Bahr-al-Gazal, riv. 314
Bahri, 305
Baie d'Hudson, 326
—— de Bafin, ibid.
—— de Honduras, ibid.
—— de Campêche, ibid.
Baïkal-More, 263
Baise, (la) riv. 361
Bab-al-Mandeb, 263
Bâle, 222
Baléares, îles, 204
Baltique, ibid.
Bamberg, ville & évêché, 228
Bancs, 233
—— ecclésiastique, 229
—— séculier, ibid.
Bancs de sable, 189
Banda, 298
Bantam, 297
Banza, capit. 315
Barbarie, (côte de) 304, 307
Barca, désert, 304, 307
Barcelone, capit. 244
Bari, (terre de) capit. 254
Bark, comté.... Reading, capitale, 208
Baronnies, (les) 359
Baroros, 316
Basilicate, (la) 254
Basques, (le pays des) 361
Basra, 265
Bas-Rhin, (cercle du) 224
Basse-Saxe, (cercle de) ibid.
Bassigni, (le) 344
Bastia, capit. 368
Batavia, 297
Bath, 207
Bavière, duché, 229
—— haute, ibid.
—— basse, ibid.
—— (haut Palatinat de) ibid.
—— (cercle de) 224, 229, 229
Baundhou, prov. 279
Bayonne, 361
Bayeux, dioc. & cap. 342
Bayreut, 228
Béarn, (le) 362
Beauce, (la) 350
Beaujolois, (le) 358
Beauvais, capit., 344
Beauvoisis, (le) ibid.
Béchin, cer. & ville, 234
Bedford, com. capit. 208
Bednor, ou Ranabednor, 281
Béfort, capit. 347
Beglier-beg, 265
Behar, 276
Beinthen, (com. de) 224
Belley, 352
Bellunez, (le) 249
Bénarès, 276
Bène, (la), riv. 359
Bengale, (le) 276
—— (golfe de) 262
Benguéla, (le) roy. & cap. 315
Bengoulour, 281
Benin, roy. & capit. 311
Berar, (le) 279
Beraun, 234
Berg, 224
Bergamasc, (le) 249
Bergame, capit. ibid.
Berghen, 226
Berg-op-zoom, 221
Berlin, capit. 226
Bernbourg, ibid.

Berne, 222
Berri, (le) haut & bas, 351
Bertrand, (St.) 361
Besançon, 353
Beyra, (le) 241
Béziers, 364
Bielgorod, 215
Bigorre, (le) 361
Bilbao, 243
Biledulgérid, (le) 304
Biscaye, (la) 243
—— (golfe de) 204
Blaisois, (le) 350
Blakenbourg, princip. 225
Blanc, cap, 302
Blanche, (mer) 204
Bléone, (la) riv. 366
Blois, capit. 350
Boëro, 298
Bohème, (de la) 234
Bohémien, (le) 258
Bojador, cap, 302
Boleslow, 234
Bologne, capit. 251
Bolonois, (le) *ibid.*
Bolzano, 230
Bombay, 282
Bon, (le cap) 302
Bonn, 227
Bonne-Espérance, (le cap de) 302, 316
Bonthaïm, 299
Bopaul, 276
Bopautol, 276
Bordeaux, 217, 360
Bornéo, 262, 298
Bos-le-Duc, 221
Boston, 328
Bothnie, (gol. de) 204
Boulogne, cap. & port 341
Boulonois, (le) *ibid.*
Bourbon, (île de) 303, 321
Bourbonnois, (le) haut & bas, 355
Bourg, 352
Bourgogne, (la) 351
Bournon, royaume, 314
Brabant, (duché de) 220
Braga, capit. 241
Brandebourg, électorat & marquisat, 225, 226
Brava, 317
Brecknock, comté, capit. 209
Breda, 221
Brême, v. imp. ou Bremen, duché, 225, 224
Brescia, capit. 249
Brescian, (le) *ibid.*
Brésil, (le) 332
Breslau, 237
Bresse, (la) 252
Bretagne (la) haute & basse, 347
Breton, (le cap) 325
Briançon, 359
Briançonnois (le) 359
Brie, haute, basse & pouilleuse, 345
Brie Françoise, (la) 343
Brie-Comte-Robert, capit. *ibid.*
Brieg, 237
Brissac, 229
Brixen, évêché, 230
Brünn, 235
Brunswick-Lunebourg-Calemberg, duché, 225
—— Lunebourg-Zelle, duc. *ibid.*
—— Lunebourg-Grubenhagen, duché, *ibid.*
—— Wolfenbutel, duché, *ibid.*
Brusa, ou Boursa, 265
Bruxelles, cap. du Brabant, 220
Bude, capitale de la basse Hongrie, 238
Budissin, 236
Budweis, 234
Buenos-Aires, 331
Bugey, (le) 352
Bundelconde, 275
Burghausen, 229
Burgos, capit. 243
Burlington & Perthamboy, capit. 328

C.

CABOUL, (le) 272
Cacongo, roy. & capitale, 315
Cadix, port, 224
Cadorin, (le) 249
Caëmarthen, comté, capit. 209
Caen, capit. 342
Cafrérie, (la) 304, 316
Cagliari, capit. 247
Cahors, 360
Caire, (le) capit. 305
Calabre ultér. & citér. (la) 254
Calais, port & capit. 241
Calédonie, 210
Calenbourg, princip. 225
Calisat, 259
Californie, (la) 324, 329
Callicut, (le) 283
Calloudge, 275
Calpi, *ibid.*
Calvinisme, 233
Cambaye, (gol. de) 262
Camboje, 261, 288
Cambrai, capit. 340
Cambraisis, (le) 340
Cambridge, com., cap. 208
Canada, (le) 328
Cananor, 283
Canara, (le haut) 281
—— (côte de) 283
Canarie, île, 303, 329
Canaries, îles, 319
Candi, 297
Candie, 204
Canoul, 28[illegible]
Cap, 189
Cap-Breton, île, 325
Cap des Aiguilles, 302
Capétiens, 338
Capitanate, (la) 254
Capo d'Istria, capit. 249
Caps, 203
Cap-vert, (îles du) 303, 320
Cap des Palmes, 302
Cap des trois Pointes, 302, 311

Carcaſſone, 364
Cardigan, comté, capit. 209
Carinthie, duché, 230
Carlovingiens, 338
Carnarvan, comté, capit., 209
Carnatic ou Carnate, (le) 280
Carniole, duché, 230
Carolath, 237
Carthagène, 331
Caſal, capit. 246
Caſan, 215
Caſpienne, (mer) 263
Caſſel, 227
Caſtille, (vieille) 243
——(nouvelle) 244
Caſtres, 264
Caſtro, duché, cap. 251
Catalogne, (la) 244
Catholiciſme, (le) 258
Caucaſe, 261
Cavéri, (le) riv. 285
Caulon, (la) riv. 366
Cavite, 298
Cayenne, 331
Céfalonie, (île de) 249
Céilan, 262, 297
Célèbes, îles, 262
Célebs, île, 299
Céram, île, 262, 298
Cercle, 191
Cercle électoral, ou Duché de Saxe, 225
Cerdagne françoiſe, 363
Cérigo, 249
Cevennes, (les) 364
Châlon, 252
Châlonnois, (le) *ibid.*
Châloſſe, (la) 361
Cham, 229
Chambre impériale, 233
Chamberry, capit. 246
Champagne, haute, baſſe & propre, 344
Chaoul, 282
Charente, (la) riv. 356
Charolles, 352
Charollois, (le) *ibid.*
Chartres, 350
Château-Thiéry, capit. 345
Châtillon-ſur-Seine, capit., 352
Chaumont, capit. 344
Cheitor, 273
Cher, (le) riv. 355
Cherſonèſe cimbrique, 213
Cheſter, com. cap. 208
Chiéti, capit. 254
Chili (le) 331
Chine, (de la) 292
Chipre, 262, 296
Chiteldroug, 280
Chotaye, (le) 273
Chriſtiana, capit. 213
Chrudira, 234
Chumbull, riv. 274
Cicacole, 286, 287
Cilley, 230
Circar, 286
Cité-valette, (la) cap. 256
Clagenfurt, 230
Clain, (le) riv. 354
Clermont, 357
Climats, 194
—— d'heures, *ibid.*
——de mois 195
Coblentz, 227
Cochin, 284
Cochinchine, 288
Coïmbre, capit. 241
Colberg, (ville) 226
Collèges, 233
Colmar, capit. 347
Cologne, élect. 227
Colram, 285
Columbo, 297
Comminge, diocèſe, 364
Comminge, (le) 361
Comores, (iles) 322
Comorin, cap, 261, 284
Comoro, (îles de) 303
Comtat Vénaiſſin, 367
Comtés ou Shires, 207
Condanore, 280
Condapilly, 286
Condavir, (le) 280, 286
Condom, 361
Condomois, (le) *ibid.*
Configuration, 191
Conflans, viguérie, 363
Congo, (le) 304, 315
Connaught, 209
Connecticut, 328
Conſeil aulique, 233
Conſtance, (lac de) 205
——(évêché de) 228
Conſtantinople, 256
Continent, 188
—— ancien, nouveau, peu connu, 201
Copenhague, capit. 212
Cordilières, 324
Cordoue, 244
Corée, 261
——(golfe de) 262
Coromandel, (côte de) 284
Coron, 257
Corrèze, (la) riv. 357
Corſe, (île de) 282, 368
Coſlin, ville, 226
Côte au N. de Paliacat, 286
Côte d'Ajan, 317
Côte de la Pêcherie, 284
Côte des dents, 311
Côte des Pirates, 282
Côte d'Or, 311
Coulouglis, 309
Couls, *ibid.*
Courans, (cap des) 302
Couſerans, (le) 361
Coutances, dioc. & capit. 342
Cozenza, capit. 254
Cracovie, 239
Cranganor, 283
Crema, capit. 249
Cremaſc, (le) *ibid.*
Creſpy, capit. 344
Crimée, (la) 203
Croatie, 238
Cuantza, 304
Cuba, 325, 335
Cuddapa, 280
Cuenca, 244
Culmbach, princ. & ville, 228
Cumberland, comté, 209
Cuſtrin, capit. 226
Czaſlow, 234

D.

Dalmatie, (la) 238, 249
Damas, 265
Dambéa, lac, 303
Danemarck, 212
Danian, 267
Danois, (le) 258
Dantzick, 239
Danube, (le) fleuv. 206, 224, 237, 256
Dara, 289
Darby, comté, capit. 208
Dardanelles, (détroit des) 205
Dauphiné, (le) haut & bas, 359
Décan, (le) 279
Delaware (la) 328
Déli, prov. & capit. 273
Démocratie, 190
Démocratique, *ibid.*
Denbigh, comté & capit. 209
Dern, 307
Deflaw, 226
Defpote, 190
Defpotique, *ibid.*
Détroits, 188, 205, 263, 326
Détroit de Conftantinople, 205
Détroit de Davis, 326
Deule, riv. 340
Dévon, comté; Exéter cap. 208
Deux-Ponts, duché, 227
Dgeddah, 270
Dgemna, riv. 273
Diarbékir, 265
Die, 359
Dieppe, capit. & port, 342
Diette, 233
Digne, 366
Dijonois, (le) 352
Dijon, capit. *ibid.*
Diocèfes, 342
Diois, (le) 359
Diu, 282
Divi, 287
Divi-cotté, 285
Divifions générales de la furface du globe, 201
Divifions des mers, *ibid.*
Divifions des Pays, 206
Dniéper, (le) fl. 206, 239
Dogado, (le) 249
Dol, 347
Dôle, 353
Don, (le) fleuve, 206, 215
Donavert, 229
Dongo, (le) ou le royaume d'Angola, 315
Dorfet, comté, 208
Dorchefter, capit. *ibid.*
Dourdan, capit. 344
Douro, (le) fleuve, 243
Dourlach, ville, 229
Doutor-Calli, 286
Doux, (le) riv. 353
Drefde, 225
Drome, (la) riv. 359
Druin, 311
Drufes, (les), 268
Dublin, 209
Dun-gala, royau. & capit. 306
Durance, (la) riv. 359, 366
Durham, comté & cap. 209
Dufleldorf, 224
Dwina, (la) fleuve, 206, 215

E.

Ebre, (l') riv. 243
Ecliptique, 191
Eclufe, (l') 221
Ecoffe, 207, 209
Edenton, capit. 328
Edimbourg, 209
Eglife Latine & Grecque, 189
Egra, 234
Egripo, 257
Egypte, 304
——(haute), *ibid.*
——(du milieu) *ibid.*
——(baffe) *ibid.*
Eichtadt, évêché 228
Eifenach, princip., 246
Eizehfeld, 227
Elbe, (l') 224
Electeurs, 231
Elkouds, 268
Ellahabad, 275
Ellore, 286
Ellwangen, (prévôté) 228
Elnbogen, 234
Embden, 224
Embrunois (l') 359
Embrun, capit. *ibid.*
Ens, (pays au deffous de l') 230
Ens, (pays au deffus de l') *ibid.*
Entre Douro & Minho, province, 241
Entrevaux, 366
Epte, rivière, 342
Equateur, 191
Erfurt, 227
Erié, (lac) 326
Erivan, 268
Erzgeburg, (cercle d') 225
Efcaut, fleuve, 340
Efclavonie, 238
Efpagne, 203, 242
Efpagnole, (langue) 258
Effex, comté; capit. Colchefter. 208
Eftanglie, 210
Eftonie, 215
Eftramadure, (l') 244
Etats Eccléfiaftiques, 228
—— du cercle de Bavière, 229
Etat de l'Eglife, (l') 251
Etat de l'Empire, 233
Etat des garnifons (l'), 250
Etats laïques, 228
Etats de Tipou-Saëb, 281

Etats du Midi, 241
Etats du Nord, 207
Etats Séculiers du cercle de Bavière; 229
Etats Unis de l'Amérique, 328
Evora, capitale, 241
Euphrate, (l') fleuve, 263
Eure, (l') riv. 350
Evreux, diocèse & capit., 342
Europe, (de l') son étymologie, 202
Europe, (étendue de l')
——(climats de l') 203
Europe, (bornes de l') *ibid.*
——(montagnes de l') *ibid.*
Eutin, ville épiscop. 225

F.

FARRAKDABAD, 275
Farsistan (le) 268
Feltre, capit. 249
Feltrin, (le) 249
Férarois, (le) 251
Ferden, ou Verden, 224
Ferrare, capit. 251
Fez, royaume & capi. 308
Fezabad, 275
Finlande, 314
——(golfe de) 204
Fionie, 212
Fiume, 230
Flamand, (le) 258
Flandre, (comté de) 220
Flandre françoise, 340
Fleuves, 189 206, 263, 326
Flint, comté, capit. 209
Florence, capit. 250
Floride, (la) 324, 329
——(cap de) 325
Foix (comté de) 363
Fontaine de Jouvence, 330
Fontenai-le-Comte, 354
Forez, (le) 358
Formose, 262, 298
Fortaventura, 320
Fort St. Pierre, 335
Fort-Royal, 335
France, (de la) 217, 338
——(île de) 303, 321
Francfort, sur l'Oder, 326
——sur le Mein, 227
Franche-Comté, 353
Franconie, (cercle de) 224, 228
Frat, 265
Fréjus, 366
Freyberg, capit. 225
Freysingen, évêché, 229
Fribourg, 222, 229
Frieldeberg, 227
Frioul, (le) 249
——Autrichien, 230
Frise, (la) capit. Lewarde, 221
Fulde, abbaye, 227
Funchal, 319
Funen, ou Fionie, 204
Fungi, 306
Furca, mont, ou de la Fourche, 222
Furstemberg, principauté, 229

G.

GADO, (cap de) 303
Galice, province, 243
Galla, 307
Galles, princip. 209
Gallicie, 239
Gand, 220
Gange, (le) 263
Ganjam, 287
Gap, 359
Gapençois, (le) *ibid.*
Gardon, (le) riv. 365
Garonne, (la) riv. 217
Gascogne, (la) 361
Gatinois françois, (le) 344
——orléanois, (le) 350
Gattes, (les) 261, 278
Gelnhausen, 227
Gènes, républ. & capitale, 250
Gènes, (golfe de) 204
Genève, (lac de) 205
Géographie, 187
Géographie mathématique de l'Europe, 202
Géographie physique, 197
——Physique de l'Europe, politique, 203, 206
Géorgie, (la) 328
——Persanne, 268
Gers, (le) 361
Gètes, (les) 273
Gévaudan, (le) 365
Ghilan, (le) 268
Ghod, prov. & cap. 274
Gibel, volcan, 255
Gibraltar, (détroit de) 205
Giessen, capit. 227
Gilolo, 262, 299
Girgé, capit. 305
Glaciale, (mer) 202
Glamorgan, comté; Cardif capitale, 209
Glandève, 366
Glaris, 222
Glascow, 209
Globe, 191
Glocester, comté & cap. 208
Glogau, 237
Goa, 282
Goerlitz, ou Gorlitz, 236
Goetingue, ville, 225
Golfe, 188
Golfes, 262, 325
Golfe de Kamtchatka, 262
Golfe de Panama, 325
Golfe de Pékéli, 262
Golfe de St. Laurent, 325
Golfe de Siam, 262
Golfe de Sindi, 263
——de Tonkin, *ibid.*
Golfe du Mexique, 325
Golfes & mers intérieures, 204
Golfe Persique, 262
Golnow, ville, 226

Goméra, 319
Gommel, 311
Gondelour, 285
Gontour, 280
Goritz, archev. 230
Goslar, ville imp. 225
Gotha, princip. 226
Gothie, 214
Gouanches, 319
Gournay, capit. 342
Goutti, 280
Gouvernemens, (grands) 339
—(petits)
—mixte, 190
Graines, (côtes des) 311
Graisivaudan (le) 359
Grande-Bretagne, 204, 207
Grande mer, ou mer du Sud, 201
Grasse, 366
Gratz, capit. 230
Grèce, 257
Grec vulgaire, (le) 258
Grenade, roy. & capitale, 244
Grenoble, 359
Groningue, prov. & cap. 221
Grossen, duché, 326
Grottkau, 236
Guadalquivir, (le) riv. 243
Guadeloupe, (la) 325, 335.
Guadiana, (la) riv. 243
Guam, 298
Guardafui, cap, 303
Guben, 236
Gueldre, (duché de) 220
—(province de) 221
Guender, ou Gondar, 307
Guéret, 354
Guin, ou Iça, 304
Guinée, (golfe de) 303
Guinée, (la) 304, 311
Guipuscoa, 343
Guise, capit. 341
Gurk, évêché, 230
Gurra-Baundhou, capit. 279
Guyanne, Françoise, 331
—Hollandoise, *ibid.*
Guyenne, (la) 360
Guzerat, (le) 281

H.

HADRAMOUNT, (l') 270
Haïnan, 262, 298
Hainaut, (comté de) 220
—(le) 340
Halberstadt, princip. 225
Hall, 230
Hall, & Hailbron, 229
Hambourg, ville Impériale, 225
Hampshire, Winchester, capit. 208
Hanau, comté, 227
Hanovre, ville, 225
Harponelly, 280
Hatter, province & capitale, 274
Haut-Rhin, (cercle du) 224, 227
Haute-Saxe, (cercle de) 224
Hedgiaz (l') 270
Hélène, (île Ste.) 321
Heidelberg, 227
Henneberg, princ. 228
—Roëmhild. *ibid.*
—Schleusingen, *ibid.*
—Schmalkenden, *ibid.*
Heptarchie, 210
Hérat, 269
Héréfort, comté & capit. 208
Hern-Chiensée, 229
Hertfort, comté & capit. 208
Hesse, (la) 227
—(basse) *ibid.*
—(haute) *ibid.*
Hildsheim, 225
Hoan-ho, (le) 264
Hohenlohen, 228
Hoie, ou Hoia, comté, 224
Hollande, (la) 221
Hollandois, (le) 258
Hostein-gluckstad, 225
—Gottorpe, *ibid.*
Hongrie, 237
Hongrois, (le) 258
Hottentots, (les) 316
Horizon, 191
Horn, (cap de) 325
Hradiste, 235
Hudson, (détroit d') 326
Humber, (l') 207
Huntington, comté & cap. 208
Hurepoix, (le) 344
Huron, (lac) 326
Hyémen, (l') 270

J.

JAEN, 244
Jaga-Calanda, capit. 315
Jagerdorf, 236
Jalofes, (pays des) 311
Jamaïque, (la) 325, 335
Japon, (le) 294
Jats, (les) 273
Java, 262, 297
Javer, 237
Jaune, (mer) 262
Ibrim, capit. 306
Idolatrie, (l') 190
Idria, 230
Iéna, 226
Jénisséa, (le) 264
Jérusalem, 265
Iglau, 235
Ile, (l') riv. 360
Ile de Fer, 319
Ile de l'Ascension, 320
Iles, 188, 204
—de l'Afrique, 318
—de l'Amérique, 334
Iles de l'Amirante, 303, 322
—de l'Asie, 396
—du vent ou Barlovento, 325

— sous le vent, ou Sotto-vento, 325
Ill, (l') riv. 347
Illyrie Hongroise, 238
Inde, (l') 271
Inde, (presqu'île occidentale de) 277
Indes, (mer des) 201
Indostan, 271, 288
Ingolstadt, 229
Ingrie, 215
Inhambané, 316
Inn, (l') riv. 230
Inspruck, capit. *ibid.*
Jægerndorf, 236
Joïnagar, prov. & capit. 273
Joinville, capit. 344
Joud, 273
Irlande, (de l') 204, 207, 209
Irtisz, (l') 264
Irtitz, riv. 295
Iser, riv. 234
Isère, (l') riv. 359
Islamisme, 259
Islande, (l') 204, 212, 213
Ispahan, 268
Issoudun, 351
Isthme, 188
Istrie, (l') 230, 249
Italie, (l') 203, 246
—— (îles de l') 255
Italienne, (langue) 258
Iton, (l') riv. 342
Jubo, 317
Judenbourg, 230
Iviça, 204
Juida, royaume, 311
Juliers, 224
Juthia, 288
Jutland, (le) 203, 212

K.

KAABA, 271
Kalau, 236
Kaluga, 215
Kamtchatka, 261
Kandaar, (le) cap, 269
Karamanie, (la) 265
Karikal, 285
Karné, capit. 314
Karpacs, (monts) 203
Katek, capit. 279
Kauzzim, 234
Ké-cho, capit. 288
Kemplen, 229
Kent, comté; capit. Cantorbery, 207
Kerlon, (le) 264
Kerman, (le) 269
Khan *ibid.*
Khéoa ou Ca-hué, capit. 288
Khorasan, (le) 269
Khorasm, (lac de) 263
Khousistan, (le) 268
Kian, (le) fl., 263, 292
Kie, *ibid.*
Kievachir, 269
Kioutayé, 265
Kirin, capit. 295
Kischna, (la) riv. 280
Kiusiu, 262
Koan-tcheu, ou Canton, 292
Koënigingrœtz, 234
Konieh, ou Coni, 265
Konisberg, 226, 240
Korrientes, cap, 325
Kolastri, 283
Krudimka, riv. 234
Kufstein, 230

L.

LABOUR, (terre de) 254
La Conception, 331
Lacs, 188, 205, 263, 326
Ladoga, (lac de) 205
La Havane, 335
La Haye, 221
Lahdjan, 268
Lamberg, ou Lwow, 239
Lamarck, comté, 224
Lanbach, ou Laybach, 230
Lancaster, comté & capit. 208
Lancerota, 320
Landes, (les) 361
Landsberg, 226
Landshut, 229
Languedoc, (le) 364
haut & bas, *ibid.*
Langues, 258
Laonois (le) 344
Laon capit. *ibid.*
Laponie, 214
Lar, 269
Larc, (le) riv. 366
Laristan, (le) 269
Lascha (le) 270
Latitudes, 193
Lavaur, 364
Laurent, (St.) fl. 326
Lawenbourg, Duché, 225
Lebuis, 359
Le Cap-François, 335
Leccé, capit. 254
Le Dorat, 354
Leicester, com. capit. 208, 209
Leipsick, (cercle de) 225
Leipsick, ville, 225
Leitha, 230
Leitmeritz, 234
Lemaire, (détroit de) 326
Lemta, (les) 310
Léna, (le) 264
Léon (évêché de) 348
Léon, royaume, 242
—— capitale *ibid.*
Lépante, (golfe de) 203
Lerque, (la) riv. 364
Lers, (le) riv. 364
Leyde, 221
Leysse, (la) riv. 246
Liane, riv. 341
Liebenwald, 226
Liévana, 243
Ligne, 191
Lignitz, 237

Lille, capit. 340
Lima, 331
Limbourg, (duché de) 220
Limoges, 357
Limousin, (le) *ibid.*
haut & bas, *ibid.*
Lincoln, comté & cap. 208
Lindaw, 229
Linz, 230
Lion, (golfe du) 204
Lippe, (comté de la) Debmod capitale, 224
Lisbonue, capit. 241
Lithuanie, 239
Littorale, (le) 230
Livadia, 257
Livonia, 215
Lizier, (Saint-) 361
Lizieux, diocèse & capit. 342
Loango, 315
Lodêve, 365
Loin, (le) riv. 350
Loire, (la) riv. 217
Longitudes, 193
Lorraine, (la) 345
Lot, (le) riv. 365
Louisbourg, 334
Louisiane, (la) 329
Loup, (le) riv. 366
Lawestein-Wertheim, 228
Lübben, 326
Lubeck, évêché, 225
——— ville impér. *ibid.*
Lucayes, (les iles) 325
334
Luckau, 236
Luçon, 262
298
Lucques, républ. 250
Lune, (monts de la) 302
Lupata, (mont.) 302
Lusace, 236
Luxembourg, (duché de) 220
Luzerne, 222
Lyon, 217
Lyonnois, (le) *ibid.*

M.

MACAÇAR, 299
Macao, 293
Mâcon, 352
Mâconnois (le) *ibid.*
Madagascar, 303, 321
Madéra, (la) 326
Madère, 303, 318
Madras, 286
Madraspatnam, 286
Madrid, capit 244
Maduré, (le) 284
Magadécho, 317
Magdebourg, duché, 224
Magellan, (détroit de) 326
Magellanique, (terre) 332
Magliano, capit. 251
Mahé, 283
Mahométisme, 257
Majeur, (le lac) 205
Maine, (le) haut & bas, 348
Maillorque, ou Minorque, 204
Maissoure, province & capitale, 281
Malaca, ou Malaya, 261
Malaca, (détroit de) 263
Maldives, (iles) 262, 297
Malé, 262, 297
Malines, (seigneurie de) 220
Malte, (île de) 204, 256
Manche, (la) province d'Espagne, 244
Manfredonia, capit. 254
Mangalor, 283
Manheim, 227
Manica, 316
Maniguette (côte de) 311
Manille, 262, 298
Mano-émugi, 316
Mano-motapa, 316
Mans, (le) capit. 348
Mansfeld, 226
Mantois, (le) 344
Mantoue, 247
Manzanazez, riv. 244
Mappe-monde, 195
Maragnon, (le) 326
Marattes, (pays des) 278
Maravi, (lac) 303
——— ville, 316
Marawar, (le) 284
Marbourg, bailliage, 227
Marche, (la) haute & basse 354
——— (la basse) *ibid.*
———(Electorale) 225
———(la haute) 354
———(la nouvelle) 226
Uckerane, ou Uckermarche, 226
——— (vieille) 225
Marguerite, (la) 325, 336
Marianes, (iles) 262, 298
Mariegalande, (la) 325, 335
Mariza (la) fleuve, 256
Marmara, (mer de) 283
Marne, (la) riv. 344
Maroc, Royaume & capitale, 308
Maronites, (les) 268
Marseille, 218
Martinique, (la) 325, 335
Maryland, (le) 328
Massachuset's-bay, 328
Mastreich, 221
Masulipatnam, 287
Matamba, (le) 315
Matapan, (cap) 204
Matogrosso, 324
Mauléon, 361
Mayence, (Elector de) 227.
Mayenne, capit. 348
———(la) riv. *idid.*
Mazandéran, (le) 269
Meaux, capit. 345
Mecklenbourg - gustrow, 225
———Schwerin, 224
Mecque, (la) 270
Medgerda, fleuve. 304
Médine, 270
Méditerranée, (mer) 202,
Medway, (le) 207
Meerthah, 273
Mékias, 305

Mékran,

Mékran, (le) 269
Mein, riv. 227
—— blanc, riv. 228
Meissen, 225
Méler ou Mâler, lac, 214
Mélinde, 317
Melun, capit. 344
Melwal, 273, 279
Memmingen, 229
Menam-kom, 263
Mende, 365
Méquinez, 308
Mer, 188
Mercie, 210
Mer d'Aral, 263
Méridien, 191
Mérioneth, comté, capitale, Harlech, 209
Mérovingiens, 338
Mersbourg, évêché, 225
Metling, 230
Metz, 345
Meurte, (la) riv. 345
Meuse, (la) riv. 346
México, capit. 329
Mexique, (le) 329
—— Le nouveau, *ibid.*
Michigan, (lac) 326
Milan, 247
Mildsex, comté, Londres, capitale, 207
Milhaud, 361
Milo, 257
Mindanao, 262, 298
Minden, ou Münden, 224
Minorque, 204
Miranda, capit. 241
Mirepoix, 364
Mifnie, marquisat, 225
Missisipi, (le) 326
Mocka, 270
Modène, duché & capit, 248
Mogolistan, 288
Mohilaw, 239
Mohilew, 215
Moluques, (îles) 262, 298
Molise, (le comtat de) 254
—— capitale, *ibid.*
Monarchique, 190
Monarque, 190
Monbaza, 317
Monmouth, comté & capitale, 208
Montargis, 350
Montauban, 364
Montbrisson, 358
Montferrat, (le) 246
Montgommery, comté & capitale, 209
Mont-Hécla, 213
Mont-Louis, 363
Mont-Luçon, 355
Montpellier, 365
Morava, riv. 235
Moravie, 235
Morée, (la) 203, 257
Morgon, (le) riv. 358
Mortagne, capit. 348
Moscovite, ou le Russe, 258
Moska, riv. 215
Moskou, gouvernem. 215
—— capitale, *ibid.*
Mosquée, 256
Mosul, 265
Moulins, 355
Moxoudabad, 276
Mozambique, 316
Moselle, (la) riv. 345, 227
Mueho, riv. 230
Muldaw, riv. 234
Mulhausen, 225
Munich, capit. 229
Munster, 209, 224
Munsterberg, 237
Murcie, royaume, & capitale, 244
Murray, (golfe de) 204
Musulmanisme, 257, 259

N.

NADIR, 269
Nagapour, (cap) 279
Namur, (comté de) 220
Nancy (capit.) 345
Nankin, 292
Nantes, 347
Naples, royaume, 251
—— capitale, 254
Navarre, (la) 243
—— (la basse) 362
Narbonne, 364
Naumbourg, évêch. 225
Naxia, 257
Nedgied, (le) 270
Négapatnam, 285
Neiss, riviere 236
Neker, riv. 229
Néva, fleuve, 215
Neubourg, princip. 229
Nevers, capit. 351
Neustadt, (cercle de) 225
—— ville, 230
New-Castle, capit. 328
New-Hampshire, *ibid.*
New-Jesey, *ibid.*
New-Port, *ibid.*
New-Yorck, province & capit. *ibid.*
Niger, 304
Nigritie, (de la) 304, 314
Nil, fleuve, 303
Niméamay, 316
Nimègue, 221
Nipon, 262
Nisme, 365
Nischgorod, 215
Nive, (la) riv. 362
Nivernois, (le) 351
Noire, (mer) 205
Nord-cap., (cap) 203
Nordhausen, 225
Nordlingen, 229
Norfolk, comté, capitale Norwick, 208
Normandie, haute & basse 342
North-Caroline, (la) 328
Northampton, comté & capitale, 208
Northumberland, comté & capitale, 208
Norwège, (la) 203, 212
Nottingham, comté & cap. 208
Nowogorod, 215
Nubie, (de la) 304, 306
—— turque, 306
—— propre, *ibid.*
Nuremberg, ville impériale 228

O.

OBSKAÏA-GULA, (l') 264
Oby, (l') 264
Occidentales, 258
Océan, 201
Odenſée, capit. 212
Oder, (l') riv. 224, 226
Oëls, 237
Offembourg, 229
Oiſe, (l') riv, 341, 344
Oldembourg, comté, 224
Olmutz, 235
Oman, (l') 270
Ombrie, (l') 251
Onéga, (lac d') 205
Onolzbach, 228
Ontario, (lac) 226
Ooſt-friſe, 224
Oppeln, 237
Orange, princip. 368
Orbitello, capit. 250
Orcades, (îles) 204, 209
Orénoque, (l') 326
Orge, (l') riv. 344
Orientales, 258
Orixa, (côte d') 279
Orléanois (l') 250
Orléans, capit. *ibid.*
Ormus, (détroit d') 263
Orna, (l') rivière, 342
Orviétan, (l') 251
Orviette, capit. *ibid.*
Oſnabruck, 224
Oſtrogothie, 214
Otrante, (la terre d') 254
Ouaire, Royaume & cap. 311
Ouche, (l') 204. 352
Over-iſſel, (l') capit. Deventer, 221
Ougéin, 279
Oviedo, capit. 243
Ouſe, (l') 207
Oxford, comté & capitale, 208

P.

PADERBORN, 224
Padouan, (le) 249
Padoue, capit. *ibid.*
Palatinat du Rhin, 227
Palerme, port & cap. 255
Paliacate ou Paliacat, 286
Pallentia, 243
Palma, 319
Palnaud, 280
Pamiers, 363
Pampelune, capit. 243
Panama, 324
Panna, 275
Papoul, (ſaint) 364
Paraguay, (le) 331
Paramaribo, 331
Paris, capitale, 217, 343
Parma, rivière, 249
Parme, duché & capitale, 248
Paros, 257
Pas-de-Calais, (le) 205
Paſſaw, évêché, 229
Patagons, (pays des) 332
Patna, 276
Patrimoine de ſaint Pierre, (le, 251
Pau, 362
—— (Gave de) *ibid.*
Paul-Trois-Châteaux, (St.) 359
Pays-Bas, 219
Pays-de-Bray, (le) 342
Pays-de-Caux, (le) 342
Pays-de-la-Montagne, (le) 352
Pays reconquis, 341
Pégu, 288
Pékin, capit. 292
Péloponnèſe, 257
Pembrock, comté, & capitale, 209
Penſilvanie, 328
Peraw, 235
Perche, (le) 348
Périgord, (le) haut & bas, 360
Périgueux, *ibid.*
Perleberg, capit. 226
Péronne, capit. 341
Pérou, (le) 331
Pérouſe, capi. 251
Pérouſin, (le) 251
Perpignan, 363
Perſan, (le) 258
Perſe, (la) 268
Pertois, (le) 344
Pétersbourg, (S.) cap. 215
Peypus, (lac) 205
Philadelphie, capit. 328
Philippines, (îles) 262, 298
Picardie, (la) haute & baſſe, 341
Piémont, (le) 246
Piève-di-cadore, capitale, 249
Pilſa, 234
Pilſen, 234
Piombino, princip. 250
Piſan, (le) Piſe, capit. 250
Piſeck, 234
Plaiſance, duché & capit. 248
Plaiſance, 334
Plaven, capit. 225
Pleiſſ, rivière, 225
Pleskow, 215
Pô, rivière, 246
Pointe-à-Pitre, (la) 335
Points, 191
Poitiers, 354
Poitou, haut & bas, *ibid.*
Pôle antarctique, 191
Pôle arctique, *ibid.*
Pol-de-Léon, (St-) 348
Poléſine, (la) 249
Polock, 215
Pologne, 239
—— grande & petite, 239
—— Pruſſienne, *ibid.*
—— Ruſſe, *ibid.*
Polonois, (le) 258
Poméranie, (la) duché, 225, 226
Pondichéry, 286

Pons, (Saint-) 364
Pont-d'Adam, (le) 284
Ponthieu, (le) 341
Pontoise, capit. 344
Popayans, (mons) 324
Port-au-Prince, (le) 335
Porto-Bélo, 331
Porto-Novo, 285
Portsmouth, capit. 328
Portugaise, (langue) 258
Portugal, (le) 203, 241
Postdam, 226
Pouille, (la) 254
Pounah, capit. 278
Pracatiz, 234
Prachin, 234
Prague, 234
Praïa, 320
Prenzlow, capit. 226
Presbourg, capitale de la haute Hongrie, 238
Presqu'îles, 188, 203
Presqu'île en-deçà du Gange, 261
au-delà du Gange, *ibid.*
Prignitz, 226
Principauté, (la) citérieure, 254
Principautés Ecclésiastiques, 228
—— Séculières, *ibid.*
Provence, (la) haute & basse, 366
Protestantisme, (le) 258
Providence, (la) 325, 334
Provinces-Unies, 221
Provins, capitale, 345
Prusse, 240
Puttan, (le) 282
Puy, (le) 365
Pyrénées, 203

Q.

QUÉBEC, capit. 328
Quentin, (Saint-) capit. 341
Quercy, (le) 360
Querfurt, principauté, 226
Quilimanci, 304
Quillebœuf, capit. 342
Quiloa, 317
Quimper, évêché, 348
Quimpercorentin, 348
Quito, 331

R.

RABINISME, (le) 190
Radnor, comté, capitale New-Radnor, 209
Raja, 273
Rajamundry, 286
Rakownitz, 234
Ramarrandapouram, capitale, 274
Ras-Addar, 302
Ras-al-hhad, capit. 271
Raschore, 280
Radstadt, ville, 229
Ratibor, 257
Ratisbonne, évêché, 229
Ravensberg, comté, 224
Rednitz, rivière, 228
Régenbsbourg, 229
Régio, capit. 254
Reims, capit. 344
Reklighausen, comté, 227
Religion catholique, 233
Religion Grecque, 259
—— Judaïque, 190
—— Luthérienne, 233
—— Mahométane, 190
Religions & Gouvernemens, 189
Rémois, (le) 344
Rennes, évêché & capitale, 347
Rewan, ou Rivan, 275
Rhétel, capit. 344
Rhéthélois, (le) *ibid.*
Rhin, (le) fleuve, 206, 224, 347
Rhinfeld, 229
Rhodes, 262, 296
Rhône, (le) fleuv. 217
Ribéria-grande, 320
Rieux, 364
Riez, 366
Riga, 215
Rio-de-la-plata, 326
Rise, (la) riv. 364
Rivières, 189
Rochelle, (la) capitale & port, 354
Rodez, 360
Rodisland, 348
Rohilconde, 264
Rohillas, 274
Romania, capit. 261
Rome, capitale, 251
—— la campagne de *ibid.*
Romescheron, île, 284
Roseaberg, 234
Rostock, 225
Rotenbourg, ville impériale, 228
Roterdam, 221
Rotweil, 229
Rouen, capitale, 217, 342
Rouergue, (le) 360
Rouge, (mer) 262
Rovigo, capitale, 249
Roum-i-li, 256
Roumois, (le) 342
Roussillon, (le) 363
Royale, (île) 334
Royan, (le) riv. 359
—— (Pont de) *ibid.*
Royanès, (le) *ibid.*
Roydroug, 280
Rugen, (île de) 226
Rugenwald, 226
Russie, 216
—— (nouvelle) *ibid.*
—— (petite) *ibid.*
Rutland, comté, capitale Orcan. 208

S.

SAAR, 234
Sabéïsme, (le) 190
Sabia, 316
Sabine, (la) 251
Schetland, 209
Sagan, 237
Sagor, 276
Sahalien-ula, (le) fl. 264
Sahara, (le) 304
—— (Désert de) 310
Saïd, 305
Saint, ou Swiatoï-nos, (cap) 261
Saint-André, riv. 311
Saint-Augustin, (cap) 325
—— capit. 329
Saint-Brieux, 348
Saint-Domingue, 325
—— île & capit. 335
Sainte-Hélène, 303
Saintes, 356
Saint-Flour, 357
Saint-Georges, détroit, 205
St. Georges, de la mine 311
Saint-Gothard, (mont) 222
Saint-Jago, 320
Saint-Jean, (île de) 325, 334
Saint-Jean-d'Angely, 356
Saint-Jean-pied-de-porc, 362
Saint-Malo, 348
Saintonge, (la) haute & basse 356
Saint-Paul-de-Loanda, 315
Saint-Salvador, capit. 315
Salamanque, 243
Salcète, 282
Salerne, capit. & port. 254
Salins, 353
Sallac, (la) riv. 361
Saloniki, 257
Salvador, (S.) 332
Salzbourg, arch. 229
Samarcand, capit. 295
Samaritain, (le) 190
Sancta-Fé, capit. 329
Sanganés, (les) 282
Sanguin, (royaume de) 311
Sanore, 280
Santerre, (le) 341
Santiago, capit. 243
Santorin, 257
Saône, (la) riv. 352
Saragoce, capit. 243
Sardaigne, île & Royaume, 204, 247
Sarlat, 360
Sarte, (la) 348
Sas-de-Gand, (le) 221
Savanah, capit. 328
Saverne, (la) 207
Saumur, capit. 349
Savoie, (la) 246
Sauveur, (saint) 334
Saxe-Altembourg, 225
—— Cobourg, *ibid.*
—— Eisenach, *ibid.*
—— Electorale, *ibid.*
—— Gotha, *ibid.*
—— Querfurt, *ibid.*
—— Weimar, princip. *ibid.*
Scarpe, (la) riv. 341
Scha, 279
Schafhouse, 222
Scha-Hussein, 269
Scham, 265
Schamaki, 268
Schavenbourg, comté, 224
Schéringam, 285
Schiras, 268
Schirvan (le) 268
Schwartzbourg, 226
Schwarzenberg, 228
Schweidnitz, 237
Schweinfurt, ville Impériale, 228
Schweiz, 222
Sclavon, ou Esclavon, 258
Sébastien, (St.) de Rio-Janeiro, 332
Seccan, 230
Secte d'Ali, 259
—— d'Omar, *ibid.*
Sedgistan, (le) 269
Sée, (la) riv. 342
Séeland, 212
Séez, diocèse & capitale, 342
Ségovie, 243
Segura, riv. 244
Séid, 265
Seiks, ou Skiks, (les) 272
Seine, (la) riv. 217, 342
Séland, 204
Semur, 352
Sénégal, fleuve, 304
Senez, 366
Sennar, 306
Senonois, (le) 345
Sens, capitale, *ibid.*
Séraïl, 257
Sérendgé, 269
Seringapatnam, 281
Sévère, (saint) 361
Séville, capit. 244
Shrops, comté, 208
Shrewsbury, capit. *ibid.*
Siam, 288
Sibérie, 295
Sicile, (la) 204, 255
—— (détroit de) 205
Sidre, (golfe de la) 303
Sikoko, 272
Silésie, 236
—— Autrichienne, *ibid.*
—— Prussienne, *ibid.*
Sinde, ou Indus, 263
Sirant, (royaume de) ou des foules, 311
Sisdgilmessa, 308
Sistéron, 366
Sivas, 265
Skalholt, capit. 213
Skiro, 257
Smirne, 265
Smolensko, 215
Sobolde, de l'Uraine, 215
Socotora, (île de) 303, 322
Sofala, 303, 316
Sogd, rivière, 295
Soissonnois, (le) 344
Soissons, capit. 344
Sommerset, comté, 208
Bath, capitale, *ibid.*
Somme, (la) riv. 341
Sonde, (détroit de la) 263
—— (îles de la) 297

Songari-ula, 295
Soria, 243
Souabe, (cercle de) 224, 228
Soule, (la) riv, 342
—— (vicomté de) *ibid.*
Sounda, 283
Sources, 189
Souch-Caroline, (la) 328
Spa, 224
Spanis-town, 335
Spartel, (le cap) 302
Spire, 227
Spolette, capit. 251
Sprée, (la) riv. 236
Sprenberg, 236
Stade, 224
Stahouder, 222
Stampalia, 257
Stants, 222
Stargard, ville, 226
Stelitz, principauté, 225
Stendal, ville, 225
Sterzingen, 230
Stellin, capitale, 226
Stewartries, 209
Stirie, duché, 230
Stockholm, 214
Stolberg, 226
Strofford, comté & capitale 208
Stralsund, ville, 226
Strasbourg, capit. 347
Straubing, 229
Stutgard, capit. 229
Suède, (de la) 203
Suède, (divisions de la) 214
—— propre, *ibid.*
Suédois, (le) 258
Suez, 270
Suffolk, Comté, 208
Suisse, (la) 222
Sulzbach, 229
Sumatra, 262, 297
Sund, (le) détroit 205
Sundgau, (le) 347
Supérieur, (lac) 326
Surinam, 331
Surrey, Comté, 208
Suson, (Gave de) 361
Suffex, Comté, Chichester, capitale, 208
Syra, 257
Syrie, (la) 265

T.

Tabor, 234
Taïti, ou Otaïti, île, 337
Tafilet, 308
Tage, (le) fleuve, 241, 243
Talischéri, 283
Tallinga, 280
Tamerland, 273
Tamise, (la) 207
Tanjaour, (le) 285
Tarbes, 361
Tarn, (le) riviere, 361
Tartare, (le) 258
Tartarie, (petite) 215
Tartarie, (de la) 295
—— Chinoise, *ibid*
—— Indépendante, *ibid*
—— Russienne, *ibid*
Tavira, capitale, 241
Tauris, 268
Taurus, 261
Taijan, 262
Téflis, 268
Teisse, ou Theysse, riv. 237
Ténérif, 319
—— Isle, 303
—— (pic de) *ibid*
Tercére, 325, 336
Ternate, 262, 299
Terre-ferme, (la) 331
Terre-neuve, (île de) 325, 334
Terres-Australes, ou Méridionales, 201
Terres-de-Cartenatt, 283
Teschen, 236
Teuton, (l'ancien) 258
Thamas-Kouli-Kham, 269
Thaso, 257
Thérin, (le) riviere, 344
Thessalonique, 257
Thiérache, (la) 341
Thomas, (île Saint) 303
Thomé, (Saint) 286, 320
Thumbrige, 207
Thuringe, 225
Tibet, 261
Tibre, (le) fleuve, 246
Tigre, (le) 263
Timor, 262
Tine, (la) 207, 257
Tobol, riviere, 295
Tobolsk, capitale, 295
Tolède, 244
Tombut, Royaume & capitale, 314
Tondaman, (le) 285
Tonkin, 288
Tor, 270
Torgau, 225
Toro, 243
Toscane, (la) Grand-Duché, 250
Tosteo, 268
Toul, 346
Toulon, 366
Toulouse, 364
Touque, riviere, 342
Touraine Septentrionale & Méridionale, 350
Tours, capitale, 350
Tra-los-Montes, 241
Tranquebar, 285
Transilvanie, 238
Travancor, (le) 284
Tréguier, 348
Trent, (la) riviere, 207
Trent, Evêché, 230
Treptow, ville, 226
Trèves; Electorat, 227
—— Capitale, *ibid*
Trévisan, (le) Trévise, capitale, 249
Tricastin, (le) 359
Trichenapali, 285
Trieste, 230
Trinité, (île de la) 325, 336
Tripéti, 291

Tripoli, 265, 308
Tropiques, (les) 191
Troppau, 236
Troyes. capitale, 344
Tubacatum; 311
Tubingen, Principauté, 229
Tulle, 357
Tunis, 308
Turc, (le) 258
Turin, capitale, 246
Turinge; 227
Turquie d'Europe, 256
Twède, (la) 207
Twer, 215
Tyrol, Comté, 230

V.

VALANOUR, 286
Valence, 359
Valence, Royaume, & capitale, 244
Valenciennes, capitale, 340
Valentinois, (le) 359
Valery, (Saint) capitale & port, 341
Valladolid, 243
Vallage, (le) 344
Valois, (le) 344
Vanne, (la) riviere, 345
Vannes, Evêché & capitale, 348
Var, (le) riviere. 366
Vardon, (le) riviere, 366
Varsovie, capitale, 239
Udine, capitale, 249
Vélai, (le) 365
Vence, 366
Vendrée, (la) riviere, 354
Venise, (golfe de) 204
——— République & capitale, 249
Vents, 189
Verdun, 346
Vermandois, (le) 341
Vermeille, (mer) 325
Vernigerode, 226
Venonez, (le) 249
Véronne, capitale, *ibid*
Vésise, (la) riviere, 358
Vesle, (la) riviere, 344
Vesoul, 353
Véxin, (le) François, 344
———(le) Normand, 342
Vicence, capitale, 249
Vicentin, (le) *ibid*
Vienne en Autriche, 230
Vienne en Dauphiné, 359
———(la) riviere, 357
Viennois, (le) 359
Vigies, 189
Vilaine, (la) riviere, 347
Vils, riviere, 229
Villach, 230
Villefranche, 358
Villefranche, 360
Villes Impériales, 229
Vimeux, (le) 341
Vincent, (Saint) capitale, 204
Virginie, (la) 328
Visigapatnam, 287
Vistre, (la) riviere, 365
Viterbe, capitale, 251
Vitri-le-François, capitale, 344
Vivarais, (le) 365
Viviers, *ibid.*
Ulm, ville Impériale, 229
Ulster, 209
Undervald, 222
Volga, (le) fleuve, 206, 215
Vostani, 305
Urbin (le Duché d') 251
Urbin, capitale, *ibid*
Uri, 222
Usédom, (ile d') 226
Usez, 365
Utrecht, province & capit. 221
Waigats, (détroit de) 205
Warta, riviere, 226
Warwick, Comté & capitale, 208
Wasserbourg, 229
Weissempourg, ville Impériale, 228
Wésel, 224
Wéser, (le) 224
Westernes, 204, 209
West-Morland, Comté, Appleby, capitale, 208
Westphalie, (Cercle de) 224
———(Duché de) *ibid*
Westrogothie, 214
Westsex, 210
Wetzlar, 227
Wiborg, 215
Wilhna, capitale, 239
Williamsbourg, capit. 328
Wilt, Comté, Salisburg, capitale, 208
Windshem, ville Imp. 228
Wirtemberg, ou Wurtemberg, Principauté, 229
Wistule, riviere, 239
Witemberg, 225
Wohlaw, 237
Woitgland, (Cercle de) 225
Wolgan, 226
Wollin, (ile de) 226
Worcester, Comté & capitale, 208
Worms, ville Impér. 227
Woronez, 215
Wurtzbourg, Evêché, 228

Y.

YAGO, (Saint) 303, 331
Yanam, 287
Yatrib, 270
Yedo, capitale, 294
Yesso, 262, 298
Yonne, (l') rivière, 345, 352
Yorch, Comté & capitale, 208
Yrak-Arabi, (l') 265
——— Agémi, (l') 268
Yucatan, 324

Z.

ZABACHE, (détroit de) 205
Zaïre, ou Bardela, 304
Zambézé, 304
Zamora, 243
Zanguébar, 304, 317
Zante, (île de) 249
Zara, capitale, 249
Zehaga, (les) 310
Zeitz, 225
Zélande, (la) Midelbourg, capitale, 221
Zémindary, 276
Zendéroud, (le) fleuve, 221
Zia, 257
Znaïm, 235
Zone glaciale, 192
—— tempérée, ibid
—— torride, ibid
Zug, 222
Zuiderzée, (golfe de) 221
Zulfa, ou Julfa, 269
Zurich, 222
Zutphen, 221
Zwicka, 227
Zwickan, 225

Fin de la Table de la Partie Géographique.

L'Approbation & le Privilège se trouvent à la fin de l'édition *in*-8°.

www.ingramcontent.com/pod-product-compliance
Lightning Source LLC
LaVergne TN
LVHW020936230826
846092LV00001BA/43

* 9 7 8 2 3 2 9 4 8 0 7 2 5 *